Software Engineering

Ernst Denert

Software-Engineering

Methodische Projektabwicklung

Unter Mitwirkung von
Johannes Siedersleben

Springer-Verlag

Berlin Heidelberg New York
London Paris Tokyo
Hong Kong Barcelona

Ernst Denert
sd&m GmbH
Thomas-Dehler-Straße 27
8000 München 83

1. korrigierter Nachdruck 1992

Mit 92 Abbildungen

CIP-Titelaufnahme der Deutschen Bibliothek
Denert, Ernst: Software-Engineering / Ernst Denert. – Berlin, Heidelberg; New York; London;
Paris, Tokyo; Hong Kong; Barcelona: Springer 1991
ISBN-13: 978-3-642-84344-0   e-ISBN-13: 978-3-642-84343-3
DOI: 10.1007/ 978-3-642-84343-3

Satzerfassung und Umbruch Ch. Bußler, sd&m GmbH, München, mit TEX und LATEX
Satzbelichtung Compugraphic 8400, P Betzler, Datapat, München
Einbandgestaltung: E Quitta, Studio für graphische Gestaltung, München
Graphiken: E. Bauknecht, H. Gebhardt, Visuelle Kommunikation, München

2145/3140 – 5 4 3 2 1 0   Gedruckt auf säurefreiem Papier

Vorwort

Dieses Buch ist überfällig, seit Jahren schon wollte ich es schreiben. Doch die Projektarbeit, auf die es wesentlich gründet, und der Aufbau unserer Firma, sd&m, waren wichtiger. Zudem gab es Lücken in unserem methodischen Gebäude, die — durch Projekterfahrung untermauert — erst noch geschlossen werden sollten. Jetzt ist unsere Softwaretechnik rund und somit der Zeitpunkt da, sie zu publizieren.

Ich tue das ohne die Sorge, damit „Produktionsgeheimnisse" preiszugeben. Im Gegenteil: Es würde mich freuen, wenn die Art und Weise, Software zu entwickeln, wie sie in diesem Buch dargelegt ist, eine große Verbreitung fände — bei Anwendern ebenso wie in Softwarehäusern und bei Rechnerherstellern. In den nächsten Jahren kommen weitere große Softwareaufgaben auf uns zu, für die wir uns bestmöglich rüsten sollten. Dieses Buch soll ein Beitrag dazu sein.

Es wendet sich vor allem an Praktiker aller hierarchischen Ebenen, die Softwareentwicklung beschäftigt. Dazu gehören auch meine Kollegen bei sd&m, die nun eine weitgehend vollständige und systematische Darstellung der Grundlagen unserer Methodik zur Hand haben. Sie den Lehrenden und Lernenden an den Hochschulen nahezubringen, ist ein weiteres wichtiges Anliegen dieses Buches.

Den konkreten Anstoß, es zu schreiben, gab die Vorlesung über Software-Engineering, die ich seit dem Wintersemester 1986/87 mehrmals an der TU München gehalten habe. Sie gab mir Anlaß, die vorhandenen Materialien zu einem Skript aufzubereiten, das den Grundstock für das Buch bildete.

Beinahe eineinhalb Jahrzehnte praktischer Projektarbeit unter kommerziellen Bedingungen bilden seinen Nährboden; hinzu kommen einige Jahre wissenschaftlicher Tätigkeit. Viele der Menschen — Kollegen und Kunden —, mit denen ich in dieser Zeit zusammenarbeiten konnte, haben die hier behandelte Softwaretechnik mitgestaltet. Ihnen gebührt mein Dank, auch wenn er anonym bleiben muß, weil ich die vielen Namen nicht aufführen kann.

Mein besonderer Dank gilt meinem Partner *Ulf Maiborn*, mit dem mich nun mehr als ein Dutzend Jahre guter Zusammenarbeit verbinden — Jahre, in denen wir so manches Projekt „gestemmt" haben. Von seiner Art des Managements habe ich viel gelernt.

Einige Projekte waren für die Entwicklung unserer Softwaretechnik besonders wichtig; ohne sie gäbe es dieses Buch nicht. Ich habe deshalb unseren Kunden, die uns mit ihren Projekten ein weites Betätigungsfeld eröffneten, für ihr Vertrauen ganz besonders zu danken. An erster Stelle — nicht nur zeitlich — sind da Siemens und START, dort die Herren *Dr. Bommer* und *Dr. Gärtner*, zu nennen, denn hier wurden wichtige softwaretechnische Konzepte erstmals angewendet. Von den sd&m-Projekten ist zunächst die Entwicklung des Reservierungssystems für die airtours bei der TUI anzuführen, mit der uns Herr *Bernecker* beauftragte. Wichtige Erfahrungen brachten die Projekte mit der AEG — dabei verbindet mich die Zusammenarbeit in der Entwicklung eines graphischen Arbeitsplatzes für die Post besonders mit den Herren *Lucas, Nattermann* und *Nintzel* — und dem Springer-Verlag, dem wir ein Informationssystem für seine Bücher bauten. Darin ist nun auch dieses Buch verzeichnet. Den Herren *Prof. Götze* und *Weißbrodt* ist hier besonders zu danken. Die Entwicklung der neuen ADAC-Mitgliederverwaltung war nicht zuletzt ihrer Größe wegen eine Herausforderung; das Vertrauen der Herren *Dr. Scholten* und *Heydenreich* in unsere Technik war eine wichtige Vorbedingung des Erfolgs. Einen Meilenstein in der Entwicklung unserer Werkzeuge markierte das Projekt Transportleistungsrechnung der Deutschen Bundesbahn; Herrn *Dr. Strothmann,* der uns stets ein konstruktiv-kritischer Auftraggeber war, gebührt mein besonderer Dank. Im Rahmen des Vorhabens Integrierte Auftragsbearbeitung bei Thyssen kamen unsere Basisfunktionen wesentlich voran; das Engagement und die Ausdauer der Herren *Pott* und *Böheim* bestimmten diesen Fortschritt unserer Softwaretechnik entscheidend.

Der endgültige Entschluß, das Buch zu schreiben, fiel leichter, nachdem es mir gelungen war, *Dr. Johannes Siedersleben* als Coautor zu gewinnen. Nach langjähriger Tätigkeit für sd&m war er Professor an der Fachhochschule in Rosenheim und ist nun wieder unser Kollege. Ohne seine Ideen wäre das Buch um einiges ärmer; sein Beitrag verdient deshalb eine besondere Würdigung. Er hat unsere Methodik an zentralen Stellen weiterentwickelt und gestaltet und dadurch den Inhalt dieses Buches maßgeblich beeinflußt. In erster Linie ist seine Idee zu nennen, die objektorientierte Methodik in Form der „Sachbearbeiter" zur Grundlage der Systemspezifikation zu machen. Unsere Art der Datenmodellierung ist stark durch ihn geprägt und der Datenbankentwurf seine ganz spezielle Domäne. Auch unserer Standardarchitektur hat er wichtige Impulse gegeben. Die Kapitel 4–7 im Teil II (Systemspezifikation) sind von ihm stark beeinflußt und teilweise formuliert, Kapitel 12 (Datenbankentwurf) hat er vollständig und Kapitel 17 (Systemtest) großteils geschrieben. Für all das bin ich Johannes Siedersleben außerordentlich dankbar.

Mein Dank gilt weiterhin *Thomas A. Matzner,* der nicht nur wichtige Erfahrungen zur Standardarchitektur beigesteuert hat, sondern aus dessen Feder das Kapitel 2 (Fallbeispiel TuBSy) und der CICS-Teil des Kapitels 11 (Prozeßorganisation) stammen. Vielfältig sind die Einflüsse von *Johannes Leber* und *Dr. Gero Scholz,* die vor allem unsere Werkzeuge vorangebracht haben. Ferner habe ich aus Zusammenarbeit und Diskussionen mit einer Reihe weiterer sd&m-Kollegen viel gewonnen; danken möchte ich insbesondere *Dr. Johannes Adler, Dr. Martin Bertram, Dr. Uli Zeh* und *Dr. Hans Zierer.*

An der Gestaltung dieses Buches wirkten viele mit. *Markus Ziesler* brachte mir TEXund LATEX nahe und installierte das TEX-System von *Peter Betzler,* Datapat, auf unserer Unix-Maschine. *Christoph Bußler* setzte das Buch mit viel Akribie und wurde dabei zum TEXperten. *Barbara Seidl* und *Heike Lechner* schrieben geduldig die vielen Versionen meiner Texte. *Egon Quitta* entwarf das Erscheinungsbild des Buches; *Eva Bauknecht* und *Helmut Gebhardt* besorgten die graphische Gestaltung der Abbildungen. Ihnen allen gilt mein herzlicher Dank für die sorgfältige Arbeit.

Dem Springer-Verlag bin ich für die gute Zusammenarbeit und die große Freizügigkeit verpflichtet, die er mir in der Gestaltung des Buches gewährt hat.

Und last, not least danke ich meiner Frau *Gerlind* für ihr Verständnis und ihre Geduld, ohne die ich das Buch nicht hätte schreiben können. Sie hat ohne Murren auf viele gemeinsame Stunden und manchen Urlaub verzichtet.

München, im Herbst 1990   Ernst Denert

Inhaltsverzeichnis

Teil III Systemkonstruktion

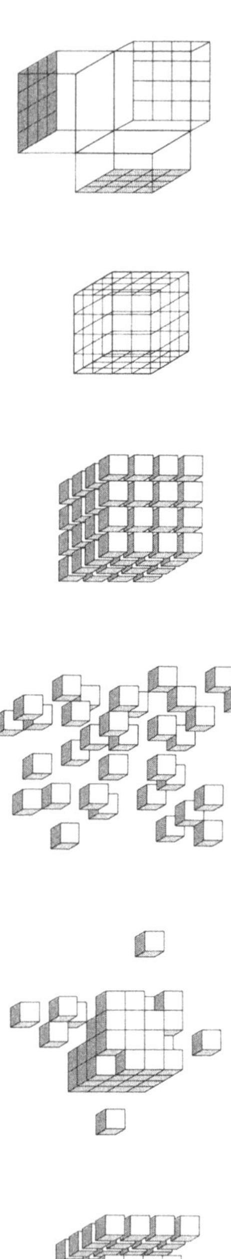

I

Präliminarien

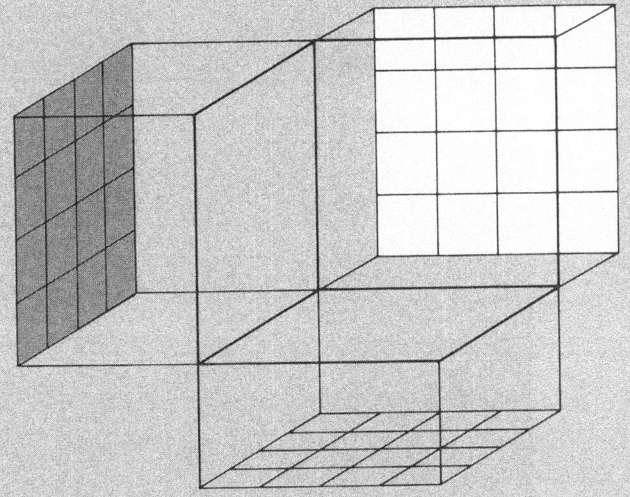

1

Einleitung

Software-Engineering ist ein weites Gebiet, und man kann es unter vielfältigen Perspektiven betrachten. Deshalb ist es für den Leser eines Buchs wichtig zu wissen, welche Sicht der Autor hat und auf welchen Erfahrungen seine Darlegungen gründen. So will dieses einleitende Kapitel den Hintergrund erhellen, vor dem dieses Buch entstanden und zu verstehen ist.

1.1 Warum ist es so schwierig, Software zu machen?

Auf diese Frage gibt es keine einfache Antwort, schon gar nicht eine einzige.

Erstens: *Softwaresysteme gehören zu den komplexesten Gebilden, die je von Menschen geschaffen wurden.* Sie sind aus einer riesigen Zahl von Bauelementen, letztlich: Maschinenbefehlen und Datenspeichern, zusammengesetzt, die in vielfältiger Weise interagieren. Die Strukturen und Abläufe in großen Systemen sind im einzelnen oft nicht mehr überschaubar. Man kann sie weder im vorhinein, beim Entwurf, in allen Konsequenzen durchdenken, noch im nachhinein, beim Testen, im Betrieb und in der Wartung vollständig verstehen. Hohe Komplexität weisen natürlich auch andere technische Systeme auf, Flugzeuge und Raumfahrzeuge etwa, Kernkraftwerke oder Roboter.

Software bietet eine zusätzliche Schwierigkeit: Sie ist immateriell. Das heißt, man kann sie nicht sehen, anfassen, hören, riechen, von ihrer Funktion, Größe und Komplexität nicht durch Anschauung eine Vorstellung gewinnen. Einem Kraftwerk sieht man an, daß es ein großes Ding ist und viel gekostet hat. Ein Softwaresystem liegt dagegen auf einem Speichermedium, und man sieht erst einmal gar nichts.

Zweitens: *Menschen machen Projekte.* Nicht Methoden und Werkzeuge, nicht Software-Entwicklungsumgebungen, nein, Menschen machen Projekte. Darin stecken Risiko- und Gewinnpotentiale zugleich. Als positiver Faktor schlägt zu Buche, daß gute Leute auch unter schwierigen Bedingungen und mit schlechten Hilfsmitteln gute Ergebnisse erzielen können. Die Probleme entstehen aus menschlichen Unzulänglichkeiten, die in der Softwareentwicklung besonders deutlich werden:

- Die Fähigkeit, einen komplexen Sachverhalt gedanklich voll zu durchdringen, ist rar.
- Softwarelösungen verlangen absolute Präzision. Das dafür nötige stringent-logische Denken ist nur wenigen Menschen zu eigen, sei es, daß es an der Veranlagung fehlt oder auch an der Ausbildung.
- Gute Software zu entwickeln ist eine kreative Angelegenheit, aber Leute mit guten Ideen sind dünn gesät.
- Nur wenige beherrschen bisher das Programmieren im Großen (engl. Programming-in-the-large), also das Entwerfen eines Systems aus Moduln, die zweckmäßig zusammenspielen. Die Informatikausbildung beschränkt sich noch zu sehr auf das Programmieren im Kleinen (engl. Programming-in-the-small), das Schreiben eines einzelnen Programms oder Moduls, aufgebaut aus Anweisungen einer Programmiersprache.
- Software entsteht im Team, und dabei gibt es Kommunikationsprobleme — je besser ein Team eingespielt ist, desto weniger. Aber wann wird ein erfolgreiches Team schon unverändert in einem zweiten Projekt eingesetzt? Das sportliche Prinzip „Never change a winning team" bleibt hier wohl die Ausnahme.
- Die erforderliche Qualifikation des Software-Ingenieurs wird häufig unterschätzt. Programmieren scheint ja so einfach zu sein, man braucht nur ein paar Statements in einer Sprache hinzuschreiben — besonders schnell und leicht in Basic auf dem

heimischen PC —, und schon läuft ein Programm. Auf keinem anderen Gebiet — sei es eine Ingenieurdisziplin, die Medizin, das Rechtswesen oder auch die Kunst — gibt es so viel Dilettantismus wie in der Datenverarbeitung!

Drittens: *Das richtige Projekt machen.* Eine ständige und ergiebige Quelle von Problemen ist die Schwierigkeit, rechtzeitig, vollständig und genau festzulegen, was ein System leisten, manchmal sogar, welche Anwendung überhaupt realisiert werden soll. Das klingt paradox, erklärt sich aber daraus, daß in einem Unternehmen mit organisatorischen Problemen nicht a priori klar ist, wie diesen mit DV-Lösungen beizukommen ist. Hinzu treten dann oft widerstreitende Auffassungen und Interessen der Beteiligten. Die Anforderungsdefinition ist das wohl heikelste Kapitel der Softwareentwicklung.

Wenn ein Sachgebiet erstmals durch eine DV-Anwendung unterstützt werden soll, erschwert folgendes Phänomen die Anforderungsdefinition: In der bis dahin manuellen Organisation werden seltenere und kniffflige Probleme mit menschlicher Intelligenz, Intuition und Entscheidungsfähigkeit fallweise gelöst. Software duldet solche Unschärfen nicht, sie verlangt eine streng logische, algorithmische Definition der Verfahren, zu der die Anwender oft gar nicht in der Lage sind. Sie wollen vielmehr ihre Anwendung möglichst unverändert in die Software abgebildet bekommen, was aus unserer Sicht als Software-Ingenieure weder geht noch wünschenswert ist.

Die erste, schwierige Maxime lautet also: das richtige Projekt machen; die zweite, einfachere, wenn auch nicht leichte: *das Projekt richtig machen.*

Viertens: Der *Stand der Kunst der Methoden und Werkzeuge* für die Softwareentwicklung *läßt zu wünschen übrig,* und was es an Gutem gibt, ist zu wenig bekannt, verstanden, verbreitet. Vielerorts versucht man, diesem Mangel mit Verfahrensvorschriften, Aktivitätenchecklisten und anderen formalen Mitteln — auch noch werkzeugunterstützt — beizukommen. Das artet dann schnell in Verhaltensmuster aus, die am besten das Wort „Softwarebürokratie" charakterisiert. Dieses Buch will das softwaretechnische Defizit ein wenig verringern helfen, wenngleich Methoden und Werkzeuge — wie eingangs gesagt — nicht der einzige und entscheidende Schlüssel zum Erfolg eines Softwareprojekts sind. Aber immerhin lassen sie sich einigermaßen systematisch darstellen im Gegensatz zu der Frage, wie man gute Leute findet und zu einem Projektteam zusammenschweißt.

1.2 Projekte, Projekte, Projekte

Es fasziniert uns, Softwareprojekte zu machen. Sie stellen vielfältige Herausforderungen und bieten mannigfache Reize. Zunächst einmal: Ein Projekt hat einen Anfang und ein Ende, also ein Ziel, auf das man — oft unter Druck — hinarbeitet. Es ist immer spannend, ob, wann und wie man es erreicht; das ist wie beim Ersteigen eines Berges. Routine und Langeweile kommen jedenfalls nie auf, nicht zuletzt wegen der Abfolge höchst unterschiedlicher Tätigkeiten: Spezifizieren, Entwerfen, Programmieren, Testen, Einführen. Ein gutes Design mit eleganter Modularität, klaren Datenstrukturen, effizienten Algorithmen zu ersinnen, daraus ein stabiles System zu entwickeln und im Test erstmals laufen zu sehen, das fasziniert den Software-Ingenieur, dem es nicht nur auf das Funktionieren ankommt, sondern dem auch die Ästhetik seiner Lösung einen Wert darstellt.

Außenstehende sehen in unserer Projektarbeit das nüchtern-trockene Handwerk des Technikers, der — ewig an seinem Terminal sitzend — als soziales Wesen verkümmert. Wenn sie nur wüßten, wie stark zwischenmenschlicher Kontakt die Projektarbeit prägt: die Zusammenarbeit mit den Anwendern, die in einer anderen Erfahrungswelt leben, der kreative Prozeß in einem Designteam, das Abstimmen von Schnittstellen, die emotional manchmal schwierigen Reviews, die gegenseitige Hilfe beim Programmieren und Testen, das Einarbeiten eines neuen Kollegen — einen Mangel an sozialen Beziehungen kann man da nicht beklagen, und der Wille und die Fähigkeit zum Umgang mit anderen Menschen sind unabdingbare Voraussetzungen für die Projektarbeit. Ein guter Projektleiter wirkt zu einem gut Teil seiner Zeit als „angewandter Psychologe". Projektarbeit ist Teamarbeit. Abwechslung kommt schließlich auch deshalb hinein, weil kein Projekt dem anderen gleicht. Wir haben es nicht nur mit immer wieder anderen Anwendungen zu tun, sondern auch mit einem breiten Spektrum an Basissystemen — Hardware, Betriebs- und Datenbanksysteme, Programmiersprachen, Entwicklungswerkzeuge.

Projekte sind das Fundament unserer Softwaretechnik, von der dieses Buch handelt. Der Zwang, Projekte unter ökonomischen Bedingungen erfolgreich durchzuführen, der Wille, dabei mit moderner Technik zu arbeiten, die Möglichkeit, theoretische Ideen in der Praxis zu erproben — diese Triebkräfte haben die Entwicklung unserer Softwaretechnik in den letzten fünfzehn Jahren vorangetrieben. Ohne unsere Projekte gäbe es diese Softwaretechnik nicht, und umgekehrt hat sie eine maßgebliche Rolle für deren Erfolg gespielt. Ohne sie hätte dieses Buch nicht geschrieben werden können.

Weil die Projekte so wichtig sind und weil sie aufgrund ihrer Anwendungsgebiete — es handelt sich vornehmlich um betriebliche Informationssysteme —, der eingesetzten Basissysteme und ihrer Größe unsere Softwaretechnik stark prägen, wollen wir die wichtigsten als Hintergrund dieses Buches steckbriefartig darstellen.

System für Reisebüros und Touristikanbieter

Projekt:	START
Auftraggeber:	START / Siemens
Dauer:	1976 – 80
Aufwand:	110 Bearbeiterjahre (BJ)
Volumen:	> 100.000 Lines of Code (LoC) SPL
Basissysteme:	Siemens 7.760 / BS2000
	Transdata
	SPL
Aufgabenstellung:	Entwicklung eines Vertriebssystems, basierend auf einem Rechnernetz, das den Reisebüros die Leistungen der Systeme von DB, LH und TUI anbietet und diese durch die START-Anwendersoftware ergänzt und integriert.

Buchungssystem

Projekt:	aris
Auftraggeber:	TUI-airtours
Dauer:	1983 – 86
Aufwand:	ca. 30 BJ
Volumen:	190.000 LoC Cobol
	390.000 LoC Delta/Copy
Basissysteme:	IBM30xx / MVS
	CICS
	VSAM
	Cobol
	Delta
Aufgabenstellung:	Buchungssystem für die TUI-Marke airtours, die hochwertige, individuelle Reisen mit Linienflügen anbietet. aris besteht aus – der Reisedatenbasis mit der Katalog- und Vakanz-Information, – der Buchungsbearbeitung und Preisrechnung sowie – der Produktion von Reiseunterlagen (Reisebestätigung, Avise, Tickets, Gutscheine, Rechnungen etc.).

Verlagsinformation über Bücher

Projekt: Produktpool/Buch
Auftraggeber: Springer-Verlag
Dauer: 1985/86
Aufwand: 12 BJ
Volumen: 70.000 LoC Natural
Basissysteme: Siemens 7.5xx / BS2000
                      UTM
                      Adabas
                      Natural
Aufgabenstellung: Informationssystem für die Buchtitel eines wissenschaftlichen
                      Verlages mit Daten über den gesamten Lebenslauf eines Bu-
                      ches: von der Planung über Herstellung, Lagerung und Ver-
                      trieb bis zur Makulierung; mit bibliographischer Information
                      und komplexen Strukturen.

Mitgliederverwaltung

Projekt: ADAM
Auftraggeber: ADAC
Dauer: 1984 – 88
Aufwand: 70 BJ
Basissysteme: IBM 30xx / MVS
                      CICS
                      Adabas
                      PL/1
                      Delta
Aufgabenstellung: Entwicklung eines neuen Informationssystems
                      – zum Verwalten der mehr als 9 Millionen ADAC-Mitglieder,
                      – für das Inkasso
                      zwecks Ablösung des alten Systems.

Transportleistungsrechnung

Projekt:	TLR
Auftraggeber:	Deutsche Bundesbahn
Dauer:	1985 – 89
Aufwand:	50 BJ
Basissysteme:	IBM 30xx / MVS
	CICS
	Adabas
	Cobol II
	Delta
	Unix als Entwicklungssystem
Aufgabenstellung:	Dialogverfahren zur Vorkalkulation und Batchverfahren zur Nachkalkulation von Transportkosten im Güterverkehr, insbesondere Berechnung der Kosten von

– Einzelwagen und
– ganzen Zügen.

Integrierte Auftragsbearbeitung

Projekt:	IAB
Auftraggeber:	Thyssen
Dauer:	1988 – 90
Aufwand:	ca. 20 BJ
Basissysteme:	IBM 30xx / MVS
	CICS
	Adabas
	Cobol II
	Delta
	Unix als Entwicklungssystem
Aufgabenstellung:	Entwicklung einer integrierten Auftragsbearbeitung mit den Schwerpunkten

– Auftragsplanung und
– Produktentscheidung.

Außerdem Realisierung von allgemein verwendbaren Basisfunktionen als Rahmen verschiedener Anwendungen.

Graphischer Arbeitsplatz

Projekt: DUZPU/IGAP
Auftraggeber: AEG / Deutsche Bundespost
Dauer: 1984 – 86
Aufwand: 30 BJ
Basissysteme: ATM 80-30 / ATMOS
                      BCPL
                      Unix als Entwicklungssystem
Aufgabenstellung: Interaktiver graphischer Arbeitsplatz zum Erstellen und Ver-
                      walten von Kabelnetzplänen im Fernmeldebereich der Post.

Produktionssteuerung

Projekt: ARAS
Auftraggeber: Nixdorf / Bayer
Dauer: 1987 – 89
Aufwand: 20 BJ
Volumen: 250.000 LoC Konstruktion
                      650.000 LoC Cobol
Basissysteme: Targon 35/32
                      Unix
                      DDB4
                      Cobol 85
                      Delta
Aufgabenstellung: Produktionssteuerung der Emulsionsfabrik von Agfa:
                      – Übernahme der Produktionsaufträge vom Host
                      – Verwalten von Rezepturen
                      – Anlageneinplanung
                      – Erzeugen von Wiege- und Kesselaufträgen für unterlagerte
                        Steuerungen
                      – Auftragsverfolgung, -abrechnung und -rückmeldung.

Hochfrequenzanalysator

Projekt: ZWB
Auftraggeber: Rohde & Schwarz
Dauer: 1987/88
Aufwand: 13 BJ
Basissysteme: Intel 80186
                      VRTX
                      C
Aufgabenstellung: Mikroprozessor-Software zur Steuerung eines hochfrequenz-
                      technischen Meßgeräts, das das Übertragungs- und Reflexions-
                      verhalten elektronischer Netzwerke in einem Frequenzbereich
                      von 100 kHz bis 2.8 GHz analysiert.

1.3 Was ist Software-Engineering?

Software macht einen Computer erst nutzbar; die Hardware allein ist — trotz all ihrer komplexen elektronischen Logik — nutzlos. Software treibt die Computer an, sie führt das Kommando und verursacht damit ihr gewünschtes, Nutzen bringendes Verhalten.

Man unterscheidet *Anwendungs-* und *Systemsoftware,* siehe auch Tabelle 1.1. Mit Systemsoftware bezeichnet man Betriebs- und Datenbanksysteme, Compiler und andere Sprachsysteme, Kommunikationssoftware etc. — kurz: jede universell verwendbare Software, welche die Hardware zu einer funktionsmächtigeren und flexibleren Maschine macht, auf der die dedizierte Anwendungssoftware aufsetzt. Diese stellt eine aufgaben- und branchenspezifische Problemlösung dar.

Programm ist ein zu Software verwandter Begriff. Er bezeichnet die Anordnung von maschinell, d.h. durch einen Computer ausführbaren Befehlen, die eine gegebene Handlungsvorschrift (Algorithmus) realisieren und dazu auf bestimmten Daten operieren: Programm = Algorithmus + Daten.

Auf einem Computer koexistieren bzw. kooperieren in der Regel mehrere eigenständige Funktionskomplexe. Ein solches *Softwaresystem* ist die Gesamtheit aller Softwarebausteine (Module), die sich in einem ganzheitlichen Zusammenhang befinden. Es antwortet auf die Eingabe von Informationen mit einer wohldefinierten Reaktion, indem es Information speichert, transformiert und ausgibt.

Jedes Softwaresystem hat eine — mehr oder (oft) weniger gute — Struktur. Wir sprechen in diesem Zusammenhang von *Softwarearchitektur*[1] und meinen damit den systematisch strukturierten, sachgerechten und modularen Aufbau eines Softwaresystems. Dieser Aufbau spiegelt sich nicht nur in dem maschinell les- und verarbeitbaren Code wieder, sondern er drückt sich vor allem auch in der begleitenden *Dokumentation* aus.

Herkömmliche technische Systeme machen sich (physikalische und chemische) Naturgesetze zunutze, die von Menschen erkannt, aber natürlich nicht gemacht worden sind. Ihre Bauelemente sind Materie und dadurch wahrnehmbar. Softwaresysteme dagegen sind von Menschen erdachte Strukturen und Abläufe, denen logische Gesetze zugrunde liegen. Daraus ergeben sich einige wesentliche Eigenschaften:

- Softwaresysteme sind immaterielle und damit unsichtbare technische Gebilde.
- Sie altern und verschleißen nicht. Für Softwarebausteine gibt es deshalb keine Ersatzteile.
- Sie sind (vermeintlich) leicht zu ändern.

Das Wort Programm wird vielfach mit der Vorstellung von einer einzelnen, kleinen Lösung assoziiert, wohingegen die Software einen Computer zu einem nutzbringenden System macht. Man schreibt mal schnell ein Programm, Software dagegen wird entwickelt. Im Gegensatz zur Solo-Programmierung (im anglo-amerikanischen Fachjargon *Programming-in-the-small*), bei der einer ein Programm ausschließlich zum

---

[1] In Anlehnung an Meyers Großes Taschenlexikon: *Architektonik* — kunstgerechter, strenger, gesetzmäßiger Aufbau (eines Bauwerks, Körpers, einer Plastik, Dichtung, Sinfonie usw.)

Tabelle 1.1 Klassifikation von Softwaresystemen

	allgemein	administrativ	technisch
Anwendungs-software	Textverarbeitung Graphik Tabellenkalkulation Software-Entwicklungswerkzeuge Expertensysteme Spiele etc.	betriebswirtschaftliche Anwendungen (z.B. Buchhaltung) betriebliche Informationssysteme Produktionssteuerungssysteme	numerische Anwendungen Mustererkennung Maschinensteuerungen Prozeßsteuerungen Steuerungen technischer Systeme Vermittlungssysteme etc.
System-software	Datenbanksysteme Assembler / Compiler / Interpreter Binder / Lader Dateisysteme Betriebssysteme		TP-Monitore Kommunikations-software
Hardware			

eigenen Gebrauch schreibt, hat Softwareentwicklung (*Programming-in-the-large*) ein System zum Ziel, das von mehreren Personen zum Gebrauch durch ganz andere Personen erstellt wird und meist in mehreren Versionen existiert, vgl. [DeRemer-Kron 76]. Vor allem ist es meist (sehr) groß. Die Entwicklung von Softwaresystemen unterscheidet sich qualitativ und quantitativ (Aufwand, Zeitbedarf, Anzahl beteiligter Personen) fundamental von der einzelner Programme.

Die Herstellung großer Softwaresysteme weist Ähnlichkeiten mit der anderer technischer Systeme auf, z.B. mit dem Bau von Anlagen, Fabriken, großen Gebäuden. Irreführend ist allerdings der Vergleich mit der Massenproduktion von beispielsweise Autos, weil die Vervielfältigung von Software trivial ist. Softwareherstellung kann also verglichen werden mit dem Bau einer Autofabrik, nicht aber mit der Produktion eines einzelnen Autos. Ein wichtiger Unterschied zum Anlagenbau: Wegen des immateriellen Charakters von Software ist der letzte, der detaillierten Blaupause entsprechende Plan — in Form des Programms — gleichzeitig die Implementierung.

Was ist nun Software-Engineering?

> *Software-Engineering* ist die Anwendung wissenschaftlicher Erkenntnisse mit dem Ziel, Computer mittels Programmen, Verfahren und zugehörigen Dokumenten dem Menschen nutzbar zu machen.

Software-Engineering befaßt sich mit dem Prozeß der Entwicklung von Softwaresystemen, mit den dafür erforderlichen und zweckmäßigen Methoden, Verfahren und Werkzeugen. Dabei geht es nicht nur um die technische Gestaltung von Systemen — also deren *Architektur* —, sondern auch um die geordnete Abwicklung von Softwareprojekten — also um *Management*fragen. Projektmanagement bedeutet Planen, Kontrollieren und Verwalten, vor allem aber Führen und Koordinieren aller Beteiligten.

Software-Engineering ist eine Ingenieurdisziplin, deren wissenschaftliche Grundlagen die Informatik schafft — ähnlich wie andere Ingenieurdisziplinen diese aus den Naturwissenschaften beziehen —, die aber darüber hinaus mit einem Fundus systematisierter Erfahrungen und einer praktischen Problemlösungshaltung arbeitet.

Im Zusammenhang mit Software-Engineering wird häufig von *Software-Entwicklungsumgebung* gesprochen. Wir benutzen die Begriffe *Softwaretechnik* bzw. *-technologie* synonym dazu. Man meint damit die Gesamtheit der

„Brainware"	&	„Toolware"
=		=
Prinzipien		Entwicklungssystem
Methoden		Werkzeuge
Verfahren		Hilfsmittel
Techniken		

die in einem Projekt angewendet werden.

Was zeichnet den Software-Ingenieur aus und wie arbeitet er?

Die entscheidende Fähigkeit des Software-Ingenieurs ist die Vorstellungskraft, seine Fähigkeit, klare Ideen zu fassen und anderen verständlich mitzuteilen. Mancherorts wird diese Einsicht noch ignoriert und statt dessen die Qualifikation in der Anzahl erlernter Programmiersprachen, besuchter Kurse über Betriebssysteme, Datenbanksysteme und ähnlichem gemessen. Betrachtet man ein erfolgreiches Softwareprojekt im Rückblick, so fällt dagegen regelmäßig auf, wie zu bestimmten Zeitpunkten Qualitätssprünge stattfinden, die in ihrer Gesamtheit den Erfolg erst möglich machen. Solche Punkte kann man dadurch charakterisieren, daß in zuvor diffuse Vorstellungen Klarheit gebracht, daß ein Konzept gefunden wird, das den Beteiligten einleuchtet und offensichtlich eine gute Lösung der anstehenden Probleme ist. Gute Konzepte und die Fähigkeit, sie zu finden und durchzusetzen, sind dabei keineswegs nur in den frühen Projektphasen gefragt. Ebenso wichtig wie ein stimmiges Datenmodell, eine tragfähige Modularisierung sind transparente Algorithmen und klare, betriebssichere Konventionen zur Nutzung der Basissysteme.

Gute Konzepte entstehen als Vorstellungen im Kopf eines Entwicklers, sie verfestigen sich daraufhin in Bildern und Texten, die ausgiebig diskutiert und modifiziert werden. Möglichst viel der knappen Kapazität von Software-Ingenieuren soll für diese wichtige konzeptionelle Tätigkeit zur Verfügung stehen. Der Versuchung, die bei oberflächlicher Betrachtung unproduktiven Designphasen kurz zu halten und planvolles Vorgehen durch Aktionismus zu ersetzen, sollte nicht nachgegeben werden; ebenso wie gute Konzepte wesentliche Erfolgsfaktoren sind, kann man Mißerfolge oft auf fehlende oder schiefe Konzepte zurückführen.

Wir produzieren also Ideen. Hätten wir Maschinen, die Ideen ausführen, wäre damit unsere Tätigkeit beendet. Da das nicht der Fall ist, müssen wir unsere Konzepte nach und nach in eine für Maschinen akzeptable Form bringen, die den Nachteil hat, aus der Sicht des Menschen immer weniger von der ursprünglichen Klarheit sichtbar zu machen. Aber nicht nur angesichts des ausführbaren Maschinencodes haben wir ein Rezeptionsproblem: Auch ein fertiges Daten- und Funktionenmodell beispielsweise ist derart komplex und umfangreich, daß seine Eigenschaften wie etwa Konsistenz und Vollständigkeit nicht mehr unmittelbar ersichtlich sind. Was liegt näher als sich beim Umgang mit großen, unübersichtlichen Strukturen, wie es die Ergebnisse des Software-Engineering sind, durch die Maschine unterstützen zu lassen?

Wir brauchen also Maschinenunterstützung, um die Kluft zwischen unserer Vorstellungswelt und der formalen Darstellung zu überbrücken. Eine Brücke ist stets in zwei Richtungen begehbar. Man kann die Umsetzung der Vorstellungen in einen Formalismus unterstützen (Generierung), und man kann das formale Produkt der menschlichen Gedankenwelt näherbringen, indem man es auf wichtige Eigenschaften untersucht (Analyse). Die Werkzeuge des Software-Ingenieurs haben also teils generierende, teils analysierende Funktionen. Darüberhinaus gibt es Werkzeuge, die es erleichtern, die Vielzahl von Teilprodukten der Softwareentwicklung in systematischer Form abzulegen und damit wiederauffindbar zu machen; sie haben eine ordnende Funktion.

Man kann Bauwerke nach verschiedenen Methoden — Leichtbau, Massivbau, Stahlbau — errichten. Bestimmte Werkzeuge wird man brauchen, egal welche Methode man wählt, andere sind methodenspezifisch: Für eine Stahlkonstruktion braucht man keinen Betonmischer. Niemand wird auf die Idee kommen, die teueren Baumaschinen zu beschaffen und an der Baustelle aufzustellen, bevor man sich entschieden hat, nach welcher Methode vorgegangen wird. Ebensowenig wird man mit der Methode nicht vertrautes Personal mit dem Bau beauftragen, in der Hoffnung, die schönen Werkzeuge würden die Beteiligten schon befähigen, die Arbeit effektiv auszuführen. Banale Fehler dieser Art sind beim Einsatz von Werkzeugen für

Software-Ingenieure gang und gäbe. Immerhin kann man ein Werkzeug von einem Tag auf den anderen kaufen und betriebsbereit installieren, wogegen eine Methode über einen längeren Zeitraum vermittelt und erlernt werden muß. Werkzeuge und Methoden können sich gegenseitig unterstützen, aber nicht ersetzen. Und über den Einsatz mancher Werkzeuge läßt sich erst sinnvoll diskutieren, wenn die Methodenfrage geklärt ist.

1.4 Betriebliche Informationssysteme

Betriebliche Informationssysteme unterstützen und steuern die Abläufe in allen Bereichen eines Unternehmens: in Marketing und Vertrieb, in Produktion und Logistik ebenso wie im Rechnungswesen. Sie ermöglichen oder erleichtern die Arbeit der Sachbearbeiter, sie helfen dem mittleren Management bei seinen Dispositionen, und sie liefern der Unternehmensleitung Daten für ihre täglichen Entscheidungen und strategischen Planungen. Typische Sachgebiete für die Anwendung betrieblicher Informationssysteme sind:

- Kontoauskunft und Buchen von Geldbeträgen bei einer Bank
- Fahrscheinverkauf und Platzreservierung bei der Bahn
- Flug-, Schiff- und Hotelreservierung bei einem Reiseveranstalter
- Auftragserfassung, Bestellabwicklung, Optimierung der Lagerhaltung in einem Handelsunternehmen
- Steuerung der Zulieferung zu Montagebändern, Erfassung von Betriebsdaten in einem Industrieunternehmen
- „aktenlose" Sachbearbeitung bei Versicherungen, Bausparkassen usw.
- Verwaltungsvorgänge (Meldewesen, Kfz-Zulassung, Grundbuchwesen) bei Behörden.

Ein charakteristisches Merkmal dieser Systeme ist, daß ihre Anwender „online" auf eine gemeinsame, große und komplexe Datenbank zugreifen. Dies erfordert meist einen großen, zentralen Rechner; denn verteilte Systeme sind (noch) schwer zu beherrschen. Tabelle 1.2 zeigt typische Systeme, auf denen betriebliche Informationssysteme realisiert werden.

Ein weiteres Merkmal solcher Systeme ist, daß sie meist nicht nur einen *Dialog*betrieb führen — das ist der spektakuläre Teil —, sondern daß auch eine beträchtliche *Batch*verarbeitung dazugehört. Der Batch ist oft sehr wichtig und nicht lediglich eine veraltete Form der Datenverarbeitung, deren Ausrottung durch Umstellen auf Dialog nur eine Frage der Zeit ist, wie man, geprägt durch hoch interaktive Anwendungen auf graphikfähigen Workstations, glauben könnte. Natürlich gibt es reine Dialoganwendungen, aber betriebliche Informationssysteme haben in der Regel beide Komponenten, und auch reine Batchsysteme (Stammdatenpflege außer acht gelassen) werden gebraucht. Schließlich wäre es absurd, die knappe Million Beitragsrechnungen, die für ADAC-Mitglieder monatlich anfällt, im Dialog zu erstellen oder

Tabelle 1.2 Basissysteme für betriebliche Informationssysteme

System / Hersteller	IBM	Siemens
Hardware	43xx/30xx	7.5xx
Betriebssystem	MVS	BS2000
Dialog-(TP-)Monitor	CICS	UTM
Dateisystem	VSAM	ISAM
Datenbanksystem	IMS (hierarchisch) DB2 (relational) Adabas (relational) (von Software AG)	UDS (Codasyl) Sesam (relational)

etwa die Kosten der halben Million Gütertransporte der Bundesbahn·mit einer Rechenzeit von etlichen CPU-Stunden pro Monat online zu berechnen.

1.5 Worum es in diesem Buch geht

Gegenstand dieses Buchs ist unsere *Softwaretechnik*, ein System aufeinander abgestimmter Methoden, Werkzeuge und Module — von uns im Laufe vieler Jahre entwickelt und in einer Reihe großer Projekte erprobt, angewendet und ständig verbessert. Sie basiert vielfach auf Theorien, Modellen, Methoden, Konzepten der Informatik und kann somit als *theoretisch fundiert und praktisch erprobt* gelten.

Unter *Methoden* verstehen wir das gedankliche Rüstzeug, das die Vorgehensweise in einem Projekt sowie Form und Inhalt der zu erzielenden Ergebnisse bestimmt. *Werkzeuge*, methodenorientiert oder auch -neutral, sind Softwaresysteme, die helfen, unsere Arbeit effizient zu machen bzw. das dabei auftretende Mengenproblem zu beherrschen, das aufgrund der großen Vielfalt und -zahl der Dokumentations-

und Codeeinheiten entsteht. Einen entscheidenden Beitrag zur Produktivitätssteigerung leistet wiederverwendbare Software. Dazu gehören anwendungsunabhängige *Module*, die gewisse Basisfunktionen (z.B. Dialogsteuerung, Speicherverwaltung, Systemfehlerbehandlung) beinhalten.

Natürlich sind die Methoden die Grundlage der Werkzeuge und Module. Die Werkzeuge müssen, soweit sie nicht methodenneutral sind, zu den Methoden passen, sie unterstützen. Und die wiederverwendbaren Module ergeben sich aus der Art, wie mit unserer Technik modularisiert wird.

Alle hier beschriebenen Methoden wurden mindestens einmal, in der Regel jedoch vielfach in Projekten angewendet; es gibt nichts, was nur am grünen Tisch entstanden wäre. Unsere jüngste methodische Entwicklung ist die objektorientierte Form der Systemspezifikation mit Hilfe der sog. Sachbearbeiter. Aufgrund ihrer Verwandtschaft zur bewährten Datenabstraktion und erster Anwendungen sind wir uns ihrer Tragfähigkeit sicher.

Jede Methode wurde in mindestens einem Projekt eingesetzt, aber nicht in jedem Projekt — oder genauer: in keinem — wird mit allen Methoden gearbeitet. Das hat verschiedene Gründe, sie können in der Art des Projekts liegen, in ökonomischen und terminlichen Zwängen, in Auffassungen, Wünschen und Bedingungen des Auftraggebers u.ä.m. Es ist auch nicht nötig, in jedem Projekt alle, auch die schwersten, Geschütze aufzufahren, sowenig eine Ambulanz so ausgestattet ist wie ein Operationssaal.

Aus dem Verständnis, daß man eine Softwaretechnik so richtig nur beim Machen eines Projekts erlernen kann, resultiert der Entschluß, die allgemein-theoretischen Ausführungen mit einem *Beispielprojekt* zu illustrieren, das sich durch das ganze Buch zieht und Anschauungsmaterial für alle Phasen, Aktivitäten, Methoden etc. hergibt. Die Ähnlichkeit dieses Beispiels — des touristischen Buchungssystems namens *TuBSy* — mit dem aris der TUI-airtours ist natürlich nicht zufällig.

...und was nicht behandelt wird

Nun gibt es eine Vielfalt konkurrierender, einander überlappender, sich ergänzender oder auch ausschließender Methoden und Werkzeuge. Es ist weder möglich noch unsere Absicht, sie alle darzustellen. Vielmehr wollen wir bewußt „nur" unsere Softwaretechnik erörtern unter dem Motto: „So machen wir es." Ein altes Sprichwort sagt: „In der Beschränkung zeigt sich der Meister." Das gilt auch für die Softwaretechnik, denn es ist nicht nur wichtig zu wissen, welche Methoden und Werkzeuge man anwenden will, sondern auch, welche man besser wegläßt und warum.

Die folgende Liste in diesem Buch *nicht behandelter Methoden und Werkzeuge* ist bei weitem nicht vollständig und stellt keinerlei Wertung dar:

Epos	Entwicklungs- und Projektmanagement-orientiertes Spezifikationssystem (Lauber / GPP)
HIPO	Hierarchy plus Input-Process-Output (IBM)
JSP	Jackson Structured Programming
JSD	Jackson System Development
Orgware	(ADV/Orga)
Promod	(GEI)

PSL/PSA   Problem Statement Language/Analyzer (Teichroew)
SADT   Structured Analysis and Design Technique (Ross / SofTech)
SA/SD   Structured Analysis and Design (Yourdon, Constantine, DeMarco)
Softorg   (Sneed / SES)
SREM   Software Requirements Engineering Methodology
IEW   Information Engineering Workbench (Knowledgeware)

und viele andere ...

Wir wollen uns auch nicht auf den schillernden Begriff CASE (Computer Aided Software Engineering) einlassen. Er suggeriert, daß ein CASE-System den gesamten Software-Entwicklungsprozeß mit Werkzeugen unterstützt. Tatsächlich etikettiert das Modewort CASE hauptsächlich Werkzeuge für die frühe Spezifikationsphase, und noch dazu nur solche, die methodisch auf Structured Analysis beruhen.

Es wäre dem Leser nicht dienlich und widerspräche auch dem Charakter dieses Buches, hier einen Abriß der vielen publizierten Methoden zu geben oder auch nur auf die einschlägige Literatur zu verweisen. Die Verwirrung wäre groß, der Nutzen gering. Um der Vielfalt nicht nur aufzählend, sondern auch wertend einigermaßen gerecht zu werden, müßte man ein eigenes Buch schreiben, und das haben andere schon getan. Besonders empfehlenswert erscheint uns in diesem Zusammenhang [Fairley 85]. Deutschsprachig und fast eine Enzyklopädie ist [Balzert 82]; [Balzert 85] spiegelt den Stand der deutschen Methodensysteme wieder. Lesenswert auch [Österle 81], insbesondere Kapitel 3.3.

Von den allgemeinen Büchern über Software-Engineering finden wir zwei bemerkenswert: [Pressman 87] wegen seiner ansprechend systematischen Darstellung des Gebiets und vor allem [Fox 82], das durch die ungewöhnlich große Erfahrung und Praxis seines Autors besticht.

Soweit die allgemeinen Literaturhinweise; Referenzen zu speziellen Themen geben wir natürlich in den jeweiligen Kapiteln.

1.6 Software-Philosophie ja,
Dogmatismus und Bürokratie nein

Harry Sneed schrieb vor einiger Zeit in einem Aufsatz über „Die Notwendigkeit einer Ideologie", daß ein Softwareprojekt so etwas sei wie eine Minigesellschaft, die auch eine Verfassung brauche. Weil wir seiner Auffassung zustimmen — wir würden lediglich anstelle von Ideologie das Wort Philosophie vorziehen —, zitieren wir auszugsweise:

„Jede Verfassung basiert auf einem Netz von Werturteilen über das, was man für richtig hält ... Ein Softwareprojekt ist so etwas wie eine Minigesellschaft. Menschen arbeiten zusammen und teilen die gleichen Betriebsmittel, um ein gemeinsames Ziel zu erreichen. Nur, zu diesem gemeinsamen Ziel führen viele Wege. Man hat die Qual der Wahl. Der Weg, den man geht, hängt von den Werturteilen der Beteiligten ab. ... Um so wichtiger ist es, eine Software-Ideologie zu haben. Es wird uneffektiv und

zeitraubend, vor jedem neuen Projekt eine neue Grundsatzdiskussion auszulösen. Denn Grundsatzdiskussionen werfen grundsätzlich mehr Probleme auf, als sie lösen. So kann man über alles Mögliche endlos diskutieren — über die maximale Modulgröße, die Art der Datenmodellierung, den Sinn der Normalisierung, die richtige Entwurfsmethodik —, ohne ein Ergebnis zu erreichen. Solche Grundsatzfragen müssen von oben herab durch eine Art Projektverfassung endgültig geregelt werden, damit die Projektmitarbeiter zur Tagesordnung übergehen können ... Das Ganze ist ein langer und schwieriger Prozeß. Jedoch, ohne eine gemeinsame Ideologie wird der Prozeß noch länger und noch schwieriger. Eine Software-Entwicklungsideologie, als Netz von Glaubenssätzen, ist notwendig zur Akzeptanz der Regeln. Hierin liegt das eigentliche Verdienst von Software-Engineering."

Nun führt die Suche nach einer guten Ideologie bzw. Philosophie nicht immer zu einer Methodik, die das Entstehen pfiffiger Ideen und intelligenter Lösungen, die so wichtige Kreativität fördert. Statt dessen begegnen wir immer wieder einer „Softwarebürokratie", die ein stark formalisiertes Vorgehen verlangt, das Abhaken von Checklisten, das Füllen von Kapiteln einer starren Dokumentationssystematik — häufig mit dem Vermerk „nicht zutreffend" — und manches mehr. Damit ist man ungeheuer beschäftigt und wiegt sich bezüglich des Projektfortschritts in Sicherheit, weil man ja so fleißig arbeitet. Nur, die guten Ideen und eleganten Lösungen stehen in keiner Checkliste ...

Softwarekrise, das bedeutete Chaos — Chaos in der Programmierung, im Entwurf, im Vorgehen. Mittlerweile ist das Pendel vom Chaos der 70er in die Softwarebürokratie der 80er Jahre ausgeschlagen. In den 90er Jahren sollten wir endlich einen goldenen Mittelweg zwischen Chaos und Bürokratie, Kreativität und Ordnung suchen. Auf ihm geht man einigermaßen ordentlich und kreativ zugleich, man beachtet formale Regeln, arbeitet aber vor allem methodisch substantiell. Eines ist dabei besonders wichtig: Eine Methode konsequent und durchgängig anzuwenden ist besser, als sich mit mehreren zu verzetteln.

1.7 Paradigmen der Softwareentwicklung

Software-Engineering kann mit seinem Alter von gut zwanzig Jahren noch kein ausgereiftes Gebiet sein, auch wenn einige grundlegende Methoden als gesetzt und weithin akzeptiert gelten können, etwa die Strukturierte Programmierung, die Objekt/Beziehungs-Datenmodellierung und ein gewisses Grundmuster, das nahezu alle Phasenmodelle charakterisiert. Andere Methoden bzw. Paradigmen der Softwareentwicklung werden dagegen in der Fachwelt noch intensiv diskutiert, und der Ausgang ist offen. Wir wollen im folgenden zu drei Themen Stellung nehmen — Themen, die durch markante Gegenpole geprägt sind.

Strukturierte versus objektorientierte Methodik

Mit „strukturiert" sind hier vor allem Structured Analysis nach [DeMarco 79] und Structured Design, [Yourdon-Constantine 79], gemeint. Structured Analysis und objektorientierte Methodik sind Antipoden. Die strukturierte Analyse beruht auf Datenflußdarstellungen, d.h. die Daten werden von einer (gedächtnislosen) Funktion zur anderen weitergereicht, und Kontrollmechanismen, etwa Funktionsaufrufe, sind nicht vorgesehen. Man spezifiziert also, indem man Daten zwischen Funktionen herumkreisen läßt. Ganz anders die objektorientierte Methodik: Sie konzentriert zusammengehörige Daten und Funktionen, und die Funktionen verschiedener Objekte rufen einander auf, wobei natürlich auch Daten (als Parameter) weitergereicht werden. Die strukturierte Analyse ist derzeit sehr populär, nicht zuletzt dank der vielen CASE-Tools mit ihrer auf den ersten Blick oft beeindruckenden graphischen Oberfläche. Wenn wir dennoch die objektorientierte Methodik bevorzugen, so deshalb, weil sie der — ebenfalls objektorientierten – realen Welt besser entspricht und methodisch fundierter ist. Das zeigt sich u.a. daran, daß mit ihr der Übergang von der Spezifikation zur Konstruktion bruchlos gelingt, was der strukturierten Analyse prinzipiell versagt bleibt.

Transaktions- versus dokumentenorientierte Softwareentwicklung

Viele CASE-Tools sind so gebaut, daß der Entwickler seinen Softwareentwurf interaktiv, maskengeführt und in kleinen Portionen einer Datenbank, oft in Form eines Data Dictionary, anvertrauen muß. Er arbeitet dann in derselben „transaktionsorientierten" Weise wie der Anwender eines Informationssystems, z.B. wie der Angestellte am Bankschalter beim Buchen von Kontobewegungen oder der Reisebüro-Mitarbeiter beim Reservieren von Flügen. Diese Arbeitsweise erscheint uns für den Entwickler wenig geeignet, denn *Software schreibt man.* Wir plädieren deshalb für einen dokumentenorientierten Stil der Softwareentwicklung, d.h. diese ist aus der Sicht des Entwicklers ein Prozeß des Schreibens von Dokumenten, und zwar in den Entwurfsphasen ebenso wie in der Programmierung, wo er das ohnehin nicht anders kennt. Die Dokumente sind natürlich nicht einfach frei gestaltet und verbal formuliert, sondern sind mehr oder weniger streng strukturiert, d.h. sie unterliegen einer gewissen Syntax und Semantik. Als Werkzeug beim Schreiben dient ihm hauptsächlich ein Texteditor. Wenn es nötig ist, etwa ein Data Dictionary mit Querverweisinformation zu versorgen, so läßt sich diese mit weiteren Werkzeugen relativ einfach aus den Dokumenten extrahieren. Das Wesen der dokumentenorientierten Arbeitsweise liegt in ihrem ganzheitlichen Ansatz, der dem Entwickler erlaubt, Gedanken im Zusammenhang zu formulieren und auch wieder zu lesen. Im Gegensatz dazu führt das transaktionsorientierte Arbeiten, das in der Welt der administrativen Informationssysteme zur Erledigung von Geschäftsvorfällen angemessen und tradiert ist, in der Softwareentwicklung zu einer verwirrenden Atomisierung der Entwurfsüberlegungen.

Software zeichnen versus schreiben und illustrieren

„Ein Bild sagt mehr als tausend Wörter" ist ein altes und treffendes Sprichwort. Aber darf man daraus folgern, daß 200 Bilder mehr sagen als 200.000 Wörter? Die Hersteller von CASE-Tools, soweit sie auf graphische Systeme und Entwurfsmethoden, wie etwa Structured Analysis, setzen, scheinen das zu glauben. Nach unserer Auffassung ist es *nicht* sinnvoll, *Software* in größerem Umfang zu *zeichnen*, d.h. viele Bilder mit exakt festgelegter Syntax und Semantik zu erstellen. Unsere Erfahrungen und Einsichten lehren uns: *Software schreibt man.*

Wir benutzen nur wenige formal definierte Bilder — im wesentlichen das Objekt/Beziehungsbild des Datenmodells und einige Interaktionsdiagramme —, der Rest ist Text. Dazu gibt es Bilder, die komplexe Sachverhalte *illustrieren* — z.B. organisatorische Zusammenhänge, die Systemstruktur, globale Datenflüsse, Jobablaufpläne —, jedoch ohne sich einer exakten Syntax oder gar Semantik zu unterwerfen. Für diese Bilder gilt: „Ein Bild sagt mehr als tausend Wörter".

Einige dieser Bilder können groß und detailliert werden, z.B. das Datenmodell oder ein Jobablaufplan, und sie passen nicht in die Philosophie vieler graphischer Werkzeuge: Was nicht auf DIN-A4 oder einen Bildschirm paßt, ist zu kompliziert und muß (hierarchisch) zerlegt werden. Schließlich sei angemerkt, daß geschriebene Software illustriert werden kann, indem aus formalen Texten Graphiken erzeugt werden, z.B. im Falle von Aufrufhierarchien, Datenbankstrukturen, Programmabläufen.

Vorsicht ist geboten bei Methoden und vor allem Werkzeugen mit einer glitzernden graphischen Oberfläche, denn Software läßt sich nur begrenzt sinnvoll zeichnen. Software muß man vor allem schreiben und ihre Strukturen mit einigen wenigen Bildern anschaulich illustrieren.

2

Fallbeispiel: Touristisches Buchungssystem TuBSy

TuBSy ist das Buchungssystem eines fiktiven Touristikveranstalters, der vielfältige Reisen anbietet und verkauft. Dazu werden individuell einzelne Leistungen — Linienflüge, Hotelzimmer, spezielle Veranstaltungen etc. — mit beliebig vielen Teilnehmern zu Buchungen verknüpft, unter Beachtung von wenigen Restriktionen.

TuBSy dient uns als Fallbeispiel zur Illustration diverser Software-Engineering-Konzepte, insbesondere der Systemspezifikation, und taucht deshalb an verschiedenen Stellen dieses Buchs auf. Dieses Kapitel beschreibt kurz und allgemein gehalten die Anforderungen an TuBSy.

Ganz fiktiv und realitätsfern ist TuBSy nicht; der Einfluß des airtours-Buchungssystems ist unverkennbar — der Autor schuldet dafür der TUI Dank. Auch wenn TuBSy stark vereinfacht ist, bleibt es doch noch genügend komplex, um alle wichtigen Aspekte verdeutlichen zu können.

Wozu ein Fallbeispiel?

Die Aktivitäten und Ergebnisse des Software-Engineering können dem Leser nur verständlich werden, wenn ein Beispiel sie illustriert. Dieses darf selbstverständlich nicht den Umfang eines Großprojekts aus dem wirklichen Leben annehmen; es würde sonst allein den Rahmen eines Lehrbuchs sprengen. Andererseits wäre eine zu starke Vereinfachung gefährlich; denn die Rechtfertigung vieler Methoden des Software-Engineering ergibt sich aus der Komplexität der zu realisierenden Systeme, also letztlich aus der Komplexität der Anwendung. Ein reines Spielzeugbeispiel würde seinen Zweck nicht erfüllen, so daß wir dem Leser an einigen Stellen detailliertes Eindringen in die Anwendung zumuten müssen.

Die nun folgende Beschreibung einer touristischen Anwendung sollte nicht zu der Annahme verleiten, zu Beginn eines Entwicklungsprojekts sei die Aufgabenstellung jemals so klar und übersichtlich vorgegeben wie in unserem Fallbeispiel. Das Verständnis und die Strukturierung der Anwendung sind vielmehr einer der schwierigsten und interessantesten Teile der Systementwicklung — oft beklagt man, dieses Verständnis erst zu spät erreicht zu haben. Im Kapitel 4 (Systemspezifikation) werden wir auf dieses Problem näher eingehen.

TuBSy hilft beim Verkauf touristischer Leistungen

Unser fiktiver Reiseveranstalter unterhält in verschiedenen Orten Servicebüros. Dort arbeiten Verkäufer, die den gesamten Vertrieb der Reisen abwickeln, also bei der Gestaltung einer Reise beraten, Buchungen vornehmen und die Reiseunterlagen produzieren. Als Kunden treten nicht die Endverbraucher, sondern Reisebüros in Erscheinung; die Abwicklung erfolgt telefonisch. Abbildung 2.1 illustriert das Zusammenspiel der Beteiligten.

Der typische Verlauf eines Buchungsvorgangs läßt sich so beschreiben: Das Reisebüro nimmt im Auftrag eines Kunden Kontakt mit dem Servicebüro auf. Es erfragt die Verfügbarkeit der gewünschten Leistungen (z.B. „Ist über Ostern noch ein Doppelzimmer in Vatikannähe frei?"); dabei kann es erforderlich werden, Alternativvorschläge zu finden. Alle gewünschten Leistungen werden reserviert und in einer Buchung zusammengefaßt. Daraus resultieren verschiedene weitere Bearbeitungsvorgänge. Leistungen, deren Verfügbarkeit zum Buchungszeitpunkt nicht feststeht, müssen beim Leistungsanbieter, z.B. dem Hotelier oder der Autovermietung, erfragt werden. Reservierte Leistungen werden ihm avisiert, damit er sich darauf einrichten kann, wann sie von wem in Anspruch genommen werden. Dem Reisebüro wird möglichst schnell, d.h. nachdem die Verfügbarkeit aller reservierten Leistungen gesichert ist, eine Reisebestätigung zugesandt. Wenige Wochen vor Reisebeginn erhält das Reisebüro eine Rechnung; im Buchhaltungssystem des Veranstalters wird ein offener Posten über den Rechnungsbetrag angelegt.

TuBSy, das zu realisierende Informationssystem, soll den Verkaufssachbearbeiter im Servicebüro bei seiner Buchungstätigkeit unterstützen. Es soll prüfen, ob die gewünschten Leistungen buchbar sind, und jederzeit Auskunft über die Buchungen geben können. Ihre nachträgliche Änderung muß möglich sein. TuBSy soll den Preis einer Buchung berechnen und die Dokumente für Leistungsanbieter (Avise) sowie

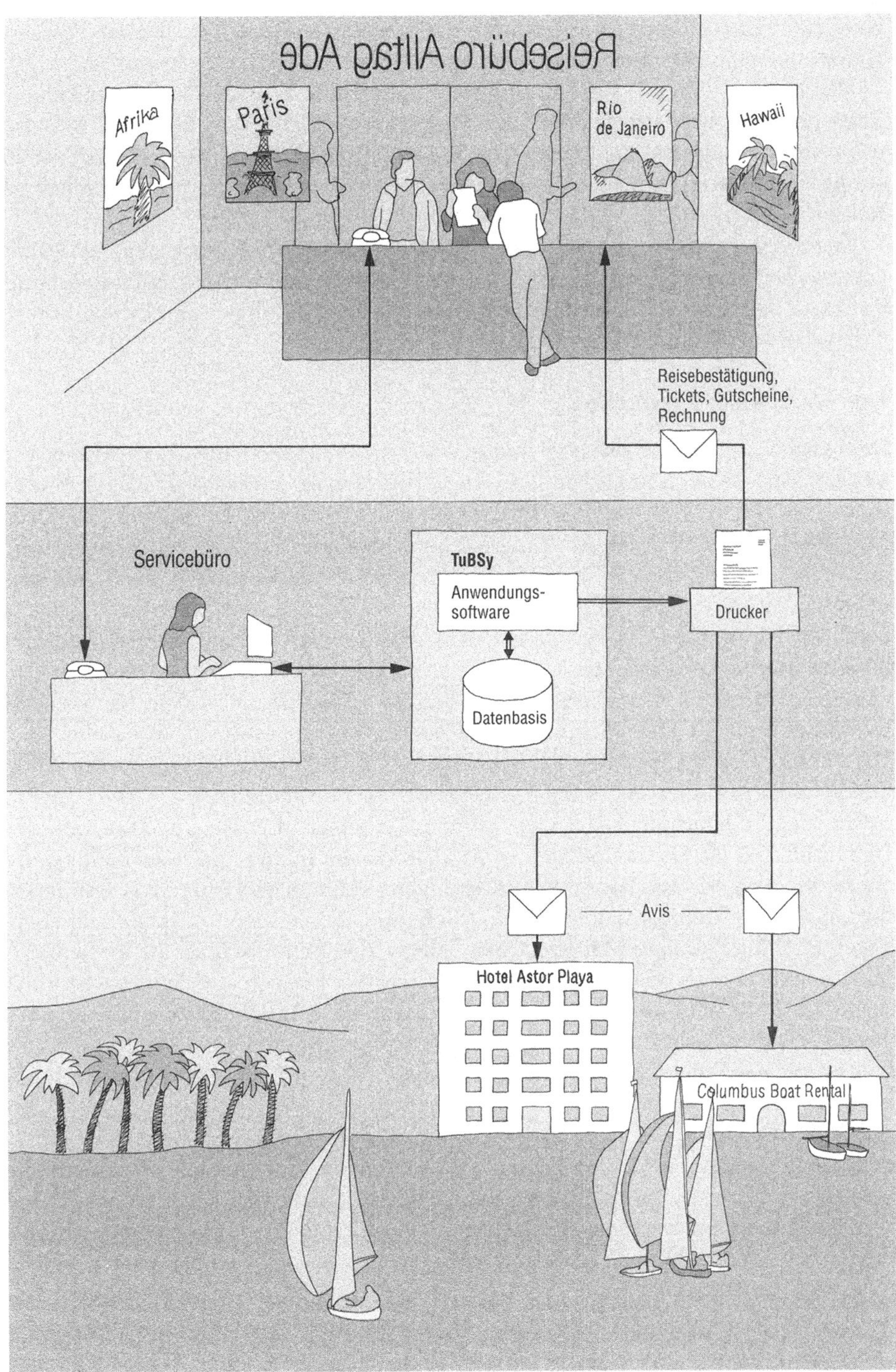

Abb. 2.1 Reisen buchen mit TuBSy

Kunden (Tickets, Voucher, Rechnungen) automatisch erzeugen. Ferner hat es die Schnittstelle zum Buchhaltungssystem zu bedienen.

Das System soll *nicht* ein interaktives Informationssystem zur Gestaltung von Reisen sein. Es beantwortet nicht die Frage, an welchem Strand man im November noch baden kann. Es dient nicht der Beratung, sondern der Abwicklung von Buchungen. Es erstreckt sich auch nicht auf die Einkaufsseite, also das Kalkulieren der Reisen.

Das System wird vorerst nur von den Verkaufssachbearbeitern in den Servicebüros genutzt. Für später ist vorgesehen, auch Reisebüros mit hohem Buchungsaufkommen direkt an das System anzuschließen. Direkte Buchungen durch den Endverbraucher sind wegen der Komplexität der Materie ausgeschlossen.

Das touristische Angebot

Das Angebot unseres Reiseveranstalters besteht, wie niemanden überraschen wird, aus *Reisen*, wie sie, hübsch bebildert, in seinen *Katalogen* beschrieben sind. Zu einer Reise gehören mindestens eine Transportleistung und eine Unterkunft. Damit der Veranstalter bei der Preisgestaltung für die Flüge günstige Tarife in Anspruch nehmen darf, muß die verkaufte Reise gemäß den IATA-Richtlinien[1] noch eine dritte Leistung enthalten. Die Zahl der Leistungen in einer Reise ist nach oben nicht fest begrenzt, z.B. gibt es Reisen, die nacheinander mehrere Städte berühren oder kombinierte Städte/Badeurlaube.

Alle Leistungen haben einen *Leistungsanbieter*. Dies ist meist nicht der Veranstalter selbst, sondern eine Fluglinie, ein Hotelier, ein Autoverleih oder vielleicht ein Bergführer. Der Veranstalter hat Verträge mit den Anbietern, die ihn berechtigen und oft auch verpflichten, deren Leistungen weiterzuverkaufen.

Das einzige Transportmittel unseres Veranstalters sind *Flüge*, und zwar mit Linie. Diese sind charakterisiert durch einen Abflughafen im Inland und einen Zielflughafen, der im In- oder Ausland liegen kann. Flughäfen sind international durch dreibuchstabige, mehr oder weniger mnemonische Abkürzungen bezeichnet (z.B. TXL für Berlin Tegel, PMI für Palma di Mallorca). Für TuBSy sind hauptsächlich die Verfügbarkeiten sowie die Preise relevant. Die Reservierung von Plätzen auf bestimmten Flügen sowie das Erstellen von Tickets wird von einem anderen DV-System übernommen, das die Fluggesellschaften betreiben und Reisebüros wie Reiseveranstaltern zur Verfügung stellen. Eine Kopplung des Buchungs- mit dem Flugreservierungssystem zu einem späteren Zeitpunkt ist nicht auszuschließen.

Der komplexeste Teil des touristischen Angebots sind die *Unterkünfte*. Wir beschränken uns auf *Hotels* und lassen Mietwohnungen, Campmobile, Hausboote und dergleichen beiseite. Hotels gliedern ihr Angebot in mehreren Dimensionen. Es gibt verschiedene *Zimmerarten* wie Einzel- und Doppelzimmer in verschiedenen Ausstattungen wie Bad/Balkon, Dusche/Fernseher/Minibar. Die Zimmerarten lassen unterschiedliche Belegungen zu, z.B. Doppelzimmer als Einzelzimmer, Doppelzimmer mit Zustellbett. Es gibt verschiedene *Verpflegungsarten* wie Halb- und Vollpension,

---

[1] IATA: International Air Transport Association, Verband der Luftverkehrsgesellschaften, der u.a. Flugtarife reguliert.

englisches oder kontinentales Frühstück. Darüber hinaus definiert jedes Hotel seine eigenen *Saisons*, von denen die Kontingente und die Preise der Leistungen abhängen. Beispielsweise kann die Belegung von Doppelzimmern als Einzelzimmer in der Hochsaison eingeschränkt sein.

Um die Reservierungsvorgänge zu vereinfachen, wird nicht jedes Hotelzimmer einzeln beim Hotelier angefordert, sobald eine Buchung dafür vorliegt. Statt dessen werden mit vielen Hotels Verträge über *Kontingente* abgeschlossen, also über eine Anzahl Zimmer bestimmter Kategorien, die der Hotelier für den Veranstalter fest reserviert. Diese Anzahl kann zeitabhängig sein, z.B. ständig zwei, im Juli und August jedoch vier Doppelzimmer mit Bad umfassen. Das Buchungssystem muß also die freien Kontingente, die sog. Vakanzen, kennen und davon Abbuchungen tätigen.

Weniger komplexe, aber auch wichtige Bestandteile einer Reise sind die *Transfers* zwischen Flughafen und Hotel sowie die *sonstigen Leistungen* wie Rundfahrten, Mietwagen, sportliche Veranstaltungen u.ä.m. Alle bisher beschriebenen touristischen Leistungen werden für jede touristische Saison (Sommer und Winter) im voraus zu Reisen zusammengeschnürt und in dem Katalog des Veranstalters veröffentlicht. Sie bilden das Angebot, auf dem das Buchungsgeschäft einer Saison abgewickelt werden kann.

Die Buchung

Woraus besteht eine Buchung? Im einfachsten Fall könnte man sich vorstellen, daß jede touristische Leistung einzeln verkauft wird, so wie man in einem Supermarkt einige Artikel aus dem Regal nimmt, bezahlt und nach Hause trägt. So einfach ist es aber nicht; denn das Geschäft eines Reiseveranstalters besteht gerade darin, komplette Reisen unter Beachtung von Sonderwünschen der Kunden zusammenzustellen und für den korrekten Ablauf zu sorgen. Der Veranstalter trägt die Verantwortung dafür, daß die reservierten Leistungen tatsächlich verfügbar sind und daß sie in ihrer Gesamtheit räumlich und zeitlich zusammenpassen.

Eine *Buchung besteht aus Reservierungen*, das sind *Zuordnungen von Teilnehmern zu touristischen Leistungen*. Jeder Teilnehmer will bestimmte Leistungen in einem festgelegten Zeitraum in Anspruch nehmen. Für die Verfügbarkeit der Leistung gibt es nun verschiedene Möglichkeiten. Sie kann in dem gewünschten Zeitraum überhaupt nicht angeboten sein: Der Flug verkehrt nicht dienstags, das Hotel ist im November geschlossen. In diesem Fall wäre es schlicht ein Fehler, sie zu buchen; man muß auf eine andere Leistung oder einen anderen Zeitraum ausweichen. Die Leistung kann kontingentiert sein; dann ist zu versuchen, sie für den gewünschten Zeitraum aus dem Kontingent abzubuchen. Ist das erfolgreich, kann die Reservierung sofort bestätigt werden, anderenfalls ist beim Leistungsanbieter per Telefon, Telex oder Brief nachzufragen, ob er noch freie Kapazitäten hat. Bei nicht kontingentierten, trotzdem in ihrer Verfügbarkeit beschränkten Leistungen ist in jedem Fall nachzufragen. Kann der Leistungsanbieter zusagen, geht die Reservierung in Ordnung, anderenfalls ist wiederum auf eine andere Leistung auszuweichen.

Zwischen den Reservierungen einer Buchung bestehen vielerlei Zusammenhänge. Einige Plausibilitäten ergeben sich daraus, daß es einer Person nicht möglich ist, gleichzeitig an verschiedenen Orten zu sein, also z.B. Hotelzimmer an verschiedenen

Orten zu belegen. Bei derartigen Prüfungen muß man sich jedoch davor in acht nehmen, von vornherein die möglichen Reiseverläufe zu stark einzuschränken. Beispielsweise kommt es durchaus vor, daß Flüge, die zu späten Nachtstunden ankommen oder starten, Reisende dazu veranlassen, Hotelzimmer einen Tag länger oder kürzer zu buchen als das zunächst rechnerisch plausibel wäre. Sind alle Flüge zum Zielort ausgebucht, kann sich ein Reisender entschließen, nicht den seiner Unterkunft nächstliegenden Flughafen anzufliegen. Einige bei der Zusammenstellung von Reservierungen zu Buchungen strikt zu befolgende Regeln gibt es jedoch. Wie schon oben erwähnt, gehört zu jeder Reise ein im Katalog festgelegter Mindestumfang von Leistungen, der zwar erweitert, aber nur mit Einschränkungen modifiziert oder verringert werden kann. Manche Angebote gelten beispielsweise nur bei Buchung bestimmter Hotels für mindestens eine Woche. In den allermeisten Fällen kann auf die Reservierung eines Flugs und einer Unterkunft nicht einfach verzichtet werden.

Nach oben hin sind dem Tatendrang der Reisenden jedoch kaum Grenzen gesetzt. Das Zubuchen von Leistungen und das Kombinieren von Unterkünften und Flügen zur Gestaltung individueller Reiserouten gewinnt durch ein bewußteres Kundenverhalten an Bedeutung und muß möglich sein. Auch die Anzahl der Teilnehmer einer Reise läßt sich nicht von vornherein nach oben begrenzen. Es wäre zwar einfach, für jeden Teilnehmer eine gesonderte Buchung anzulegen, ginge aber an der Realität vorbei. Zum einen begründet eine Buchung juristisch gesehen einen Vertrag, und es macht einen Unterschied, ob ein solcher für alle Teilnehmer oder ob eine Vielzahl von Verträgen geschlossen wird. Für unsere Aufgabe wichtiger ist aber die Unterstützung des Arbeitsablaufs beim Verwalten der Buchungen. Wollen mehrere Personen zusammen verreisen, ist es wahrscheinlich, daß Änderungen bei einer Person sich auch auf die Pläne der anderen auswirken, was zu komplexen Umbuchungsaktivitäten führen kann. Nehmen wir beispielsweise an, daß zwei Familien gemeinsam verreisen wollen, Hotelzimmer aber knapp sind. Ein Zimmer kann nun aus dem Kontingent gebucht werden, für ein weiteres ist beim Leistungserbringer anzufragen. Kann dieser nicht zusagen, muß für einige Teilnehmer eine andere Unterkunft reserviert werden; es ist dabei wahrscheinlich, daß die anderen Teilnehmer mitziehen. Keinesfalls darf man jedoch in das Extrem verfallen, alle Teilnehmer grundsätzlich über einen Kamm zu scheren. Bei knapper Verfügbarkeit kann es erforderlich werden, sie verstreut über ein Zielgebiet unterzubringen; abweichende Reisezeiträume und Leistungen können explizit gewünscht sein.

Reiseunterlagen und Abrechnung

Jede Reservierung, die durch den Leistungsanbieter nachvollzogen werden muß — das sind die meisten —, wird ihm avisiert. Wird z.B. ein Zimmer aus dem Kontingent gebucht, so informiert das *Avis* den Hotelier, welche Gäste er konkret zu erwarten hat. Für Transfers, Rundfahrten, Mietwagen u.ä. sagt das Avis dem Leistungsanbieter, welche Kapazitäten er bereitstellen muß. Avise werden versandt, sobald feststeht, daß die Leistungen in Anspruch genommen werden. Ändern sich Reservierungen zu einem späteren Zeitpunkt, so sind Änderungsavise zu verschicken.

Eines der marktpolitisch wichtigsten Dokumente ist die *Reisebestätigung*. Der Veranstalter sendet sie an das Reisebüro, das sie dem Reisenden weitergibt. Sie begründet ein Vertragsverhältnis und gibt dem Reisenden die Sicherheit, daß seine Reise wie gewünscht stattfinden kann. Ein Veranstalter, der gebuchte Reisen schnell bestätigen kann, hat deshalb Wettbewerbsvorteile gegenüber Konkurrenten, bei denen es länger dauert. Die Reisebestätigung kann erst versandt werden, wenn alle Reservierungen in Ordnung gehen. Damit dieses Ziel schnell erreicht werden kann, müssen die organisatorischen Abläufe beim Veranstalter reibungslos funktionieren. Hierzu gehören gutgeführte Vakanzen und allgemein schnelle Informationswege und zuverlässige, stets verfügbare Information über die Buchungen. Das Buchungssystem ist also nicht primär ein Rationalisierungswerkzeug, sondern ein Mittel zur Verbesserung der Qualität und des Flusses der Buchungsinformation.

Einige Zeit vor Reiseantritt erhält das Reisebüro vom Veranstalter für die Buchung eine *Rechnung*. Ihr sind zur Weitergabe an den Reisenden die Tickets und Gutscheine für die reservierten Leistungen beigefügt. Es versteht sich, daß bei Änderungen einer Buchung die Reisebestätigung, die Rechnung und die Gutscheine, soweit schon versandt und von der Änderung betroffen, nochmals produziert werden müssen. Die buchhaltungsrelevanten Daten werden der Buchhaltung des Veranstalters lediglich mitgeteilt; die Abwicklung der Zahlungen an die Leistungsanbieter bzw. durch die Reisebüros erfolgt ohne Mitwirkung des Servicebüros und ist deshalb nicht Thema von TuBSy.

TuBSy-Realisierung

Bisher war viel von Touristik die Rede, aber kaum von DV-Systemen. Was soll TuBSy eigentlich leisten? Soll es alle Funktionen des Verkaufssachbearbeiters übernehmen? Das haben wir schon ausgeschlossen, da es die wichtige Beratungsfunktion nicht bieten wird. Es wird kein Expertensystem über die Gestaltung schöner Reisepläne sein. Soll es alle Tätigkeiten im Servicebüro zumindest unterstützen und damit andere Informations- und Kommunikationssysteme wie Zettelkästen, Telefon und Telex überflüssig machen? Eine solche Vorstellung geistert oft unter dem Schlagwort „papierloses Büro" durch die Etagen; es zeigt sich jedoch schnell, daß ein solches System kaum bezahlbar wäre, außerdem von den Benutzern ab einem gewissen Grad der Automatisierung eher als einengend denn als hilfreich empfunden würde. Es gilt zu Beginn, aber auch während der Lebensdauer eines Projekts stets abzuwägen, welche Aufgaben sinnvollerweise automatisiert werden sollen und welche nicht.

In unserem Fall dürfte soviel feststehen: TuBSy muß die *Anlage und Pflege von Buchungen* im *Dialog* ermöglichen. Dazu muß es die angebotenen Produkte kennen, also auch Funktionen zur *Anlage und Pflege von Kataloginformation* enthalten. Ein wesentlicher, zeitaufwendiger und fehleranfälliger Vorgang ist das *Berechnen von Preisen*; es sollte weitgehend automatisiert sein. Auch das *Erstellen der Reiseunterlagen* wird eine Aufgabe sein, und zwar im *Batch*teil des Systems. Die Abklärung von Leistungen mit den Leistungserbringern sowie die Diskussion von Alternativen erfordert jedoch wiederum den Touristikexperten und ist nicht Gegenstand der Automatisierung.

Zudem wird für TuBSy festgelegt, daß es nicht jeden Buchungsvorgang unterstützen muß. Eine Beschränkung auf bestimmte Mengen und Strukturen wird akzeptiert, sofern die über das System abwickelbaren Buchungen klar erkennbar sind und mindestens 90% des Buchungsaufkommens abdecken.

Zur Definition eines Softwareprojekts gehört außer der Klärung der fachlichen Anforderungen auch die des systemtechnischen Umfeldes. Hier wollen wir uns nicht allzu stark festlegen, um später Beispiele für verschiedene Programmiersprachen, Datenorganisationsformen u.ä. geben zu können. Es steht jedoch fest, daß die Anwendung auf einem zentralen Rechner laufen muß, um von allen Arbeitsplätzen aus Zugriff auf die aktuellen Vakanzdaten zu haben. Die Bildschirme und Drucker in den Servicebüros sind über Standleitungen mit einem Transaktionssystem auf diesem Zentralrechner verbunden. Dialogbetrieb muß mindestens während der üblichen Geschäftszeiten möglich sein; in den Restzeiten können Batchläufe stattfinden.

3

Projektmodell

Das Projektmodell ist die Systematik der geordneten Abwicklung eines Softwareprojekts: Prinzipien und Begriffe; Phasen, Aktivitäten und Ergebnisse; Methoden, Richtlinien und Werkzeuge; Qualitätssicherungsmaßnahmen und Meilensteine; Prototyping. Es definiert die für Manager und Entwickler gemeinsame und verbindliche Sicht der logischen und zeitlichen Struktur eines Projekts.

Das Entwickeln eines Softwaresystems ist — im Gegensatz zu dem eines einzelnen Programms — eine vielschichtige, umfangreiche und somit komplexe Angelegenheit. Es ist stets eine Teamarbeit. Ihr ist nur dann Erfolg beschieden, wenn der Arbeitsprozeß in einigermaßen geordneten Bahnen verläuft und die zu erzielenden Ergebnisse bestimmten inhaltlichen und strukturellen Anforderungen genügen.

Es bedarf also einer *Systematik der geordneten Projektabwicklung.* Wir nennen sie *Projektmodell* und meinen damit

- die grundlegenden *Prinzipien* und *Begriffe,*

- die *Phasen,* in denen ein Projekt abläuft,

- die darin vorgesehenen *Aktivitäten* und die damit zu erzielenden *Ergebnisse,*

- die anzuwendenden *Methoden, Techniken* und *Richtlinien*

- sowie die sie unterstützenden *Werkzeuge* und *Hilfsmittel,*

- die *Meilensteine* und die *Qualitätssicherungs- (QS-) Maßnahmen,* mit denen das Erreichen der Meilensteine festgestellt wird.

Das Projektmodell definiert die für Manager und Entwickler gemeinsame und verbindliche Sicht der logischen und zeitlichen Struktur eines Projekts.

Dazu sollte es in Form eines *Entwicklungshandbuchs* dokumentiert sein, das typischerweise aus zwei Teilen besteht: aus einer *lehrbuchhaften* Darstellung der Vorgehensweise, Methoden, Werkzeuge usw. (dieses Buch kann als solche gesehen werden) und aus einem *Richtlinien*band, der konkrete, operable Anleitungen für die tägliche Arbeit enthält (z.B. Standardgliederungen von Dokumenten, Programmierrichtlinien, Namenskonventionen). Das Lehrbuch liest man im Prinzip nur einmal, in den Richtlinien schlägt man ständig nach.

Es gibt unzählige Projekt- und insbesondere Phasenmodelle (englisch: Life cycle model). Eines der prominentesten ist das „Wasserfallmodell" von Barry Boehm, [Boehm 81], so benannt nach seiner kaskadenförmigen Darstellung des Phasenablaufs. Es lohnt sich nicht, hier auf diese Modelle näher einzugehen, denn ihre Ähnlichkeiten zu unserem Projektmodell sind größer als die Unterschiede. Der interessierte Leser sei statt dessen auf die Literatur verwiesen, z.B. auf [Balzert 82], [Balzert 85], [Jensen-Tonies 79], [Pressman 87].

Einen wichtigen Unterschied gibt es doch: Die meisten Projektmodelle definieren lediglich eine formale Struktur aus Phasen, Aktivitäten und Ergebnissen, wir legen dagegen größeren Wert auf informatisch fundierte Prinzipien, Methoden und Vorgehensweisen sowie eine adäquate Werkzeugunterstützung. Ein gutes Projektmodell ist ein flexibler Rahmen — eben „nur" ein Modell, eine Leitlinie — und bietet keine simplen Kochrezepte. Von den formalistischen Projektmodellen geht eine große Gefahr insofern aus, als sie suggerieren, daß das bloße Durchführen bestimmter Schritte und Vorliegen definierter Ergebnisse mit tatsächlichem Projektfortschritt gleichzusetzen sei. Sie begründen — wenn sie aktiv betrieben werden und nicht einfach im Schrank verstauben — eine starke „Softwarebürokratie" und ersticken dadurch die in der Softwareentwicklung so dringend nötige Kreativität. Besonders schlimm wird das durch Werkzeugunterstützung derart, daß der Entwickler von Schritt zu Schritt durch das Projekt gegängelt wird.

3.1   Projektbereiche und -beteiligte

Ein Softwareprojekt spielt sich stets in einem komplexen Umfeld ab und ist darin
Bedingungen unterworfen, die mit rein softwaretechnischen Problemen meist wenig
zu tun haben. Bevor wir auf das Projektmodell näher eingehen, ist es nützlich, sich
dieses Umfeld vor Augen zu führen und zu erkennen, daß ein DV-Projekt mehr ist
als Softwareentwicklung im engeren Sinn und daß es somit wichtige Bereiche gibt,
die in diesem Buch gar nicht oder nur knapp behandelt werden, z.B. die Fragen der
betriebswirtschaftlichen Konzeption und organisatorischen Einbettung eines Softwaresystems.

An einem Softwareprojekt ist eine Vielfalt von Personen und organisatorischen
Einheiten beteiligt. Abbildung 3.1 gibt dazu einen Überblick. Der Einfluß der
Außenwelt — Unternehmensmanagement und Anwender, Markt und Kunden, Per-
sonalsituation, Rechenzentrum und Systemlieferanten — ist eher indirekt, nichtsdestoweniger bedeutend. Die Aufgaben der unmittelbar mit der Projektabwicklung
befaßten Gruppen sind:

- Projektmanagement

  - Planung und Kontrolle des Projekts

  - Führung nach innen

  - Koordination des Projekts mit der Außenwelt

- Anwendungsorganisation

  - Analyse des organisatorischen Ist-Zustands
  - Definition der Anforderungen
  - Abstimmung der Systemspezifikation mit dem Anwender
  - Einbettung des zu entwickelnden Systems in die Anwendungsorganisation
  - Datenbereitstellung
  - Schulung der Anwender
  - Abnahmetest
  - Systemeinführung

- Systembasisbereitstellung

  - Hardwareauswahl, -erweiterung und -beschaffung
  - Netzdefinition und -aufbau
  - Festlegung und Beschaffung der zu verwendenden Systemsoftware
  - Organisation des Rechenzentrumbetriebs für neue Anwendungen
  - Bereitstellung der Entwicklungsumgebung

- Softwareentwicklung
  Das Projektmodell beschreibt nur die Softwareentwicklung im engeren Sinn. Sie
  ist das bei weitem überwiegende Thema dieses Buchs.

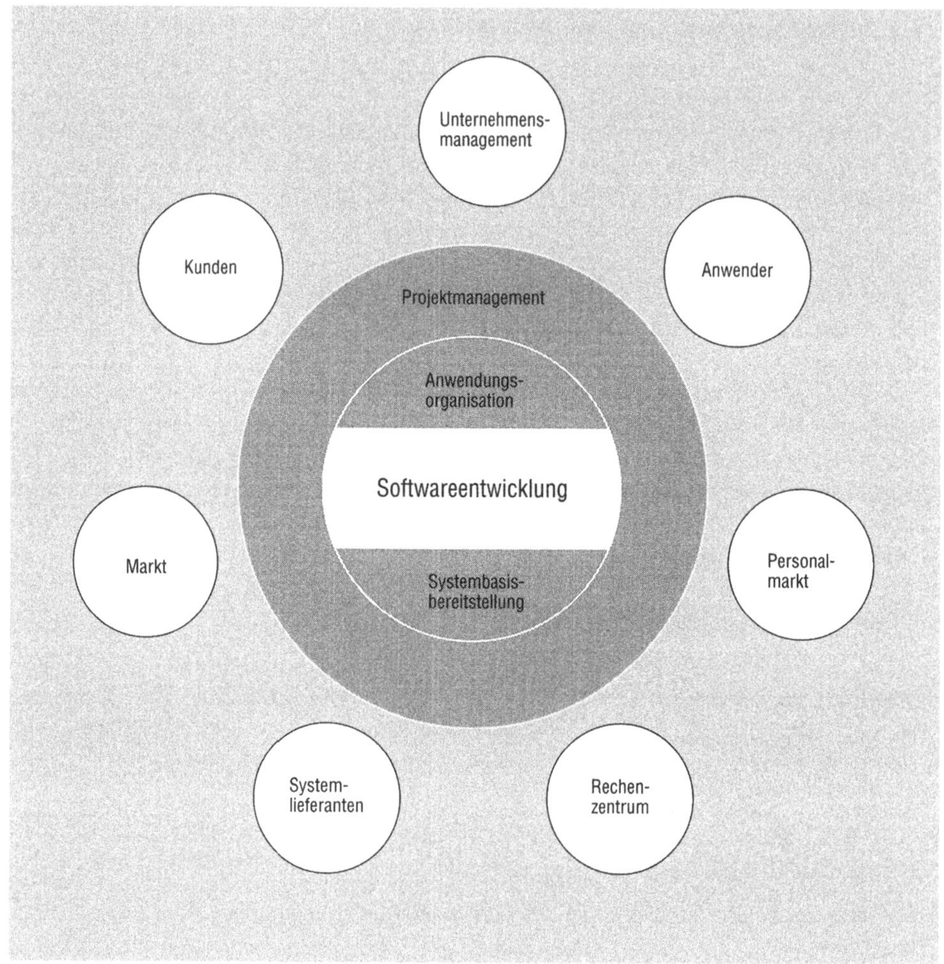

Abb. 3.1 Projektbereiche

Abbildung 3.2 gibt ein Modell für die Zusammenarbeit der an einem Projekt Beteiligten in Form einer Analogie wieder. Wir vergleichen den Prozeß der Softwareentwicklung mit dem Errichten eines Gebäudes. In den *Anwendern* des zu entwickelnden Systems sehen wir die *Bewohner* des Gebäudes; sein *Bauherr* ist der *Auftraggeber*, der Investor, der in etwa weiß, was er will. Er formuliert seine Anforderungen, Wünsche und Ideen, möglichst abgestimmt mit den Anwendern, und legt sie dem *Architekt*en (des Gebäudes oder der Software) dar, und zwar in einer ihm gemäßen Form (mündlich, mit Handskizzen, in mehr oder weniger präzisen Niederschriften). Jedenfalls müssen weder Bauherr noch Anwender eine ausgereifte Spezifikation schreiben, denn dazu sind sie nicht in der Lage, weil sie meistens weder die Zeit noch die Qualifikation dafür haben. Das ist vielmehr Sache des Architekten

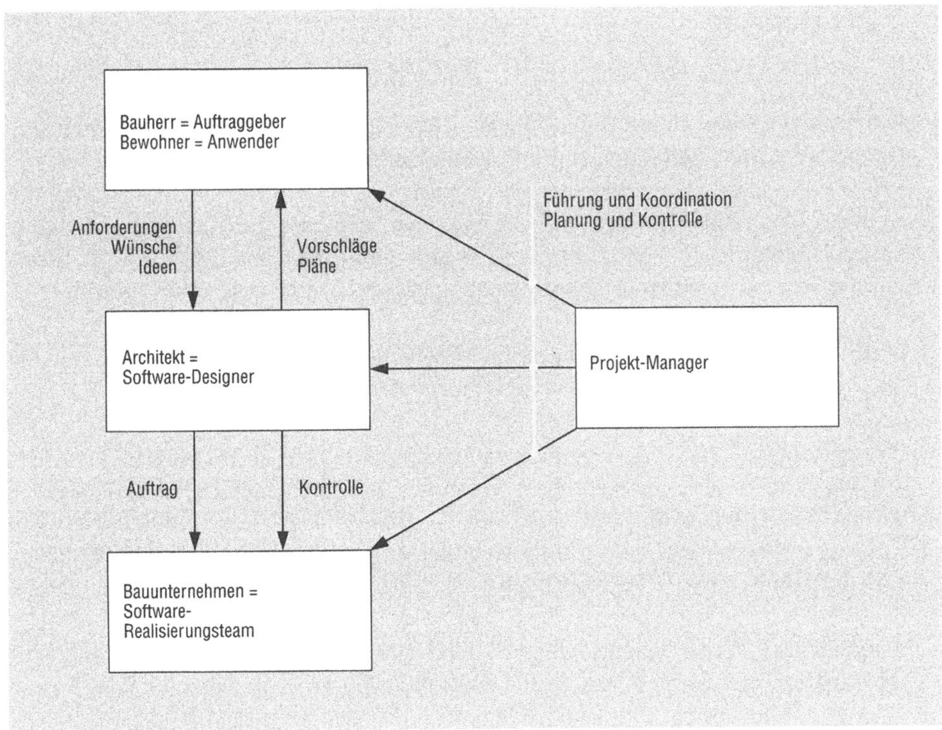

Abb. 3.2 Projektbeteiligte

bzw. des *Softwaredesigners* und seiner Mitarbeiter; sie müssen die Anforderungen, Wünsche, Ideen und Vorschläge in ausführungsreife Baupläne — wir nennen sie die Systemspezifikation — umsetzen. Der Architekt beauftragt dann im Namen des Bauherrn ein Unternehmen mit der Ausführung und kontrolliert es. Dies entspricht unserem *Software-Realisierungsteam*, das einen DV-technischen Entwurf macht, programmiert, testet, integriert etc. Ein *Projektmanager* führt und koordiniert, plant und kontrolliert das Zusammenspiel der drei Instanzen.

Vielfach wird die Rolle des Softwaredesigners nicht so deutlich gesehen, oder es gibt ihn gar nicht. Der Anwender spricht dann direkt mit dem Programmierer und macht sog. programmierreife Vorgaben — das ist so, als würde der Bauherr die Baupläne mit einem Maurer erarbeiten. Der gute Softwaredesigner braucht eine hohe spezifische Qualifikation: Er muß ein hochkarätiger Softwarespezialist sein, der nicht zuletzt auch gut programmieren kann, und die Fähigkeit besitzen, sich in das Anwendungsgebiet so weit einzudenken, daß er es systemtechnisch gestalten kann. Dazu braucht er natürlich den Anwender mit seiner Fachkompetenz.

3.2 Begriffe

Die nachstehenden Begriffe sind für das Projektmodell insofern von zentraler Bedeutung, als sie das Gerüst seiner Phasen- und Ergebnisstruktur bilden.

System: Gesamtheit aller Module, die sich in einem ganzheitlichen Zusammenhang befinden. Es antwortet auf die Eingabe von Informationen mit einer wohldefinierten Reaktion, indem es Information speichert, transformiert und ausgibt.

Modul: Abgeschlossene softwaretechnische Einheit mit wohldefinierter Schnittstelle, die eine Funktions- und oder Datenabstraktion realisiert.

Komponente: Gruppe zusammengehöriger Module. Sie kann sich nach außen, d.h. bezüglich ihrer Schnittstelle, wie ein Modul darstellen. Eine solche Komponente wird gebildet, wenn die Funktionalität zu einem zu großen Modul führen würde. Eine Komponente kann auch eine Gruppe artverwandter Module bezeichnen, z.B. eine Softwareschicht („Anwendungskern", „Dialogführung").

Subsystem: Zusammenfassung von Moduln zum Zwecke der Integration, des Prototyping und der Stufenbildung; nicht gleichbedeutend mit Komponente.

Spezifikation & Konstruktion: Mit diesem Begriffspaar charakterisieren wir einen ganz wichtigen Unterschied, nämlich den zwischen

Spezifikation	&	Konstruktion
↓		↓
Außenansicht		Innenansicht
Black-box view		Glass-box view
„Was"		„Wie"
Architektur		Implementierung
Schnittstelle		Realisierung

eines Systems, einer Komponente oder eines Moduls. Sein Entwurf (Design) besteht aus diesen beiden Teilen:

$$\text{Entwurf} = \text{Spezifikation \& Konstruktion}$$

Eine klare Trennung von Spezifikation und Konstruktion ist wesentliches Merkmal eines guten Softwaredesigns. Um Mißverständnisse zu vermeiden, müssen wir hinzufügen, daß sich diese Aussage lediglich auf die entstehende Dokumentation bezieht, nicht aber auf den Entwurfsprozeß. Beim Spezifizieren darf und muß man zugleich an die Konstruktion denken, um Machbarkeit und Aufwand frühzeitig richtig beurteilen zu können. Die Dokumente jedoch müssen die Trennung von Spezifikation und Konstruktion sauber widerspiegeln.

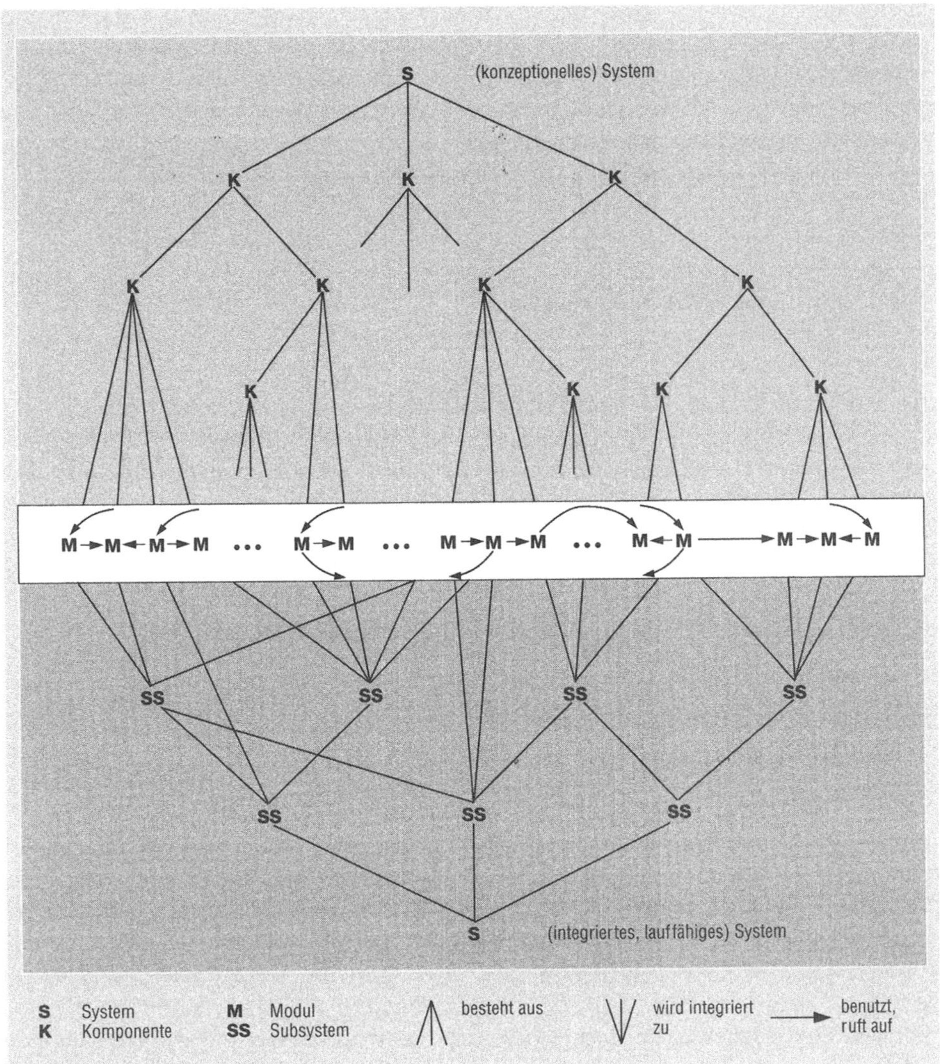

Abb. 3.3 Systemstruktur

Abbildung 3.3 stellt den Zusammenhang dieser Begriffe her: Ein System besteht
aus mehreren Stufen von Komponenten und schließlich Moduln. Die Module werden letztlich durch Programmcode realisiert, den es — per definitionem — nur hier
gibt, nicht etwa auch in den Komponenten. Von daher spielen sich die echten programmtechnischen, dynamischen Benutzungs- (Aufruf-) Beziehungen nur zwischen
den Moduln ab. Die Zerlegungsstruktur System → Komponenten → Module ist dagegen eine baumartige, rein statische Gliederung ähnlich einem Inhaltsverzeichnis,
also eine „besteht aus"-Beziehung; man kann sie auch als Stückliste des Softwaresy-

stems betrachten. Eine solche finden wir auch bei den Subsystemen: Ein Subsystem besteht aus mehreren Moduln bzw. Subsystemen. Es wird zum Zweck der Integration gebildet und für sich getestet. Die Subsystemstruktur ist nicht baumförmig und unterscheidet sich von der Systemzerlegung; denn Subsysteme werden nach ganz anderen Gesichtspunkten gebildet als Komponenten, z.B. als „Durchstich," der Module von der Benutzerschnittstelle bis zum Basissystem zum Laufen bringt.

3.3 Phasen und Ergebnisse

Gemeinhin stellt man sich den Ablauf eines Software-Entwicklungsprojekts als eine sequentielle Abfolge von klar gegeneinander abgegrenzten Phasen vor. Rückwirkungen von späteren auf frühere Phasen werden dabei als notwendiges Übel bzw. Konzession des Modells an die Realität verstanden. Wir wollen uns dieser Fiktion erst einmal anschließen, um einfache und klare Strukturen zu gewinnen. Später, in Abschnitt 3.7, werden wir sie mit der Realität konfrontieren und das Phasenmodell revidieren.

Abbildung 3.4 läßt sich auf zweierlei Weise interpretieren: Man kann

- System-Spezifikation
- System-Konstruktion
- Modul-Programmierung
- System-Integration

mit den jeweiligen Unterpunkten als (Teil-) Phasen, aber auch als (Teil-) Ergebnisse eines Projekts auffassen und die Pfeile dazwischen lesen als Phase i „folgt auf" Phase i−1 bzw. Ergebnis i „setzt voraus" Ergebnis i−1. Wir ziehen die ergebnisorientierte der Phasenbetrachtung vor, weil unstrittig ist, daß die aufgeführten Ergebnisse im Projektverlauf erarbeitet werden müssen. Das Wann, die Abfolge sind dagegen weniger klar. Wenn wir schon nicht ganz auf die tradierte Phasenvorstellung verzichten können, so wollen wir sie doch wenigstens in den Hintergrund drängen und uns stärker den Ergebnissen widmen.

Ein wesentlicher Teil der Bezeichnungen für die Phasen bzw. Ergebnisse ergibt sich als Kombination der im vorangegangenen Abschnitt eingeführten Begriffe sowie des Wortes „Test": Die Wörter

System	Spezifikation
Modul	Konstruktion
Subsystem	Test

verbinden sich zu System-Spezifikation, System-Konstruktion, System-Test, Modul-Spezifikation, Modul-Konstruktion, Modul-Test und Subsystem-Test.

Die **Systemspezifikation** ist ein Dokument, das Funktionalität und Schnittstellen des Systems von außen, also aus Sicht des Anwenders definiert. Dabei ist eine

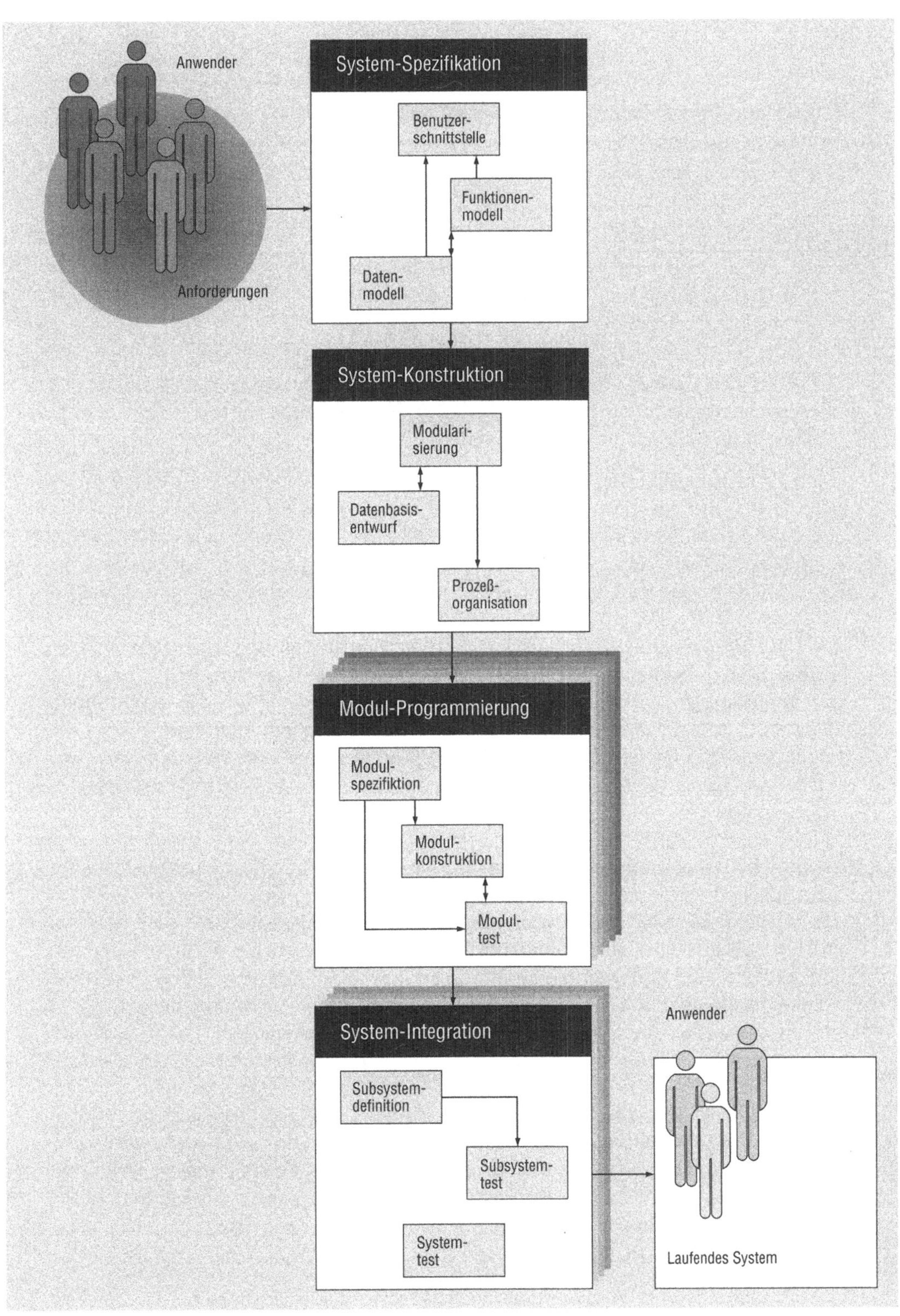

Abb. 3.4 Phasen und Ergebnisse

Vielfalt von *Anforderungen*, auf die wir im folgenden noch eingehen, als Vorgabe zu berücksichtigen. Die Systemspezifikation besteht aus drei wesentlichen Teilen:

- Das *Datenmodell* ist die Grundlage der Spezifikation. Es vermittelt eine konzeptionelle, anwendungsbezogene Darstellung der Daten, mit denen das zu spezifizierende System arbeitet.

- Das *Funktionenmodell* legt die Funktionen des Systems fest und verknüpft sie mit dem Datenmodell. Eine wichtige Rolle spielt dabei das *Zustandsmodell*, das die Lebensläufe bestimmter Datenobjekte widerspiegelt.

- Die *Benutzerschnittstelle* tritt im Dialog und als Batch in Erscheinung und legt die Art der Datenrepräsentation für und der Funktionenbenutzung durch den menschlichen Benutzer fest. Die *Nachbarsysteme-Schnittstelle* bestimmt Kommunikation und Datenaustausch mit anderen Systemen.

Die Systemspezifikation beschreibt sehr detailliert und präzise, in welcher Weise das künftige System die funktionalen Anforderungen erfüllt. Methodik und Notation dafür behandeln wir ausführlich in den Kapiteln 4–9. Keinesfalls darf man sich vorstellen, daß eine solche Spezifikation auf einen Schlag aus dem Nichts entsteht. Sie ist vielmehr das Endergebnis eines oftmals langen Entwicklungs- und Reifungsprozesses, das Begehen von Irrwegen und Sackgassen eingeschlossen. Es ist eher die Regel als die Ausnahme, wenn in einem Unternehmen von der ersten Idee bis zur fertigen Systemspezifikation mehrere Jahre vergehen und die ursprünglichen Ideen und Anforderungen sich gründlich wandeln. Das zeigt, wie schwierig es sein kann, eine menschliche Organisation so genau zu erfassen und ggf. zu ändern, wie es die strenge Präzision bei der Entwicklung von Informationssystemen letztlich verlangt.

Der Entstehungsprozeß einer Systemspezifikation läßt sich nicht gut allgemeingültig beschreiben, zu vielfältig sind Vorgaben, Randbedingungen, Einflüsse, Methoden und vor allem — die beteiligten Personen. Nur so viel ist klar: Stets denkt man über Daten, Funktionen und Schnittstellen nach und dies mit, hoffentlich, zunehmender Genauigkeit. In Abb. 3.5 versuchen wir darzustellen, daß sich die Systemspezifikation in mehreren Schritten von einem zunächst äußerst groben bis schließlich zu einem möglichst detaillierten und präzisen Dokument entwickelt. Ausgangspunkt sind natürlich die Anforderungen, Wünsche und Ideen des Anwenders, der seine Arbeitsumgebung durch DV-Unterstützung verbessern will. Am Anfang steht dann oft eine *Vorstudie*, die Schwachstellen benennen, Änderungsbedarf aufzeigen und beantworten soll, ob eine Systementwicklung sinnvoll und machbar ist, unter strategischen, Kosten/Nutzen- und technischen Gesichtspunkten. Das wichtigste Ergebnis der Vorstudie ist die Entscheidung, ob eine Entwicklung in Auftrag gegeben werden soll oder nicht. Die Stufen der Detailliertheit (äußerst grob, sehr grob, grob u.ä.) lassen sich allgemeingültig nur unzulänglich beschreiben; anhand unserer Definition der exakten Spezifikation (Kapitel 4–8) kann und muß man im konkreten Projekt aber durchaus brauchbare Festlegungen treffen.

Während der Ausarbeitung der Systemspezifikation gibt es eine ganze Reihe von Einflüssen, Vorgaben und Wechselwirkungen:

- Am wichtigsten ist das *Fachkonzept.* Es macht Aussagen über die betriebswirtschaftlichen, produktionstechnischen oder sonstigen Informationen und Regeln,

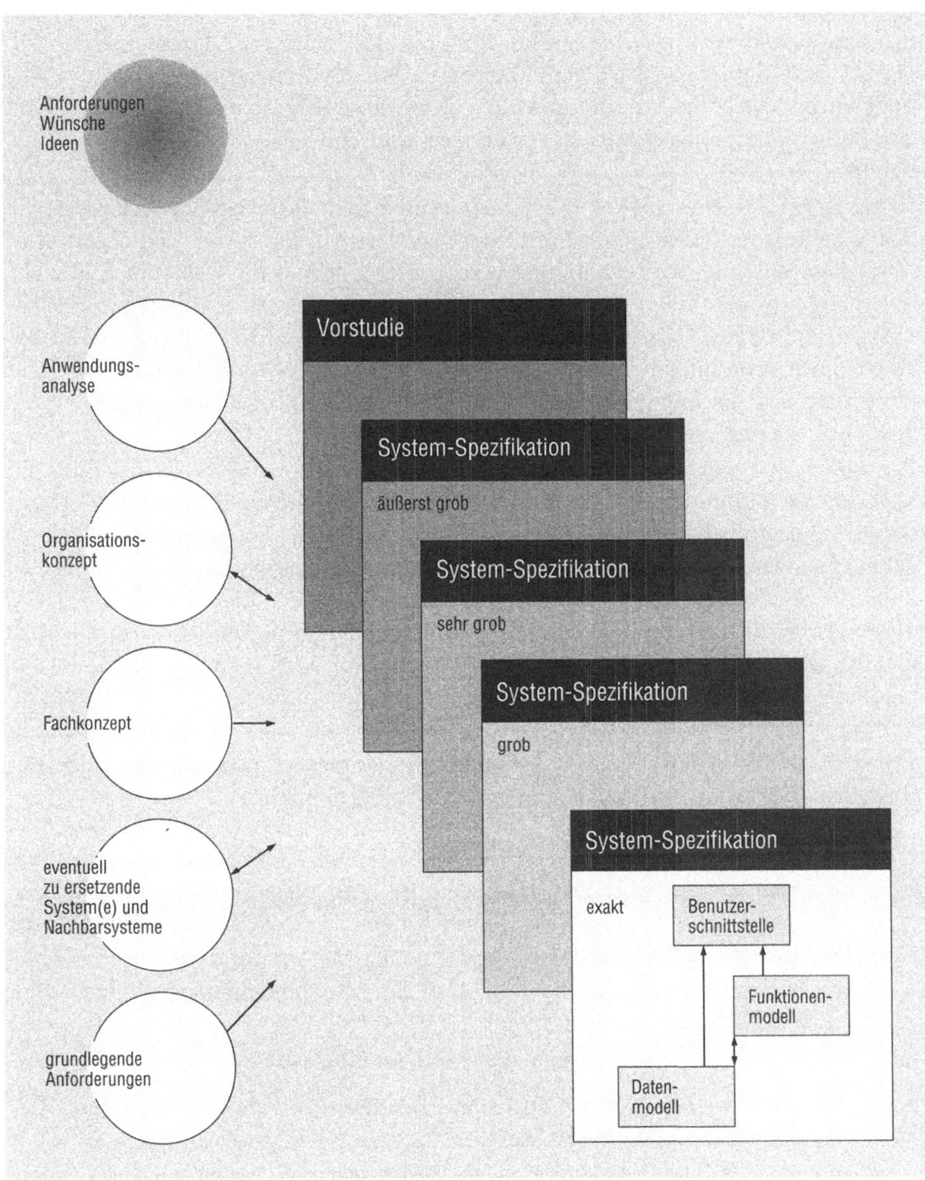

Abb. 3.5 Systemspezifikation: Entwicklung und Einflüsse

die das künftige System beinhalten muß. Bei einem Kostenrechnungssystem heißt das beispielsweise festzulegen, wie Direkt- und Gemeinkosten zu berechnen sind; bei der Steuerung einer chemischen Produktion hat man u.a. Struktur und Verwendung der Rezepturen festzulegen.

- Das *Organisationskonzept* legt fest, wie die Menschen in den betroffenen Organisationseinheiten ihre Arbeit unter Nutzung des künftigen Systems verrichten. Daraus resultieren natürlich Anforderungen an das System, aber dieses beeinflußt auch umgekehrt die Organisation. Zum Organisationskonzept gehört auch ein *Notverfahren*, das regelt, wie man sich während eines Ausfalls des Systems behilft.

- In der Regel bedarf es außerdem einer *Anwendungsanalyse*, deren Zweck es ist, die Softwaredesigner (Architekten) mit dem betriebswirtschaftlichen und organisatorischen Ist-Zustand der Anwendung vertraut zu machen. Ihr Ergebnis muß nicht notwendigerweise ein wohlstrukturiertes Dokument sein, es kann aus Gesprächsnotizen und einer Materialsammlung (Formulare, Listen, Bildschirmformate bestehender Anwendungen, Arbeitsanweisungen etc.) bestehen. Es kommt vor allem darauf an, daß die Designer durch diese Analyse das Sachgebiet der Anwendung gründlich kennen und verstehen lernen.

- Ein wichtiger Aspekt bei der Spezifikation ist die Frage, ob das zu entwickelnde ein *vorhandenes System ersetzen* soll und wie es mit benachbarten Systemen verbunden werden muß. Immer häufiger wird ein System nicht auf der „grünen Wiese" gebaut, sondern muß eines der ersten Generation ablösen, das schon 10 bis 20 Jahre in Betrieb ist. Natürlich muß das neue mindestens die Funktionalität des alten bieten, die man also erst einmal exakt ergründen muß. Das ist oft gar nicht so einfach, denn Dokumentation und Struktur alter Software — und leider nicht nur solcher — lassen oft viel zu wünschen übrig; dann muß man regelrecht Software-„Archäologie" betreiben.

- Darüber hinaus gibt es diverse *grundlegende Anforderungen*, die im Zuge der Systemspezifikation zu fixieren sind bzw. diese beeinflussen:

  - *Quantitative Anforderungen*, wie da sind

    * *Performance:* Antwortzeitverhalten (z.B. „90% aller Transaktionen müssen eine Reaktionszeit unter 2 sec haben"), Durchsatz (z.B. ausgedrückt durch die Anzahl der Transaktionen/sec),
    * *Verfügbarkeit* (z.B. „Das System muß im 24-Stundenbetrieb laufen" oder „...zu 98% verfügbar sein"),
    * *Datenmengen* (Anzahl der zu speichernden Objekte),

  - anzuwendendes *Basissystem* (Hardware, Betriebs- und Datenbanksystem, TP-Monitor, Programmiersprache etc.),
  - *Termin* und *Budget*, was durchaus in Widerspruch zu anderen, insbesondere den funktionalen Anforderungen geraten kann.

Wie weit derartige Anforderungen ausformuliert werden müssen, hängt vom konkreten Umfeld des Projekts ab. Manches ist oft von vornherein klar, z.B. welches Basissystem einzusetzen ist, anderes kann dagegen tiefgreifende Untersuchungen erfordern und in weiterzureichende Anforderungen münden, z.B. nach einem schnelleren Rechner, mehr Plattenkapazität, einer neuen Systemsoftware.

Die vorstehenden Punkte sind wichtige Ingredienzen einer Systemspezifikation. In jedem Projekt kann und muß man sich konkret mit ihnen befassen, sie entziehen sich jedoch aufgrund ihrer Vielfalt einer generalisierenden Darstellung, und somit läßt sich auch kein allgemeines Schema aufstellen, das bei ihrer Ausarbeitung anleiten könnte. Wir befassen uns deshalb in diesem Buch nicht weiter damit.

In der Systemspezifikation ist detailliert festgelegt, *was* die Software von außen gesehen leisten soll; nun kommen wir dazu, *wie* sie intern technisch realisiert wird.

Die **Systemkonstruktion** ist das Dokument, das die softwaretechnische Konzeption des Systems in drei Teilen festgelegt:

- *Modularisierung* ist die Gliederung des zu entwerfenden Systems in Teile — also in Komponenten und (vor allem) Module — sowie die grobe Festlegung des Zusammenwirkens und der Schnittstellen der Module. Im Zuge der Modularisierung werden also die Module „entdeckt", benannt und in ihren statischen und dynamischen Beziehungen festgelegt.

- Beim *Datenbasisentwurf* geht es darum, die Organisation der Daten auf den externen Speichermedien (hauptsächlich Platten) festzulegen, die in der Regel durch ein Datenbank- oder Dateisystem verwaltet werden. Die Strukturen des anwendungslogischen Datenmodells können dabei im allgemeinen nicht unverändert übernommen werden, sondern die Dateien und ihre Satzaufbauten müssen mit dem Ziel effizient arbeitender Module entworfen werden. Die Minimierung der Anzahl der Zugriffe auf die Datenbasis hat insbesondere bei Dialogsystemen hohe Priorität. Hier kann man die größten Fehler in puncto Performance machen.

- Die *Prozeßorganisation* legt fest, welche Module in welchen Prozessen zum Ablauf kommen und wie die Module über Prozeßgrenzen hinweg kommunizieren. Der Begriff Prozeß wird hier im Sinne des zu verwendenden Betriebssystems verstanden. Durch die Prozeßorganisation wird die notwendige Parallelität in der Ausführung der Anwendungssoftware hergestellt, und zwar mit den Mitteln des Betriebssystems oder eines TP-Monitors und nicht durch eigene Programmierung asynchroner Konstrukte.

Die Modularisierung führt zu einer bestimmten Zahl von Moduln, für die jeweils die **Modulprogrammierung** durchzuführen ist. Sie sieht pro Modul vor:

- Die *Modulspezifikation*, in der die Funktionalität des Moduls beschrieben und seine Schnittstelle in Gestalt der Exportoperationen präzise definiert ist, und zwar zunächst in einer halbformalen, sprachneutralen Notation sowie auch in der Syntax der Programmiersprache, die zur Implementierung vorgesehen ist.

- Die *Modulkonstruktion*, das ist vor allem der Programmcode, der die Daten und Operationen des Moduls realisiert. Bei Bedarf, d.h. wenn die Konstruktion recht komplex ist und Kommentare im Code nicht ausreichen, wird zusätzlich eine Konstruktionsbeschreibung erstellt.

- Den *Modultest*, dessen Ziel und Ergebnis das einzeln getestete Modul ist. Dazu wird das Modul in ein Testsystem „eingespannt", mit Testfällen beaufschlagt, die aus seiner Spezifikation abgeleitet sind, und an den Schnittstellen zu anderen Moduln mit Dummies befriedigt.

Wir verstehen Programmieren also umfassender als nur Codieren in einer bestimmten Sprache; denn wir fassen das Spezifizieren und Testen eines Moduls auch als Aspekt seiner Programmierung auf.

Die **Systemintegration** führt die Module über eine Reihe von Subsystemen letztlich zum laufenden System zusammen. Ihre Ergebnisse sind:

- Die *Subsystemdefinition* in Form einer einfachen Aufzählung der zu dem Subsystem gehörenden Module bzw. Subsysteme.

- Der *Subsystemtest*, in dem das Subsystem bestimmte Testfälle zu bestehen hat. Die Art dieses Tests hängt stark vom Charakter des Subsystems ab. Er kann einerseits einem Modultest, andererseits dem Systemtest ähneln.

- Der *Systemtest* ist sozusagen der letzte, alle Module umfassende Subsystemtest und wird mit Testfällen von der Benutzerschnittstelle her angetrieben. Im Prinzip ist er gleich dem *Abnahmetest*, der in der Verantwortung des Anwenders bzw. Auftraggebers liegt, während der Systemtest Sache des Entwicklungsteams ist.

Dokumentation ist natürlich keine eigene Phase, sondern entsteht *projektbegleitend*. Wenn man in Abb. 3.4 nur die Teile betrachtet, die nicht Programmcode enthalten, erhält man eine grobe *Dokumentationssystematik*. Ihre wichtigsten Dokumente sind:

- Systemspezifikation
- Systemkonstruktion
- Modulspezifikationen
- Modulkonstruktionsbeschreibungen (soweit zweckmäßig)
- Subsystemdefinitionen.

Auch die

- Testfälle

sollte man als Dokumentation betrachten, selbst wenn sie im Fall von Modultests aus ablauffähigem Code bestehen, der sie automatisch reproduzierbar macht. Auch die (Sub-) Systemtestfälle sind Dokumentation: Sie sind in einem „Drehbuch" beschrieben, das dem Tester Eingaben und ggf. auch die erwarteten Ausgaben an der Benutzerschnittstelle für die Testdurchführung vorgibt.

Wartung betrachten wir nicht als eigenständige Phase. Ein in Betrieb befindliches System warten bedeutet zweierlei:

- Beheben von Fehlern und Mängeln
- Weiterentwickeln der Funktionalität.

In beiden Fällen sind möglichst die Methoden einzusetzen, die bereits in der Neuentwicklung angewendet wurden, natürlich stark lokal, d.h. auf einzelne Teile beschränkt. Aber eine Weiterentwicklung kann auch ein größeres Projekt sein, die Grenzen zur Neuentwicklung sind dann fließend. Indem es die Methoden dafür bringt, leistet dieses Buch — auch wenn es nicht explizit davon handelt — einen Beitrag zum Thema Wartung.

3.4   Ergebnisse und Methoden

In diesem Abschnitt skizzieren wir Art und Darstellung der zu erzielenden Ergebnisse und vermitteln einen Überblick derjenigen Methoden, die wir beim Erarbeiten dieser Ergebnisse anwenden. Wer sich bei der Lektüre darüber wundert, daß so viele, ihm aus irgendwelchen Quellen bekannte Methoden nicht vorkommen, sei daran erinnert, daß dieses Buch kein Kompendium diverser Softwaremethoden ist, sondern bewußt nur diejenigen behandelt, die wir für gut befunden und in unserer Projektpraxis erprobt und angewendet haben. Ein großer Teil des Buchs ist ihrer gründlichen Darstellung gewidmet. Abbildung 3.6 versucht, Art und Darstellung der Ergebnisse mittels Piktogrammen zu charakterisieren und setzt die Methoden dazu in Beziehung.

Systemspezifikation

- Für die *Benutzerschnittstelle* eines online-Systems sind Bildschirmformulare (Masken) und Dialogabläufe festzulegen. Letztere definieren wir mit Hilfe von Interaktionsdiagrammen (IAD), einer speziellen Form endlicher Automaten.

- Das *Funktionenmodell* findet seinen Ausdruck in dem Zusammenspiel von Sachbearbeitern. Dies ist eine Variante der objektorientierten Methodik auf der Ebene der Systemspezifikation (siehe Abschnitt 3.8). Das *Zustandsmodell* wird durch endliche Automaten — meist in Form von Zustandsgraphen — oder Petri-Netze definiert.

- Das *Datenmodell* ist in der Regel ein Relationenmodell, das mit der Objekt/Beziehungsmethode (Entity/Relationship (E/R) Approach) entwickelt wird.

Systemkonstruktion

- Bei der *Modularisierung*, d.h. der Systemzerlegung folgen wir zwei Leitlinien: Der *Datenabstraktion* als Methode zum Bilden von Moduln durch Einkapseln von Daten, auf die nur über spezifische Operationen zugegriffen wird (siehe ebenfalls Abschnitt 3.8), sowie einer *Standardarchitektur* von Informationssystemen, gemäß derer die Module in Schichten angeordnet werden und so — von unten nach oben — zunehmend mächtigere virtuelle Maschinen bilden.

- Das Ergebnis des *Datenbasisentwurfs* sind die Dateien und ihre Satzstrukturen, definiert in Termen des einzusetzenden Datei- oder Datenbanksystems. Eine spezielle Methode gibt es dafür nicht, auch kochrezeptartige Regeln lassen sich nicht aufstellen. Es kommt deshalb besonders auf Geschick und Erfahrung des Designers an, wenn ein performantes System entstehen soll.

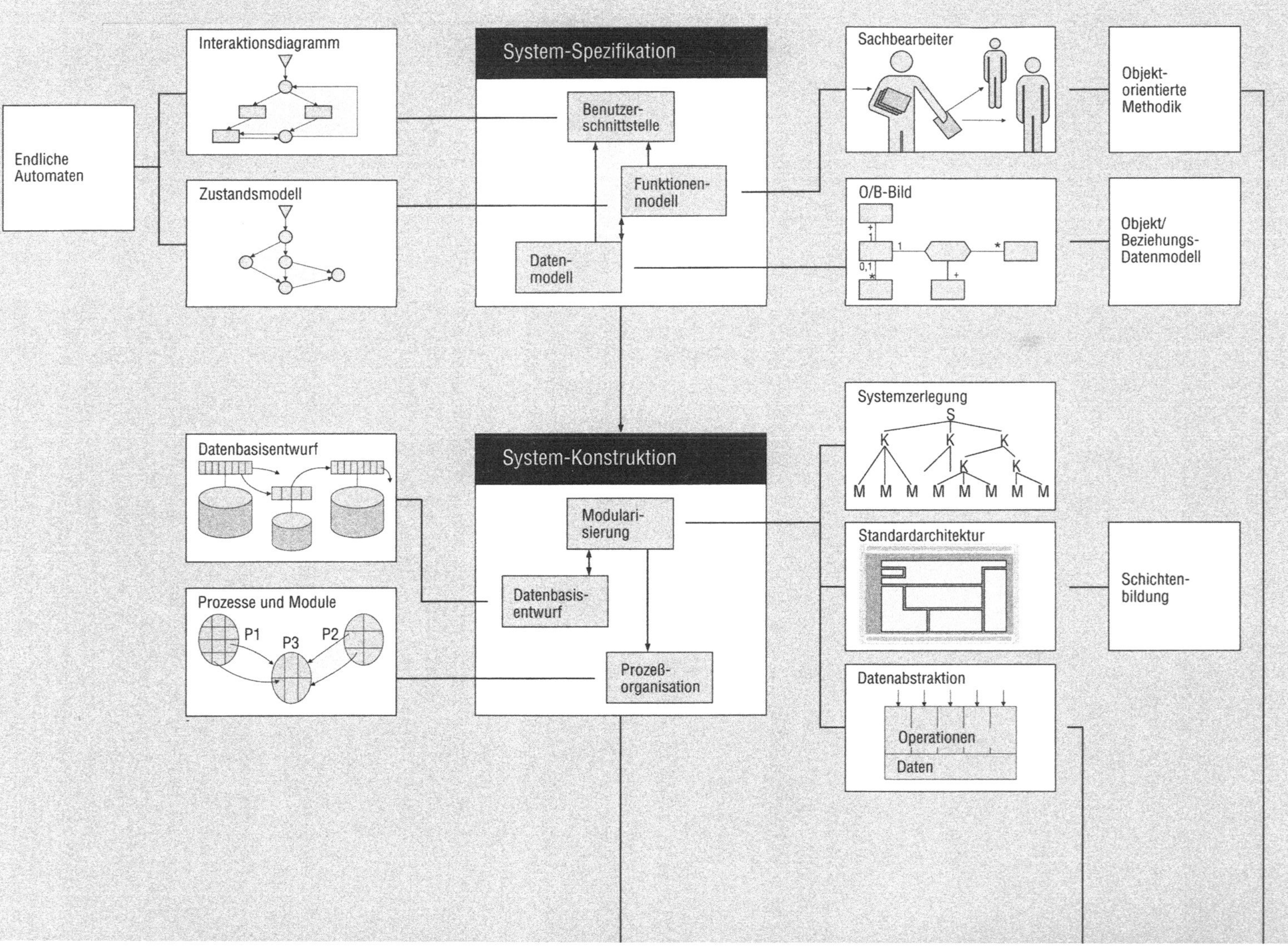
Endliche Automaten
Interaktionsdiagramm
Zustandsmodell
System-Spezifikation
Benutzer-schnittstelle
Funktionen-modell
Daten-modell
Sachbearbeiter
Objekt-orientierte Methodik
O/B-Bild
Objekt/Beziehungs-Datenmodell
Datenbasisentwurf
Prozesse und Module
P1
P3
P2
System-Konstruktion
Modulari-sierung
Datenbasis-entwurf
Prozeß-organisation
Systemzerlegung
S
K
K
K
K
K
M M M M M M M M
Standardarchitektur
Schichten-bildung
Datenabstraktion
Operationen
Daten

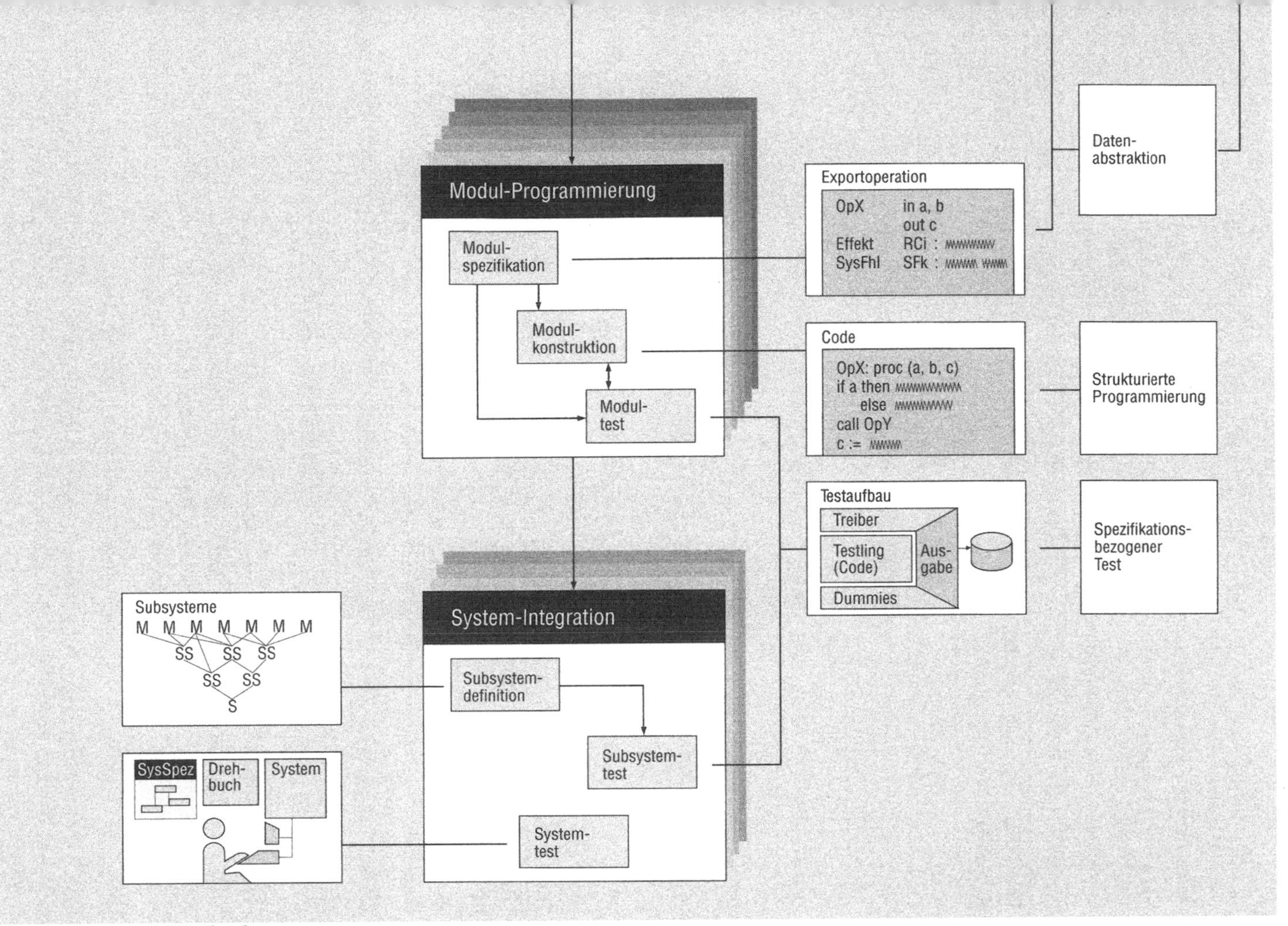

Abb. 3.6 Ergebnisse und Methoden

- Auch für die *Prozeßorganisation* kennen wir keine eigenständige Methode. Sie wird in erster Linie durch das Basissystem bestimmt; so sehen etwa die Prozesse unter Unix ganz anders aus als mit dem TP-Monitor CICS. Dafür sind die jeweiligen Lösungen ziemlich anwendungsneutral, d.h. man kann sie — einmal entwickelt — in jedem Projekt wieder verwenden.

Die Teile der Systemkonstruktion sind in unterschiedlicher Weise von Anwendung bzw. Basissystem bestimmt:

	anwendungs- abhängig	basissystem- abhängig
Modularisierung	teilweise	kaum
Datenbasisentwurf	ja	ja
Prozeßorganisation	kaum	ja

Modulprogrammierung

- In der *Modulspezifikation* setzen wir die Anwendung der *Datenabstraktion* fort, indem wir die Schnittstellen in Form der Exportoperationen mit ihren Parametern mittels Vor- und Nachbedingungen spezifizieren.

- Die Methode der *Modulkonstruktion* ist die *Strukturierte Programmierung* nach Dijkstra, die älteste und am meisten akzeptierte Methode des Software-Engineering.

- Der *Modultest* ist überwiegend ein *spezifikationsbezogener Test*, d.h. die ihn antreibenden Testfälle werden aus der Modulspezifikation hergeleitet. Man nennt das auch Black-box-Test. Ergänzt wird er ggf. durch einen Glass-box-Test, dessen Testfälle sich nur aus internen Codestrukturen erklären lassen. In diesem Zusammenhang wird auch die Testüberdeckung gemessen.

Systemintegration

- Eine gute Integrationsstrategie findet ihren Niederschlag in geschickten *Subsystemdefinitionen*. Eine methodische Anleitung dafür gibt es nicht. Um so mehr ist hier die Intuition des Projektleiters gefragt.

- Der *Subsystemtest* ist ebenfalls ein *spezifikationsbezogener Test*.

- Der *Systemtest* ist ein *spezifikationsbezogener Test* in dem Sinne, daß die Testfälle aus der Systemspezifikation abgeleitet und in einem *Drehbuch* festgehalten werden. Durch dieses geführt, erprobt der Tester das System, indem er es über die Benutzerschnittstelle mit den Testfällen beaufschlagt und die Ergebnisse mit den erwarteten vergleicht. Dieses — vor allem im Wiederholungsfall zeitraubende und fehleranfällige — Verfahren kann man automatisieren, indem man die Testfälle (Ein- und Ausgaben) abspeichert und selbsttätig gegen das System laufen läßt. Wir sprechen dann von einem *automatisierten Benutzer*.

3.5 Meilensteine und QS-Maßnahmen

Der Fortschritt in einem Projekt vollzieht sich — wenn überhaupt — in vielen kleinen Schritten, und es ist weder für die Entwickler psychisch erträglich noch für den Auftraggeber akzeptabel, allein das Endergebnis — das laufende System — als Erfolgskriterium zu haben. Alle brauchen Zwischenergebnisse, an denen sie ablesen können, ob und wie sie vorankommen. Das gilt zumindest für mittlere und große Projekte. Das ist wie beim Ausdauersport: Ein Bergsteiger auf großer Tour kennt nicht nur den Gipfel als Ziel, sondern teilt den Weg in Etappen, für die er sich bestimmte Zeiten vornimmt. Und der Marathonläufer kontrolliert seine Zwischenzeiten an den km-Marken. Anders der 100m-Läufer: Er rennt in einem Zug durch.

In der Projektarbeit nennen wir die Etappenziele *Meilensteine*. Das sind bestimmte — keineswegs alle — Teilergebnisse, die ohnehin erarbeitet werden müssen. Ein Meilenstein gilt als erreicht, wenn das betreffende Ergebnis fertig ist und gewissen Qualitätsstandards genügt. Dies festzustellen ist Sache einer Qualitätssicherungs- (QS-) Maßnahme. Für jeden als wichtig erachteten Meilenstein wird ein Soll-Termin geplant und der Ist-Termin registriert, zu dem der Meilenstein tatsächlich erreicht wird, das Ergebnis also wirklich fertig ist. Man muß und sollte nicht jeden möglichen Meilenstein mit Soll/Ist-Terminen planen bzw. kontrollieren, so wenig wie sich der Bergsteiger für jeden markanten Punkt in der Landschaft eine Zeit vorgibt oder der Marathonläufer an jedem seiner 42 km die Zwischenzeit nimmt. Man darf Planung und Kontrolle eben auch nicht übertreiben!

Ein beliebter Fehler ist es, vom „Meilenstein 1. April" zu sprechen. Ein Termin kann kein Meilenstein sein — der wäre auch zu leicht zu erreichen, man müßte ja nur warten. Gemeint ist natürlich ein bestimmtes Ergebnis, das am 1.4. vorliegen soll. Aber aus sprachlicher Nachlässigkeit, mangelnder Präzision oder meist einfach, um Termindruck auszuüben, wird verkürzt vom „Meilenstein 1.4." gesprochen. Das ist fatal, weil dabei oft das Ergebnis auf der Strecke bleibt. Man legt nicht mehr Rechenschaft darüber ab, ob es in angemessener Qualität vorliegt, sondern versucht, irgendetwas zum 1.4. „hinzukriegen" — so genau wird schon keiner hinschauen! Also: Ein Meilenstein ist ein Ergebnis, das terminlich geplant und dessen Fertigstellung mittels einer QS-Maßnahme konstatiert werden kann.

QS-Maßnahmen werden ausführlich in Kapitel 19 (Qualitätssicherung) behandelt. Hier nur so viel: Unter einer QS-Maßnahme verstehen wir die Begutachtung eines fertigen Ergebnisses, i.e. eine Prüfung mittels menschlichen Sachverstands, und zwar im wesentlichen in zwei Formen: *Reviews* und *Inspektionen.* In einem Review begutachtet ein Team von Experten in einem Zeitraum von meist wenigen Stunden ein Dokument, typischerweise eine Spezifikation. Eine Inspektion führt ein einzelner durch. Sie kann mehrere Tage dauern und bezieht sich meist auf Programmcode oder Testergebnisse.

Welche Meilensteine sieht unser Projektmodell vor? Generell sind Spezifikationen und Tests (genauer: Testergebnisse) Kandidaten für Meilensteine, Konstruktionen dagegen nicht. Abbildung 3.7 macht das deutlich. Einen sehr wichtigen Meilenstein bildet natürlich die Systemspezifikation, denn sie ist quasi der Vertrag zwi-

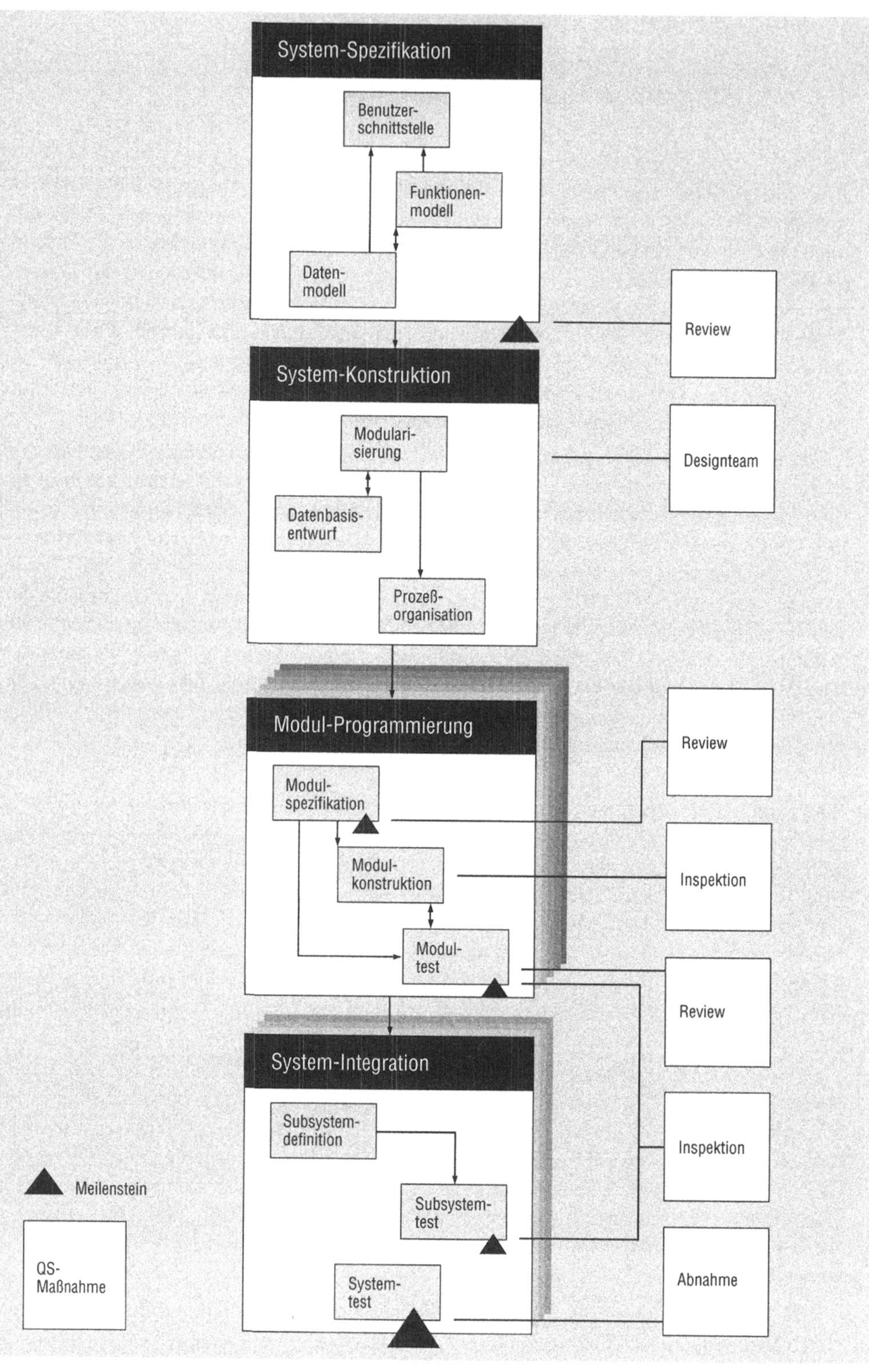

Abb. 3.7 Meilensteine und QS-Maßnahmen

schen Anwender (Auftraggeber) und Entwicklungsteam (Auftragnehmer). Es versteht sich, daß sie beim Erstellen ständig zwischen den beiden Gruppen abgestimmt und schließlich vor allem einem gründlichen Review unterzogen werden muß. Reviewer sind natürlich Vertreter der Anwender, aber möglichst auch andere, mehr DV-technisch orientierte Experten, denn ein Anwender ist nicht immer in der Lage, ein derart komplexes und auch formales Dokument in all seinen Konsequenzen zu durchdringen.

Eine wichtige Reihe von Meilensteinen ergibt sich aus den Modulspezifikationen, denn sie sind in ihrer Gesamtheit der entscheidende Teil der systemtechnischen Dokumentation, im Endeffekt sind sie wichtiger als die Systemkonstruktion. Deshalb ist ein sorgfältiges Review möglichst einer jeden Modulspezifikation von größter Bedeutung. Als nächsten Meilenstein erreichen wir das fertige Modul, i.e. der Programmcode, der die Modulspezifikation realisiert. Ob er dies tatsächlich tut, wird — so gut es geht — mit Testfällen festgestellt, die aus der Spezifikation abgeleitet werden. Ob die Testfälle für ein ausreichend erscheinendes Maß an Testqualität sorgen, wird in einem Review geprüft. Inwieweit sie schließlich erreicht worden ist, zeigt die — stichprobenweise — Inspektion der Testergebnisse. Auf der Basis des Reviews der Modulspezifikation sind das Review der Testfälle und die Inspektion der Testergebnisse also die QS-Maßnahmen, mit denen das Erreichen des Meilensteins „Modul fertig" festgestellt werden kann.

Für die Integration empfiehlt es sich natürlich auch, eine Reihe von Meilensteinen zu setzen, d.h. auf einige — nicht alle — Subsysteme ein besonderes Augenmerk zu richten. Hierfür bieten sich vor allem Durchstiche an (siehe nächsten Abschnitt 3.6), denn sie finden meist besondere Aufmerksamkeit bei Anwender und Management. Der in jedem Projekt wichtigste Meilenstein ist natürlich das laufende, übergabebereite System, der Systemtest somit die entscheidende QS-Maßnahme. Sie beruht auf dem Review eines sorgfältig erstellten Testdrehbuchs, das Testfälle für alle Aspekte der Systemspezifikation vorsieht. Durchführung des Tests und Inspektion der Testergebnisse sind dann „nur" noch Fleißarbeit.

Warum sind Konstruktionen keine Meilensteine? In Abb. 3.7 fällt auf, daß weder System- noch Modulkonstruktion Meilensteine markieren und Reviews — die „offiziellste" QS-Maßnahme — dafür nicht vorgesehen sind. Warum? Generell sind Konstruktionsbeschreibungen im Gegensatz zu Spezifikationen eher ein Zwischen- und Übergangsprodukt, das zudem meist erst zusammen mit dem betreffenden System oder Modul endgültig fertig wird. Als Meilenstein würde eine Konstruktion aber nur Sinn machen, wenn sie beträchtlich vorher abgeschlossen wäre. Da dies kaum möglich ist und wir keine Pseudo-Konstruktion nur zum Zweck des formalen Bestehens eines Reviews schreiben wollen, sehen wir dafür keinen Meilenstein vor. Außerdem wäre es im allgemeinen nur schwer möglich, geeignete Reviewer zu finden. Wer wollte schon eine Systemkonstruktion begutachten, wenn sie doch schon von den besten Leuten im Team gemacht worden ist? Und von außen jemand heranzuziehen, fällt besonders schwer, weil gute Softwaredesigner, die ausreichend Zeit haben, eine Systemkonstruktion gründlich zu durchleuchten, so gut wie nie verfügbar sind. Für die Qualität der Systemkonstruktion muß man natürlich trotzdem sorgen, und das tut man am besten dadurch, daß man ausreichend Zeit für die Entwurfsarbeit eines guten, möglichst kleinen Designteams einplant. Zeitdruck kann hier höchst negative

Folgen haben! Als zusätzliche Maßnahme kann man ein *Walk through* durchführen. Dabei präsentiert das Designteam seine Überlegungen einem Kreis von Sachverständigen, führt sie sozusagen durch den Entwurf und stellt sich dabei kritischen Kommentaren. Eine solche Veranstaltung läßt sich mit erheblich weniger Aufwand durchführen als ein richtiges Review und ist deshalb evtl. auch mit Außenstehenden machbar.

Die Modulkonstruktion, im Prinzip also den syntaktisch fehlerfreien Code, als Meilenstein vorzusehen, lohnt sich nicht, weil es letztlich nur auf den semantisch richtigen Code ankommt. Es empfiehlt sich jedoch, bei ausgewählten Moduln deren Konstruktion zu inspizieren. Das geschieht als sog. *Code reading*, bei dem ein Kollege des Modulentwicklers dessen Code vor dem Test gründlich mit dem Ziel durchforstet, vor allem Fehler, aber auch strukturelle Schwächen, Verstöße gegen Standards, schwer verständliche Stellen etc. zu finden.

Zusammenfassend wollen wir festhalten, daß Meilensteine im Projektverlauf mit Bedacht definiert sein wollen; keine oder zu wenige Meilensteine sind genauso schädlich wie ein Übermaß. Ein Meilenstein muß ein klar umrissenes Ergebnis sein, dessen Vorliegen mit einer QS-Maßnahme geprüft werden kann. Dies ist dann die Grundlage für Planung und Kontrolle des Projektfortschritts mit Soll/Ist-Terminen. Ein Termin an sich ist kein Meilenstein.

3.6   Prototyp

Aus verschiedenen Gründen ist es für alle Projektbeteiligten hilfreich, frühzeitig Teile des zu entwickelnden Systems lauffähig zu haben. Abbildung 3.8 veranschaulicht zwei Arten von Prototypen: Simulation der Benutzerschnittstelle und Durchstich.

Ersteres wird in [Spitta 89] „exploratives" Prototyping genannt, weil es „die Ermittlung der wirklich relevanten Anforderungen erleichtert und beschleunigt". Durchstich heißt dort „experimentelles" Prototyping, wobei „durch Versuche unbekannte Eigenschaften eines technischen Systems ermittelt werden".

Prototyping ist in den letzten Jahren zu einem vieldiskutierten Thema und Schlagwort geworden, zu dem recht unterschiedliche Vorstellungen existieren. Wir verstehen unter dem Prototyp eines Systems zunächst dessen *Simulation* an *der Benutzerschnittstelle* mit dem Ziel, diese dem Anwender frühzeitig vorzuführen und mit ihm abzustimmen. Er gewinnt dadurch eine anschauliche Vorstellung seines künftigen Systems und kann korrigierend eingreifen. Man muß ja davon ausgehen, daß Anwender sich im allgemeinen schwertun, eine Systemspezifikation richtig zu durchdringen; denn das ist doch ein recht abstraktes Dokument. Dagegen bietet ihnen der Prototyp die vertraute Anschauung der Bildschirmformulare und -abläufe. Im Prinzip kann man ihn als Teil der Systemspezifikation auffassen. Die Entwickler haben davon insofern einen Vorteil, als sie sicherer sein können, daß die Anwender verstanden haben, was sie erwartet, als bei reiner Papierdokumentation. Die Gefahr späterer Änderungen wird geringer. Wenn man es geschickt anfängt und den Pro-

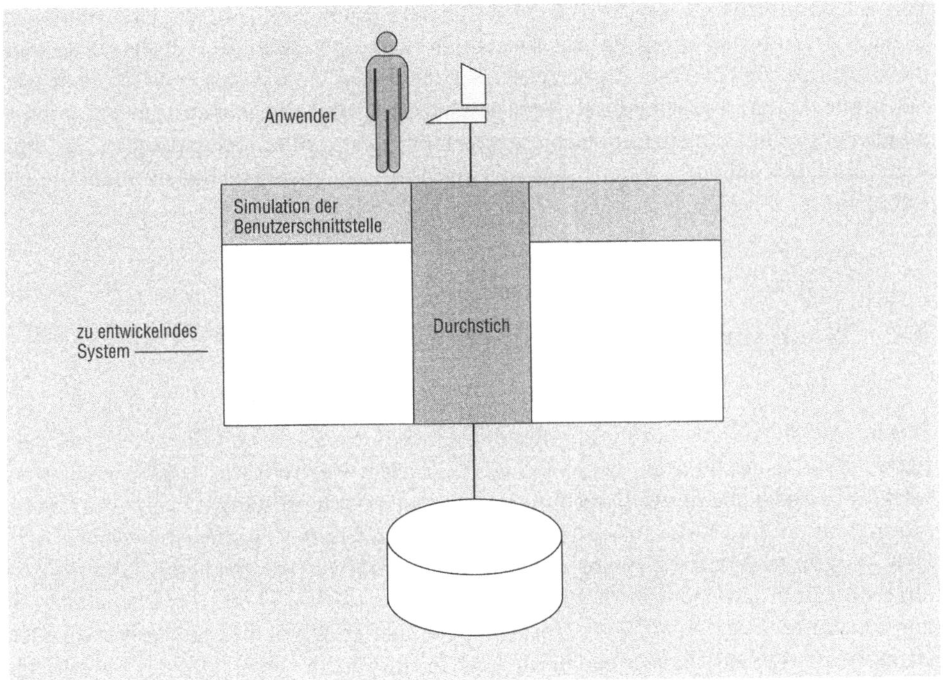

Abb. 3.8 Zwei Arten von Prototypen

totyp nicht als Wegwerfsoftware realisiert, hat man auch kaum Mehraufwand. Die
Bildschirmmasken muß man ohnehin generieren, und auch eine Dialogsteuerung hat
bzw. braucht man. Dazu noch ein paar Daten und Dummies für Funktionen, und
fertig ist der Prototyp.

Ein *Durchstich* nutzt hauptsächlich dem Entwicklungsteam. So nennen wir ein
Subsystem, das Module von der Benutzerschnittstelle bis zur Basissoftware umfaßt.
Es soll vor allem die Tragfähigkeit der Konstruktionsprinzipien demonstrieren, aber
auch zentrale Module erproben und eventuell dem Anwender wichtige Funktionen
zum „Spielen" und Testen geben. Er verifiziert damit in gewisser Weise noch einmal
Teile der Systemspezifikation, und das möglichst lange vor der Inbetriebnahme.

Prototypen sind Modelle des zu entwickelnden Systems. Es lohnt sich allemal, sie
zu machen, denn alle Projektbeteiligten ziehen ihren Nutzen daraus:

- der Auftraggeber, dem der — berechtigte — Eindruck vermittelt wird, es gehe
  voran. Er kann diesen anhand der laufenden Prototypen leichter überprüfen als
  durch das Studium abstrakter Dokumente;

- die Anwender, indem sie früh eine anschauliche Vorstellung ihres künftigen Ar-
  beitsinstruments erhalten und rechtzeitig und damit kostengünstig Änderungs-
  wünsche anmelden können;

- die Entwickler, weil sie sich ihrer Entwürfe sicherer sein können.

Wir wollen nicht vergessen: Ein lange laufendes Projekt stellt nicht zuletzt erhebliche psychische Anforderungen an das Durchhaltevermögen aller Beteiligten, vor allem der jüngeren. Ein Ziel, auf das man womöglich Jahre hinarbeiten muß, ist weit weg. Da braucht man zwischendurch Erfolgserlebnisse, und die wollen sich bei noch so schönen Spezifikationen und Papierentwürfen nicht unbedingt einstellen. Es muß schon mal was laufen! Deshalb haben Prototypen in unserem Projektmodell einen festen Platz.

3.7   Noch einmal: Phasenmodell[1]

Das in Abb. 3.4 dargestellte Phasenmodell erweckt den Eindruck einer streng sequentiellen Abfolge der Phasen. Eine solche ist jedoch weder realistisch noch wünschenswert. Wir wollen sie deshalb auch nicht als idealtypische Vorgehensweise charakterisieren, von der nur leider in der rauhen Wirklichkeit immer wieder abgewichen wird. Nein, es gibt viele gute Gründe, einem differenzierteren Vorgehensmodell zu folgen, ohne dabei auf eine geordnete Projektabwicklung zu verzichten. Im folgenden wollen wir die wichtigsten Aspekte darlegen, die uns gemeinhin veranlassen, von dem streng sequentiellen Phasenmodell abzugehen und ein gewisses Maß an Parallelität, Überlappung, Aufspaltung etc. vorzusehen.

Die Schwierigkeit, mit der Systemspezifikation zu Rande zu kommen: Ein besonders heikles Problem ist die Abgrenzung der Systemspezifikation von den folgenden Phasen. Sie ist sehr wichtig, weil die Spezifikation eine Art Vertrag zwischen Anwender und Entwickler darstellt: Erstere wissen, was sie bekommen werden, letztere, was sie zu realisieren haben. Besonders augenfällig wird das, wenn daraus auch ein Vertrag im juristischen Sinne wird, wenn also etwa ein Softwarehaus beauftragt wird, ein spezielles System zu einem festen Preis und Termin zu entwickeln. Die Erfahrung lehrt jedoch, daß es praktisch nie gelingt, die Anforderungen des Anwenders so frühzeitig endgültig zu fixieren. Das hat unterschiedliche Gründe:

- Der Anwender nimmt die Spezifikation in einer so frühen Projektphase (noch) nicht ernst.
- Er hat „Wichtigeres" zu tun.
- Ihm fehlt das Vorstellungsvermögen für das künftige System.
- Und vor allem: Im Verlauf des Projekts, das mehrere Jahre dauern kann, ändern und entwickeln sich die Anforderungen.

Die Notwendigkeit, frühzeitig in die Konstruktion zu gehen: Man muß bald nach Beginn eines Projekts wenigstens eine grobe Vorstellung über Aufwand und Termine gewinnen. Dafür reicht eine — zunächst auch nur grobe — Systemspezifikation nicht aus; man muß die Systemkonstruktion zumindest in Umrissen erarbeiten, auch um die technischen Risiken rechtzeitig zu erkennen und ihnen vorbeugen zu können.

---

[1] Dieser Abschnitt muß einige Vorgriffe machen, insbesondere auf die Teile Systemspezifikation und Systemkonstruktion. Der Leser übergehe ihn daher beim ersten Mal.

Aus diesen und noch weiteren Gründen ergibt sich in der Realität ein Phasenmodell, das Abb. 3.9 zutreffender darstellt als Abb. 3.4. Die Überlappungen der Phasen und die Rückwirkungen zwischen ihnen sind nicht unbedingt als Chaos im Projekt zu beklagen und somit der Unfähigkeit des Managements anzulasten. Sie entsprechen der Realität des Projektgeschehens, und es ist das Geschick des Projektleiters, in dieser „kreativen Unordnung" Übersicht zu behalten und das Projekt darin zum Ziel zu führen.

Ganz abwegig ist es dennoch nicht, sich ein Softwareprojekt in Phasen ablaufend vorzustellen: Wenn man es zu verschiedenen Zeitpunkten betrachtet, stellt man fest, daß jeweils andere Aktivitäten dominieren. Zunächst wird das System hauptsächlich spezifiziert, dann überwiegt die Konstruktion, später werden vor allem Module programmiert und schließlich zu Subsystemen integriert. Aber nur selten kommt eine Tätigkeit reinrassig vor. In diesem „unscharfen", aber realistischen Phasenmodell bezeichnen die Phasen also die in einem bestimmten Zeitraum dominierenden Tätigkeiten bzw. Ergebnisse; scharfe Phaseneinschnitte passen nicht in dieses Modell.

Prototyping scheint auch ein Verstoß gegen den Geist des Phasenmodells zu sein, ist aber zweifellos eine nützliche Sache (siehe den vorigen Abschnitt).[2] Die Benutzerschnittstelle muß man natürlich während der Systemspezifikation simulieren, und damit steckt man schon in der Realisierung. Vor allem wenn der Prototyp keine Wegwerfsoftware sein soll, werden durch ihn Weichen in Richtung Konstruktion gestellt.

Das Bestreben, Basisfunktionen vorzufertigen: Unter Basisfunktionen verstehen wir die Teile (Module) eines Softwaresystems, die anwendungsunabhängig, aber nicht in der Systemsoftware vorhanden sind. Man muß sie also selbst machen. Abbildung 3.10 zeigt sie als einen Rahmen um die eigentlichen (Netto-) Anwendungsfunktionen. Wir werden später, im Kapitel 10 (Modularisierung), genauer beschreiben, was sie leisten; hier genügen die Stichworte Dialogführung, Datenverwaltung, Fehlerbehandlung sowie die Vorstellung, daß die Anwendungsfunktionen weitestgehend frei von systemtechnischen Gegebenheiten entwickelt und in die Basisfunktionen eingebettet werden können.

Die Basisfunktionen sind von der konkreten Anwendung unabhängig, jedoch stark beeinflußt von allgemeinen Anforderungen, z.B. die Gestaltung der Benutzerschnittstelle betreffend, und systemtechnischen Gegebenheiten wie Betriebs- und Datenbanksystem, TP-Monitor, Programmiersprache, Netzkonzept (verteilte Verarbeitung), Peripherie u.ä.m. Das bedeutet, daß die Basisfunktionen

- *für mehrere Anwendungen* verwendet werden können, sofern diese in derselben Systemumgebung laufen sollen, und

- daß sie *zeitlich vor den Anwendungsfunktionen entwickelt* werden können.

Unsere Standardarchitektur, die im Kapitel 10 (Modularisierung) ausführlich behandelt wird, sowie die Kenntnis der zu verwendenden Systemsoftware erlauben uns, die Basisfunktionen zu spezifizieren und zu realisieren und somit wiederverwendbare Module vorab zu schaffen. Wir „entdecken" sie nicht erst — wie vielleicht

---

[2] Es gibt sogar Schulen, die das laut [Spitta 89] sog. „evolutionäre" Prototyping zum grundlegenden Paradigma der Softwareentwicklung machen wollen und das phasenweise Vorgehen verwerfen — sie schießen unseres Erachtens über das Ziel hinaus.

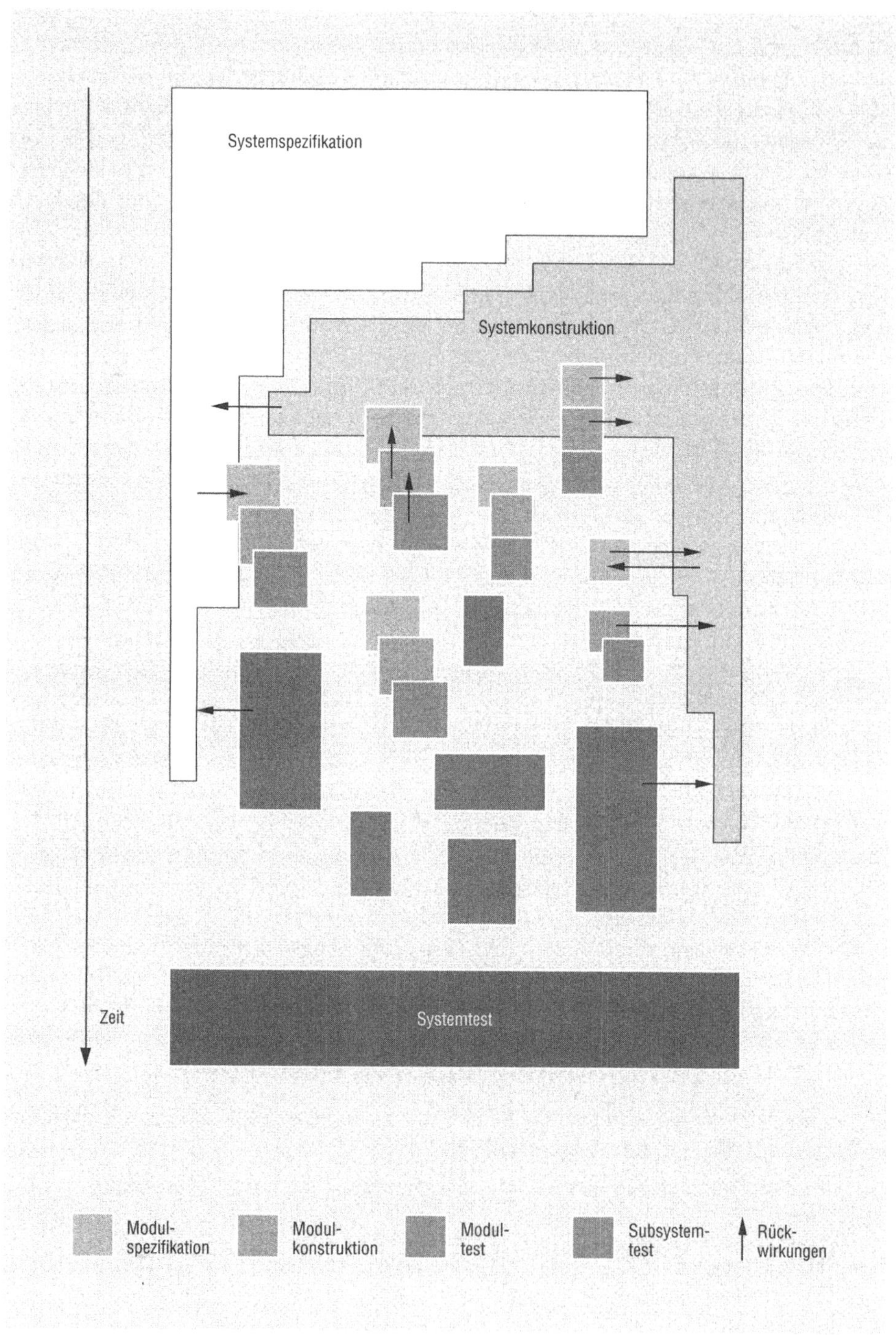

Abb. 3.9 Projektphasen (realistisch)

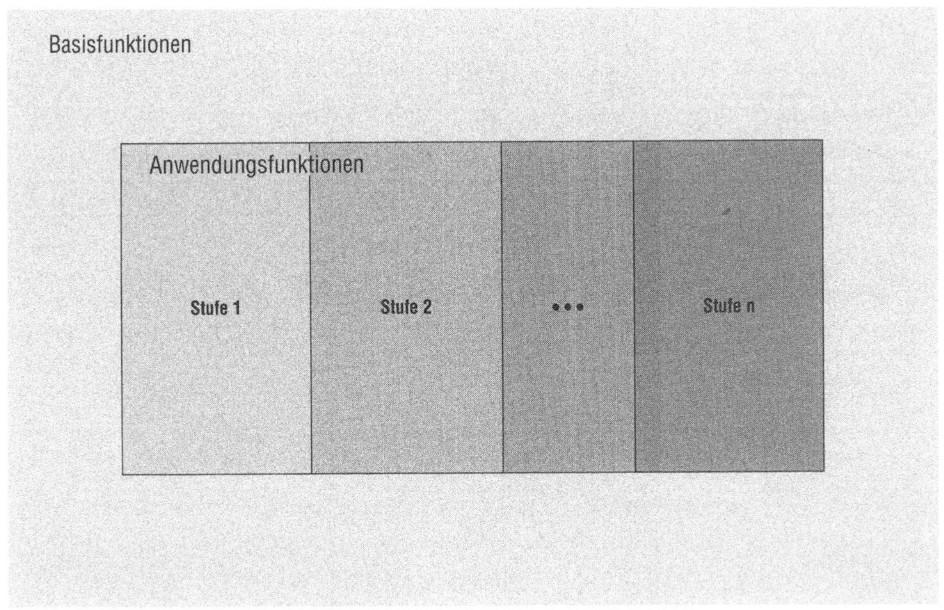

Abb. 3.10 Basisfunktionen und darin stufenweise eingebettete Anwendungsfunktionen

das Phasenmodell in Abb. 3.4 suggeriert — in der Modularisierung, also nachdem die Systemspezifikation der Anwendung abgeschlossen ist, sondern können sie frühzeitig entwickeln. Abbildung 3.11 deutet das an.

Der Wunsch, die Anwendung in Stufen zu entwickeln: Die Anwendung ist in der Regel nicht ein monolithischer Block, sondern kann in Subsysteme unterteilt werden, die für sich nutzbar oder zumindest testbar sind; siehe auch Abb. 3.10. Man nennt sie auch gerne „Stufen" oder „Sockel", weil man über sie schrittweise empor zum Ziel gelangt. Wir wollen so die Komplexität eines Projekts besser beherrschbar machen; denn kleinere Schritte, die überschaubar und im Ergebnis verifizierbar sind, machen allen Beteiligten — Entwicklern, Anwendern, Auftraggeber — das Leben leichter. Das gilt besonders, wenn das neue System nicht auf der „grünen Wiese" entsteht, sondern ein bestehendes ablösen muß. Das läßt sich oft nur stufenweise bewerkstelligen und nicht auf einen Schlag.

Abbildung 3.11 zeigt die Freiheitsgrade, die man bei der Planung eines stufenweisen Vorgehens prinzipiell hat: Zunächst muß man eine Phase vorsehen, in der die Anwendung zwar grob, aber gesamthaft konzipiert wird (Grobspezifikation). Dazu gehört auch die Definition und Abgrenzung der Stufen. Außerdem könnte man hier bereits einen Prototyp (von Teilen) der Benutzerschnittstelle bauen. Anschließend kann man die einzelnen Stufen nach Belieben mehr oder weniger stark sequentiell bzw. parallel entwickeln, d.h. präzise spezifizieren und dann realisieren.

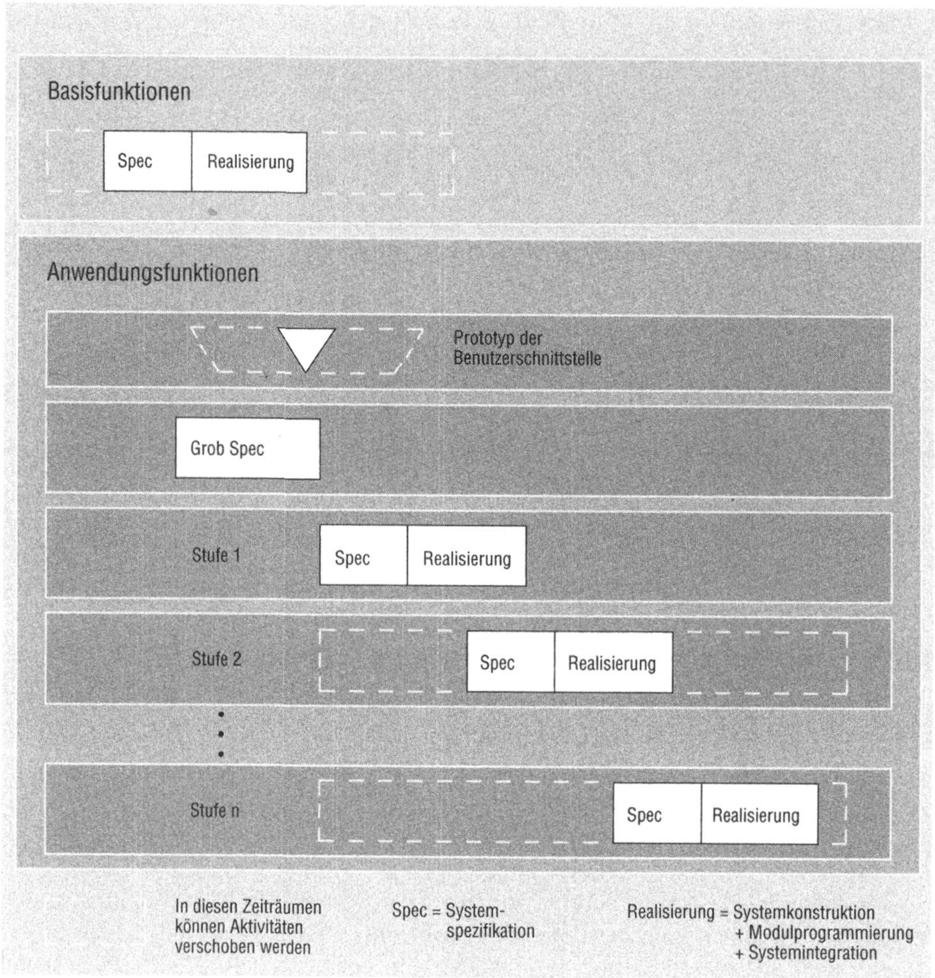

Abb. 3.11   Parallelität in der Entwicklung von Basis- und Anwendungsfunktionen

Basisfunktionen und Anwendungsstufen hängen, nebenbei bemerkt, auch mit dem Prototyping zusammen:

- Die Basisfunktionen im allgemeinen und im speziellen ihre Dialogführung erleichtern das Bauen von Prototypen, die man nicht wegwerfen will, erheblich, und zwar nicht nur zur Simulation der Benutzerschnittstelle, sondern auch für Durchstiche. Auch deshalb lohnt es sich, sie frühzeitig verfügbar zu machen.

- Eine Anwendungsstufe kann man als Prototyp im Sinne eines Durchstichs verstehen; denn dabei kommt etwas zum Laufen, von der Benutzeroberfläche bis hinunter zur Datenbank.

Vorgezogene Arbeiten und Überlegungen zur Systemkonstruktion: Abbildung 3.4 suggeriert nicht nur eine unrealistisch sequentielle Abfolge der Phasen, sondern auch eine fragwürdige Gleichgewichtigkeit zwischen Systemspezifikation und -konstruktion. Diese wäre in etwa gegeben, wenn man ein Projekt in jeder Hinsicht am Nullpunkt begänne, wenn man nicht nur die eigentliche Anwendung, sondern auch die Konstruktion in einer bestimmten Systemumgebung oder gar überhaupt erstmals entwerfen müßte. So ist das aber meistens nicht. Die Systemkonstruktion ist vielmehr in mancherlei Hinsicht vorbereitet; Abbildung 3.12 drückt das aus:

- Die *vorgedachte Systemkonstruktion* nimmt die Modularisierung insofern vorweg, als es die Standardarchitektur und die Leitlinie gibt, nach der ein Sachbearbeiter zu einem Modul des Anwendungskerns wird. Genaueres siehe im Kapitel 10 (Modularisierung).

- Die *anwendungsspezifische Systemkonstruktion* befaßt sich hauptsächlich mit dem Datenbasisentwurf. Die Modularisierung reduziert sich, wie gesagt, darauf, aus den Sachbearbeitern der Spezifikation Module des Anwendungskerns zu machen (was eine 1:1-Umsetzung sein kann, aber nicht muß). In puncto Prozeßorganisation ist nichts Anwendungsspezifisches zu tun.

- Gleichbleibende Systemumgebung und Standardarchitektur erlauben, *Basisfunktionen* vorzufertigen. Ihre Existenz macht viele Konstruktionsüberlegungen überflüssig, die Anwendungsmodule können gleich im „Rahmen" der Basisfunktionen programmiert werden.

Summa summarum: Dieser Abschnitt will klarstellen, daß das Projektmodell kein starres Schema ist, das man stur befolgen muß. Statt dessen soll man es als allgemeine Systematik verstehen, die man für jedes Projekt konkret adaptieren muß. Dabei hat man viele Freiheitsgrade, vor allem in der zeitlichen Anordnung der Aktivitäten. Das Projektmodell soll kein dogmatisch-bürokratisches Hemmnis sein, sondern helfen, ein Projekt mit all seinen technisch-fachlichen, finanziellen, terminlichen und personellen Schwierigkeiten sicher und flexibel zu einem guten Ergebnis zu führen.

3.8 Objektorientierte Methodik

In letzter Zeit rückt ein vielversprechender methodischer Ansatz in den Brennpunkt des Interesses, der als Kern unserer Softwaretechnik anzusehen ist: das objektorientierte Entwerfen bzw. Programmieren. Was hat es damit auf sich?

In der Vergangenheit war die Betrachtung eines DV-Systems sehr stark durch das Denken in Funktionen geprägt. Das rührt sicher auch daher, daß das Entwickeln von Software als Schreiben von Programmen gesehen wird, und ein Programm realisiert eben eine oder auch mehrere Funktionen. Man beschreibt ein System, indem man seine Funktionen aufzählt, spricht von seiner Funktionalität. In den 80er Jahren haben die Daten eine zunehmend stärkere Beachtung erfahren. Indiz dafür ist die hohe Bedeutung, die man Datenmodellen, relationalen Datenbanken, Data Dictionaries, der Datenadministration u.ä.m. beimißt. Beide Sichten — die funktions- wie die datenorientierte — haben natürlich ihren Sinn, aber sie vermitteln jeweils nur einen einseitigen und somit unvollständigen Blick auf ein System. Von daher ist eine Methode, deren Wesen in einer organischen Verbindung von Daten und Funktionen liegt, genau das Richtige. Und so ist es bei der objektorientierten Methodik.

Was ist ein Objekt? Im allgemeinen Sprachgebrauch meint man damit etwas fest Umrissenes mit einer klaren Grenze, z.B. einen Baum, ein Buch, einen Planeten. Nebel, eine Welle im Meer, das Laub eines Baumes dagegen wird man wohl nicht als Objekt auffassen. Objekte in unserer Softwarewelt sind Konstrukte aus zusammengehörigen Daten und darauf operierenden Funktionen. Sie stellen eine Konzentration von Know-how dar, weil alles Wissen über eine bestimmte Information und was man mit ihr anfangen kann, in einem Objekt versammelt ist. Seine Daten können nur vermittels seiner Funktionen, nicht aber durch direkten Zugriff manipuliert werden. Dieses Einschließen von Daten durch Funktionen nennt man Datenkapselung oder auch *Datenabstraktion*. Letzteres, weil man die Daten nicht in ihrer konkreten Repräsentation, sondern in einer durch die Funktionen abstrahierten, d.h. auf das wesentliche beschränkten Form zu sehen bekommt. Objekte spielen zusammen, indem sie wechselseitig ihre Funktionen aufrufen. Dabei werden Parameter mit- und zurückgegeben.

Neben dieser Benutzung von Funktionen gibt es noch eine zweite Art von Beziehung zwischen Objekten: die *Vererbung* von Eigenschaften. Ein Objekt kann von einem anderen Daten und Funktionen „erben" und somit diese Eigenschaften zu seinen eigenen machen, ohne sie neu entwickeln zu müssen. Es fügt diesen dann weitere Daten und Funktionen hinzu, so daß ein spezialisiertes Objekt entsteht.

Nun müssen wir etwas genauer sein. In der objektorientierten Programmierung wird zunächst eine Klasse definiert, und dann kann man davon beliebig viele Instanzen — eben die Objekte — schaffen. Mit ihnen arbeitet das Programm. Eine Klasse und ein Objekt verhalten sich zueinander wie ein Datentyp, z.B. integer, und eine Variable dieses Typs. Eine Klasse ist ein selbstdefinierter (abstrakter) Datentyp.

In dem Buch über C++, [Stroustrup 86], finden sich in der Einleitung folgende „Rules of Thumb", die das Konzept von Klasse und Objekt erhellen: *„When you program, you create a concrete representation of the ideas in your solution to some problem. Let the structure of the program reflect those ideas as directly as possible:*

(a) *If you can think of „it" as a separate idea, make it a class.*

(b) *If you can think of „it" as a separate entity, make it an object of some class.*

(c) *If two classes have something significant in common, make that a base class. Most classes in your program will have something in common; have a (nearly) universal base class, and design it most carefully."*

Übrigens: Objektorientierte Module werden in [Cox 86] als integrierte Schaltkreise der Software apostrophiert und zwar wegen ihrer Abgeschlossenheit, klaren Schnittstellen und Wiederverwendbarkeit. Der Begriff Software-IC ist bereits als Trademark geschützt ...

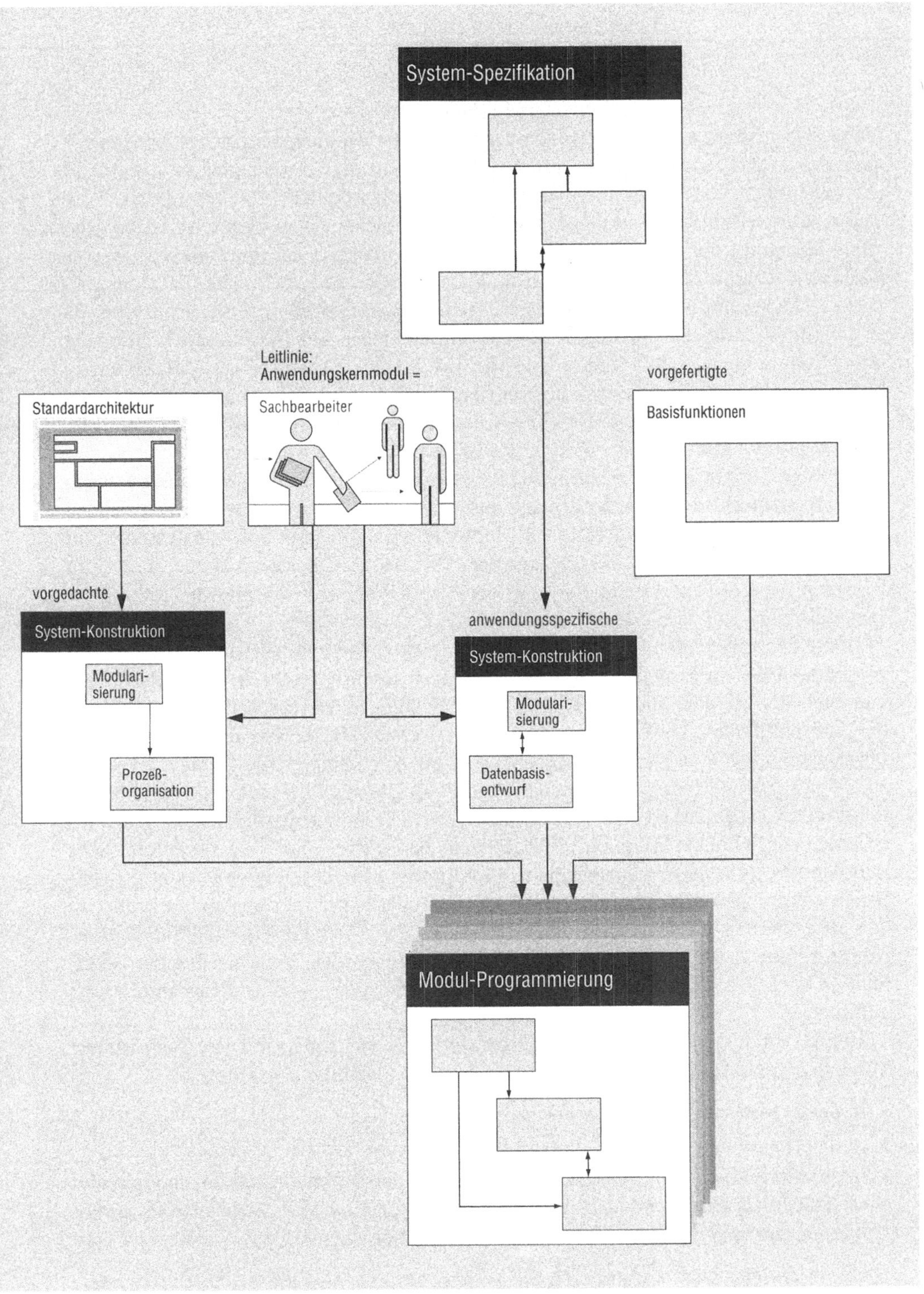

Abb. 3.12 Einfluß vorgedachter Systemkonstruktion und vorgefertigter Basisfunktionen

An dieser Stelle wäre ein Beispiel angebracht. Im Verlaufe des Buches bringen wir mehrere, so daß wir es uns hier sparen und nur auf die Hotelvakanz in Kapitel 14 (Modulspezifikation) sowie die Literatur[3] verweisen wollen.

Ein Wort zu objektorientierten Programmiersprachen: Ihre Urmutter ist Simula, [Dahl-Hoare 72], die entscheidende Weiterentwicklung jedoch Smalltalk von Xerox, [Goldberg-Robson 83], eine Sprache und ein System, das nicht nur die objektorientierte Programmierung entscheidend beeinflußt hat, sondern auch Konzepte für graphische Benutzerschnittstellen, für Büroumgebungen mit Ikonen und Windowing unter Benutzung hochauflösender Bildschirme. Apple's Macintosh stammt davon ab. Natürlich gibt es Erweiterungen konventioneller Sprachen für objektorientierte Programmierung, im Falle von C etwa C++ von AT&T, [Stroustrup 86], und Objective-C, [Cox 86]. Es gibt sie auch für Pascal, LISP und andere Sprachen.

Die objektorientierte Methodik ist also nicht neu. In der eingeschränkten Form der Datenabstraktion/kapselung, d.h. ohne Vererbung, verwenden wir sie seit nahezu fünfzehn Jahren mit gutem Erfolg zur Modularisierung unserer Softwaresysteme und zur Spezifikation und Realisierung unserer (Datenabstraktions-) Module, d.h. — in Begriffen unseres Projektmodells — in der Systemkonstruktion und der Modulprogrammierung.

In der davorliegenden Systemspezifikation hatte die objektorientierte Methode bis vor kurzem keinen Platz. Das hat sich geändert, denn wir sind zu der Einsicht gekommen, daß sie sich vorzüglich eignet, ein System auch zu spezifizieren, also aus der Außensicht des Anwenders zu beschreiben. Dazu stellen wir uns vor, daß seine Leistungen durch eine Reihe von Sachbearbeitern erbracht werden. Denken wir dabei zunächst ruhig an Menschen. Sie arbeiten mit bestimmten Informationen und können sich gegenseitig Aufträge erteilen. Natürlich betrachten wir diese Sachbearbeiter als (Klassen von) Objekte(n). Damit läßt sich eine besonders intuitive, gut verständliche und dennoch präzise Systemspezifikation schreiben. Ihr besonderer Vorzug gegenüber den bisherigen statischen Daten- und hierarchischen Funktionsmodellen liegt in der Modellierung des dynamischen Geschehens. Wir haben festgestellt, daß dabei frühzeitig anwendungsfachliche Fragen aufgeworfen werden, die sonst bei der Spezifikation leicht übersehen werden und erst — viel zu spät — in der Programmierung auftauchen.

Halten wir fest: Die objektorientierte Methodik zieht sich nun als Leitgedanke durch den gesamten Entwicklungsprozeß, und zwar benutzen wir sie

- in der Systemspezifikation in Form der Sachbearbeiter,
- in der Systemkonstruktion bei der Modularisierung mittels Datenabstraktion,
- in der Modulprogrammierung zur Spezifikation der Datenabstraktionsmodule und schließlich als Programmiertechnik, wobei uns für die objektorientierte Programmierung im engeren Sinn meist die geeigneten Sprachen fehlen.

Die in diesem Buch dargestellte Softwaretechnik ist also stark und durchgängig von der objektorientierten Methodik geprägt. Die Randbedingungen unserer Projekte erlauben es allerdings meist nicht, sie in Reinkultur anzuwenden, insbesondere

---

[3]Lesenswerte Bücher über *objektorientierte Methodik* sind [Cox 86] und — besonders empfehlenswert — [Meyer 88].

gilt das für den Einsatz objektorientierter Sprachen. Wichtiger als technische Details ist uns jedoch die Denkweise dieser Methodik, vor allem die Art und Weise, wie sie das Softwaredesign beeinflußt.

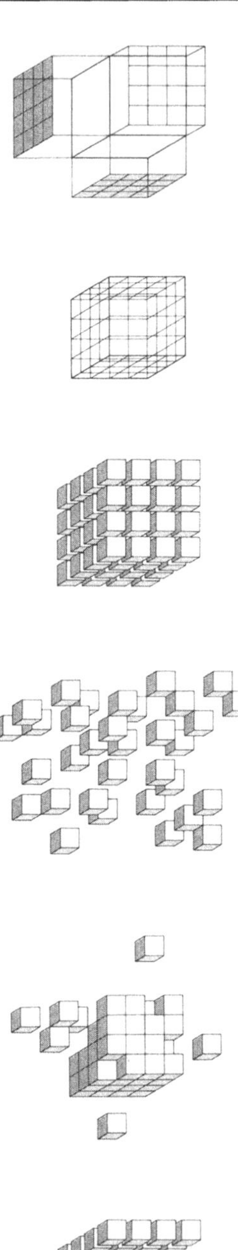

II

Systemspezifikation

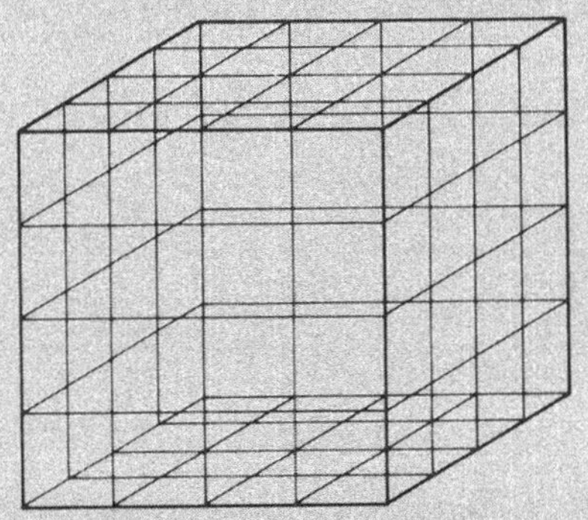

4

Systemspezifikation

Die Systemspezifikation eines Informationssystems definiert dessen Schnittstellen zur Umwelt, d.h. zu seinen menschlichen Benutzern und meist auch zu anderen (Nachbar-) Systemen. Als substantielle Grundlage dieser Schnittstellen enthält sie ein Daten- und ein Funktionenmodell. Sie ist das wichtigste Projektdokument, denn sie legt fest, was die Anwender (Auftraggeber) bekommen sollen bzw. was die Entwickler (Auftragnehmer) zu realisieren haben.

4.1 Zum Wesen der Spezifikation

4.2 Die Teile der Systemspezifikation

4.3 Die ideale Maschine

4.1 Zum Wesen der Spezifikation

Jedes Informationssystem ist ein Modell der Wirklichkeit. Was sich auf realen
Schreibtischen und Konten, in Briefen und Gesprächen, in Produktionshallen, Anlagen und Meßgeräten abspielt, bildet die Anwendungssoftware auf der zur Verfügung
stehenden Hard- und Systemsoftware nach. Betrachten wir ein Buchungssystem. Es
kennt die (realen) Hotels, Flüge und Teilnehmer. Es weiß, wie man die Reisen des
Katalogs variieren und kombinieren kann. Sein geistiger Horizont ist also die Welt
der Touristik gerade in dem für die Belange der Anwendung erforderlichen Maße.

Die Komponenten eines Systems sind Modelle der realen Objekte in dem Sinne,
daß sie alle für das System wichtigen Eigenschaften aufweisen und daß alle anderen wegabstrahiert sind. Zu den letzteren gehört insbesondere die der physischen
Präsenz; man kann die Objekte des Systems nicht anfassen. Dennoch sind sie sehr
handlich: Man kann sie zählen oder mühelos ausprobieren, welche Folgen etwa eine
Verschiebung des Abreisetages um eine Woche hätte. Ein Informationssystem bauen
heißt also, ein Modell des Teils der Wirklichkeit entwerfen, der für die Anwendung
relevant ist. Das Modell ermöglicht es, Abläufe der Realität nachzuvollziehen, zu
dokumentieren oder vorwegzunehmen.

Informationssysteme laufen auf einer bestimmten Hardware (vielleicht auf einem
Großrechner, an dem noch ein lokales Netz hängt) und einer Systemsoftware, die
u.a. aus Betriebs- und Datenbanksystem, Programmiersprache (genauer: deren Lauf-
zeitsystem) und TP-Monitor besteht. Der Umgang damit ist mühsam: JCL, CICS,
Cobol, DB-Zugriffs- und Definitionssprache sind nicht dazu geeignet, ein komplexes
System anschaulich zu beschreiben.

Dieser Gedanke ist nicht neu. Schon lange weiß man, daß dem Programmieren das
Spezifizieren vorausgehen muß. Die Spezifikation soll die Leistungen des künftigen
Systems (das *Was* also) beschreiben, ohne auf das *Wie* der technischen Realisierung
einzugehen. Dafür gibt es eine ganze Reihe von Methoden. Bei vielen von ihnen beobachtet man einen überraschenden Effekt: Nachdem man monate- oder gar jahrelang
an einer dicken, ungeliebten Spezifikation gearbeitet hat, kommen beim Programmieren die guten Ideen, auf die man so lange vergeblich gewartet hat, fast von selber,
und zwar meistens dann, wenn man beim Testen auf eine Lücke im System stößt.

Welche Folgerungen sind daraus zu ziehen? Soll man vielleicht überhaupt nicht
mehr spezifizieren? Oder soll man die mancherorts aus der Not geborene Vorgehensweise, die Spezifikation mit einem Vorlauf von zwei Tagen bis zwei Wochen auf die
Programmierung zu schreiben, zur offiziellen Methode erklären? Beides wäre wohl
abwegig. Das Grundproblem ist doch: Wie bringt man ein Projektteam dazu, die
guten Ideen, die erfahrungsgemäß beim Programmieren wie Pilze aus dem Boden
schießen, bereits in der Spezifikation zu produzieren? Die guten Ideen sind das Erkennen und Lösen von beispielsweise folgenden Problemen:

- Wie stellen wir sicher, daß jede relevante Änderung des Kundensaldos zur Rech-
  nungsstellung und nachfolgendem Mahnverfahren führt?

- Was passiert mit vordatierten Adreßänderungen, wenn das Abonnement storniert
  wird?

Auf so etwas kommt man, wenn man sich Abläufe vorstellt, und genau das wird bei der Spezifikation zu selten getan. Zu oft brütet man über der n-ten Ebene irgendeiner hierarchischen Zerlegungsmethode und vergißt dabei, daß das System irgendwann auch wirklich laufen soll. Denkt man in Abläufen, gerät man allerdings in folgendes Dilemma: Die meisten Leute (uns eingeschlossen) können sich Abläufe nur auf irgendeinem Vehikel vorstellen, z.B. auf einer IBM mit MVS, CICS und Adabas. Dies ist nun ein gefährliches Fahrwasser, denn sehr schnell stellt man Studien über diese Basissysteme an, wo man eigentlich fachliche Fragen klären sollte.

Im folgenden präsentieren wir eine Spezifikationsmethode, die von Anfang an dazu zwingt, stark in Abläufen zu denken. Der Grundgedanke ist folgender: Wie die Systemsoftware das Vehikel ist, auf dem das reale System abläuft, soll die Spezifikationsmethode den gedanklichen und begrifflichen Rahmen bereitstellen, um das System in den Köpfen des Spezifikationsteams ablaufen zu lassen. Dazu stellen wir uns eine *ideale Maschine* vor, auf der eine Spezifikation — in Gedanken — ausgeführt werden kann; näheres siehe Abschnitt 4.3. An eine Spezifikation stellen wir zwei Forderungen:

- Sie ist ein *Modell der Anwendung* und stimmt deshalb mit dieser überein und enthält alles, was daraus von Belang ist. Anders ausgedrückt: Das Spezifikationsteam hat mit Abschluß der Spezifikation die Anwendung soweit verstanden und dieses Verständnis schriftlich niedergelegt, wie es für den Bau des Systems erforderlich ist. Nichts ist teurer als Erleuchtungen, die sich ein Jahr zu spät einstellen. Dieser Punkt ist eine häufig formulierte Selbstverständlichkeit, aber dennoch wird dieses Ziel selten erreicht. Diese Forderung richtet sich sowohl an die Spezifikationsmethode, die darauf ausgelegt sein muß, die Kreativität und Spitzfindigkeit der Spezifikateure zu maximieren, als auch an das Projektteam selber, das genügend qualifiziert sein muß und sich ja nicht der Illusion hingeben darf, daß die Ungenauigkeiten der Spezifikation später, bei der Konstruktion, ausgebügelt werden können.

- Der Weg *von der Spezifikation zur Konstruktion* muß vorgegeben sein. Diese Erkenntnis ist nicht allgemein verbreitet, dennoch erscheint sie uns essentiell. Dem Übergang von der Spezifikation zur Konstruktion haftet oft etwas Nebulöses, Esoterisches an: Nur wenige begnadete Geister sind in der Lage, ihn zu vollziehen. Auf sie entlädt sich allerdings auch der Zorn der Gemeinen, wenn sich die Notwendigkeit von Umbauten andeutet — ein unbefriedigender Zustand.

Was wir uns wünschen sind eine Spezifikationsmethode, ein Konstruktionsplan für die Software und eine Entwicklungsumgebung, die so aufeinander abgestimmt sind, daß für jeden Teil der Spezifikation klar ist, an welcher Stelle er bei der Realisierung zum Tragen kommt, und daß die Entwicklungsumgebung eine komfortable Unterstützung bieten kann. Diesem hochgesteckten Ziel wollen wir uns mit einer Methodik nähern, die bekannte Elemente enthält, aber doch auch einige neue Akzente setzt. Die folgenden Kapitel (4.2–7) handeln davon.[1]

---

[1] Kapitel 9 enthält ein recht ausführliches Beispiel einer Systemspezifikation, und zwar die des touristischen Buchungssystems TuBSy. Dem Leser sei empfohlen, diese begleitend zur Lektüre der Kapitel 4–7 zu studieren.

4.2 Die Teile der Systemspezifikation

Die Systemspezifikation — das Dokument, das Funktionalität und Schnittstellen des Systems von außen, also aus Sicht des Anwenders definiert — besteht aus vier Teilen (siehe Abb. 4.1):

- Das **Datenmodell** ist eine konzeptionelle, anwendungsbezogene Darstellung der Daten, mit denen das zu spezifizierende System arbeitet. Es ist ein Relationenmodell, das mit der Objekt/Beziehungs- (O/B-) Methode entwickelt wird. Seine Bestandteile sind die (Informations-) Objekte und die zwischen ihnen bestehenden Beziehungen sowie deren Attribute (die elementaren Daten) mit ihren Typen. Dies ist eine heute weit verbreitete und unstrittige Methode, die deshalb keiner weiteren Motivation bedarf. Weiteres siehe Kapitel 5.

- Das **Funktionenmodell** definiert die *Geschäftsvorfälle*, die der Anwender mit Hilfe des Systems bearbeiten kann. Zum Spezifizieren der dafür nötigen Funktionen stellen wir uns vor, ihre Leistung würde durch eine Reihe von *Sachbearbeitern* erbracht. Wir denken dabei zunächst durchaus an menschliche Sachbearbeiter, die sich durch Kompetenz und Know-how auf einem bestimmten Gebiet auszeichnen. Die Beschreibung der Sachbearbeiter mit ihren Aufträgen und Datensichten sowie der Zusammenarbeit der Sachbearbeiter untereinander definiert die Funktionalität des gesamten Systems. Natürlich sind solche Spezifikations-Sachbearbeiter keine Menschen — und dürfen keinesfalls mit den künftigen Anwendern verwechselt werden! —, sondern gedankliche Gebilde. Beim Funktionenmodell spielen auch *Zustände* der Datenobjekte, die diese in ihrem Leben durchlaufen, eine wichtige Rolle. Näheres in Kapitel 6.

- Unter **Benutzerschnittstelle** (BSS) verstehen wir die Erscheinungsform der Daten, Zustände und Funktionen eines Systems gegenüber seinen menschlichen Benutzern. Ein wichtiger Punkt ist die Abgrenzung, welche Funktionen im Batch ablaufen und welche im Dialog benutzt werden. Die Dialog-BSS eines betrieblichen Informationssystems präsentiert sich im wesentlichen über ein Bildschirmterminal und ggf. einen Arbeitsplatzdrucker. Seine Batch-BSS stellt sich als eine Menge von Druckausgaben dar — Listen, Belege, sonstige Dokumente. Schließlich ist noch die Betriebs-BSS zu beachten, mit der die Operateure im Rechenzentrum das System betreiben. Die Benutzerschnittstelle ist zuständig für die Kommunikation zwischen Benutzer und den Geschäftsvorfällen bzw. Sachbearbeitern sowie zwischen Benutzer und Datenmodell:

  - Sie aktiviert die Geschäftsvorfälle, die der Benutzer erledigt haben möchte, und veranlaßt darüber die Sachbearbeiter, ihre Aufträge auszuführen.

  - Vom Datenmodell erhält sie die Datensichten, die sie benötigt, um auf Bildschirm oder Listen die gewünschten Daten darzustellen.

  Weiteres zur Benutzerschnittstelle findet man in Kapitel 7.

- Die **Nachbarsysteme-Schnittstellen** spezifizieren die Kommunikation mit anderen Anwendungen und Systemen. Eine Datenübernahme bzw. -übergabe erfolgt oft im Batch.

Sowohl bei der Spezifikation der Schnittstellen als auch der Funktionen wird natürlich auf das Datenmodell bzw. auf Ausschnitte daraus — die sog. Datensichten — Bezug genommen.

Eine etwas detailliertere Darstellung der einzelnen Teile einer Systemspezifikation und ihrer Beziehungen untereinander als Abb. 4.1 bietet die Abb. 4.2. Das Datenmodell umfaßt neben dem Objekt/Beziehungsbild die Attribute und die Datentypen. In der Abbildung ist angedeutet, daß jeder Sachbearbeiter und jeder Dialog „seine" Datensicht hat. (Dieser Darstellung ist allerdings noch nicht zu entnehmen, daß sich Sachbearbeiter- und Dialog-Datensicht überschneiden, dazu später mehr.) Für jeden Sachbearbeiter müssen außerdem die Sachbearbeiteraufträge spezifiziert werden. Das Bindeglied zwischen den Sachbearbeitern und der Benutzerschnittstelle sind die Geschäftsvorfälle. Bei der Benutzerschnittstelle betrachten wir hier nur die Dialogseite. Jeder Dialog ist von einem bestimmten Dialogtyp, der durch ein Interaktionsdiagramm (IAD) repräsentiert wird. In einem IAD tauchen virtuelle Tasten, Zustände und Aktionen auf. Auch sie müssen geeignet spezifiziert werden (etwa durch Entscheidungstabellen), und zwar pro Dialog. Schließlich wird für jeden Zustand eines Dialogs eine Maske zur Darstellung (von Teilen) der Dialog-Datensicht auf dem Bildschirm definiert, und auch die möglichen (Fehler-) Meldungen werden festgelegt.

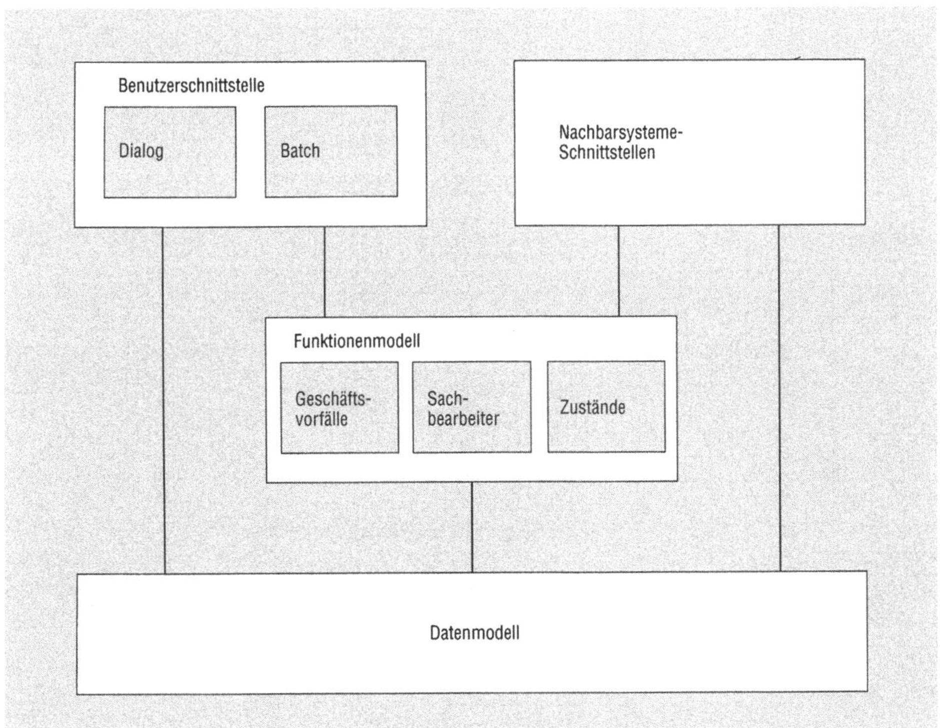

Abb. 4.1 Die wesentlichen Teile einer Systemspezifikation

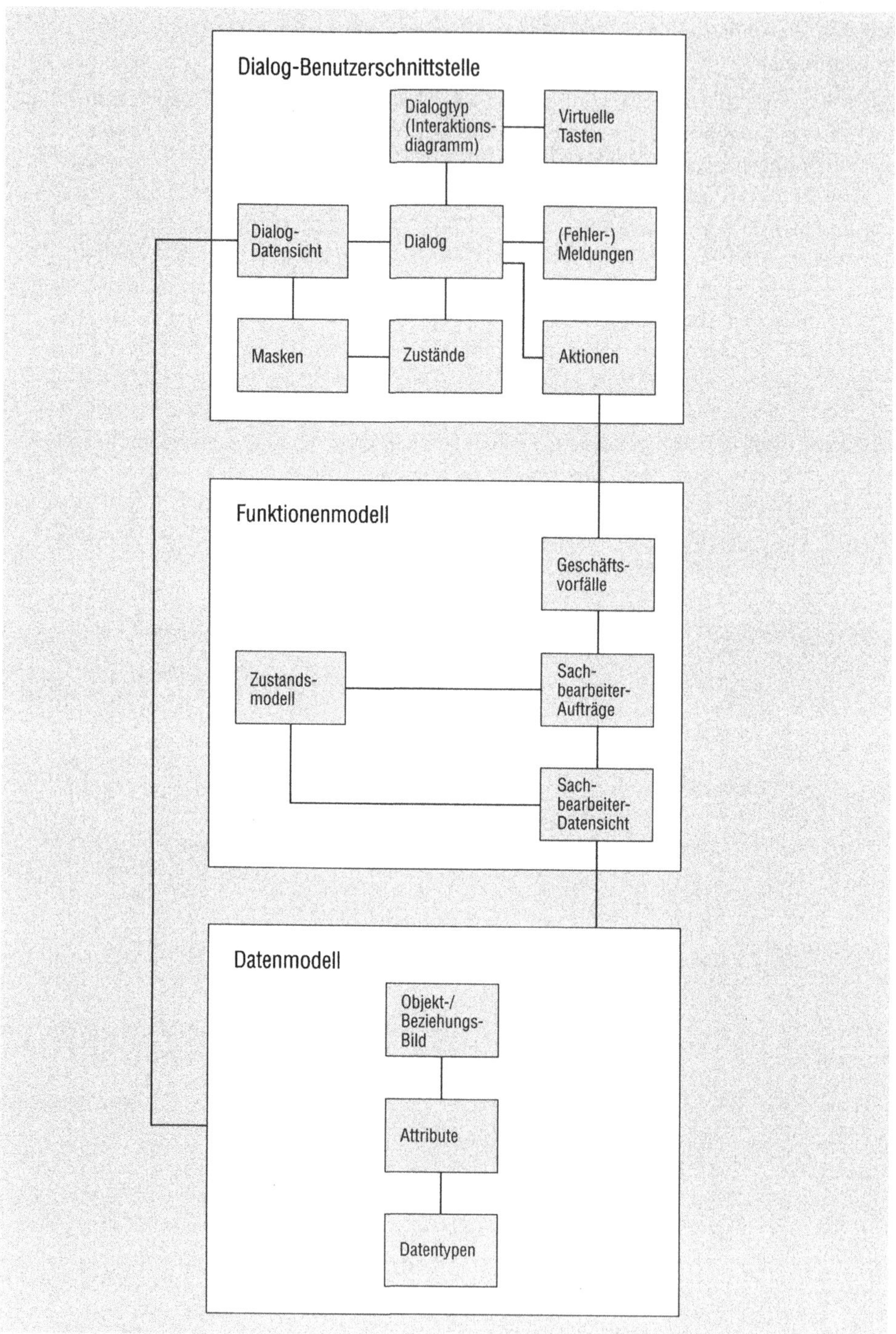

Abb. 4.2 Die einzelnen Teile einer Systemspezifikation (Dialog)

Tabelle 4.1 Feinstruktur der Teile einer Systemspezifikation (Dialog)

Benutzerschnittstelle

Dialog	Dialogetabelle Dialoge-Übergangsmatrix Datensicht
Dialogtyp	Interaktionsdiagramm Formale Codierung des IAD
Virtuelle Tasten	Globale virtuelle Tasten Spezielle virtuelle Tasten
Masken	Maskentabelle (Zuordnung Maske ↔ Dialogzustand) Maskenlayout Maskenfeldertabelle
Zustände	ggf. Entscheidungstabelle zum Ermitteln spezieller virtueller Tasten
Aktionen	Entscheidungstabelle zum Verknüpfen von Masken-Feldinhalten und Sb-Aufträgen Entscheidungstabelle zur Definition der Ergebnisse der Aktion

(Fehler-) Meldungen

Funktionenmodell

Geschäftsvorfälle

Sachbearbeiter	Aufträge Parameter Effekt/Ablauf Datensicht
Zustandsmodell	Zustandsdiagramm Erläuterung der Zustände

Datensicht	Definition der Datensicht als Struktur Abbildung Datenmodell ↔ Datensicht
Datenmodell	Objekt/Beziehungsbild Attributlisten Datentypen

Für eine vollständige Systemspezifikation müssen einige der Rechtecke in Abb. 4.2
weiter gegliedert und durch mehrere Tabellen, Diagramme u.ä. spezifiziert werden,
siehe dazu die Übersicht in Tabelle 4.1.

4.3   Die ideale Maschine

Die ideale Maschine hilft, eine Systemspezifikation zu verstehen. Auf dieser — gedachten, nicht real existierenden — Maschine kann man eine Spezifikation gedanklich
ablaufen lassen; denn sie kann als Interpreter dafür aufgefaßt werden. Somit dient
die ideale Maschine dazu, die (operationelle) Semantik unserer Spezifikationsnotation — Sprache wäre etwas hochgegriffen — zu definieren. Eine Systemspezifikation
kann man dann als Programm verstehen, das von dieser Maschine ausgeführt werden kann. Spezifizieren wird zum Programmieren, allerdings auf sehr viel höherer
Ebene als bisher.

Wir glauben, daß diese Vorstellung das Spezifizieren sehr erleichtert, es wird weniger abstrakt, also griffiger, weil vertrauten (ablauforientierten) Denkweisen näher
stehend. Dadurch daß wir zumindest im Kopf schon sehr viele Abläufe simulieren
können, erkennen wir Probleme schon zum Zeitpunkt der Spezifikation und nicht
erst, wenn der Fortgang der Realisierung die Fehlerbehebung schwierig und teuer
oder gar unmöglich macht. Auch ist das Ergebnis so dem Anwender leichter zu vermitteln.

Der Aufbau der idealen Maschine, Abb. 4.3, gleicht nicht zufällig dem der Systemspezifikation, vgl. Abb. 4.1:

- Ein Teil der idealen Maschine ist die *ideale Datenbank*, definiert durch das Datenmodell; denn dieses ist im Grunde nichts anderes als der Dateientwurf für ein
  relationales Datenbanksytem, das ideal ist in dem Sinne, daß I/Os nichts kosten.
  Man kann also die Daten unbehelligt von Performance-Überlegungen so strukturieren, daß die Zusammenhänge so klar wie möglich hervortreten. Die ideale
  Datenbank liefert die von den Sachbearbeitern und an den Schnittstellen benötigten Datensichten.

- Das Funktionenmodell definiert den *idealen Anwendungskern*, von dem die
  Schnittstellen Geschäftsvorfälle anfordern und in dem die Sachbearbeiter ablaufen.

- Die *ideale Dialog-Benutzerschnittstelle* analysiert die Benutzereingaben (virtuelle
  Tasten, Maskeninhalte), kontrolliert den Dialogablauf anhand der Interaktionsdiagramme, führt die Dialogaktionen aus etc. Kurz: Sie besorgt eine sinnvolle
  Interpretation der vielen Einzelteile einer Dialog-Schnittstelle und ihres Zusam-
  menspiels. So ähnlich betrachte man auch die übrigen Schnittstellen (Batch, Nachbarsysteme).

Man darf die ideale Maschine nicht mit unserer Standard- (Schichten-) Architektur verwechseln; siehe Abschnitt 10.4. Beide ähneln sich natürlich nicht zufällig.

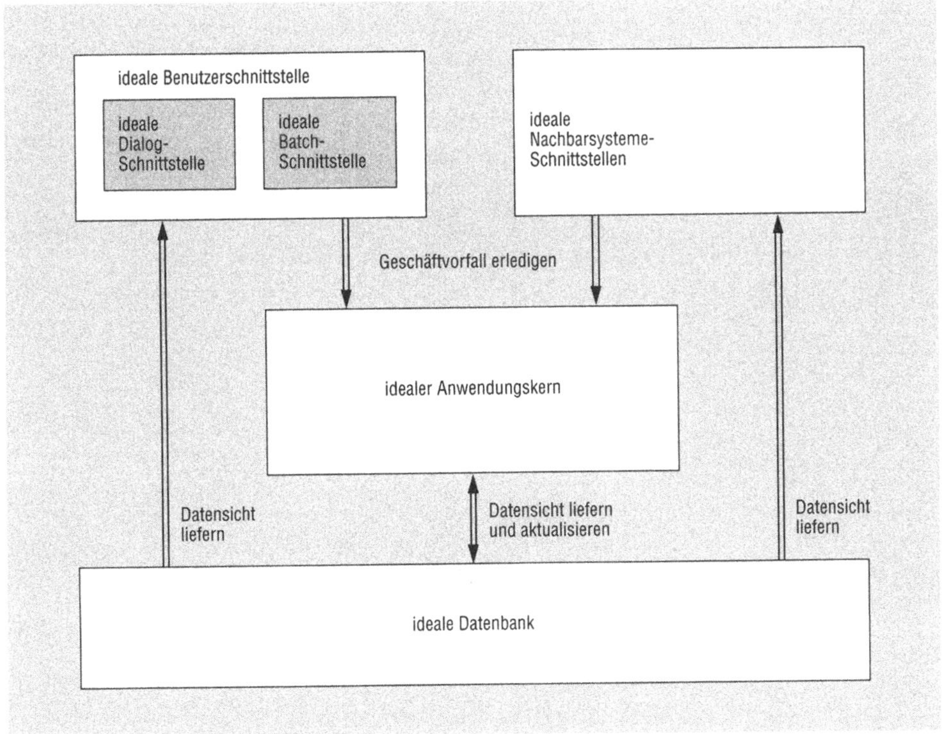

Abb. 4.3 Die ideale Maschine

Aber sie sind dennoch etwas Verschiedenes: Die Standardarchitektur ist ein Schema
für die Modularisierung, also die Systemkonstruktion, wogegen die ideale Maschine
die Semantik der Systemspezifikation definieren hilft. Wir unterscheiden beide mit
Hilfe des Begriffspaars „ideal/real". Die ideale Datenbank spiegelt unmittelbar das
konzeptionelle Datenmodell wieder, die reale dagegen ist dessen Realisierung mittels eines konkreten Datenbanksystems. Der reale Anwendungskern ist eine Schicht
von Softwaremoduln in der Standardarchitektur; diese Module realisieren die Sachbearbeiter — nicht unbedingt 1:1 —, die den idealen Anwendungskern bilden. Wir
werden die Beifügungen „ideal" und „real" gelegentlich weglassen, es sollte dann aus
dem Zusammenhang klar sein, was gemeint ist — im Kontext Spezifikation: ideal,
bei der Konstruktion: real.

Kapitel 8 behandelt die ideale Maschine, insbesondere ihren Dialogteil, ausführli-
cher.

5

Datenmodell

Das Datenmodell eines betrieblichen Informationssystems ist eine konzeptionelle, anwendungsbezogene Darstellung der Daten, mit denen dieses System arbeitet. Es ist ein Relationenmodell, das
mit der Objekt/Beziehungsmethode (Entity/Rela-
tionship Approach) entwickelt wird. Es bildet die
Grundlage für die Spezifikation der Funktionen und
den technischen Entwurf der Datenbank.

5.1 Wozu ein Datenmodell ?

5.2 Datentypen

5.3 Grundlagen relationaler Datenstrukturen

5.4 Objekt/Beziehungs-Datenmodell

5.1 Wozu ein Datenmodell?

Das Datenmodell ist ein zentraler Teil der Konzeption eines jeden Informations-
bzw. Softwaresystems. Wenn man nicht verstanden hat, mit welchen — sachlogischen, nicht DV-technischen — Informationen ein System hantieren soll, kann man
seine Funktionen nicht spezifizieren, geschweige denn realisieren. Keine Systemspezifikation ohne Datenmodell! Der Zweck eines Datenmodells läßt sich mit einigen
Stichworten charakterisieren. Es soll

- eine anwendungsfachliche Vorstellung von den Informationen (= Daten) vermitteln, mit denen ein betriebliches Informationssystem arbeitet, zur Abstimmung
  mit dem Anwender und als Vorgabe für die Entwicklung,
- diese Daten detailliert und präzise definieren und strukturieren,
- die Grundlage für die Spezifikation der Funktionen des Informationssystems bilden,
- Vorgabe für den technischen Entwurf der Datenbank sein.

Als theoretisch wie praktisch sehr tragfähige Methode der Datenmodellierung hat
sich im vergangenen Jahrzehnt die Objekt/Beziehungsmethode (Entity/Relationship
(E/R-) Approach) herausgestellt. Sie wurde vor gut zehn Jahren von Chen ent-
wickelt, siehe [Chen 76], und seither vielfach erprobt und verfeinert. Sie ist eine
Entwurfsmethode — also auch eine Vorgehensweise —, die zu einer relationalen
Datenstruktur im Sinne von Codd führt.

Das relationale Objekt/Beziehungsmodell eignet sich vorzüglich zur Strukturierung der meist recht komplexen Daten eines betrieblichen Informationssystems. Der
Siegeszug des Relationenmodells auf diesem Gebiet dürfte seine tiefere Ursache darin
haben, daß Tabellen eine problemadäquate und zudem leicht eingängige Vorstellung
von den Datenstrukturen eines Informationssystems geben. Überall begegnen uns
Tabellen, als Fahr- und Flugpläne ebenso wie als Preis- und Stücklisten oder als Kun-
denkarteien. Die große Popularität der Tabellenkalkulatoren (Spreadsheets) stammt
aus derselben Quelle.

Für andere Softwaresysteme — z.B. technische Anwendungen — mögen sich an-
dere Darstellungsformen als die relationale besser eignen. Es wäre also falsch, die
Objekt/Beziehungsmethode mit der Datenmodellierung schlechthin gleichzusetzen.
Man kann ein Datenmodell irgendwie machen, die relationale Form ist aber in vielen
Fällen besonders gut geeignet und hat deshalb so etwas wie ein Monopol.

Zusammenfassend: Das Datenmodell eines betrieblichen Informationssystems ist

- eine anwendungsbezogene, der betrieblichen Realität angemessene Darstellung seiner Daten,
- nicht DV-technisch,
- in gewisser Weise redundanzfrei,
- in der Regel relational und somit nicht hierarchisch,
- statisch, d.h. es beschreibt Struktur und Bedeutung der Daten, nicht jedoch Abläufe zu ihrer Verarbeitung.

5.2 Datentypen

5.2.1 Motivation

Das Konzept der Datentypen ist dem Informatiker aus bestimmten Programmiersprachen wohlvertraut. Schon in den frühen Sprachen Fortran und Algol 60 waren die elementaren Typen integer, real und boolean eingebaut und die Möglichkeit zur Definition von arrays gegeben. Einen wichtigen Fortschritt brachten Pascal und Algol 68, in denen der Programmierer eigene Typen definieren und damit dann Variable deklarieren kann. Der letzte Schritt in dieser Entwicklung wurde schließlich in Sprachen wie Modula und Ada getan, wo man abstrakte Datentypen definieren kann, d.h. mit den „nackten" Datenstrukturen eines Typs können auch die darauf ausführbaren Operationen verbunden werden. Der Nutzen eines solchen Typkonzepts liegt auf der Hand: Die *Gemeinsamkeiten einer Klasse von Objekten* können *an einer Stelle* festgelegt werden; dort ist dann wichtiges Anwendungs-Know-how konzentriert.

In der Welt der Datenbanken und der kommerziellen Programmierung ist diese Idee der Datentypen kaum bekannt. Die Datenbanksysteme unterscheiden meist nur numerische und nichtnumerische Felder bestimmter Längen, und in Cobol kann man Deklarationen folgender Art finden:

```
Kosten        PIC 9(8)V9(2)
Einkaufspreis PIC 9(5)V9(2)
Verkaufspreis PIC 9(6)
Liefertag     PIC 9(6)
```

Diesen Datenstrukturen sieht man nicht an, daß es sich bei den ersten drei Variablen um gleichartige Objekte handelt, nämlich um Geldbeträge in DM (es könnten natürlich auch andere Währungen sein). Dafür haben Verkaufspreis und Liefertag dieselbe Struktur, obwohl es sich um ganz unterschiedliche Objekte handelt. Diese Art Datenstrukturbeschreibungen ist sehr stark durch die externe Repräsentation von Daten auf Bildschirmen, in Listen, in Datenbanksystemen etc. geprägt und weniger von ihrer fachlichen Bedeutung. Besser wäre es zu schreiben:

```
Kosten        DM
Einkaufspreis DM
Verkaufspreis DM
Liefertag     DATUM
```

und eventuell noch:

```
Exportpreis DOLLAR
```

Für eine vertiefte Diskussion des Datentypenkonzepts benötigen wir eine geeignete Notation. Hier tun wir gut daran, uns einer vorhandenen Sprache zu bedienen und nichts Neues zu erfinden. Unsere Wahl fiel auf Ada, weil diese Sprache wohl das weitaus mächtigste Typenkonzept besitzt. Alle folgenden Beispiele sind reines Ada und — so hoffen wir — weitgehend selbsterklärend. Auch benötigen wir längst nicht den ganzen Ada-Sprachumfang.

Die im Zuge der Datenmodellierung definierten Datentypen finden vielfache Verwendung, und zwar

- nicht nur zur Spezifikation der Attribute des O/B-Datenmodells, sondern auch
- in der Spezifikation der Benutzerschnittstelle für die Darstellung und Plausibilitätsprüfung der Daten,
- im Funktionenmodell als Parameter der Sachbearbeiter,
- in der Datenbankstruktur,
- als Paramter der Moduloperationen (diese haben natürlich noch weitere — technische — Parameter, die nicht im Datenmodell auftauchen), und schließlich
- beim Codieren der Module, wobei sie natürlich aus der Ada-Notation in die jeweilige Programmiersprache transformiert werden müssen, was am besten mittels eines Werkzeugs geschieht.

5.2.2 Variable und Konstante

Wenn wir einer Variablen einen Datentyp zuordnen, dann legen wir zwei Dinge fest:

- die Menge der Standardbezeichner
- die Menge der zulässigen Operationen.

Standardbezeichner einer Variablen vom Typ FLOAT sind z.B. 0.897 oder 1.23E11. Die meisten Sprachbeschreibungen beginnen mit der meist etwas langatmigen Definition der zulässigen Standardbezeichner der verschiedenen Typen.

Subtil aber wichtig ist der Unterschied zwischen den Standardbezeichnern eines Datentyps (genauer: der Variablen eines Datentyps) und den Werten, die diese Variablen annehmen können: 5.13E3 und 513E1 sind verschiedene Standardbezeichner des Typs FLOAT, besitzen aber denselben Wert! Präzise: Auf der Menge der Standardbezeichner eines gegebenen Datentyps liegt die Äquivalenzrelation „=". Die möglichen Werte einer Variablen dieses Typs sind genau die Äquivalenzklassen bezüglich dieser Relation.

Was ist eigentlich eine Konstante? Wenn wir schreiben

pi: **constant** FLOAT := 3.141;

so erweitern wir die Menge der Standardbezeichner des Typs FLOAT um das Element „pi", das denselben Wert wie 3.141 (oder 0.3141E1) besitzt.

Als eiserne Regel formulieren wir: In allen Projektdokumenten (Spezifikationen, Sourcen etc.) kommen neben 0 und 1 ausschließlich Konstanten als Standardbezeichner vor. Ausgenommen sind generierte Dokumente (dort ist die Konsistenz durch die Generierungsmechanismen gewährleistet), sowie (notgedrungen) die Konstantendefinitionen selbst. So ist auch die Konstante „blank" viel besser als „ ".

Sehr nützlich ist die Vorstellung von einer Variablen als Datenschachtel einer durch den Datentyp vorgegebenen Bauart, in die eben nur Dinge passenden Formats hineingelegt werden dürfen. Wenn man in diesem Bild bleibt, kann man jeden Datentyp als die Beschreibung einer Datenschachtel auffassen.

5.2.3 Ada-Typenkonzept

Wie schon ausgeführt, wollen wir uns der Ausdrucksmittel (Syntax und Semantik) von Ada bedienen, um die Typen zu definieren, die wir im Datenmodell und auch darüberhinaus in anderen Teilen unserer Systemdokumentation einführen. Deshalb geben wir im folgenden einen Abriß des Ada-Typenkonzepts, der hier knapp gehalten werden muß. Zur Vertiefung sei der Leser auf einschlägige Lehrbücher, z.B. [Booch 86], und [Nagl 88] sowie das Ada-Manual [Ada 83] verwiesen.

In Ada gibt es folgende Arten von Datentypen (siehe auch Tabelle 5.1):

- skalare Typen

  - Aufzählungstypen
  - ganzzahlige Typen
  - reelle Typen (Gleit- und Festpunkttypen).

  Aufzählungs- und ganzzahlige Typen nennt man auch *diskrete Typen.*

- zusammengesetzte Typen

  - Felder
  - Verbunde (auch mit Varianten)

- Zeiger (im Datenmodell nicht zu verwenden)
- abgeleitete Typen
- Untertypen.

Man beachte: Ada erlaubt, beliebig viele Typen einer Art zu definieren, beliebig viele Aufzählungen, beliebig viele ganzzahlige Typen (es gibt also nicht nur den einen Typ INTEGER) etc.

Im Einklang mit dem allgemeinen Verständnis von Datentypen ist es auch in Ada so, daß ein Typ zweierlei festlegt: eine Menge von Werten und die darauf ausführbaren Operationen. So sind etwa mit einem ganzzahligen Typ u.a. die Operationen $+, -, *, /, **, <, \leq, >, \geq$ vordefiniert. Mit Hilfe des Package-Konzepts kann man in Ada auch abstrakte Datentypen kreieren, d.h. eine Datenstruktur mit selbstdefinierten Operationen versehen.

Aufzählungstypen

Einen Aufzählungstyp definiert man durch die Menge seiner Standardbezeichner:

```
type BOOLEAN        is (false, true);
type CHARACTER      is (nul, soh, stx, ..., 'A', 'B', 'C', ...
                           'x', 'y', 'z', ...);
type FARBE          is (rot, gelb, grün, blau);
type WTAG           is (Mo, Di, Mi, Do, Fr, Sa, So);
type NOTE           is (sehr_gut, gut, befriedigend, ausreichend,
                           mangelhaft, ungenügend);
type TARIF          is (A1, A2, A3, B1, B2, B3);
type ALTERSGRUPPE   is (Baby, Kind, Jugendlicher, Erwachsener);
```

Tabelle 5.1 Arten von Datentypen in Ada

Art eines Typs		Ada-Konstrukt
deutsche Bezeichnung	Ada-Bezeichnung	
Aufzählungstyp	enumeration type	(rot, grün, blau)
ganzzahliger Typ	integer type	$1 \ldots 12$

reeller Typ	real type	**digit** 6 **range** $0.0 \ldots 1000.0$
		delta 0.01
		     range $-100\_000.0 \ldots$
		          $+10\_000\_000.0$

Feldtyp	array type	**array** $(1 \ldots 12)$ **of** …
Verbundtyp	record type	**record** … **end record**
Zeigertyp	access type	**access**
abgeleiteter Typ	derived type	**new**
Untertyp	subtype	**subtype**

Die Anwender sind es gewohnt, solche Aufzählungstypen „Tabellen" oder „Schlüssel" zu nennen.

Anmerkung zur *Verwendung von Aufzählungstypen*: Ein solcher ist nur sinnvoll, wenn seine Werte für Fallunterscheidungen — etwa in if- oder case-Statements — benutzt werden. Das bedeutet, daß eine Änderung des Typs etwa durch Hinzufügen eines neuen Wertes zu einer Änderung im Code führen muß. Eine solche Änderung der Wertemenge kann nicht durch einen Anwender gemacht werden. Anders verhält sich das etwa bei den AIRLINECODEs. Die Werte dieses Typs sind sicher nicht programmablaufsteuernd, und deshalb wäre es unsinnig, einen

> **type** AIRLINECODE **is** (..., IB, LH, PA, ...);

zu definieren. Schließlich muß ein Anwender einmal eine Fluggesellschaft hinzufügen oder löschen können, ohne ein Programm zu ändern. Deshalb definieren wir in solchen (häufigen) Fällen einen Typ als STRING und machen eine Aussage über die Wertemenge nur in Kommentarform.

Ganzzahlige Typen

Einen ganzzahligen Typ definiert man durch seinen Wertebereich, der als Ausschnitt (**range**) der ganzen Zahlen angegeben wird. Beispiele:

```
type MTAG      is range 1 .. 31;
type MONAT     is range 1 .. 12;
type JAHR      is range 1990 .. 2030;
max_Alter:     constant INTEGER := 150;
type ALTER     is range 0 .. max_Alter;
type PROZENT   is range 0 .. 300;
```

Reelle Typen

Hierbei müssen wir zwei Arten unterscheiden: Gleit- und Festpunkttypen. Bei ersteren wird angegeben, mit wieviel Ziffern (**digit**) welcher Bereich (**range**) der reellen Zahlen dargestellt werden soll: Der

> **type** ENTFERNUNG **is digit** 8 **range** 0.0 .. 1000.0;

stellt also Entfernungen zwischen 0 – 1000 (was? m, km? Das muß man noch spezifizieren!) mit 8 Stellen Genauigkeit dar. Gleitpunktzahlen kommen in betrieblichen Informationssystemen praktisch nicht vor.

Dagegen sind die Festpunktzahlen sehr wichtig. Bei ihnen wird festgelegt, mit welcher Genauigkeit nach dem Komma (**delta**) in welchem Bereich gerechnet werden soll. Unser Standardbeispiel:

```
type DM      is delta 0.01 range -99_999_999.99 .. +99_999_999_999.99;
type DOLLAR  is delta 0.01 range -7_000_000.0 .. +7_000_000_000.0;
```

Felder (arrays)

Ein Feld ist eine Reihung gleichartiger Elemente, die durch einen Index adressiert werden. Beispiele:

```
type VEKTOR        is array (1 .. 5) of INTEGER;
type MATRIX        is array (1 .. 10, 1 .. 20) of FLOAT;
type FARBMISCHUNG  is array (FARBE) of FLOAT;
```

Als Index eines Arrays kann jeder diskrete Typ, d.h. Aufzählungs- oder ganzzahlige Typ, verwendet werden.

In Ada vordefiniert sind Zeichenketten, und zwar als Array mit unspezifizierter, d.h. dynamischer Grenze:

```
type STRING is array (POSITIVE range <>) of CHARACTER;
```

Verbunde (records)

In Verbunden werden bereits definierte Typen zu größeren Einheiten zusammenge-faßt, z.B.

```
type DATUM      is record t:  MTAG;
                          m: MONAT;
                          j:  JAHR;
                end record;
type ZEITRAUM is record von: DATUM;
                          bis:  DATUM;
                end record;
```

Man kann weiterhin Varianten von Verbunden definieren, um damit verschieden-artige Verbunde mit gemeinsamen Komponenten elegant zu spezifizieren.

Abgeleitete und Untertypen

Ein abgeleiteter Typ erbt die Eigenschaften des Typs, von dem er abstammt, ist jedoch ein neuer (**new**) Typ. Das heißt u.a., daß eine Zuweisung zwischen Variablen beider Typen nicht möglich ist. Beispiel:

```
type LÄNGE    is new FLOAT;
type GEWICHT is new FLOAT;
```

LÄNGE und GEWICHT sind zwei verschiedene Typen, sie dürfen deshalb z.B. nicht einfach addiert werden.

Die Definition eines Untertyps liefert dagegen keinen neuen Typ. Sie liefert im allgemeinen eine Teilmenge des Obertyps, die mit diesem verträglich ist in dem Sinne, daß Operationen und Zuweisungen zwischen Variablen beider Typen möglich sind. Beispiel:

```
subtype UMSATZ is DM range 0.0 .. 100_000_000.0;
subtype GEWINN is DM range −500_000.0 .. +1_000_000.0;
subtype PREIS   is DM range 1.0 .. 100_000.0;
subtype KOSTEN is DM range 1.0 .. 100_000.0;
```

Es mag befremden, daß sich in diesem Beispiel die Datentypen KOSTEN und PREIS gar nicht unterscheiden. Der Typ KOSTEN gewährleistet jedoch, daß alle Variablen dieses Typs systemweit als Kostengrößen identifiziert werden können, und daß ihr Format an einer Stelle geändert werden kann, und zwar unabhängig vom Format der PREIS-Variablen.

Tabellen als Datentypen

Mit den beschriebenen Typbildungsmechanismen und einigen der Beispieltypen können wir nun folgende durchaus praxisrelevante Tabelle ganz sauber und präzise spezifizieren:

Altersgruppen-Ermäßigungen

Altersgruppe	Altersgrenze	Ermäßigung
Baby	2	100%
Kind	10	50%
Jugendlicher	16	20%
Erwachsener	max_Alter	0%

Man ist versucht, die Altersgrenze von Erwachsener mit $+\infty$ anzugeben, aber gefordert ist natürlich ein im Sinn des Datentyps ALTER zulässiges Alter, und zwar
dessen größtmöglichen Wert. Die Struktur dieser Tabelle ist definiert durch den

```
type ALTERSGRUPPEN_ERMÄSSIGUNGS_TAB
        is array (ALTERSGRUPPE) of
        record Altersgrenze: ALTER;
                Ermäßigung: PROZENT;
        end record;
```

Damit können wir nun eine Ermäßigungstabelle deklarieren:

```
AgErmTab: ALTERSGRUPPEN_ERMÄSSIGUNGS_TAB;
```

Sollte die AgErmTab auf Jahre hinaus festgelegt sein, so könnte es Sinn machen, sie
als Konstante zu vereinbaren. Mit

```
AgErmTab(Kind).Ermäßigung
```

erhält man die Ermäßigung der Altersgruppe Kind, so daß man eine Art von Direktzugriff realisiert hat.

5.2.4 Vordefinierte Datentypen

In Ada gibt es keine „eingebauten" Typen, sondern nur Typbildungsmechanismen.
Im sog. STANDARD-Package sind damit die folgenden *Basistypen* vordefiniert, und
man könnte diese als eingebaut ansehen:

```
type     BOOLEAN     is (false, true);
type     CHARACTER is (nul, soh, stx, ..., 'A', 'B', 'C', ...
                          'x', 'y', 'z', ...);
[ type     INTEGER     is implementation_defined; ]
subtype NATURAL     is INTEGER range 0 .. INTEGER'LAST;
```

```
subtype POSITIVE       is INTEGER range 1 .. INTEGER'LAST;
[ type    FLOAT        is implementation_defined; ]
type     STRING        is array (POSITIVE range <>) of
                          CHARACTER;
```

Die Typen in [ ] sollten im Datenmodell möglichst vermieden werden.

Darüber hinaus lohnt es sich, einmal projektübergreifend ein Standardrepertoire von Anwendungstypen zu definieren. Dazu könnten gehören:

```
type BUCHSTABE    is ('A', 'B', 'C', ..., 'x', 'y', 'z');
type ZIFFER       is ('0','1','2','3','4','5','6','7','8','9');
type ALFA_STRING  is array (POSITIVE range <>) of BUCHSTABE;
type NUM_STRING   is array (POSITIVE range <>) of ZIFFER;
type DATUM        - - mit den
type ZEITRAUM     - - vorstehenden
type DM           - - Definitionen
```

5.2.5 Datentypen und Operationen

Bisher haben wir Datentypen nur durch ihre statische Struktur definiert. Das ist eine zwar nützliche, aber nur halbe Sache; denn mit einem Datentyp untrennbar verbunden sind die Operationen, die man mit ihm ausführen kann. So wäre etwa ein INTEGER-Typ nichts wert, wenn man mit ihm nicht addieren und subtrahieren, multiplizieren und dividieren, kurz: arithmetische Operationen ausführen könnte. Und so ist es auch mit unseren selbstdefinierten Typen.

Betrachten wir ein Beispiel, nämlich die internationale Standard-Buchnummer (ISBN) und was ein Verlagsinformationssystem damit treibt. Jede ISBN ist 13 Zeichen lang und folgendermaßen aufgebaut: Sprachraumkennung - Verlagsnummer - Buchnummer - Prüfziffer. Die Bindestriche sind Bestandteil der 13-stelligen Zeichenkette, Verlags- und Buchnummer sind mindestens zwei, maximal sechs Ziffern lang, in der Summe stets acht Ziffern (große Verlage haben kleine Nummern und viele Bücher und umgekehrt). Die Prüfziffer ergibt sich aus der restlichen ISBN modulo 11. Beispiele:

3-540-12328-8 (Buch des Springer-Verlags Berlin Heidelberg)
0-387-12328-8 (Springer New York)
0-07-037996-3 (McGraw-Hill)
3-89190-244-1 (Verlag Franz Greno)

Diese Sachverhalte lassen sich nun sehr schön in einem abstrakten Datentyp zusammenfassen und ausdrücken. Wir tun das in Abb. 5.1 in Form eines Ada-Packages. Dieses exportiert einige Typen, insbesondere den der *ISBN*, sowie eine Reihe von Operationen, die darauf arbeiten. *KREIERE* erzeugt eine neue ISBN für einen gegebenen Sprachraum und Verlag, generiert also eine bislang in diesem Verlag noch nicht verwendete Buchnummer, und könnte so verwendet werden:

```
package ISBN is
    type SPRACHRAUM is new ZIFFER;
    type VERLAG#        is new NUM_STRING (1 .. 6);
    type BUCH#          is new NUM_STRING (1 .. 6);
    type ISBN           is new STRING (1 .. 13);
    procedure KREIERE (spr:         in   SPRACHRAUM;
                       v#:          in   VERLAG#;
                       neue_ISBN: out ISBN);
    procedure BILDE (spr:  in   SPRACHRAUM;
                     v#:  in   VERLAG#;
                     b#:  in   BUCH#;
                     ISBN: out ISBN);
    procedure EXTRAHIERE (ISBN: in   ISBN;
                          spr:    out SPRACHRAUM;
                          v#:    out VERLAG#;
                          b#:    out BUCH#);
    procedure PRÜFE (ISBN: in   ISBN;
                     ok:    out BOOLEAN);
end ISBN;
```

Abb. 5.1 Abstrakter Datentyp ISBN

```
Deutsch:          constant SPRACHRAUM := "3";
Springer_B_HD: constant VERLAG# := "540";
Buch_Id:          ISBN;
KREIERE (Deutsch, Springer_B_HD, Buch_Id);
```

Die Operation *BILDE* bastelt aus den Einzelteilen die richtige ISBN-Zeichenkette zusammen; sie wird man beispielsweise benutzen, wenn an der Benutzer-Schnittstelle nur die Buchnummer eingegeben wird — der Normalfall, denn man will ja nicht die stets gleiche Verlagsnummer erfassen —, in der Datenbank aber die vollständige ISBN steht. *EXTRAHIERE* ist die gewissermaßen inverse Operation zu *BILDE*, und *PRÜFEN* stellt fest, ob die Prüfziffer zum Rest der ISBN paßt.

Mit der Definition eines Datentyps sollte auch die Menge der Werte, die seine Variablen annehmen können, so exakt wie möglich festgeschrieben sein. Wie sieht das bei der ISBN aus? Wenn man die Operationen KREIERE und BILDE benutzt, erhält man sicherlich ISBNs, die den eingangs beschriebenen Regeln genügen. Weil die ISBN jedoch vom Typ STRING (1 .. 13) ist, könnte man auch schreiben

```
unerwünschte_ISBN: ISBN := "UNERWUENSCHTE";
```

Das ließe sich verhindern, indem man Zuweisungen (:=) an eine ISBN-Variable verbietet. Ada macht das sogar möglich, und zwar durch folgende Deklaration:

```
type ISBN is limited private;
```

Die Struktur der ISBN — also STRING (1 .. 13) oder was auch immer — ist damit nur im Innern des Package bekannt. Und auf die Zuweisung kann man ohne weiteres verzichten, wenn nur geeignete Operationen vorhanden sind. Was spricht dann noch gegen diese — **limited private** — Lösung? Nichts, solange man sich im Rahmen von Ada bewegt. Sobald man aber mit einer ISBN nach außen tritt, sie z.B. auf den Bildschirm oder in die Datenbank schreibt, muß man ein bißchen mehr wissen. Es läßt sich dann nicht länger verbergen, daß sie 13-stellig ist, und auch eine einfache Zuweisung, etwa an ein Datenbankfeld, wird nötig sein. Das grenzt schon an Haarspalterei. Deshalb wollen wir uns damit begnügen, mit dem ISBN-Package vernünftig umzugehen, so daß in den ISBN-Variablen nur erwünschte Werte vorkommen.

Das ISBN-Beispiel[1] sollte zeigen, daß ein Datentyp mehr ist als nur eine statische Datenstruktur, daß vielmehr die (dynamischen) Operationen einen essentiellen Teil eines Typs ausmachen. Diese Idee konsequent zu Ende gedacht, würde dazu führen, ein Softwaresystem „nur" aus (abstrakten) Datentypen aufzubauen, die geeignet zusammenwirken. Wenn auch nicht in Reinkultur, so werden wir sie doch zu einer wesentlichen Leitlinie unseres Softwaredesigns machen.

5.2.6 Repräsentationen von Datentypen und Plausibilitätsprüfungen

Es ist zwar schön, daß es mit der Ada-Notation so gut gelingt, Datentypen problemgerecht zu spezifizieren. Aber was nützt uns das, wenn wir in Cobol programmieren und dabei irgendein Datenbanksystem verwenden müssen? Wie können wir dahin eine Brücke schlagen? Nun, wir müssen einfach für jeden in Ada notierten Typ im allgemeinen mehrere *Repräsentationen* angeben, und zwar für die Erscheinungsform des Typs

- an der Benutzerschnittstelle, also auf den Bildschirmmasken, Listen, Formularen etc.,

- an Nachbarsysteme-Schnittstellen, das sind die Datenformate im Austausch mit anderen Anwendungen und Rechnern,

- an der Schnittstelle des zu verwendenden Datenbanksystems,

- in der Programmiersprache, in der wir codieren,

- u.ä.m.

Plausibilitätsprüfungen spielen bei Informationssystemen immer eine große Rolle, und viele Spezifikationen sind überfrachtet mit ihrer Beschreibung. Oft geht es dabei um das simple Einhalten von Gültigkeitsbereichen. Durch das Spezifizieren von Datentypen, wie wir es hier propagieren, ist bereits ein Großteil der Plausibilitäten definiert, und es bedarf dazu keiner weiteren Spezifikation.

---

[1] Ein ähnliches, sehr hübsches Beispiel ließe sich auch mit dem Datentyp DATUM konstruieren.

5.3   Grundlagen relationaler Datenstrukturen[2]

Ein Relationenmodell besteht aus einer Menge von Relationen (Tabellen), die über ihre Schlüssel zusammenhängen. Operationen auf einer Relation sind Selektion und Projektion, die Operation Join verknüpft zwei Relationen. Die Beachtung einer Reihe von Normalformen führt zu wünschenswerten Strukturen insbesondere im Hinblick auf Redundanzfreiheit.

5.3.1   Relationen

Eine Relation ist — wie in der Mathematik — eine Teilmenge eines kartesischen Produkts:

$$R \subseteq A_1 \times A_2 \times \ldots \times A_n$$

Die in der Datenbanktheorie geläufige Notation ist:

$$R = (A_1, A_2, \ldots, A_n)$$

Wir sprechen von den — nicht notwendigerweise verschiedenen — Mengen A_i häufig als den Attributen der Relation R. Die Elemente dieser Mengen nennt man Werte oder auch Ausprägungen.

Eine anschauliche Vorstellung einer Relation vermittelt ihre Darstellung als Tabelle. Betrachten wir die Relation

$$FLUGSTRECKE = (\underline{Flug\#},\ S\text{-}Ort,\ Z\text{-}Ort) \qquad \text{wobei } S = \text{Start und } Z = \text{Ziel.}$$

Sie kann zu einem bestimmten Zeitpunkt so aussehen, wie in Abb. 5.2 dargestellt.

Die Attribute der Relation sind als Spalten der Tabelle angeordnet. Sie charakterisieren die Relation und werden ihre *Intension* genannt. Die Elemente der Relation treten als Zeilen in der Tabelle in Erscheinung; man nennt die Menge aller Einträge die *Extension* der Relation. In Analogie zu Variablen in Programmmiersprachen kann man sagen, die Intension einer Relation entspricht dem Typ, die Extension dem Wert einer Variablen.

Ein sehr wichtiger Aspekt ist der *Schlüssel* einer Relation. Es ist dies ein Attribut, dessen Werte jeweils einen Eintrag in der Relation eindeutig identifizieren. In der Relation Flugstrecke spielt die *Flug#* diese Rolle. Ist kein einzelnes Attribut eindeutig, so wird eine Kombination mehrerer Attribute als Schlüssel herangezogen. Das (die) Schlüssel-Attribut(e) wird (werden) durch Unterstreichen gekennzeichnet.

Ein Datenmodell besteht im allgemeinen aus mehreren, über die Schlüssel verknüpften Relationen. Dies sieht man etwa am Beispiel des Flugbetriebs (Abb. 5.2): Zu der Relation

$$FLUGSTRECKE = (\underline{Flug\#},\ S\text{-}Ort,\ Z\text{-}Ort)$$

---

[2]Über *Relationenmodell* lesenswert· [Date 86a], Kapitel 4 und 12.4 und [Vetter 86], Kapitel 2.2

FLUGSTRECKE

Flug#	S-Ort	Z-Ort
LH400	FRA	JFK
LH404	FRA	JFK
...		
LH1605	LHR	FRA
...		
LH231	MUC	FRA
LH233	MUC	FRA
LH235	MUC	FRA
LH237	MUC	FRA
...		
LH927	MUC	DUS
...		
LH266	FRA	MUC
LH268	FRA	MUC
LH272	FRA	MUC
LH276	FRA	MUC
...		
PA682	MUC	TXL
PA684	MUC	TXL
PA686	MUC	TXL
...		

FLUG

Flug#	Datum	S-Zeit	Z-Zeit	F-Typ
LH400	01Jul	10.00	12.20	D10
...				
LH400	23Sep	10.00	12.20	D10
LH400	24Sep	10.00	13.20	D10
...				
LH1605	23Sep	10.00	12.25	310
LH1605	24Sep	11.00	12.25	AB3
...				
LH231	26Sep	7.00	8.00	737
LH233	26Sep	7.30	8.30	310
LH235	26Sep	8.00	9.00	AB3
LH237	26Sep	8.30	9.25	310
...				
LH927	12Aug	21.10	22.15	737
LH927	19Aug	21.10	22.15	737
LH927	26Aug	21.10	22.15	737
LH927	01Sep	21.10	22.15	737
LH927	02Sep	21.10	22.15	737
...				
PA682	11Okt	8.35	9.50	727
...				
PA686	16Okt	12.35	13.50	737
...				

PASSAGIER

Name	Telefon	FT
Bußler	8412486	nein
Denert	6381212	ja
Huber	1234567	nein
Scholz	6381233	nein
...		

RESERVIERUNG

Flug#	Datum	Name	Platz
LH235	26Sep	Bußler	9A
LH400	26Sep	Bußler	12K
...			
LH231	06Okt	Denert	16C
LH231	06Okt	Scholz	16D
LH268	06Okt	Denert	11A
LH268	06Okt	Scholz	11B
...			
PA682	11Okt	Denert	23G
...			

Abb. 5.2 Relationen: Beispiel Flugbetrieb

benötigt man noch

$$FLUG = \quad (\underline{Flug\#},\ \underline{Datum},\ S\text{-}Zeit,\ Z\text{-}Zeit,\ F\text{-}Typ)$$
$$PASSAGIER = \quad (\underline{Name},\ Telefon,\ FT)$$
$$RESERVIERUNG = (\underline{Flug\#},\ \underline{Datum},\ \underline{Name},\ Platz)$$

wobei F-Typ: Flugzeugtyp

FT: Frequent Traveller

5.3.2 Operationen auf Relationen

(1) Selektion

Die Selektion liefert diejenigen Elemente (Zeilen) einer Relation, die einer bestimmten Bedingung genügen. Diese Bedingung ist als Boole'scher Ausdruck von Vergleichen einiger Attribute der Relation mit gegebenen Werten formuliert.

So liefert etwa die Selektion aller Flüge (aus der Relation *FLUG*) mit *S-Zeit* zwischen *7.00* und *13.00* Uhr und dem Flugzeugtyp *AB3* oder *737* folgende Ergebnisrelation:

Flug#	Datum	S-Zeit	Z-Zeit	F-Typ
LH1605	24Sep	11.00	12.25	AB3
...				
LH231	26Sep	7.00	8.00	737
LH235	26Sep	8.00	9.00	AB3
...				
PA686	16Okt	12.35	13.50	737
...				

Natürlich kann sich eine Selektion auch auf die Auswertung eines einzelnen Attributs beschränken. Die Selektion liefert sozusagen einen horizontalen Ausschnitt einer Relation.

(2) Projektion

Die Projektion wählt eine bestimmte Teilmenge der Attribute (Spalten) einer Relation aus. Falls dabei identische Zeilen entstehen, fallen sie zu einer zusammen. Die Projektion bildet somit einen vertikalen Ausschnitt einer Tabelle. Wenn wir etwa das vorhergehende Selektionsergebnis auf die *Flug#* und den Flugzeugtyp (*F-Typ*) projizieren, erhalten wir:

Flug#	F-Typ
LH1605	AB3
...	
LH231	737
LH235	AB3
...	
PA686	737

FLUGZEUGTYP

F-Typ	Bezeichnung	Anzahl Sitze		
		First Class	Business Class	Tourist Class
737	Boeing 737	8	90	0
727	Boeing 727	8	131	0
310	Airbus A310-200	18	181	0
AB3	Airbus A300-600	18	63	126
D10	McDonnell Douglas DC10	22	45	165
747	Boeing 747-400	20	110	242
74M	Boeing 747-200	21	56	174

FLUG/SITZPLÄTZE

Flug#	Datum	S-Zeit	Z-Zeit	F-Typ	Bezeichnung	Anzahl Sitze		
						First Class	Bus. Class	Tourist Class
...								
LH1605	23Sep	10.00	12.25	310	Airbus A310-200	18	181	0
LH1605	24Sep	11.00	12.25	AB3	Airbus A300-600	18	63	126
...								
LH231	26Sep	7.00	8.00	737	Boeing 737	8	90	0
LH233	26Sep	7.30	8.30	310	Airbus A310-200	18	181	0
LH235	26Sep	8.00	9.00	AB3	Airbus A300-600	18	63	126
LH237	26Sep	8.30	9.25	310	Airbus A310-200	18	181	0
...								

Abb. 5.3 Beispiel für einen Join

(3) Join

Die Join-Operation verknüpft zwei Relationen über je ein Attribut (Spalte). Diese
beiden müssen einen gemeinsamen Wertebereich haben, und es werden diejenigen
Einträge (Zeilen) der beiden Relationen zu einem neuen Eintrag zusammengefaßt,
die in dem Verknüpfungsattribut übereinstimmen.

Die Gleichheit in den zu verknüpfenden Attributen — z.B. *F-Typ* im nachfolgenden Beispiel — ist ein (natürlich wichtiger) Spezialfall, der sog. Equi-Join. Andere
Vergleiche sind denkbar, und es können auch mehr als zwei Attribute einbezogen
werden.

Um ein Beispiel für die Join-Operation geben zu können, führen wir noch die
Relation *FLUGZEUGTYP*, Abb. 5.3, ein, und machen einen

join von *FLUG* und *FLUGZEUGTYP* über *F-Typ*.

Dieser liefert die in Abb. 5.3 (nur auszugsweise) wiedergegebene Tabelle *FLUG/SITZPLÄTZE*.

Beispiel: München-Flugplan

Durch Anwendung der Operationen Selektion, Projektion und Join auf die Relationen *FLUGSTRECKE* und *FLUG* können wir einen Flugplan für München erzeugen. Dieser ist in die Abschnitte „Abflug" und „Ankunft" unterteilt, die jeweils aus einer Reihe von Tabellen für die mit München verbundenen Ziel- bzw. Start-Orte aufgebaut sind. Der Abschnitt „Abflug" enthält u.a. die Tabelle *NACH FRANKFURT*. Abbildung 5.4 zeigt, wie wir diese in drei Schritten erstellen.

Dieses Beispiel enthält eine kleine Ungenauigkeit: Die Wochentage, an denen ein Flug verkehrt, sind zum Teil von bestimmten Perioden abhängig. Flug LH927 beispielsweise wird im August nur an Samstagen (5./12./19./26.8.) durchgeführt, danach wieder täglich. Das müßte unser München-Flugplan berücksichtigen, tut es aber nicht, weil wir das Datum wegprojiziert haben.

1. **Selektion** aus *FLUGSTRECKE* mit *S-ORT = MUC* und *Z-ORT = FRA*
   und

2. **Projektion** auf *Flug#*
   ergibt die einspaltige Relation

MUC-FRA
Flug#
LH231
LH233
LH235
LH237

3. **Join** *MUC-FRA* mit *FLUG* über *Flug#*
   und
   Projektion auf *Flug#, S-Zeit, Z-Zeit*
   liefert das gewünschte Ergebnis:

NACH FRANKFURT		
Flug	*Abflug*	*Ankunft*
LH231	7.00	8.00
LH233	7.30	8.30
LH235	8.00	9.00
LH237	8.30	9.25

Abb. 5.4 Erstellen eines Flugplans für München

5.3.3 Normalformen

Normalformen definieren wünschenswerte Eigenschaften von Relationen, insbesondere gewährleisten sie bestimmte Formen von Redundanzfreiheit. Fehlt diese (bei nicht normalisierten Relationen), so können durch Ändern, Einfügen oder Löschen von Einträgen in einer Relation sogenannte Speicheranomalien entstehen, die fachlich fehlerhafte, widersprüchliche Daten zur Folge haben.

Eine ausreichend ausführliche Behandlung der Normalformen würde hier zu weit gehen. Dafür muß auf die Literatur[3] verwiesen werden.

Wir müssen uns hier auf das Allernötigste beschränken. Es ist gebräuchlich, aber noch keineswegs Allgemeingut, von sechs Normalformen (NF) zu sprechen, siehe Abb. 5.5. Sie stellen Bedingungen, die mit aufsteigender Numerierung schärfer werden und die vorhergehende NF einschließen. Eine NF bezieht sich jeweils auf eine Relation, macht also keine Aussage über eine Gruppe von Relationen.

Die *1. Normalform (1NF)* ist eine einfache Konvention, die besagt, daß Attributsausprägungen (-werte) elementar sein müssen, also keine Mengen sein dürfen. Anschaulich: Im Kreuzungspunkt einer Zeile mit einer Spalte darf nur ein einzelner Wert stehen. Wir weichen diese Konvention auf, indem wir sagen, daß jedes Attribut von beliebigem Typ sein darf. Es ist also durchaus gestattet, die 12 Monatsumsätze und den Jahresumsatz in ein einzelnes Attribut zu packen — nur dann allerdings, wenn man zuvor den Datentyp UMSATZ als geeignete Struktur definiert hat.

Eine Relation befindet sich in *5. Normalform (5NF)*, wenn sie sich nicht verlustfrei zerlegen läßt. Die Definitionen der 2. bis 4. Normalform können hier nicht gegeben werden; siehe dazu die Literatur.

Eine Relation wird von einer niedrigeren in eine höhere Normalform durch Zerlegen in zwei oder mehr „kleinere" Relationen überführt. Dadurch entstehen aus einer redundanten mehrere redundanzärmere Relationen bis man schließlich bei der 5NF ankommt, die sich — per definitionem — nicht mehr ohne Informationsverlust zerlegen läßt.

Die *verlustfreie Zerlegung* kann man sich als eine Art Umkehrung des Join vorstellen: Eine Relation *R* läßt sich verlustfrei zerlegen, wenn man zwei Relationen *R1* und *R2* so finden kann, daß sich durch eine Anwendung des Join wieder die ursprüngliche Relation *R* herstellen läßt. Die Relation *FLUG/SITZPLÄTZE*, Abb. 5.3, läßt sich demzufolge verlustfrei zerlegen, denn sie kann durch Join aus den Relationen *FLUG* und *FLUGZEUGTYP* erzeugt werden. Eine Relation ist also in 5NF, wenn sie sich nicht ohne Informationsverlust in zwei Relationen zerlegen läßt, die, mit Join vereinigt, wieder die betrachtete Relation ergeben.

Eine etwas herausragende Rolle spielt die 3NF. Sie läßt sich relativ leicht formal definieren und schematisch aus einer unnormalisierten Relation über 1NF und 2NF ableiten. Das hat ihr zu großer Popularität in Lehrbüchern und Seminaren verholfen und macht ein werkzeugunterstütztes Normalisieren möglich.

Die Relationen *FLUGSTRECKE, FLUG, PASSAGIER, RESERVIERUNG, FLUGZEUGTYP* befinden sich in 5NF, *FLUG/SITZPLÄTZE* dagegen nicht, sie ist nur in 2NF. Man beachte: Die Normalformen stellen nur Bedingungen an einzelne

---

[3] Über *Normalformen* lesenswert: [Date 86a], Kapitel 14 und [Vetter 86], Kapitel 3.1 .

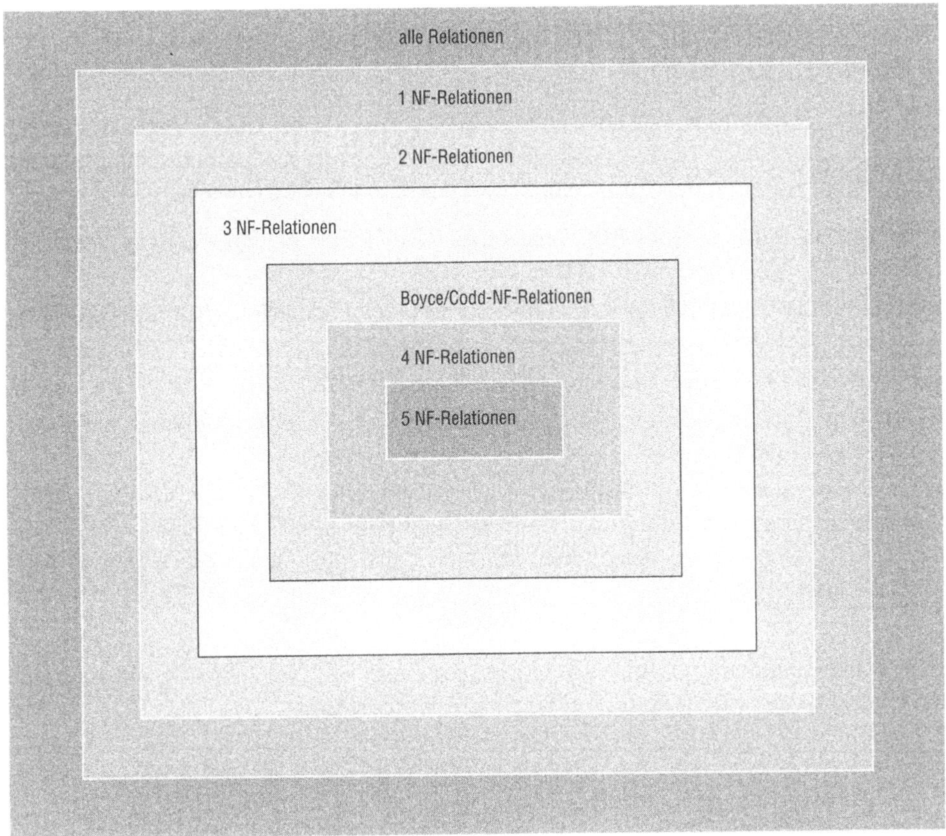

Abb. 5.5 Normalformen

Relationen; ein Datenmodell besteht aber aus mehreren Relationen, die zueinander in Beziehungen stehen. Es macht also keinen Sinn zu sagen, ein Datenmodell insgesamt sei in 3NF oder 5NF. Das gilt nur für seine einzelnen Relationen.

Für Datenmodellierung und Datenbankentwurf ist ein gutes Verständnis des Konzepts der Normalformen eine wichtige Voraussetzung. Das bedeutet jedoch nicht, daß diese Entwurfstätigkeiten nach einem schematischen Verfahren etwa folgender Art abgewickelt werden könnten: Ausgehend von einem Daten„brei" in einer oder wenigen Relationen entwickelt sich in einer Reihe von Normalisierungsschritten ein wohlstrukturiertes Datenmodell — eine abwegige Vorstellung.

Die notwendigerweise kreative Vorgehensweise bei der Datenmodellierung, die wir im folgenden behandeln, führt mehr oder weniger von alleine auf ein Relationensystem in 3. oder höherer Normalform, d.h. ein Schema-F oder ein Werkzeug, die allesamt bei 3NF enden, ist ziemlich überflüssig. Die Kenntnis des Normalformenkonzepts ist dagegen für den Datenmodellierer ein wichtiger Bezugspunkt für die Überprüfung der Qualität seiner Entwürfe.

5.4   Objekt/Beziehungs-Datenmodell

Die Objekt/Beziehungs- (O/B-) Datenmodellierung — im Englischen bekannt als
Entity/Relationship- (E/R-) Approach — ist eine Entwurfsmethode, die zu einem
relationalen Datenmodell führt. Ein O/B-Datenmodell besteht aus

- dem **O/B-Bild**, welches das Geflecht aus Objekten und Beziehungen graphisch
  darstellt (siehe Abschnitte 5.4.1–5.4.3),

- je einer **Attributliste** für jedes Objekt und jede informationstragende Beziehung
  (Abschnitt 5.4.5),

- den **Datentypen** der Attribute (Abschnitte 5.2 und 5.4.5),

- ggf. **Konsistenzbedingungen** in Form einer Liste aussagenlogischer Ausdrücke
  (Abschnitt 5.4.6) sowie

- einer **Erläuterung,** die fachliche Überlegungen zum O/B-Datenmodell enthält,
  die nicht ohne weiteres erkennbar sind. Zu empfehlen ist, Relationen beispielhaft
  mit konkreten Daten auszufüllen, so wie in den vorangegangenen Abschnitten
  (siehe etwa Abb. 5.2 und 5.3). Das fördert das Verständnis des Entwicklers und
  die Verständlichkeit für den Anwender.

Das O/B-Datenmodell ist insofern ein Relationenmodell, als jedes Objekt und jede
Beziehung kanonisch als Relation dargestellt werden kann.

5.4.1   Objekte

Ein Objekt (engl. entity) wird im O/B-Bild als Kästchen dargestellt, in das Name
und Schlüssel des Objekts eingetragen werden, Abb. 5.6(a). Ein Objekt ist eine Relation. Einen Eintrag (Zeile) der Relation, eindeutig identifiziert durch einen Schlüssel,
nennen wir ein Exemplar des Objekts. Manchmal — wenn kein Mißverständnis möglich ist — sagen wir nur „Objekt", wenn eigentlich „Exemplar eines Objekts" gemeint
ist. Abbildung 5.6(b) zeigt einige schon bekannte Objekte.

Damit ist der Schlüssel als herausragendes Merkmal eines Objekts bereits angedeutet. Aber was ist eigentlich ein Objekt? Wie findet, woran erkennt man es? Dazu
drei nützliche *Kriterien* (keine Definition), die erkennen lassen, ob eine Informati-
onseinheit als *Objekt* aufgefaßt werden kann:

- Kann ich einen Schlüssel nennen? Er sollte möglichst schon in der Realität vorhanden und beim Anwender in Gebrauch sein wie z.B. die *Flug#*. Wir erlauben
  auch sogenannte fiktive Schlüssel, die der Anwender nicht kennt, die aber für die
  Datenmodellierung nötig sind.

- Drängt es den Anwender, zu einem neu kreierten Exemplar eines Objekts, also
  zu einem neu angelegten Schlüssel, weitere Informationen zu sammeln? Wenn er
  etwa eine neue *Flug#* anlegt, so wird er bald auch die *FLUGSTRECKE*, also die
  Attribute *S-Ort* und *Z-Ort* erfassen wollen oder bei einem neuen *PASSAGIER*
  festhalten, ob er Frequent Traveller ist.

Name
Schlüssel

(a) Objektdarstellung

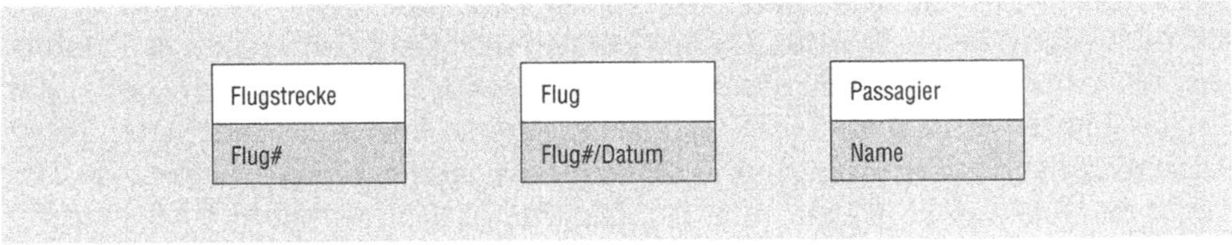

Flugstrecke — Flug#

Flug — Flug#/Datum

Passagier — Name

(b) Beispiele für Objekte

Abb. 5.6 Objekte

Kraftfahrzeug
amtl. Kennzeichen
Fahrgestellnummer

Abb. 5.7 Objekt mit zwei Schlüsseln

- Macht eine Operation für Anlegen und Löschen eines Objekt-Exemplars Sinn?

Gelegentlich möchte man ein *Objekt mit zwei Schlüsseln* (oder gar mehreren) versehen, deren jeder ein Exemplar eindeutig identifiziert. Relationentheoretisch gesehen besteht dafür keine Notwendigkeit, und Date führt dagegen auch Bedenken ins Feld, siehe [Date 86b], Kapitel 3. Man möchte es manchmal dennoch tun, um einen Sachverhalt oder einen Usus der Anwender adäquat wiedergeben zu können. So könnte etwa das Objekt *KRAFTFAHRZEUG* bei der Kfz-Zulassungsstelle sowohl das amtliche Kennzeichen wie auch die Fahrgestellnummer als Schlüssel haben. Wir stellen das wie in Abb. 5.7 dar.

Zu jedem Zeitpunkt muß für ein Exemplar mindestens ein Schlüssel vorhanden sein, die anderen können einen Null-Wert haben. So ist in unserem Beispiel die Fahrgestellnummer von Anfang an und immer da, wogegen das amtliche Kennzei-

chen gelegentlich fehlen kann (etwa wenn das Auto beim Gebrauchtwagenhändler
steht). Es kann sich durch eine Ummeldung sogar ändern, und da wird es problematisch, denn ein Schlüssel kann sich, per definitionem, nicht ändern. Das amtliche
Kennzeichen sollte deshalb besser nur als normales Attribut eingeführt werden, seine
Betrachtung als Schlüssel ist eine Konzession an den Anwender.

5.4.2 Autonome, erweiterte und Subobjekte

Objekte, die völlig für sich stehen, nennen wir *autonome Objekte*. Darüber hinaus
gibt es Objekte, die als Erweiterung eines anderen Objekts (wir nennen es Vaterobjekt) betrachtet werden können. Der Schlüssel eines solchen *erweiterten Objekts* setzt
sich zusammen aus dem Schlüssel des Vaterobjekts und einer das erweiterte Objekt
charakterisierenden Ergänzung; ein Schrägstrich trennt die beiden Schlüsselteile. Das
erweiterte Objekt steht in einer einfachen Beziehung (siehe Abschnitt 5.4.3) zum Vaterobjekt. So ist z.B. *FLUG* ein erweitertes Objekt von *FLUGSTRECKE*, Abb. 5.8.

Die Beziehung zwischen Vater- und erweiterten Objekten ist eine hierarchische.
Um das graphisch zu verdeutlichen, sollte man sie immer über- und nicht neben-
einander plazieren und evtl. sogar unterschiedlich zeichnen (erweitertes Objekt z.B.
stricheln).

Durch ein erweitertes Objekt entsteht eine Konsistenzbedingung derart, daß ein
Eintrag in dem Vaterobjekt mindestens solange existieren muß, wie korrespondierende Einträge in dem erweiterten Objekt vorhanden sind. Man darf also eine Flugstrecke nicht löschen, solange es dazu noch einen Flug gibt.

Subobjekte entstehen, wenn ein Objekt unter bestimmten Gesichtspunkten als
eine Einheit, unter anderen als Vielfalt betrachtet wird. Ein schönes Beispiel dafür
liefert die Lufthansa: Sie betreibt auf bestimmten Strecken (Frankfurt ↔ Köln bzw.
Düsseldorf) auch Züge. Sie sind im Flugplan ausgewiesen und werden deshalb aus
dem Blickwinkel des Verkehrsangebots als Flüge betrachtet, aus Sicht des Betriebs

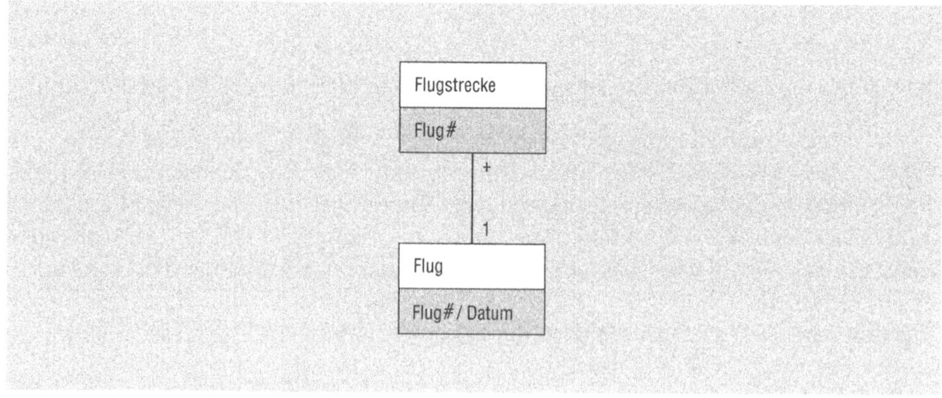

Abb. 5.8 Erweitertes Objekt

müssen sie aber von den echten Flügen unterschieden werden. Man braucht für sie
z.B. keinen Piloten, sondern einen Lokführer, Abb. 5.9.

Ein Subobjekt ist im O/B-Bild über ein kleines Dreieck mit dem Vaterobjekt
verbunden. Die Verbindung vom Vater- zum Subobjekt wird als „kann sein" interpretiert. Eine *FLUGVERBINDUNG* kann sein ein *ECHTER FLUG* oder ein *ZUG*.
Wir sprechen auch von einer *Rollenbeziehung*. In Tabellenform sieht das aus wie in
Abb. 5.9(b).

Hierin liegt noch ein kleines Problem, denn die *Flug#* ist noch kein eindeutig
identifizierendes Merkmal einer *FLUGVERBINDUNG*. Es müßte noch der *Z-Ort*
hinzugenommen werden (siehe *LH1006* und *LH1008*).

Die Schlüsselmenge des Vaterobjekts ist die disjunkte Vereinigung der Schlüs-
selmengen seiner Subobjekte. Das Vaterobjekt führt diejenigen Attribute, die allen
Subobjekten gemeinsam sind und deshalb nur einmal — beim Vater — vorhanden
sein sollten, z.B. beim *FLUG S-Zeit* und *Z-Zeit*. Die Subobjekte haben dann nur
noch die für sie spezifischen Attribute, der *ECHTE FLUG* z.B. den *F-Typ*.

5.4.3 Beziehungen

Beziehungen (engl. relationships) bestehen zwischen Objekten, meistens zweien,
manchmal auch mehreren. Die Information, die in den Beziehungen steckt, kann
sich auf das bloße Herstellen des Zusammenhangs beschränken — wir sprechen dann
von einer *einfachen Beziehung*; an ihr können aber auch weitere Attribute hängen
— dann handelt es sich um eine *informationstragende Beziehung*.

Einfache Beziehungen werden durch eine Verbindungslinie zwischen den Objekten
dargestellt, informationstragende durch ein längliches Sechseck (quasi eine aufgewei-
tete Linie, in der Information enthalten ist), Abb. 5.10.

Betrachten wir als erstes Beispiel eines O/B-Bildes das schon in Relationenform
bekannte Flug-Datenmodell (Abb. 5.11). Die Relationen *FLUGSTRECKE* und *PAS-
SAGIER* sind darin zu autonomen Objekten geworden, die Relation *FLUG* zu einem
erweiterten Objekt von *FLUGSTRECKE* und *RESERVIERUNG* zu einer informationstragenden Beziehung.

Jede Beziehung läßt sich — ebenso wie ein Objekt — als Relation darstellen. Sehen
wir uns dazu das kleine Vertriebsdatenmodell in Abb. 5.12 an. Es enthält fünf Objekte (eines davon ist ein erweitertes) und fünf Beziehungen (drei einfache und zwei
informationstragende). Die *Rabatt*-Beziehung trägt den Rabattsatz als Information
(siehe die entsprechende Attributliste). Der Schlüssel dieser Beziehungsrelation ist
Art#/Kd#, also die Kombination der Schlüssel der in Beziehung gesetzten Objekte.

Darin liegt ein Prinzip: Der Schlüssel einer Beziehung besteht stets aus der Kombination der Schlüssel der durch sie verbundenen Objekte. Dies gilt nicht nur für
binäre, sondern auch für mehrwertige Beziehungen.

Abbildung 5.13 zeigt uns, wie sich informationstragende und auch einfache Beziehungen als Relationen darstellen. Mit der aufgeführten Intension (vergebene Kun-
dennummern) des Objekts *KUNDE* könnte die *RABATT*-Beziehung als Tabelle die
angegebene Gestalt annehmen.

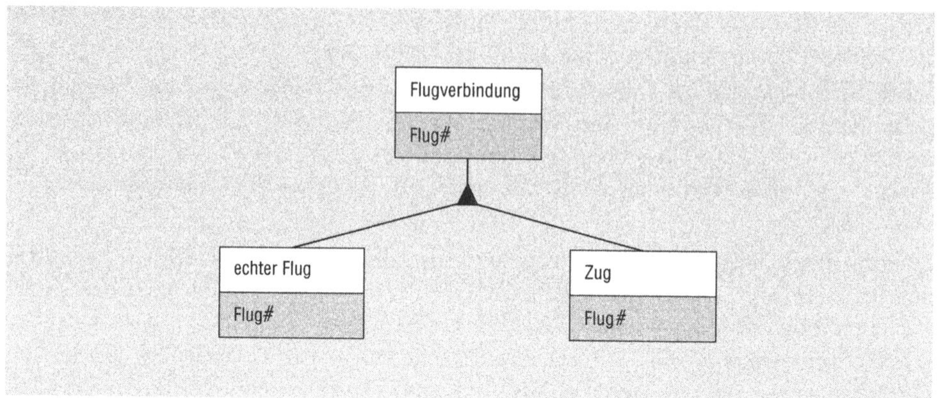

(a) im O/B-Bild

FLUGVERBINDUNG

Flug#	S-Ort	Z-Ort	S-Zeit	Z-Zeit
⋮				
LH140	FRA	CGN	16.45	17.25
LH1006	FRA	CGN	16.49	18.45
LH1008	FRA	CGN	20.50	22.49
⋮				
LH122	FRA	DUS	16.10	16.55
LH1006	FRA	DUS	16.49	19.26
⋮				
LH1008	FRA	DUS	20.50	23.34
LH134	FRA	DUS	20.55	21.40

ECHTER FLUG

Flug#	F-Typ
LH140	737
LH122	737
LH134	727

ZUG

Flug#	Anzahl Wagen
LH1006	6
LH1008	4

Abb. 5.9 Subobjekte

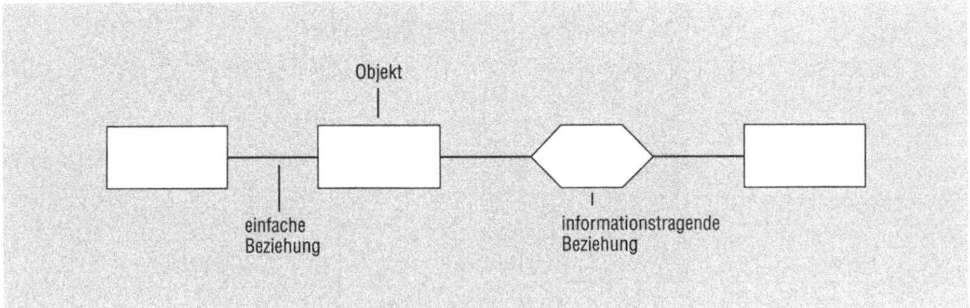

Abb. 5.10 Einfache und informationstragende Beziehungen

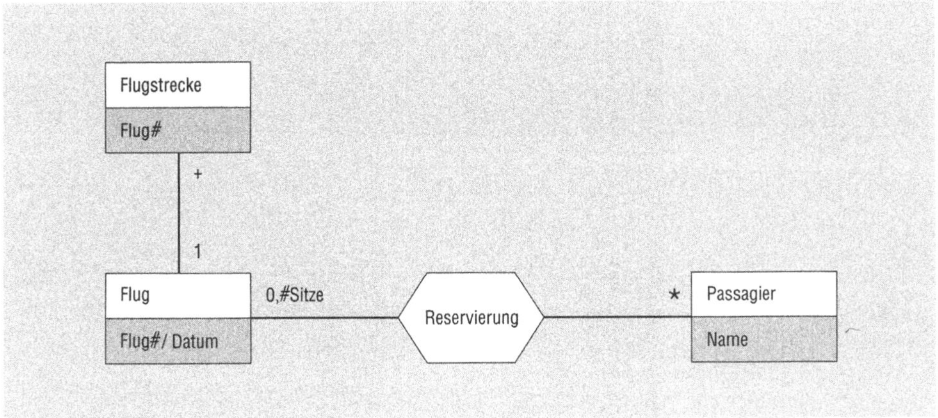

Abb. 5.11 Flug-Datenmodell

Auch einfache Beziehungen kann man sich als Relation vorstellen, etwa die Beziehung *AUFTRAG/KUNDE*. Ihr Schlüssel ist *Auftr#/Kd#*, und sie hat keine Attribute. Als Tabelle sieht sie beispielsweise wie in Abb. 5.13 aus. Eigentlich ist diese Relation überflüssig, denn die Auftrags/Kundenbeziehung wird schon durch das Attribut *Kd#* im Objekt *AUFTRAG* hergestellt. Wie wir noch sehen werden, ist diese Darstellung einer Beziehung mittels *Fremdschlüssel* jedoch nicht allgemeingültig. So nennt man ein Attribut in einer Relation, wenn es gleichzeitig Schlüssel einer anderen Relation ist und somit auf diese einen Verweis (Zeiger) herstellt. Im übrigen ist natürlich nicht beabsichtigt, eine solche einfache Beziehungsrelation in der Datenbank zu speichern.

Informationstragende Beziehungen haben stets einen *Namen*, d.h. das Sechseck muß ausgefüllt sein. Es empfiehlt sich, in gewissen Fällen auch einfache Beziehungen zu benennen, um den durch sie ausgedrückten Sachverhalt zu verdeutlichen. In den

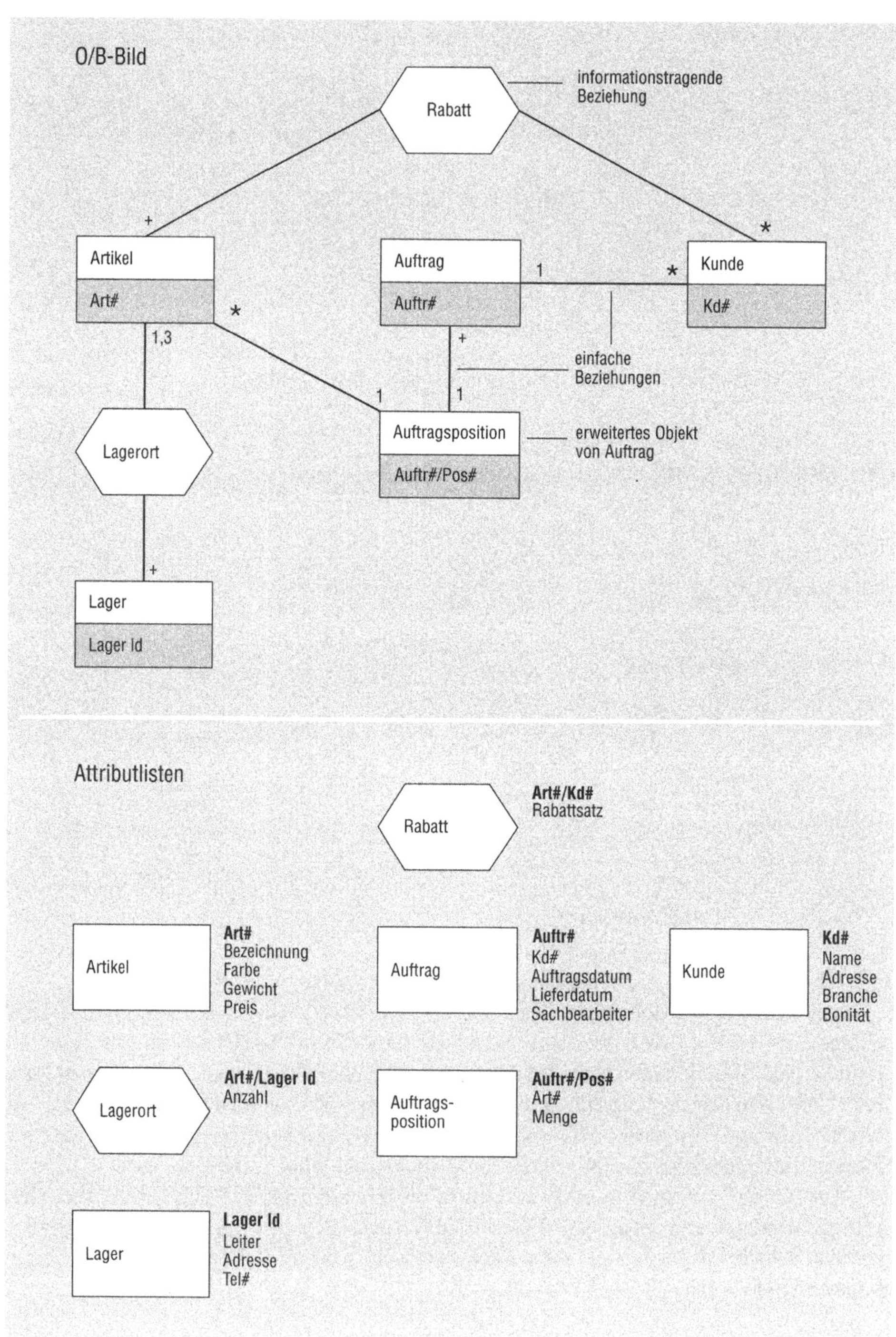

Abb. 5.12 Kleines Vertriebs-Datenmodell

KUNDE			RABATT			AUFTRAG/KUNDE	
Kd#	Name	...	Art#	Kd#	Rabattsatz	Auftr#	Kd#
3900	...		A21144	3982	10 %	89/522	3982
3910			A21146	3982	10 %	90/171	4711
3982			B22123	3982	20 %	89/637	4712
3983			A21144	4711	15 %	90/139	4712
4710			A21146	4711	15 %	90/244	4712
4711			A21144	4721	15 %	90/336	4712
4712			B22123	4721	25 %	90/25	4721
4713			B22321	4721	20 %	90/335	4721
4721			C12345	5544	7 %		
5544						Beachte: Nicht jeder	
5545			Beachte: Nicht jeder Kunde			Kunde hat gerade ei-	
			bekommt Rabatt.			nen Auftrag plaziert.	

Abb. 5.13 Beziehungen als Relationen

bisherigen Beispielen kommt das nicht vor. Die Beziehung *AUFTRAG/KUNDE*
etwa ist in ihrer Bedeutung auch ohne Namen klar. Das ist aber nicht immer so.

Eine Beziehung besteht immer zwischen mindestens zwei Objekten und hat deshalb keine eigenständige Existenz, d.h. wenn ein Exemplar eines Objekts gelöscht
wird, muß auch der entsprechende Beziehungseintrag verschwinden. Es kommt allerdings vor, daß eine Beziehung auch die Rolle eines Objekts spielt, und zwar insofern
als sie zu einem Endpunkt einer weiteren Beziehung wird. Wir sprechen dann von einem *Beziehungsobjekt*. Betrachten wir das Beispiel in Abb. 5.14: Die schon bekannte
Beziehung *Reservierung* mit dem Schlüssel *Flug#/Datum/Name* wird zum Beziehungsobjekt, das mit dem Objekt *Ticket* eine neue Beziehung eingeht, die besagt,
welches Ticket zu welcher Reservierung gehört. (Ein Ticketheft enthält höchstens
vier Tickets, kann also auch nur soviele Reservierungen abdecken.) Wie man sieht,
stellen wir ein Beziehungsobjekt graphisch so dar, daß wir das Beziehungssechseck
mit einem Objektkästchen umrahmen.

5.4.4 Konsistenzbedingungen der Beziehungen

Beim E/R-Approach spricht man häufig von 1 : n- oder m : n-Beziehungen; wir
haben die Beziehungslinien mit 1, $\star$, + markiert. Was bedeutet das?

Betrachten wir noch einmal die Beziehung *AUFTRAG/KUNDE*. Jeder Auftrag
ist zweifellos eindeutig einem Kunden zuzuordnen, ein Auftrag für mehrere Kunden
wäre eine abwegige Vorstellung. Dagegen kann ein Kunde durchaus mehrere Aufträge
plazieren, und selbst wenn er zu einem bestimmten Zeitpunkt keinen Auftrag laufen
hat, wird er noch als Kunde betrachtet. Dies alles ist in Abb. 5.15 ausgedrückt. Die

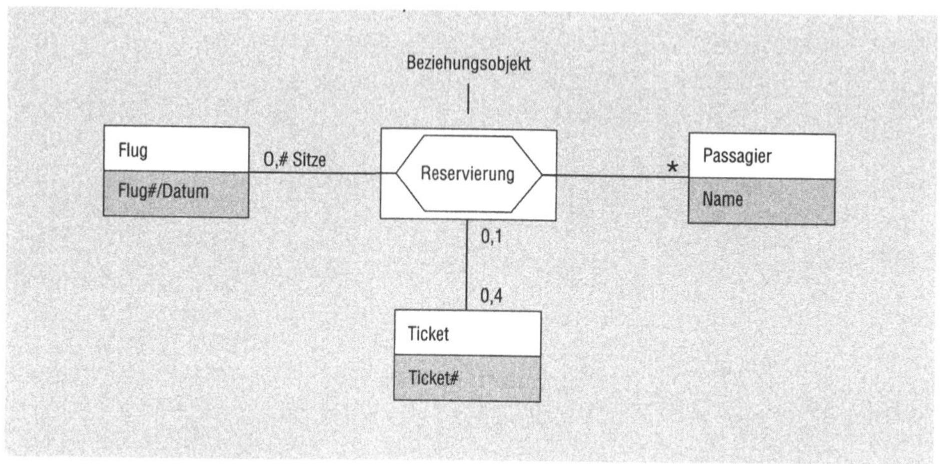

Abb. 5.14 Beziehungsobjekt

Markierungen geben an, wie oft ein bestimmter Schlüssel des markierten Objekts in der Beziehungsrelation vorkommen darf bzw. muß. In der *AUFTRAG/KUNDE*-Relation muß jede *Auftr#* genau 1-mal vorkommen, eine *Kd#* darf $\star$ -mal (das bedeutet: gar nicht, 1-mal oder mehrfach) auftreten. Man betrachte die Beispieltabelle!

Zur Markierung der Beziehungen benutzen wir folgende Symbole:

1	bedeutet genau 1-mal
2	genau 2-mal
$\vdots$	
$\star$	beliebig ≥ 0
$+$	beliebig ≥ 1
3,7	≥ 3 und ≤ 7
0,1	0 oder 1

In Fällen, die sich durch diese Kurzformen nicht abhandeln lassen, geben wir eine Erläuterung.

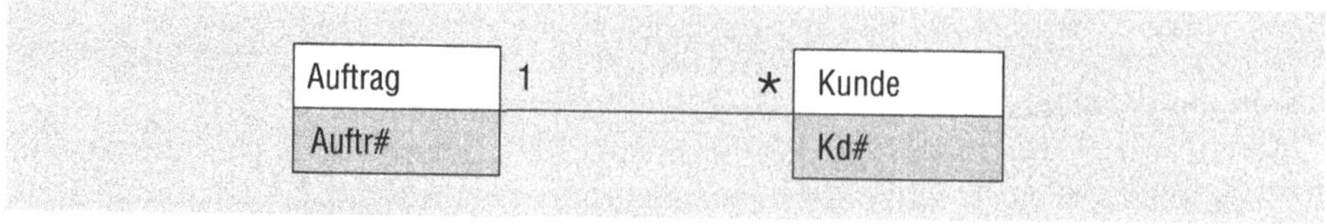

Abb. 5.15 Darstellung von Konsistenzbedingungen

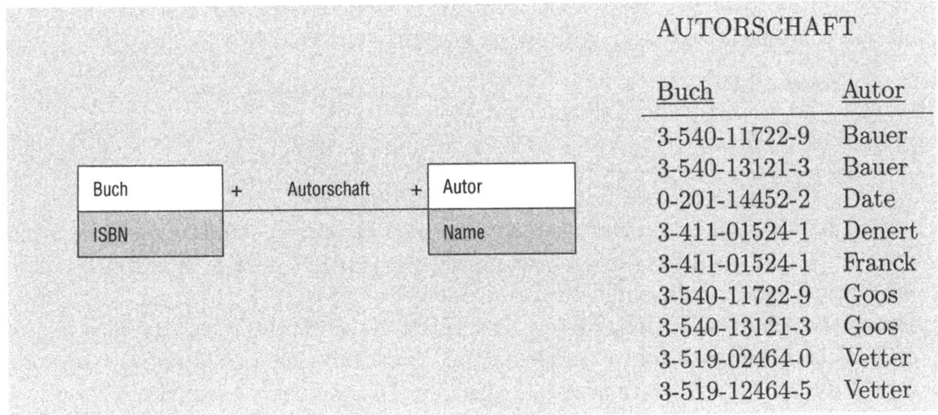

(a) im O/B-Bild   (b) als Relation

Abb. 5.16 + : + -Beziehung

Die *Rabatt*-Beziehung ist also so zu interpretieren: Zu jedem Artikel gibt es mindestens einen Kunden, der einen Rabatt eingeräumt bekommt; nicht jeder Kunde erhält einen Rabatt, im allgemeinen jedoch für eine beliebige Anzahl Artikel. Betrachte die entsprechende Tabelle! Die Lagerort-Beziehung gibt an, wieviel Exemplare eines Artikels wo lagern. Sie schränkt ein, daß ein Artikel in jedem Fall an einem Ort lagern muß, höchstens jedoch an drei Orten vorrätig sein darf. Und natürlich enthält jedes Lager mindestens einen Artikel.

Wir kommen noch einmal auf die relationale Darstellung einfacher Beziehungen zurück. Stellen wir uns eine + : + -Beziehung vor wie die *AUTORSCHAFT* in Abb. 5.16(a). Klar: Ein Buch hat mindestens einen Autor, und ein Autor hat wenigstens ein Buch geschrieben (sonst wäre er kein Autor), manchmal auch mehrere. Die + : + -Beziehung läßt sich nicht durch Fremdschlüssel in den Objekten Buch und/oder Autor darstellen, jedenfalls nicht, wenn diese sich in einer Normalform befinden (und mindestens 3NF verlangen wir von unseren Objekt-Relationen). Diese Beziehung erfordert also die Darstellung als eine Relation wie z.B. in Abb. 5.16(b).

5.4.5 Attribute und Datentypen

Wie schon mehrfach angesprochen, gibt es zu jedem Objekt und zu jeder informationstragenden Beziehung eine Liste von Attributen. Sie definiert die Bedeutung des Objekts/der Beziehung, die durch seinen/ihren Namen nur vage angedeutet ist. Das einzelne Attribut wiederum ist in seiner Bedeutung durch seinen Namen und Datentyp festgelegt; Beispiele siehe Tabelle 5.2. Die darin verwendete Notation folgt einer Konvention, nämlich die Attributnamen groß/klein und die Datentypen mit Großbuchstaben zu schreiben. Außerdem kürzen wir ab, wenn — was häufig vorkommt — Attributname und -typ gleich sind, indem wir den Bezeichner nur einmal schreiben, und zwar groß. Also, statt

Flug# FLUG#

notieren wir nur

FLUG#.

Die Struktur eines Attributs ist durch seinen Datentyp definiert, und dieser kann sehr einfach und elementar sein, wie z.B. der Typ DM, der eine einzelne Zahl repräsentiert, aber auch sehr komplex werden. Der Typ DATUM etwa ist schon eine Struktur (record) aus drei Zahlen und ISBN ein abstrakter Datentyp, d.h. durch eine Reihe von Operationen definiert. Man kann Tabellen als Datentypen spezifizieren; das sind Arrays fester oder gar variabler Länge (siehe Abschnitt 5.2.3 und das TuBSy-Datenmodell, Abschnitt 9.2). Nach allgemeiner Auffassung ist eine Relation, die Attribute mit einer derartigen Struktur enthält, nicht in 1. Normalform. Uns stört das nicht. Im Gegenteil, es erscheint uns nützlich, im Datenmodell komplex strukturierte Attribute zu haben, weil sie Konsistenz, Übersicht und Lesbarkeit verbessern. Das TuBSy-Datenmodell gibt dafür zahlreiche Beispiele. Insbesondere beachte man die „kleinen" Tabellen wie etwa die ALTERSGRUPPEN_ERMÄSSIGUNGS_TAB. Sie ließe sich auch im O/B-Bild darstellen, und zwar als informationstragende Beziehung zwischen *HOTEL* und einem eigens einzuführenden, etwas seltsamen Objekt *ALTERSGRUPPE*.

Das Zulassen von Strukturen (records) und Tabellen (arrays) als Typen von Attributen sprengt zwar die 1. Normalform, erweist sich aber als elegante Darstellung bestimmter Sachverhalte. Im übrigen werden die — weitaus wichtigeren — höheren Normalformen dadurch nicht beeinträchtigt.

5.4.6 Konsistenzbedingungen

Die Datenbasis eines Informationssystems muß jederzeit konsistent, d.h. entsprechend irgendwelcher fachlicher Regeln (in sich) stimmig sein. So muß ein Datum einen Tag gemäß gregorianischem Kalender bezeichnen und nicht etwa einen 30. Fe-

Tabelle 5.2 Attribute, definiert durch Namen und Datentyp

Name	DATENTYP
Kosten	DM
Einkaufspreis	DM
Verkaufspreis	DM
Exportpreis	DOLLAR
Liefertag	DATUM
Abreisetag	DATUM
Buch_Id	ISBN

bruar, eine Hinreise muß vor der Rückreise liegen und ein Artikel darf nur in den Status „lieferbar" versetzt werden, wenn für ihn ein Preis festgesetzt ist. Konsistenzbedingungen werden vor allem auf dreierlei Weise spezifiziert, nämlich

- als *Konsistenzbedingungen der Beziehungen* im O/B-Bild (1 : $\star$, + : + etc.), wie sie in Abschnitt 5.4.4 beschrieben sind,

- als *Datentypen*: Sie legen die Wertebereiche der Attribute fest, und zwar nicht nur in der einfachen Form etwa des

  type MONAT **is range** 1 .. 12;

  sondern auch derart, daß man einen abstrakten Datentyp DATUM mit Operationen so definiert, daß ein 30. Februar ausgeschlossen ist. Dem

  type ZEITRAUM **is record** von: DATUM;

  bis: DATUM;

  end record;

  kann man hinzufügen, daß stets gilt: von $\leq$ bis. Mit dem Attribut

  Reisedauer ZEITRAUM

  ist dann zugleich die Hin/Rückreise-Konsistenz spezifiziert. Durch die Datentypen ist die große Masse der Konsistenzbedingungen definiert, die sich auf einzelne Attribute beziehen. Eine weitere wichtige Gruppe ist festgelegt

- durch die *Sachbearbeiter*: Sie kennen komplexe fachliche Zusammenhänge und tragen Sorge dafür, daß Bedingungen eingehalten werden wie z.B. die oben erwähnte Regel bezüglich des Status „lieferbar" eines Artikels. Eine Sachbearbeiter-Spezifikation müßte beispielsweise auch zusichern, daß beim Umbuchen eines Betrages von einem Konto auf ein anderes die Summe beider Konten gleich bleibt.

Meistens werden diese drei Stellen in der Systemspezifikation — O/B-Bild, Datentypen und Sachbearbeiter — ausreichen, um alle Konsistenzbedingungen unterzubringen. Wenn darüber hinaus noch Spezifikationsbedarf besteht, lassen sich weitere Konsistenzbedingungen formulieren

- als *Liste aussagenlogischer Ausdrücke*: Sie ist ein eigener Abschnitt des Datenmodells und verknüpft beliebige Attribute in Formeln der Aussagenlogik.

Egal wie die *Konsistenzbedingungen* spezifiziert werden, beim Programmieren wird daraus viel, oftmals stereotyper Code. Deshalb sind wir bestrebt, möglichst viel davon zu *generieren*. Hierbei läßt sich inbesondere einiges aus den Datentypen gewinnen. Solcherlei Generierung steigert nicht nur die Produktivität der Entwickler, sondern auch die Qualität der Software, denn die Prüfungen werden umfassender, homogener und systematischer eingebaut als wenn sie manuell zu programmieren sind.

5.4.7 Datensichten

Im Datenmodell kann jeder lesen wie in einem offenem Buch, denn es ist in Gänze bewußt als allgemein bekannte Information spezifiziert. Daraus folgt, daß unter anderem jeder Dialog beliebige Daten darin vermittels seiner Datensicht direkt lesen

und auf dem Bildschirm anzeigen kann. Dazu braucht er keinen Sachbearbeiter, so
daß wir rein lesende Sachbearbeiteraufträge ausschließen können.

Sachbearbeiter und Benutzerschnittstelle kommunizieren mit dem Datenmodell
über Datensichten. Zur Illustration dieses Begriffs zunächst eine Analogie: Man stelle
sich ein kompliziertes dreidimensionales Gebilde vor (z.B. einen Motorblock) und
die Datensichten als Schnitte, die davon unter allen möglichen Winkeln gemacht
werden. Der Motorblock liegt in einer redundanzfreien Darstellung vor, aus der alle
gewünschten Schnitte (Sichten) abgeleitet werden können.

Wir betonen: Der Zugriff auf die Daten erfolgt ausschließlich über Datensichten.
Eine Datensicht wird spezifiziert, indem man ihren Zusammenhang mit dem Datenmodell beschreibt. Dazu stelle man sich vor, daß die Datensicht aus der idealen
Datenbank, die ja durch das Datenmodell definiert ist, zu lesen und dorthin auch
wieder zurückzuschreiben ist. Sie wird in zwei Teilen spezifiziert:

- Die *Datensichtstruktur* faßt die zur Datensicht gehörenden Attribute des Datenmodells zusammen. Wir zählen sie allerdings nicht einzeln auf, sondern stützen
  uns auf vorhandene, möglichst umfassende Typen. Dabei betrachten wir auch ein
  Objekt des Datenmodells als (record-) Typ. Ein wichtiger Aspekt dabei ist es, den
  Anker der Datensicht zu benennen; i.e. der Schlüssel, an dem sie „hängt".

- Dann spezifizieren wir die *Abbildung* zwischen der Datensichtstruktur und dem
  Datenmodell. Dazu ist eine geeignete Mischung aus formaler (und damit präziser)
  und informeller (und damit leichter verständlicher) Darstellung anzustreben.

6

Funktionenmodell

Das Funktionenmodell definiert die Funktionalität eines Softwaresystems, aufbauend auf dem Datenmodell, aber unabhängig von der Benutzerschnittstelle. Ausgangspunkt sind die Geschäftsvorfälle, die der Benutzer mit dem System erledigen soll. Im Zentrum des Funktionenmodells steht die Zusammenarbeit fiktiver — nicht menschlicher — Sachbearbeiter, die Aufträge mit bestimmten Daten ausführen, u.a. gesteuert von Zustandsmodellen für den Lebenslauf von Datenobjekten. Diese Aufträge legen die fachlichen Funktionen des Systems fest.

Der Zweck eines Informationssystems ist es, dem Anwender zu helfen. Dazu muß
es über Funktionen verfügen, mit denen er seine *Geschäftsvorfälle* (Gv) bearbeiten
kann, etwa das Buchen einer Reise, deren Stornierung oder das Löschen eines Teilnehmers aus einer vorhandenen Buchung. Wie können wir das beschreiben? Am
besten so (man betrachte auch Abb. 4.2): Wir stellen uns vor, die Geschäftsvorfälle
werden von einer Schar *Sachbearbeiter* (Sb) erledigt. Sie verfügen über Kompetenz
und Know-how auf einem bestimmten Gebiet, haben Detailwissen in ihnen gehörenden Karteien abgelegt, bekommen von anderen Kollegen *Aufträge* erteilt und
dazugehörige Informationen übergeben und beauftragen schließlich selbst weitere
Kollegen. Die Aufgabe des Spezifikationsteams besteht darin, wie ein kluger Bürovorsteher, die Arbeit der Sachbearbeiter geschickt zu organisieren, gewissermaßen
Arbeitsplatzbeschreibungen für sie zu verfassen. Die Aufteilung der Arbeit erfolgt
wohlgemerkt nach Know-how und nicht nach Quantität. Den Sachbearbeiter kann
man sich beliebig fleißig bzw. auch vervielfacht denken, nur sollte seine Tätigkeit
überschaubar sein und wohlabgegrenzt von den Aufgaben der Kollegen. Derartige
Sachbearbeiter sind Konstrukte der Spezifikation[1] und dürfen nicht mit den menschlichen Sachbearbeitern, den Systembenutzern, verwechselt werden.

Alle Sachbearbeiter zusammen repräsentieren also die Funktionalität der Anwendung; jeder ist für einen bestimmten Aufgabenbereich zuständig. Beispielsweise wird
es in einem touristischen Buchungssystem, etwa unserem TuBSy, einen Sachbearbeiter geben, der Buchungen entgegennimmt, einen anderen, der sich um die Preisrechnung kümmert und vielleicht einen, der den ganzen Verkehr mit den Leistungsan-
bietern, z.B. den Hoteliers, abwickelt. Damit ist jeder Sachbearbeiter auch zuständig
für einen bestimmten Ausschnitt aus dem Datenmodell: Preise, Buchungen und Anbieter werden wir im Datenmodell identifizieren können. Das ist seine *Datensicht*,
auf der er operiert. Dabei kontrolliert er auch den Lebenslauf gewisser Daten, d.h. er
verändert ihren Zustand anläßlich der Ausführung bestimmter Aufträge, gesteuert
durch sein *Zustandsmodell*.

Bereits hier wollen wir zwei Punkten hervorheben:

- Ein Sachbearbeiter mit seinen Aufträgen wird nur zu dem Zweck eingeführt, bestimmte Daten zu modifizieren. Daraus folgt:

- Rein lesende Sachbearbeiteraufträge gibt es nicht. Daten, die etwa zwecks Darstellung auf dem Bildschirm gelesen werden müssen, beschafft sich der zuständige
  Dialog gemäß Datenmodell aus der idealen Datenbank.[2]

---

[1] Diese Art der Spezifikation mittels Sachbearbeitern ist eine Ausprägung der objektorientierten
Methodik. Das heißt vereinfacht ausgedruckt, die Funktionen stehen nicht beziehungslos neben-
einander, sondern sind nach zusammenhangendem Know-how um bestimmte Daten gruppiert.

[2] Es sei angemerkt, daß das Geheimnisprinzip, dem in der Modularisierung eine wichtige Rolle
zukommt (Datenkapselung), in Verbindung mit Datenmodell und Sachbearbeitern irrelevant ist.

6.1 Geschäftsvorfälle

Ein Geschäftsvorfall ist ein Vorgang im Rahmen der Tätigkeit eines Unternehmens, gleichgültig ob von außen oder innen verursacht. Denken wir an das Bestellen einer Ware durch einen Kunden, die Auslieferung eines in der Fabrik fertiggewordenen Produkts, den Eingang einer Zahlung, das Einstellen eines Mitarbeiters u.ä.m. Hier interessiert uns ein solcher Geschäftsvorfall nur, soweit er eine Informationsverarbeitung auslöst, sei es bei einem (menschlichen) Sachbearbeiter, dem Anwender, der dazu sein Informationssystem benutzt (Abb. 6.1) oder sei es durch eine direkte, automatische Einwirkung auf das System.

Das Konzept des Geschäftsvorfalls übertragen wir auf die Schnittstellen zwischen den Software-Sachbearbeitern und ihrer „Außenwelt", das sind die Benutzerschnitt-

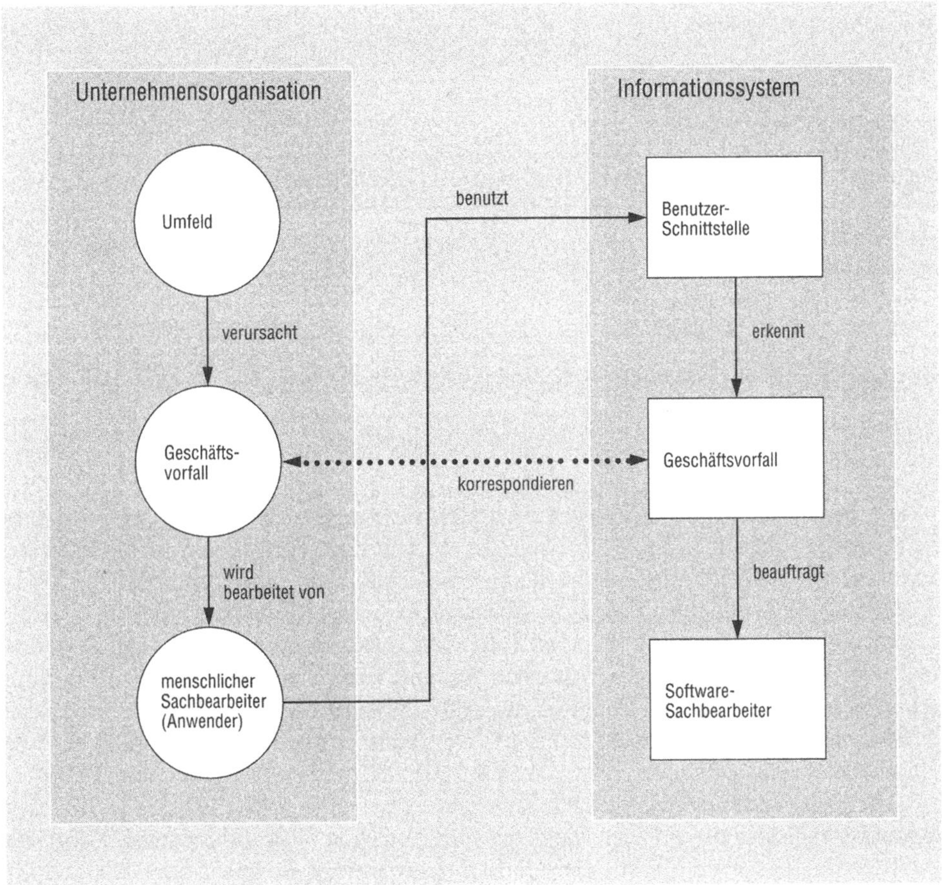

Abb. 6.1 Zum Begriff Geschäftsvorfall

stelle (Dialog und Batch) sowie die Nachbarsysteme, und zwar mit folgender Überlegung: Der Anwender gibt z.B. im Dialog etwas ein, die Module der Benutzerschnittstelle analysieren das, erkennen daraus, welcher Geschäftsvorfall zu erledigen ist — evtl. sind es auch mehrere — und aktivieren diesen. Der Geschäftsvorfall, jetzt als Funktion des Systems verstanden, beauftragt einen oder mehrere (Software-) Sachbearbeiter, die die Information verarbeiten und die (ideale) Datenbank aktualisieren. Abbildung 6.1 versucht, die Korrespondenz der Geschäftsvorfälle in der Organisation und im System anschaulich darzustellen.

Die Funktionen eines Systems werden häufig nach dem Schema „Objekt anlegen/ändern/löschen" definiert, und zwar für jedes Objekt des Datenmodells. Das ist ziemlich unergiebig, denn dabei kommen sowohl die Abhängigkeiten zwischen den Objekten wie auch die Abläufe meist zu kurz. Viel besser ist es, die realen Geschäftsvorfälle zum Ausgangspunkt der Funktionenmodellierung zu machen. Dabei suchen wir nach einer hinreichend feinen Aufschlüsselung. Das heißt, daß wir etwa im Fall des TuBSy neben den Geschäftsvorfällen

- Buchung anlegen
- Buchung stornieren

uns nicht mit

- Buchung bearbeiten

begnügen, sondern statt dessen detailliertere Geschäftsvorfälle festlegen:

- Teilnehmer zubuchen
- Teilnehmer stornieren
- Alter eines Teilnehmers ändern
- Zimmer buchen
- Flugticket erstellen
- Rechnung schreiben
- u.ä.m.

Die Menge dieser Geschäftsvorfälle bildet die oberste Ebene des Funktionenmodells, sie ist sehr stark durch die Welt des Anwenders geprägt. Darunter liegen die Sachbearbeiter. Der Übergang ist häufig trivial, nämlich dann wenn ein Geschäftsvorfall nur durch einen (initialen) Sachbearbeiterauftrag (der allerdings weitere „Kollegen" hinzuziehen kann) erledigt wird. In diesem Fall ist ein Geschäftsvorfall gleichbedeutend mit einem Sachbearbeiterauftrag, und wenn das durchgängig so ist, dann lohnt es sich nicht, die Gv-Ebene in die Systemspezifikation einzuführen.

Es ist möglich, eine kommando-orientierte Benutzeroberfläche zu schaffen, die alle Geschäftsvorfälle mit ihren Parametern entgegennimmt (so wie man dem Betriebssystem „copy" oder „delete" sagt). So unzumutbar eine solche Oberfläche für den Benutzer auch sein mag — sie besitzt die volle Funktionalität des Systems! Für einen funktionalen Prototyp, der die spätere Benutzerschnittstelle außer acht läßt und die Funktionen betont, ist eine solche Kommando-Oberfläche gerade richtig; dafür sollte man sie realisieren.

Der Geschäftsvorfall eignet sich sehr gut als Einheit, in der die Nutzung des Systems protokolliert wird. Viele TP-Monitore, vgl. Kapitel 11 (Prozeßorganisation), zählen die Transaction Codes (TAC) mit und messen CPU-Zeit und I/Os pro TAC. Diese Statistiken sind häufig unbrauchbar, weil den TACs keine fachlich sinnvollen Einheiten entsprechen. Eine nach Geschäftsvorfällen aufgeschlüsselte Statistik wäre wesentlich vielsagender.

Die Liste aller Geschäftsvorfälle ist ein wichtiges Dokument der Spezifikation und ein nützliches Hilfsmittel beim Finden von Sachbearbeitern und deren Aufträgen.

6.2 Datensichten der Sachbearbeiter

Jeder Sachbearbeiter operiert auf einem Ausschnitt des Datenmodells, seiner Datensicht. Wir behandeln im folgenden den Zusammenhang zwischen Sachbearbeiter, Datensicht und Datenmodell, der oft Anlaß zu Mißverständnissen ist.

Die ideale Datenbank enthält Relationen, die aus den Objekten und Beziehungen des Datenmodells kanonisch abgeleitet sind. Der einzelne Sachbearbeiter kennt diese Relationen nicht, sondern nur seine Datensicht, genauer gesagt, alle Exemplare davon. Der *Flug*-Sb im TuBSy beispielsweise (siehe Abschnitte 9.2 und 9.4) besitzt als Datensicht u.a. jeweils eine Flugreservierung mit den Attributen *Reservierungs#*, *Flug#*, *Tag*, *Klasse*, *Flugart*, *Anz_Reservierungen* und *R_Status*. Das ist eine Teilmenge der Attribute des Objekts *Reservierung* und seines Subobjekts *b_Flug*. Für die übrigen Attribute sind andere zuständig, in diesem Fall der *Preis*-Sb. Die Datensicht des *Flug*-Sb ist eine Datenstruktur, die die genannten Attribute enthält; die Exemplare der Datensicht sind die einzelnen Reservierungen.

Jeder Sachbearbeiter verhält sich so, als besäße er einen großen Karteikasten, in dem alle Exemplare seiner Datensicht abgelegt sind, eines auf jeder Karteikarte, Abb. 6.2. Bei jedem Auftrag holt er sich das zugehörige Exemplar seiner Datensicht aus dem Karteikasten und stellt es nach getaner Arbeit wieder dorthin zurück. Es kann sehr wohl passieren, daß der Sachbearbeiter im Verlauf eines Auftrags ein anderes Exemplar seiner Datensicht benötigt. Ein gängiges Beispiel ist die Umbuchung, bei der ein Konto-Sb zuerst von Konto A ab- und dann auf Konto B zubucht. Bei der Stücklistenverarbeitung ist es denkbar, daß ein Sachbearbeiter während eines Auftrags ganze Abschnitte von Stücklisten durchläuft.

Die ideale Datenbank realisiert den Karteikasten des Sachbearbeiters. Zu gegebenem *Anker* (Schlüssel) liefert sie ihm das richtige Exemplar seiner Datensicht und nimmt es nach erfolgter Änderung wieder entgegen. Ihr ist bekannt, zu welchen Relationen die Attribute der Datensicht gehören. Gerade wenn die Datensicht eines Sachbearbeiters auf mehrere Relationen verstreut ist, kann sich hinter ihrem Holen und Zurückstellen eine nennenswerte Algorithmik verbergen.

Für jedes Attribut ist ein Sachbearbeiter zuständig, d.h. die Datensichten der Sachbearbeiter sind disjunkt, und sie überdecken das gesamte Datenmodell. Ein Attribut kann somit nur von einem bestimmten Sachbearbeiter manipuliert werden.

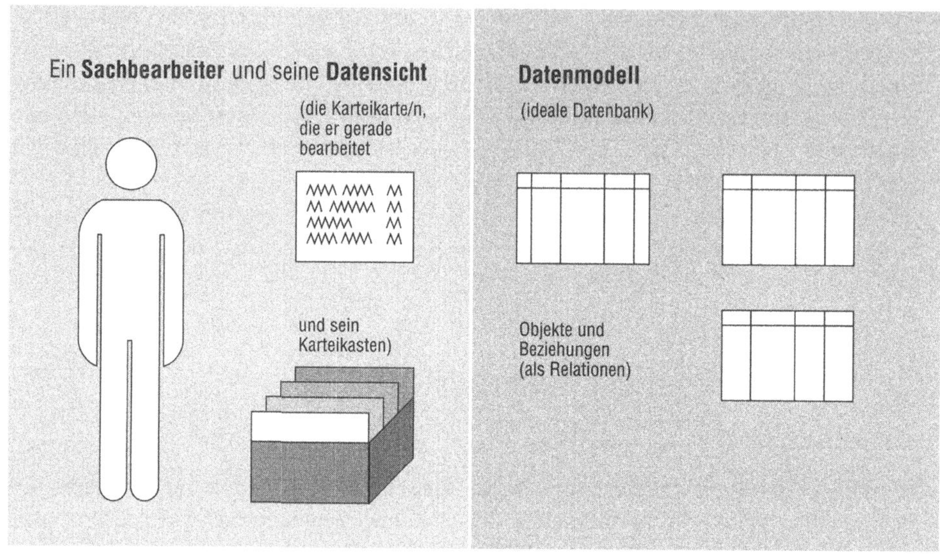

Abb. 6.2 Die ideale Datenbank, die Sachbearbeiter und ihre Karteikästen

Generell gilt: Die Sachbearbeiter sind dazu da, die (ideale) Datenbank über ihre
Datensichten zu verändern, also in sie zu schreiben. Zum Lesen brauchen wir sie
nicht. Es macht keinen Sinn, einen rein lesenden Sb-Auftrag zu spezifizieren, denn
in der (idealen) Datenbank können wir direkt lesen wie in einem offenen Buch.

Es gibt mehrere Varianten bei der Zuordnung von Sachbearbeitern zu den Objekten und Beziehungen des Datenmodells. Im einfachsten Fall ist ein Sachbearbeiter
für ein Objekt mit allen seinen Attributen zuständig. Das bedeutet, daß Anlegen,
Löschen und Ändern aller Attribute über geeignete Aufträge dieses Sachbearbeiters
möglich sein müssen. Im TuBSy-Beispiel begegnen wir diesem Fall beim *Agentur*-Sb.
Seine Datensicht enthält genau eine *Agentur* mit allen ihren Attributen.

Eine weitere Möglichkeit besteht darin, daß sich mehrere Sachbearbeiter die Verwaltung eines Objekts teilen. So ist der *Buchung*-Sb für einen Teil der Attribute des
Objekts *Buchung* zuständig. Die übrigen befinden sich in der Obhut der für Reservierungen zuständigen Sachbearbeiter, z.B. des *Flug*-Sb, der auch für das Objekt
Reservierung mitverantwortlich ist. Abbildung 6.3 zeigt den Zusammenhang. Der
Buchung-Sb ist zuständig für das Anlegen und Stornieren von Buchungen; daneben verwaltet er die Attribute *Reise#*, *B_Status*, *Bemerkung*, *Buchungstag*, *Sachbearbeiter* und *Agentur#*. Der *Flug*-Sb kennt die *Reservierung* mit ihrem *b_Flug*
(fast) vollständig, in der *Buchung* verwaltet er den *Startort*, den *Reisebeginn*, das
Reiseende und den *F_Status*. Diese Informationen benötigt er, um im Bereich der
Kontingente die richtigen Dispositionen zu treffen.

Natürlich benötigt der *Flug*-Sb auch den Zugriff auf den Schlüssel der *Buchung*,
weil er ja sonst an „seinen" Anteil der Buchungsattribute nicht herankäme. Insofern
ist die Aussage „Die Datensichten verschiedener Sachbearbeiter sind disjunkt" zu

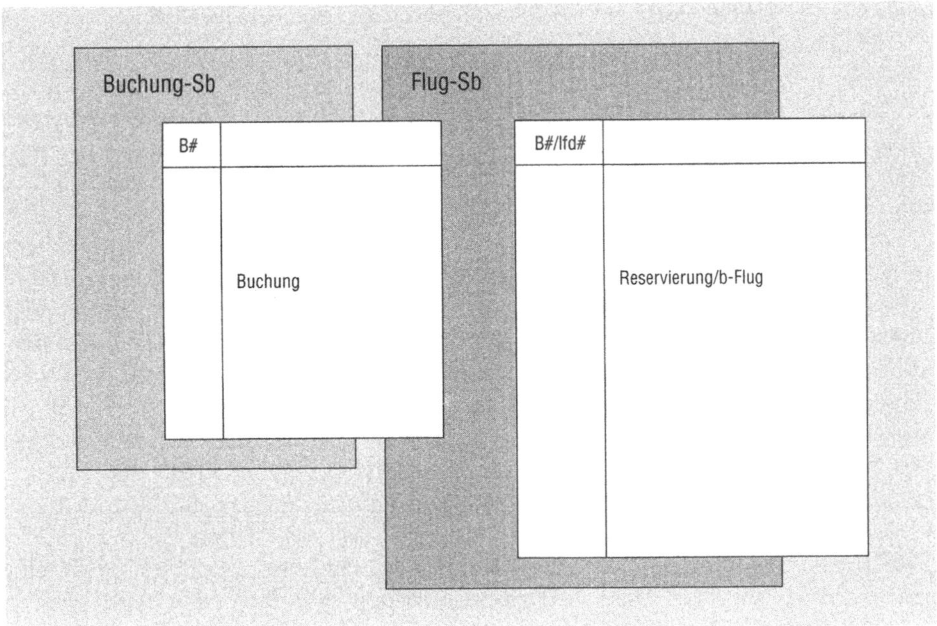

Abb. 6.3 *Buchung*- und *Flug*-Sachbearbeiter: Vertikale Teilung eines Objekts

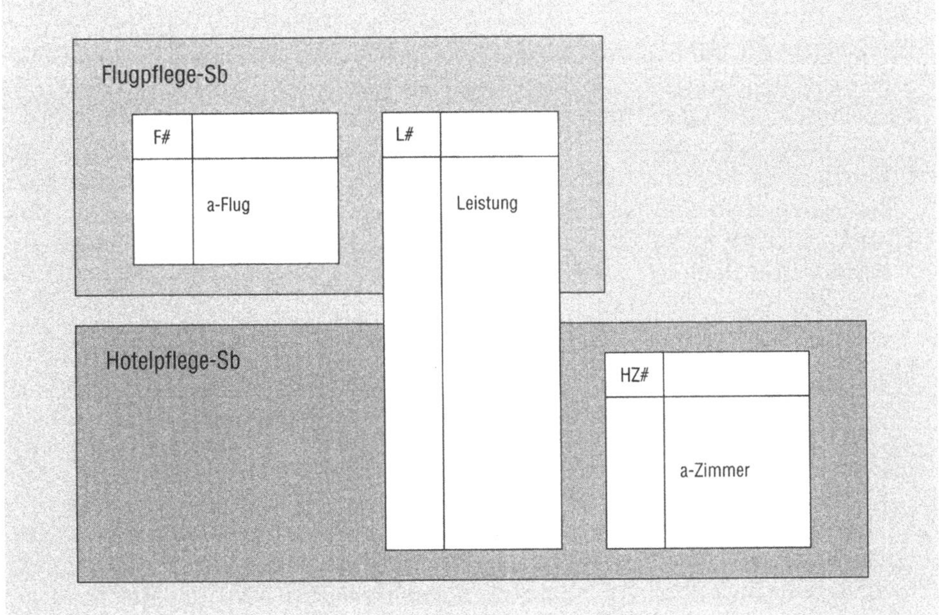

Abb. 6.4 *Flug*- und *Hotelpflege*-Sachbearbeiter: Horizontale Teilung eines Objekts

relativieren. Schlüsselattribute dürfen durchaus bei verschiedenen Sachbearbeitern vorkommen; nur einer von ihnen darf allerdings das zugehörige Objekt anlegen oder löschen.

Die Datensicht des *Flug*-Sb enthält zu einer Buchung alle Flugreservierungen. In dieser Festlegung steckt eine gewisse Willkür: Man hätte auch sagen können, daß er immer nur eine Reservierung auf einmal sieht. Der Anker dieser Datensicht ist also die Buchungsnummer ($B\#$).

Wir sprechen von *vertikaler Teilung*, wenn ein Objekt von mehr als einem Sachbearbeiter verwaltet wird. Abbildung 6.3 legt diese Sprechweise nahe. Die *horizontale Teilung* begegnet uns im Zusammenhang mit Subobjekten. Im TuBSy-Datenmodell finden wir die *kontingentierte Leistung* mit den Subobjekten a_*Flug* und a_*Zimmer*. Abbildung 6.4 zeigt die zugehörigen Relationen und ihre Aufteilung auf die Sachbearbeiter *Flug*- und *Hotelpflege*. Sie ist so zu verstehen, daß die Relation *Leistung* in der oberen Hälfte die Flüge und in der unteren die Zimmer enthält. Der *Flugpflege*-Sb verwaltet die Attribute von a_*Flug* und *Leistung*, der *Hotelpflege*-Sb die von a_*Zimmer* und *Leistung*. Besser wäre es, einen *Leistung*-Sb einzuführen, der nur die Attribute des Objekts *Leistung* kennt und in dem das gemeinsame Wissen von *Flug*- und *Hotelpflege*-Sb konzentriert ist. Dieses Know-how könnte dann an die einzelnen Sachbearbeiter in einer Weise weitergegeben werden, wie das in den objektorientierten Sprachen mit dem Vererbungsmechanismus geht.

6.3   Zustandsmodell

Jedes Objekt des Datenmodells — oder genauer gesagt: jedes Exemplar eines Objekts — hat einen „Lebenslauf". Es durchläuft während seiner Existenz gewisse Phasen; wir nennen sie Zustände. Beispiele:

- Ein Buch ist bei einem Verlag zunächst in Planung, wird vom Autor geschrieben, dann hergestellt (gesetzt, gedruckt, gebunden), ist daraufhin lieferbar und wird schließlich makuliert (eingestampft). Das Objekt „Buch" durchläuft also die Zustände „in Planung", „Manuskript liegt vor", „gesetzt", „lieferbar" etc.

- Die „Buchung" eines Reisenden bei einem Touristikveranstalter wird erst einmal „angelegt", kann „mit Option" (Rücktrittsrecht) versehen sein, irgendwann sind die „Reiseunterlagen erstellt", der Reisende ist im Hotel „avisiert", die „Rechnung gestellt", die „Reise angetreten". Das Objekt Buchung kennt offenbar eine Vielfalt von Zuständen.

- Abbildung 6.5 zeigt das Zustandsdiagramm einer Auftragsposition. Sie wird zunächst angelegt und dann angenommen, kann aber auch sofort angenommen werden. In diesen beiden Zuständen ist es noch möglich, eine Auftragsposition wieder zu löschen. Nach ihrer Annahme durchläuft sie nacheinander die Zustände „freigegeben für Produktion", „erledigt" und „archiviert".

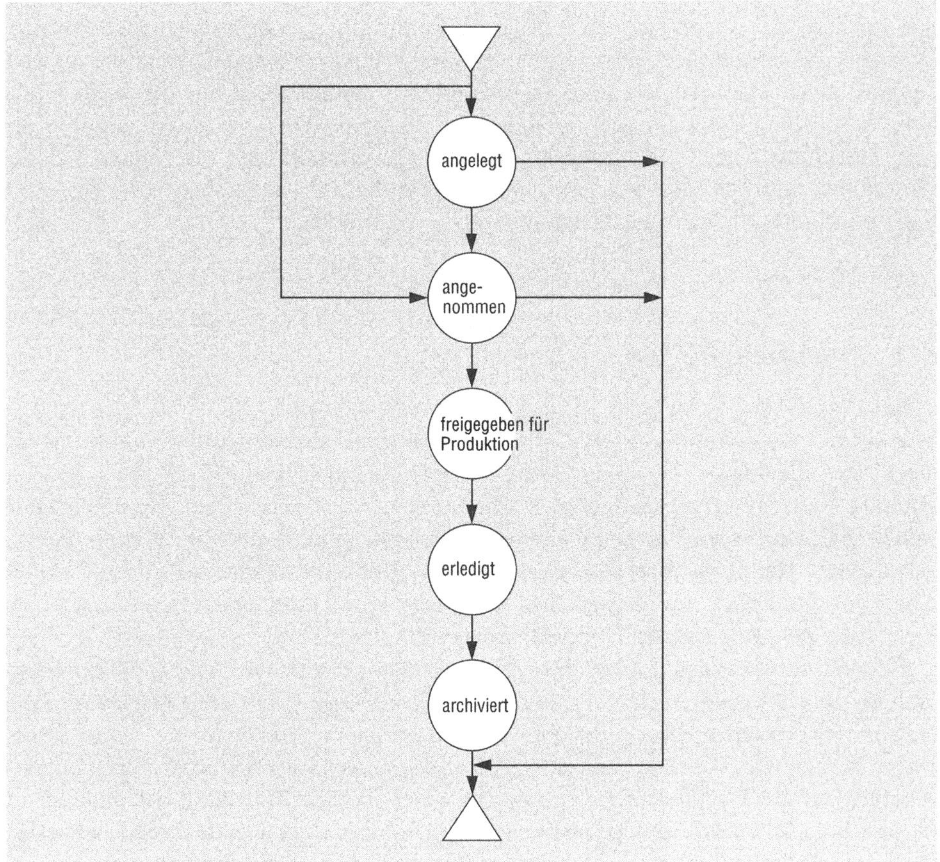

Abb. 6.5 Zustandsmodell „Auftragsposition"

Im einfachsten Fall gibt es nur die beiden Zustände „existiert" bzw. „existiert nicht". Jedoch sollte auch in komplexen Situationen ein Zustandsmodell nicht mehr als sieben oder acht Zustände beinhalten. Wenn es wesentlich mehr sind, sollte man prüfen, ob man es nicht in zwei oder mehr getrennte, aber sich gegenseitig beeinflussende Modelle zerlegen kann.

Ein Zustandsübergang wird durch ein äußeres Ereignis ausgelöst, etwa durch das Anfordern eines Geschäftsvorfalls vermittels einer Benutzereingabe. Auch das Eintreten eines bestimmten Zeitpunkts kann ein solches Ereignis sein.

Das Zustandsmodell eines Objekts stellen wir als endlichen Automaten in Form eines *Zustandsgraphen* dar. Jeder Zustand darin ist verbal zu erläutern. Das gesamte Modell entsteht durch Kombination der Zustandsmodelle der einzelnen Objekte. Zwei Zustandsmodelle können dadurch gekoppelt sein, daß ein Zustandsübergang, der in einem Modell ausgelöst wird, einen Übergang in einem anderen nach sich zieht.

Ein wesentlicher Teil der Sachbearbeiterfunktionalität besteht darin, diese Sequenzen von Zustandsübergängen zu realisieren. Somit gibt das Zustandsmodell wichtige Hinweise auf Funktionen. Dem liegt folgendes Prinzip zugrunde: Wenn ein äußeres Ereignis einen Zustandsübergang auslöst, dann ist damit nicht nur der bloße Übergang intendiert. Vielmehr soll im Zuge des Zustandsübergangs durch das System eine bestimmte Funktion ausgeführt werden. So erhalten wir also einen Teil der Funktionen dadurch, daß wir alle Zustandsübergänge betrachten und jedem einen Sachbearbeiterauftrag — ggf. auch mehrere — zuordnen.

6.4 Sachbearbeiter

Wie schon gesagt, repräsentieren alle Sachbearbeiter zusammen die Funktionalität des zu spezifizierenden Systems. Jeder einzelne Sachbearbeiter ist in der Lage, bestimmte *Aufträge* entgegenzunehmen. Diese erledigt er gewissenhaft. Er weiß genau, welche *Folgeaufträge* er an seine Kollegen absetzen muß, damit die *Ablaufintegrität* gewahrt ist. Damit ist folgendes gemeint: Eine Benutzereingabe beschränkt sich in den seltensten Fällen auf die schlichte Änderung eines Datenbankfeldes, sondern hat meistens mehr oder minder komplexe Folgewirkungen.

Betrachten wir das Löschen eines Teilnehmers aus einer vorhandenen Buchung. Was ist da nicht alles zu tun! Neuberechnen des Preises (Reisepreis geht weg, Stornogebühren kommen dazu), Erhöhen des Kontingents, Avise an die Veranstalter, Unterdrücken des Voucher-Versands, Versenden einer Bestätigung an den Kunden, Meldung an die Buchhaltung, Veranlassen einer Gutschrift, falls der Kunde schon bezahlt hat. An all das muß gedacht werden. Und wenn der Kunde am nächsten Tag doch noch fahren will, soll das System immer noch richtig reagieren.

Ein Sachbearbeiterauftrag wird i.allg. von Parametern begleitet. Der Sachbearbeiter kann ihnen den Anker der zu bearbeitenden Datensicht entnehmen. Einfacher ausgedrückt: Die Parameter enthalten den Schlüssel des zu bearbeitenden Objekts, und der Sachbearbeiter beschafft sich die zugehörige Datensicht aus der idealen Datenbank. Nun prüft er den Zustand des (oder der) Objekte und stellt fest, ob der soeben erhaltene Auftrag im aktuellen Zustand überhaupt zulässig ist. Wie wir beispielsweise in Abschnitt 6.3 gesehen haben, ist das Löschen einer Auftragsposition nur in den Zuständen „angelegt“ und „angenommen“ möglich, später nicht mehr. Wenn alle Vorbedingungen erfüllt sind, beginnt die eigentliche Arbeit.

Der Sachbearbeiter wird auf der gerade vorliegenden Datensicht Änderungen vornehmen. Nur er besitzt die Intelligenz, dies so zu tun, daß alle Integritätsbedingungen und Abhängigkeiten zwischen verschiedenen Attributen gewahrt bleiben. Die Datensichten verschiedener Sachbearbeiter sind disjunkt, damit das zum Ändern erforderliche Know-how an einer einzigen Stelle konzentriert ist. Alle Daten, die der Sachbearbeiter zur Abarbeitung seines Auftrags benötigt, befinden sich entweder in seiner eigenen Datensicht oder werden in den Auftragsparametern mitgegeben. Nur in seltenen Ausnahmefällen sollte es nötig sein, daß ein Sachbearbeiter die Daten eines Kollegen liest.

An verschiedenen Stellen im Ablauf wird der Sachbearbeiter seinen Kollegen Folgeaufträge erteilen, um Aufgaben erledigen und Daten bearbeiten zu lassen, für die er selbst nicht zuständig ist. Das Zusammenspiel der Sachbearbeiter muß sorgfältig durchdacht sein, damit die Ablaufintegrität des Systems gewährleistet ist.

Ein Sachbearbeiter kann auf Fehlersituationen laufen und muß darüber in geeigneter Form Meldung erstatten. Die Stücklistenverarbeitung liefert uns ein gutes Beispiel dafür. Der Stücklisten-Sb kennt vermutlich einen Auftrag der Art „Füge Teil x als Bestandteil von Teil y in die Stückliste z ein". Es liegt in der Verantwortung des Sachbearbeiters, die Konsistenz der Stückliste bei solchen Operationen zu wahren. So ist es z.B. verboten, Teil x unter y einzufügen, falls y bereits Bestandteil (eventuell über mehrere Ebenen) von x ist. Das bedeutet: Alles, was man gerne als „komplexe Plausibilitäten" bezeichnet, wird in den Verantwortungsbereich der Sachbearbeiter verlagert und ist dort im Interesse der Redundanzfreiheit des Systems auch sehr gut aufgehoben. Ein Sachbearbeiter kennt also zwei Arten von Prüfungen:

- Vorbedingungen eines Auftrags prüfen. Dafür braucht er die Eingabeparameter, insbesondere den Schlüssel der (des) zu bearbeitenden Objekte(s) und die zugehörige Datensicht. Beispiele: Eine bereits angetretene Reise kann nicht storniert werden, ein bereits lieferbares Buch kann nicht lieferbar gesetzt werden. Diese Prüfungen muß der Sachbearbeiter selbst vornehmen, weil nur ihm die erforderlichen Daten zur Verfügung stehen.

- Prüfungen während der Bearbeitung eines Auftrags. Tief unten in seiner Ablauflogik stellt er fest, daß es so nicht klappen wird. Er bricht den Auftrag ab und übergibt dem Auftraggeber eine Meldung.

Jeder *Geschäftsvorfall* wird durch eine Sequenz von Sachbearbeiteraufträgen realisiert. Sie ist dadurch determiniert, daß jeder Sachbearbeiter in eigener Verantwortung Folgeaufträge absetzt. Das macht es gelegentlich mühsam, alle möglichen Auftragspfade eines Geschäftsvorfalls in Gedanken zu durchlaufen, und die Versuchung liegt nahe, den Geschäftsvorfall selber, von dem ja einer oder mehrere Initialaufträge an die Sachbearbeiter abgesetzt werden, als Steuerleiste zu mißbrauchen. Das macht zwar die möglichen Aufrufsequenzen bei der Abarbeitung eines Geschäftsvorfalls transparenter, birgt jedoch auch Gefahren.

Zur Illustration stellen wir uns einen Inkasso-Sb vor, den ein Konto-Sb benachrichtigt, sobald der Saldo eines Kunden unter einen bestimmten Toleranzbetrag rutscht. Das kann durch eine Fülle von Geschäftsvorfällen geschehen: Kauf, Umtausch, Fehlbuchung, Umbuchung, Scheckrückläufer, Lastschriftrückläufer etc. Aber die Tatsache, daß dem Ereignis „Saldo ist unter den Toleranzbetrag gefallen" bestimmte Aktivitäten folgen müssen, ist völlig unabhängig vom auslösenden Geschäftsvorfall. Deshalb ist es zwingend, die Beauftragung des Inkasso-Sb in die Hände des Konto-Sb zu legen, und nicht auf mehrere, verschiedenen Geschäftsvorfällen zugeordnete Steuerleisten zu verteilen.

Eine konsequente Anwendung dieser Philosophie führt zu einer manchmal beängstigenden Redundanzfreiheit der Spezifikation und damit auch des resultierenden Systems. Beängstigend deshalb, weil Änderungen am Verhalten einzelner Sachbearbeiter nicht mehr ohne weiteres überschaubar sind.

6.5 Terminüberwachung

Eine wichtige Fähigkeit menschlicher Sachbearbeiter lassen wir unseren fiktiven Helfern ebenfalls angedeihen: Sie legen sich Vorgänge auf Termin. Dafür denken wir uns einen speziellen Sachbearbeiter aus, den Terminüberwacher. Aufträge, die nicht sofort ausgeführt werden sollen, sondern erst nach Ablauf einer bestimmten Frist, werden an ihn weitergereicht. Er hat keine andere Aufgabe, als die ihm anvertrauten Aufträge mit all ihren Parametern termingerecht dem richtigen Software-Sachbearbeiter zuzuleiten oder für den (menschlichen) Benutzer einen Hinweis auszugeben.

Durch geschickten Einsatz dieses nützlichen Wesens kann man die Spezifikation des Batches stark vereinfachen. Wir wollen dies am Beispiel des schon erwähnten Inkasso-Sachbearbeiters verdeutlichen. Ihm obliegt der Versand von Rechnungen und Mahnungen; außerdem nimmt er Banklastschriften vor. Sobald der Saldo eines Kunden unter einen Toleranzbetrag sinkt, wird er benachrichtigt. Wie verhält er sich dann? Falls keine Einzugsermächtigung vorliegt, schickt er dem Kunden eine Rechnung und legt sich auf Termin, ihm in 30 Tagen eine erste Mahnung zu senden — natürlich nur dann, wenn bis dahin nicht bezahlt worden ist. Der in den meisten Inkassosystemen vorhandene Mahnlauf ergibt sich jetzt einfach daraus, daß der Terminüberwacher den Inkasso-Sb immer wieder aufruft, wenn ein Kunde zur Mahnung ansteht.

Ein Sachbearbeiter, der vom Terminüberwacher aufgerufen wird, prüft — wie sonst auch — als erstes, ob die Vorbedingungen für diesen Auftrag noch gegeben sind. Den Terminüberwacher denkt man sich am besten als eigenen Sachbearbeiter, der immer vorhanden ist und daher nicht eigens spezifiziert werden muß. Er ist sozusagen Bestandteil der idealen Maschine, genauer: des idealen Anwendungskerns, und akzeptiert im wesentlichen zwei Aufträge:

- Terminieren

  in: Sb-Auftrag
           Objekt
           Zeitpunkt
  Effekt: Der angegebene Sb-Auftrag wird mit dem Objekt zum gewünschten Zeitpunkt ausgeführt werden.

- Wiedervorlegen

  in: Benutzer
           Aufgabe
           Objekt
           Zeitpunkt
  Effekt: Der genannte Benutzer wird zum gewünschten Zeitpunkt darauf hingewiesen werden, die angegebene Aufgabe mit dem Objekt auszuführen.

Terminieren ist zur Anwendung im Batch gedacht, *Wiedervorlegen*, um Hinweise an den Benutzer zu erzeugen, die dieser zum Anlaß nimmt, bestimmte Geschäftsvorfälle im Dialog weiterzubearbeiten.

6.6 Die Transaktionslogik der idealen Datenbank

Immer dann, wenn Geschäftsvorfälle irreversible Konsequenzen verursachen (z.B. durch die Versorgung von Nachbarsystemen), muß man sehr genau wissen, zu welchem Zeitpunkt Änderungen wirksam werden. Zur Klärung dieses Punktes betrachten wir die Transaktionslogik der idealen Datenbank.

Weil sie keine technischen Probleme (Plattenfehler, Platzmangel) kennt, könnte man jegliche Transaktionslogik für überflüssig halten. Indessen sind bei der Bearbeitung eines Geschäftsvorfalls anwendungsbedingte Fehlersituationen denkbar, die es erforderlich machen, alle seit Beginn des Geschäftsvorfalls von unterschiedlichen Sachbearbeitern vorgenommenen Änderungen zurückzusetzen. Wir vereinbaren deshalb folgendes: Jeder Geschäftsvorfall wird innerhalb einer Transaktion abgearbeitet. Somit ist gewährleistet, daß die von ihm verursachten Änderungen entweder ganz oder gar nicht stattfinden. Erst nach erfolgreichem Abschluß der Transaktion werden Nachbarsysteme versorgt oder andere externe Ereignisse veranlaßt.

Diese Transaktionslogik ist ausreichend für die Funktionsfähigkeit der idealen Maschine. Sie genügt aber nicht den Ansprüchen komplexer Informationssysteme wie z.B. TuBSy: Der Kunde möchte sehen, ob eine Reise, bestehend aus mehreren Flügen, Hotels und Mietwagenreservierungen, noch verfügbar ist, und er möchte ihren Preis wissen, ohne jedoch die Reise gleich zu buchen. Noch deutlicher wird die Situation bei Dispositionssystemen: Der Disponent möchte wissen, wie sich der Lagerbestand entwickelt, wenn er bestimmte Bestellungen vornimmt. Das System hat also eine Reihe von vorläufigen Änderungen durchzuführen, die auch nach erfolgreichem Abschluß des Geschäftsvorfalls noch zurückgenommen werden können. Dieser Komfort wird oft als „What-if-Analyse" bezeichnet.

Im Rahmen der idealen Maschine wird das realisiert, indem man dem Auftraggeber (das ist in der Regel die Dialog-Benutzerschnittstelle) die Kontrolle über *Bestätigen* und *Verwerfen* überläßt. Der ideale Anwendungskern nimmt Geschäftsvorfälle entgegen und führt sie aus, die Transaktion aber bleibt offen. Nach jedem erfolgreichen Abschluß eines Geschäftsvorfalles hat der Auftraggeber drei Möglichkeiten:

- Bestätigen (Abschluß der Transaktion),

- Verwerfen aller seit dem letzten Bestätigen/Verwerfen angeforderten Geschäftsvorfälle,

- Anfordern eines weiteren Geschäftsvorfalls.

„Verwerfen" ist hier als Funktion des idealen Anwendungskerns zu verstehen. Solange sich nämlich die Benutzerschnittstelle nur mit dem Benutzer unterhält, kann sie beliebige Rücksetzmechanismen anbieten. Verwerfen — so wie wir es gerade diskutieren — greift erst, wenn der Anwendungskern aktiv geworden ist.

Am Beispiel einer Umbuchung kann man eine Tücke dieses Konzepts offenlegen. Gesetzt den Fall, wir hätten einen Konto-Sb, der Umbuchungen zwischen Konten vornimmt, und einen Buchhaltungs-Sb, dem bei jeder Umbuchung ein Buchungsposten gemeldet wird. Wenn man zehnmal denselben Betrag von Konto A nach B und wieder zurück bucht, ohne dazwischen zu bestätigen, hat man an den Konten A und

B nichts geändert, aber zwanzig Buchungsposten erzeugt. Wenn man jetzt bestätigt, werden die zwanzig Buchungsposten endgültig! Diesen Effekt beobachtet man bei jeder Art von Änderungsprotokollierung.

Wichtig ist auch eine andere Konsequenz von Transaktionen, die mehrere Geschäftsvorfälle klammern: Wenn beim n-ten Geschäftsvorfall seit dem letzten Bestätigen/Verwerfen ein Fehler auftritt, müssen auch die ersten $n-1$ Geschäftsvorfälle zurückgesetzt werden.

6.7 Spezifikation von Geschäftsvorfällen und Sachbearbeitern

Betrachten wir zunächst die Geschäftsvorfälle. Jeder wird ohne irgendeinen Bezug auf mögliche Auftraggeber (insbesondere die Dialog-Benutzerschnittstelle) beschrieben. Der wichtigste Aspekt dabei ist die Festlegung des (oder der) zugehörigen Sachbearbeiterauftrags (-aufträge). Die *Spezifikation eines Geschäftsvorfalls* enthält folgende Punkte:

(1) Kurzbeschreibung

(2) Sachbearbeiterauftrag (oder Aufträge), der die Abwicklung des Geschäftsvorfalls veranlaßt. Bei mehreren Aufträgen sind die Reihenfolge und etwaige Abhängigkeiten anzugeben.

(3) Frequenz (erwartete Anzahl von Anforderungen pro Zeiteinheit)

Die Parameter eines Geschäftsvorfalls ergeben sich als Vereinigungsmenge der Parameter der zugehörigen Sachbearbeiteraufträge. Sie brauchen deshalb nicht eigens spezifiziert zu werden.

Nun zur *Spezifikation von Sachbearbeitern*; sie besteht aus folgenden Abschnitten:

(1) Aufgabenumfang und Zuständigkeiten des Sachbearbeiters

(2) Datensicht

(3) Zustandsmodell

(4) Aufträge

Aufgabenumfang und Zuständigkeiten enthalten eine informelle Beschreibung des Sachbearbeiters. Wir formulieren sie verbal.

Die Datensicht ist eine Struktur, die mit Hilfe der Typen des Datenmodells beschrieben wird; siehe auch Abschnitt 5.4.7. Sie ist zu kommentieren (z.B. „alle Reservierungen einer Buchung"). Falls ihre Ableitung aus dem Datenmodell nichttrivial ist, wird an dieser Stelle mit Hilfe von SQL und/oder Pseudocode der Algorithmus formuliert, mit dem sie aus der idealen Datenbank beschafft werden kann. Genauso ist ein Algorithmus zu formulieren, der Änderungen der Datensicht in der idealen Datenbank nachfährt. Somit besteht die Beschreibung der *Datensicht* aus folgenden Punkten:

(2.1) Kurzbeschreibung

(2.2) Definition der Datensicht als Datenstruktur

(2.3) Abbildung Datenmodell ⟷ Datensicht

Ein Sachbearbeiter verwaltet oft (nicht immer) ein Zustandsmodell eines Datenobjekts, manchmal sogar mehrere; siehe Abschnitt 6.3. Triviale Zustandsmodelle mit zwei Zuständen (existiert/existiert nicht) werden nicht eigens beschrieben. Ein Zustandsmodell wird durch einen Zustandsgraphen anschaulich dargestellt und durch eine Übergangsmatrix präzise definiert. Sie gibt an, in welchem Zustand welche Aufträge zulässig sind, und welchen Folgezustand sie herbeiführen. Die Punkte des *Zustandsmodells* im einzelnen:

(3.1) Zustandsgraph und Erläuterung der Zustände

(3.2) Übergangsmatrix

Wir kommen nun zum Kern des Sachbearbeiters, seinen Aufträgen. Nur dort werden Abläufe beschrieben. Keinesfalls darf man Sachbearbeiter als Steuerleiste oder ähnliches mißverstehen. Die Spezifikation des n-ten *Auftrags* umfaßt folgende Punkte:

(4.n.1) Kurzbeschreibung

(4.n.2) Parameter

(4.n.3) Vorbedingungen

(4.n.4) Effekt

Der umfangreichste Punkt ist in der Regel der Effekt. Hier wird haargenau beschrieben, was der Sachbearbeiter alles tut und wann, sofort oder nach Ablauf einer bestimmten Frist. Am wichtigsten sind die Änderungen an der Datensicht des Sachbearbeiters, das Zurückstellen und Neulesen von Exemplaren der Datensicht, Fehlersituationen und nicht zuletzt die Folgeaufträge, die er an andere Sachbearbeiter vergibt. Der Effekt ist frei von der Frage, wo denn die Daten herkommen; denn wie die Datensicht aus dem Datenmodell abzuleiten ist, steht bei der Datensicht und nur dort. Die Beschreibung des Effekts wird häufig als Fallunterscheidung strukturiert, wobei die Fälle durch Ergebnismeldungen (technisch ausgedrückt: Returncodes) bezeichnet werden. Typische Ergebnismeldungen sind „Auftrag durchgeführt", „Auftrag angenommen und auf Termin gelegt", „Auftrag abgebrochen aus folgendem Grund: ... ".

Die Frage nach dem geeigneten Sprachmittel ist nicht allgemein zu beantworten. Zur Verfügung stehen uns Freitext, Pseudocode, Entscheidungstabellen, Ablaufdiagramme und mathematische Formeln. Unsere Empfehlung lautet: Man verwende diese Sprachmittel in der jeweils angemessenen Weise. Oft können zwei Formeln und eine Entscheidungstabelle mehrere Seiten Pseudocode ersetzen, manchmal ersetzt eine Seite Pseudocode — veranschaulicht durch ein Ablaufdiagramm — eine Serie von kompliziert verketteten Entscheidungstabellen. Mehr noch als bei der Codierung kommt es darauf an, einfache Dinge einfach zum Ausdruck zu bringen, und komplizierte Sachverhalte solange zu durchdenken, bis sie sich einfach darstellen lassen.

6.8 Hinweise zum Vorgehen

Geschäftsvorfälle oder Sachbearbeiter findet man genauso leicht oder schwer wie etwa
Objekte des Datenmodells oder Datenabstraktionsmodule. Wir bieten kein Kochrezept und keine narrensichere Anleitung, sondern lediglich ein paar Hinweise. In der
Regel gibt es viele unbrauchbare Lösungen und einige wenige (aber mehr als eine!),
die zu diskutieren lohnt.

Ein schematisches Vorgehen, das sehr oft zu iterieren ist, beginnt mit einem ersten
Entwurf von Datenmodell, Masken und Listen sowie einer Aufzählung der bis dahin
bekannten Geschäftsvorfälle. Sie findet man auf mehreren Wegen: Man betrachtet

- das Datenmodell und prüft bei jedem Attribut, ob es einen Geschäftsvorfall zu
  seiner Änderung gibt,

- die Masken, die sich der Anwender vielleicht schon ausgedacht hat, und prüft,
  welche Geschäftsvorfälle hier wohl gemeint sein könnten,

- die Arbeitsabläufe beim Anwender.

Besonders wichtig ist bei jedem Geschäftsvorfall die Frage: Wie kann ich ihn rückgängig machen? Es gibt drei Möglichkeiten:

- durch einen eigenen Rücknahme-Geschäftsvorfall (z.B. Stornieren einer Buchung),

- durch eine nochmalige Anwendung des Geschäftsvorfalls (z.B. Ändern auf den
  alten Wert),

- gar nicht, weil der Geschäftsvorfall irreversible Konsequenzen verursacht hat.

Es gibt keine allgemeingültige Regel, die uns sagt, was ein Geschäftsvorfall ist
und was nicht. Sinnvoll ist es, am Beginn der Arbeit die Geschäftsvorfälle möglichst fein zu differenzieren. Wenn man im weiteren Verlauf feststellt, daß sich hinter
einer Gruppe von Geschäftsvorfällen derselbe Ablauf verbirgt, kann man diese wieder zu einem einzigen Geschäftsvorfall zusammenlegen. Eine typische Anzahl von
Geschäftsvorfällen in einem System ist 50 bis 100.

Die Liste der Geschäftsvorfälle sollte zu Beginn der Arbeit so vollständig wie
möglich sein und eher zuviel als zuwenig enthalten. Auch Überlappungen zwischen
Geschäftsvorfällen spielen keine Rolle. Wenn diese Materialsammlung vorliegt, geschieht der kreative Akt. Man definiert Sachbearbeiter, indem man sich von zwei
Vorstellungen leiten läßt, die sich gegenseitig befruchten:

- Man zerlegt das Datenmodell in überschaubare Pakete und setzt auf jedes Paket
  einen Sachbearbeiter.

- Man stellt sich vor, daß die Arbeit wirklich von einer Schar Sachbearbeiter gemacht wird, und organisiert den Ablauf wie ein kluger Bürovorsteher.

Sobald die Sachbearbeiter probeweise definiert sind, wird man sich überlegen, wie
die einzelnen Geschäftsvorfälle ablaufen. Die Arbeit besteht hauptsächlich darin, die
Geschäftsvorfälle mit den gerade aktuellen Sachbearbeitern solange durchzuspielen,
bis das System wirklich zu leben anfängt. Dies wiederholt man mit immer neuen
Sachbearbeiterkonstellationen, bis eine tragfähige Lösung gefunden ist.

7

Benutzerschnittstelle

Die Benutzerschnittstelle präsentiert die Daten und Funktionen eines Systems seinen Anwendern. Ihre Spezifikation ist eine komplexe Angelegenheit voller Details, die man gut aufeinander abstimmen muß, soll eine einheitliche, benutzerfreundliche Oberfläche entstehen. Ein Softwaresystem sollte nicht nur intern modular aufgebaut, sondern auch an der Schnittstelle gut strukturiert sein. Dazu führen wir den Dialog und den Dialogtyp als modulare Einheit ein, erlauben, daß Masken aus Teilmasken aufgebaut sind, betrachten sämtliche dialogsteuernde Eingaben als virtuelle Tasten und vereinheitlichen immer wiederkehrende Abläufe als Standard-Interaktionen. Als wichtige methodische Grundlage zur Darstellung von Dialogabläufen dienen uns Interaktionsdiagramme (IAD), eine Variante endlicher Automaten.

Die Benutzerschnittstelle — oft auch -oberfläche genannt — präsentiert die Daten
und Funktionen eines Systems nach außen, macht sie seinen Anwendern zugänglich.
Sie tut das in zwei wesentlich verschiedenen Formen: *Dialog* und *Batch*. Im folgenden behandeln wir nur die Spezifikation von Dialogschnittstellen. Das soll nicht
heißen, daß der Batch unwichtig wäre, im Gegenteil. Der Grund ist vielmehr, daß
die Spezifikation einer Batch-Benutzerschnittstelle — methodisch, nicht unbedingt
im konkreten Fall — recht einfach ist. Man muß lediglich Inhalt und Form der zu
produzierenden Papiere (Listen, Belege u.ä.m.) beschreiben und angeben, wann und
wie ein Batchjob durch den Benutzer — dazu gehört auch der Operator im Rechenzentrum — anzustoßen ist. Ein wichtiger Aspekt des Batch sind die Schnittstellen
zu Nachbarsystemen, z.B. in Gestalt von Magnetbändern für Datenträgeraustausch.
Das gehört aber nicht hierher. Ab jetzt dreht es sich nur noch um Dialog. Über die
Dialog-Benutzerschnittstelle „spricht" der Anwender mit seinem System. Dabei will
er dreierlei:

(1) Informationen, d.h. er will *Daten lesen*;

(2) *Geschäftsvorfälle erledigen*, also die Funktionen der Sachbearbeiter nutzen und
    damit Daten ändern;

(3) (sich durch) das System navigieren, anders ausgedrückt: den *Dialogablauf steu-
    ern*.

Diese *Benutzerwünsche* werden von den drei Komponenten der idealen Maschine
befriedigt, und zwar von (1) der idealen Datenbank, (2) dem idealen Anwendungskern und (3) der idealen Dialogschnittstelle; siehe auch Abschnitt 4.3 und Kapitel 8
(Ideale Maschine).

Die Spezifikation einer Dialogschnittstelle ist eine ziemlich komplexe Angelegenheit; denn da muß man eine Menge Details — Bildschirmmasken (das können einige
zig sein) mit ihren unterschiedlich darzustellenden Feldern, Tastenbelegung, Fehlermeldungen, das Wechselspiel zwischen Mensch und Maschine etc. — zu einem sinnvollen Ganzen so verbinden, daß nicht nur die fachliche Funktionalität irgendwie
zum Ausdruck kommt, sondern daß das System auch eine ergonomische, d.h. benutzerfreundliche Handhabung auszeichnet. Dazu gehört nicht zuletzt die einheitliche
Gestaltung gleichartiger Elemente — z.B. Masken, Tastenbelegung, Dialogabläufe
— über verschiedene Dialoge hinweg. Es darf nicht dem Zufall überlassen werden,
daß die Benutzerschnittstelle aus einem Guß wird!

Rufen wir uns die bereits in Abschnitt 4.2 kurz behandelten Teile der Spezifikation einer Dialog-Benutzerschnittstelle in Erinnerung, vgl. Abb. 7.1; sie liefert den
Leitfaden durch das Labyrinth dieses Kapitels:

• Ein *Dialog* bildet eine Einheit in der Mensch/Maschine-Kommunikation derart,
  daß darin für den Benutzer zusammenhängende Daten und Funktionen verfügbar
  sind. Seine *Datensicht* ist eine wichtige Klammer. Verschiedene Dialoge können
  ähnlich oder gar gleich ablaufen; ihre Gemeinsamkeiten spezifizieren wir in einem *Dialogtyp*, und zwar mittels Interaktionsdiagrammen (IAD). Näheres in den
  Abschnitten 7.1 und 7.2.

• Das augenfälligste Element der Benutzerschnittstelle sind die *Masken* am Bildschirm. Sie sind den IAD-*Zuständen* zugeordnet, in denen das System auf die

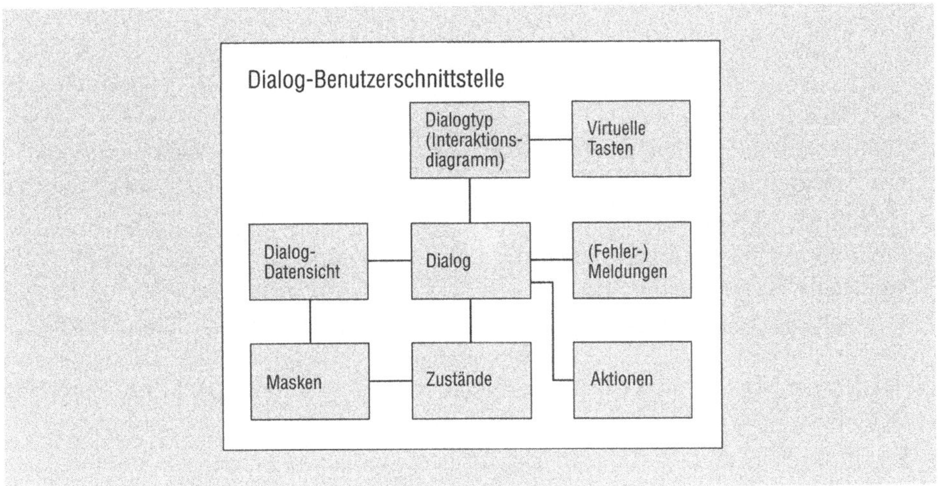

Abb. 7.1 Die Teile der Spezifikation einer Dialog-Benutzerschnittstelle

Eingaben des Benutzers wartet. Ebenfalls mit den Zuständen assoziiert sind die *(Fehler-) Meldungen* an den Benutzer. Mehr darüber in Abschnitt 7.3.

- In einem Dialogschritt, i.e. der Übergang von einem IAD-Zustand zum anderen, führt das System eine *Aktion* aus. Sie analysiert die Benutzereingabe und aktiviert daraufhin den (idealen) Anwendungskern, um so die (den) anstehenden Geschäftsvorfäll(e) zu erledigen. Wie wir eine Aktion spezifizieren, steht in Abschnitt 7.4.

- Wie gesagt, beschreiben wir Dialogabläufe, i.e. das Wechselspiel zwischen Mensch und Maschine, mit *Interaktionsdiagrammen*, insbesondere wie der Benutzer den Ablauf steuert. Er tut das mit *virtuellen Tasten*, die teils durch physische Tasten, teils durch Bildschirmeingaben realisiert werden. Weil die Interaktionsdiagramme eine eigenständige methodische Grundlage der Dialog-Spezifikation bilden, wollen wir sie als erstes, in Abschnitt 7.1, behandeln.

7.1 Interaktionsdiagramme und virtuelle Tasten

Der Ablauf eines Dialogs zwischen Mensch und Maschine läßt sich durch ein Zustandsmodell beschreiben: Immer dann wenn der Benutzer die Kontrolle hat, das System also auf eine Eingabe wartet, befindet sich der Dialog in einem bestimmten Zustand. Zur Spezifikation von Dialogen haben sich die Interaktionsdiagramme bewährt, in [Denert 77] erstmals unter der Bezeichnung „State Diagrams" publiziert. Interaktionsdiagramme (IAD) sind eine Variante endlicher Automaten. Sie werden in der Entwurfsphase zunächst graphisch als Zustandsdiagramme dargestellt und später formal codiert, um die Spezifikation präziser und schließlich sogar, durch eine

Dialogsteuerung interpretiert, automatisch ausführbar zu machen. In einem IAD gibt es drei wesentliche Elemente (Abb. 7.2):

- Die *Zustände*, graphisch durch Kreise dargestellt, markieren die Punkte im Dialogablauf, in denen das System auf eine Eingabe des Benutzers wartet, die er mit der Tastatur oder einem anderen Eingabemedium macht. Jedes IAD besitzt genau einen *Initialzustand*, gekennzeichnet durch ein Dreieck. Dorthin gelangt man zu Beginn des Dialoges.

- Pfeile stellen *Zustandsübergänge* dar, wobei die aus einem Zustand herausführenden Pfeile mit *virtuellen Tasten* beschriftet sind, also mit Steuerinformation, die der Benutzer irgendwie eingeben kann (Genaueres siehe unten). Das „Betätigen" einer virtuellen Taste löst einen Zustandsübergang aus. In Abb. 7.2 sieht man, daß vom Zustand *1* aus Übergänge möglich sind nach Zustand *2* (mit einer der virtuellen Tasten *y* oder *z*), nach *3* (mit *z*) und auch zurück nach *1* (mit *x*).

- Im Unterschied zu den klassischen endlichen Automaten kennen die Interaktionsdiagramme *Aktionen*, von denen eine beim Zustandsübergang ausgeführt wird, z.B. Aktion *B* beim Übergang von *1* nach *2*. Es können auch mehrere sein, z.B. *C* und *E* beim Übergang von Zustand *1* nach *3*. Eine Aktion kann auch mehrere Ausgänge haben, wie *C*. Diese sind dann jeweils mit einem *Ergebnis* markiert (*p* und *q* bei *C*), das die Aktion aus der Analyse der Benutzereingabe ermittelt.

Die ideale Maschine interpretiert ein IAD so, wie man sich das nach obigen Darlegungen ohnehin vorstellt: Zunächst stellt sie fest, in welchem Zustand sich der Dialog befindet und welche virtuelle Taste betätigt wurde. Dann prüft sie, ob diese im aktuellen Zustand überhaupt zulässig ist. Wenn nein, erzeugt sie eine Fehlermeldung und verbleibt in diesem Zustand; falls ja, führt sie die Aktion(en) auf dem ausgewählten Pfad aus. Dieser muß nicht unbedingt nur durch die virtuelle Taste bestimmt sein, sondern kann auch noch durch Fallunterscheidungen aufgrund von Aktionsergebnissen beeinflußt werden. Theoretisch lassen sich zwischen zwei Zuständen ganze Netze von Aktionen knüpfen, doch ist es ein gutes Prinzip, nach höchstens zweien zu einem Zustand zurückzukehren. Nach Ausführung der Aktionen, in denen die fachliche Funktionalität steckt, gelangt das System in den Folgezustand. Einen derartigen Übergang von einem Zustand in einen anderen, verbunden mit dem Ausführen einer oder mehrerer Aktionen, nennt man einen *Dialogschritt*.

Damit haben wir die Grundidee von Interaktionsdiagrammen, allerdings nicht die letzten Feinheiten, wohl ausreichend behandelt. Zur Abrundung diene ein Beispiel, und zwar die Bedienung des wohlbekannten Geldausgabeautomaten (GAA): Dieser ist nichts anderes als ein Terminal mit eingeschränkten Ein- und Ausgabemöglichkeiten; er hat nur wenige Tasten, eine einzige Display-Zeile und einen kleinen Drucker, kann aber Scheckkarten lesen und vor allem Geldscheine ausgeben. Das IAD von Abb. 7.3(a) kennt die vier Zustände *Z1* (Gerät geschlossen), *Z2* (Scheckkarte geprüft), *Z3* (Geheimzahl ok) und schließlich *Z4* (zahlungsbereit). Im Zustand *Z1* ist nur eine virtuelle Taste gestattet: Die Identifikation durch Einschieben der Scheckkarte, abgekürzt *SK*. Dies führt zu der Aktion *Scheckkarte prüfen* mit den beiden Ergebnissen *ok* oder *nok*. Im *ok*-Fall wird in der nächsten Aktion das Gerät geöffnet, der Dialog gelangt in den Zustand *Z2*. Über die virtuelle Taste *Ghz* (Geheimzahl

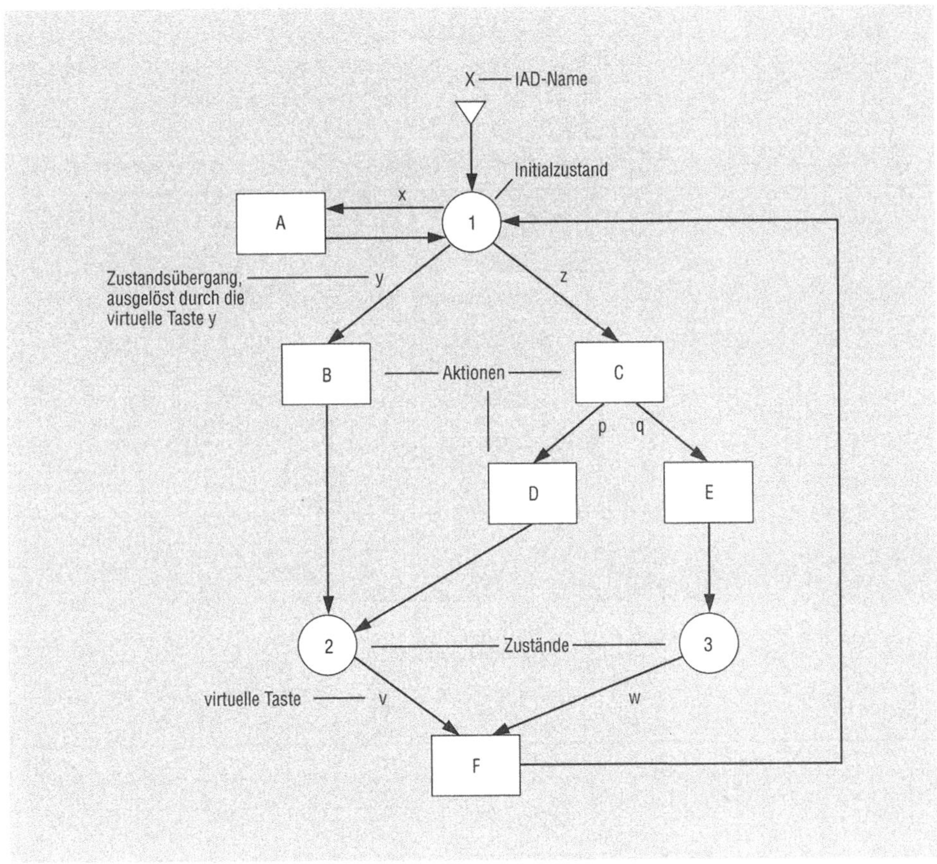

Abb. 7.2 Schematisches Interaktionsdiagramm (IAD)

eingeben) und die entsprechende Aktion gelangt man in den Zustand $Z3$, wo drei virtuelle Tasten zur Verfügung stehen: *Abb* (Abbruch), *Aus* (Auszahlung) und *Kto* (Abfragen des Kontostandes). Das Anfordern einer Auszahlung führt unmittelbar in den Zustand $Z4$, wo nur noch der Abbruch oder das Erfassen des Zahlbetrags möglich sind; die anschließende Bestätigung (*Bst*) führt zur Geldausgabe.

Interaktionsdiagramme werden schnell unübersichtlich, wenn sie zuviele Zustände besitzen. Als Richtlinie kann gelten, daß ein IAD nicht mehr als sechs oder sieben Zustände aufweisen soll. Dies erfordert manchmal ein etwas undogmatisches Vorgehen. Bei der Eingabe der Geheimzahl beispielsweise sind nur drei Versuche erlaubt. Um dies auszudrücken, wäre genaugenommen der Zustand $Z2$ zu verdreifachen. Das ist aber nicht zu empfehlen, denn das IAD wäre schwerer zu verstehen. Ein ergänzender Kommentar kann den Sachverhalt wesentlich klarer ausdrücken.

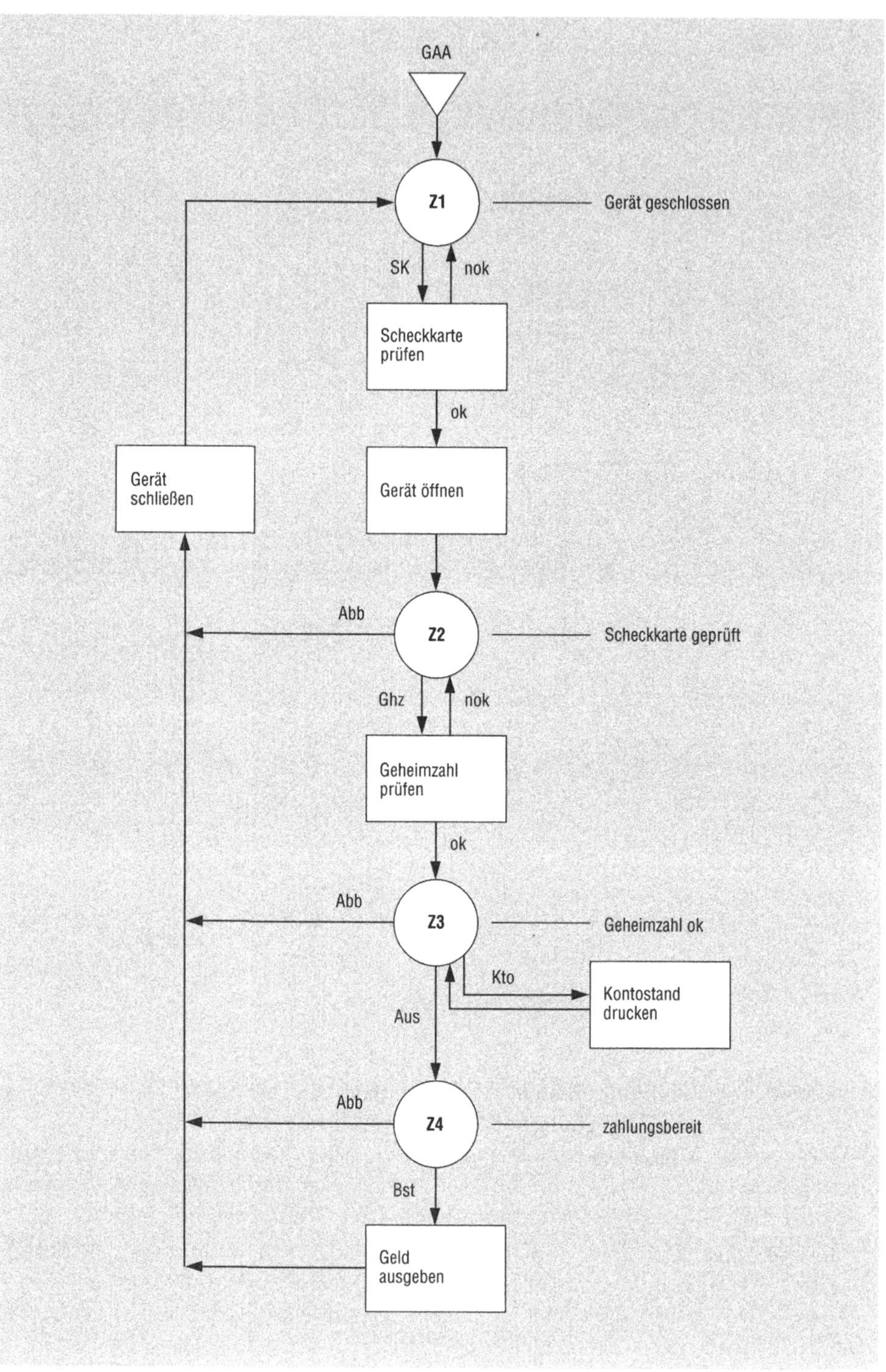

(a) Zustandsgraph

Abb. 7.3 Interaktionsdiagramm eines Geldausgabeautomaten (GAA)

```
IAD GAA

Zustand Z1   – – Gerät geschlossen
    SK:  Scheckkarte prüfen
                falls ok: Gerät öffnen ⟶ Z2
                falls nok ⟶ Z1

Zustand Z2   – – Scheckkarte geprüft
    Ghz: Geheimzahl prüfen
                falls ok ⟶ Z3
                falls nok ⟶ Z2
    Abb: Gerät schließen ⟶ Z1

Zustand Z3   – – Geheimzahl ok
    Kto: Kontostand drucken ⟶ Z3
    Aus  ⟶ Z4
    Abb: Gerät schließen ⟶ Z1

Zustand Z4   – – zahlungsbereit
    Bst:  Geld ausgeben
                Gerät schließen ⟶ Z1
    Abb: Gerät schließen ⟶ Z1
```

(b) Formale Codierung

Abb. 7.3 Interaktionsdiagramm eines Geldausgabeautomaten

Virtuelle Tasten

Wie wir gesehen haben, spielen in den Interaktionsdiagrammen virtuelle Tasten eine
wichtige Rolle. Mit ihrer Hilfe navigiert der Benutzer durch das IAD und damit durch
seinen Dialog. Was ist eine *virtuelle* Taste? Zunächst stelle man sich vor, daß sie
genauso wie eine reale Taste gedrückt — wir sagen lieber etwas abstrakter: betätigt
— werden kann. Und natürlich verbirgt sich dahinter oft auch eine reale Taste, aber
das Konzept virtueller Tasten reicht weiter: Es umfaßt jegliche Art *dialogsteuernder
Information*; sie kann in verschiedener Weise eingegeben werden:

- durch Betätigen einer *Funktionstaste*; alle Tastaturen verfügen über einen mehr
  oder minder großen Vorrat solcher Tasten, die von der Anwendungssoftware für
  Steuerungszwecke eingesetzt werden können;

- durch *Menüauswahl*, d.h. auf dem Bildschirm wird eine Menge von Funktionen
  angezeigt, aus der der Benutzer eine auswählt durch Kennzeichnen (Nummer,
  Buchstabe) oder Zeigen (z.B. mit dem Cursor, der durch Tastatur, Maus o.ä.
  geführt wird).

- durch ein *Kommando*; hierbei muß der Benutzer die möglichen Kommandos kennen und in einem bestimmten Feld eintragen;

- implizit durch *Dateninhalt*; die Steuerinformation liegt dabei meist in der Unterscheidung, ob der Schlüssel eines Datenobjekts und/oder der zugehörige Fachinhalt eingegeben wurden oder nicht.

Eine virtuelle Taste repräsentiert eine der oben genannten Eingabemöglichkeiten und abstrahiert von ihrer physischen Realisierung. Wir stellen uns jegliche Art dialogsteuernder Information als eine Taste in einem großen, gedachten Tastenfeld, der virtuellen Tastatur, vor. Eine solche Information einzugeben bedeutet, die entsprechende virtuelle Taste zu drücken. Virtuelle Tasten können parametrisiert sein, z.B. werden wir sehen, daß das Kürzel eines gewählten Dialogs Parameter der virtuellen Taste *Dialogwechsel* ist. Weitere Beispiele virtueller Tasten, außer denen des GAA, folgen in Abschnitt 7.2.

Codierung von Interaktionsdiagrammen

Die zeichnerische Darstellung eines IAD als Zustandsgraph ist gut geeignet, die wesentlichen Abläufe eines Dialogs (genauer: eines Dialogtyps) anschaulich darzustellen und einen Überblick zu gewinnen. Sie wird aber schnell unübersichtlich, wenn viele Details und Sonderfälle dargestellt werden (müssen). Deshalb benutzen wir zur exakten Spezifikation der IADe eine formale Codierung in linearer Notation. Sie sollte auch ohne formale Syntaxbeschreibung aus der Gegenüberstellung von graphischem und codiertem IAD in Abb. 7.3(a) und (b) mit wenigen Erläuterungen hinreichend klar werden.

Der IAD-Code wird als Liste der Zustände aufgebaut; der erste ist der Initialzustand. Ihm kann noch eine Aktion vorausgehen; sie wird beim Eröffnen des Dialogs ausgeführt. Im IAD namens GAA besteht diese Liste aus den Zuständen *Z1*, *Z2*, *Z3*, *Z4*, denen jeweils ihre Bedeutung als Kommentar beigefügt ist, z.B. *Gerät geschlossen*. Für jeden Zustand werden die möglichen Zustandsübergänge angegeben, d.h. die zulässigen virtuellen Tasten werden aufgelistet — in *Z3* sind das *Kto*, *Aus* und *Abb* — und die durch sie auszulösende(n) Aktion(en) sowie der Folgezustand damit verknüpft. Die Zeile *Kto: Kontostand drucken* $\longrightarrow$ *Z3* bedeutet also, daß im Zustand *Z3* die virtuelle Taste *Kto* erlaubt ist, die Aktion *Kontostand drucken* auslöst und in den Zustand *3* (zurück)führt. Betrachten wir noch die virtuelle Taste *SK* in *Z1*: Sie veranlaßt die Aktion *Scheckkarte prüfen* und, falls deren Ergebnis *ok* ist, eine weitere Aktion, *Gerät öffnen*, um schließlich in den Zustand *Z2* zu überführen.

Oft ist es wünschenswert, mehrere steuernde Informationen, d.h. virtuelle Tasten auf einmal einzugeben, um einen Dialogablauf in dem Sinn zu beschleunigen, daß mehrere Dialogschritte zu einem einzigen werden. Wir spezifizieren sie im IAD als Zustandsübergänge, die als einzelne Schritte ausgeführt, aber auch zusammengefaßt werden können. Dazu wird ein Übergangspfeil um einen Zustand „herumgeführt", siehe Abb. 9.5(a), was bedeutet, daß die sonst stattfindende Aus/Eingabe an den/vom Benutzer ausgelassen wird; letzterer hat seine Eingabe ja bereits im vorigen Zustand gemacht.

In der IAD-Codierung können wir solche „schnellen Eingaben" als Folgen virtueller Tasten definieren. Darin sind die einzelnen Tasten durch das Zeichen & verbunden, siehe Abb. 9.5(b). Sobald eine solche Folge eingelesen ist, wird aufgrund der ersten virtuellen Taste zunächst eine Aktion angestoßen. Ist diese ohne Fehler abgearbeitet, dann führt die nächste Taste im nunmehr eingestellten Folgezustand sofort zu einer weiteren Aktion (entsprechend der Spezifikation dieses Folgezustands), ohne daß etwas ausgegeben oder eine weitere Benutzereingabe angefordert wird. Dies setzt sich fort, bis die ganze Tastenfolge abgearbeitet ist.

Häufig kommen in diesen Folgen Tasten vor, die in den IADen gar nicht eingezeichnet werden. Es handelt sich dabei um sog. globale virtuelle Tasten, die immer wiederkehrende Standardaktionen auslösen (z.B. Blättern in einer Maske). Sie müssen natürlich in die im IAD mit & notierten Folgen eingepaßt, meist hinten angehängt werden.

An die Tastenfolgen werden einige Konsistenzbedingungen gestellt. So dürfen sie keine virtuelle Taste mehr als einmal enthalten. Um zu gewährleisten, daß einer eingegebenen Menge von virtuellen Tasten eindeutig eine Folge zugeordnet werden kann, dürfen keine zwei Folgen aus denselben virtuellen Tasten bestehen (auch nicht in verschiedener Reihenfolge). Außerdem muß jede Folge in dem Sinn „möglich" sein, daß es nach Abarbeitung der ersten Aktion einen Folgezustand gibt, in dem die zweite virtuelle Taste zulässig ist (und entsprechend für die folgenden Tasten).

Dies reicht natürlich nicht aus sicherzustellen, daß jede Folge virtueller Tasten vollständig abgearbeitet werden kann. Durch einen Fehler beim Ausführen einer Aktion oder durch ein nicht erwartetes Ergebnis einer Aktion kann ein Folgezustand erreicht werden, in dem die nächste Taste keine zulässige Eingabe darstellt. Dann wird der Rest der Tastenfolge ignoriert.

7.2 Dialoge, Dialogtypen und Standard-Interaktionen

Dialoge

Informationssysteme müssen viele mögliche Abläufe modellieren. Demzufolge kann die Dialog-Benutzerschnittstelle eines Informationssystems sehr viele Zustände besitzen und (in Abhängigkeit von der Eingabe eines Benutzers) sehr viele verschiedene Aktionen anstoßen. Wie bei der Konstruktion von Softwaresystemen die Zerlegung in kleine, einzeln programmierbare Module unumgänglich ist, muß auch die Benutzerschnittstelle geeignet „modularisiert" werden.

Für die Zerlegung eines Dialogsystems in Dialoge gelten ähnliche Kriterien wie für die Modularisierung. Dialoge sollten weitgehend abgeschlossen sein und sich gegenseitig so wenig wie möglich beeinflussen. Können Daten zwischen Dialogen übergeben werden, sollte die Komplexität der Schnittstelle möglichst gering sein. Weitergehende Regeln für die Gliederung in Dialoge lassen sich kaum aufstellen. Es ist oft auch eine Geschmacksfrage und abhängig von den Erfahrungen des Entwicklers. Gleichwohl ist die Definition der Dialoge eine der wesentlichen Design-Entscheidungen beim Entwurf eines Dialogsystems. Sie wird in der Systemspezifikation durch eine *Dialogetabelle* dokumentiert, deren Aufbau und Inhalt wir im folgenden noch erläutern.

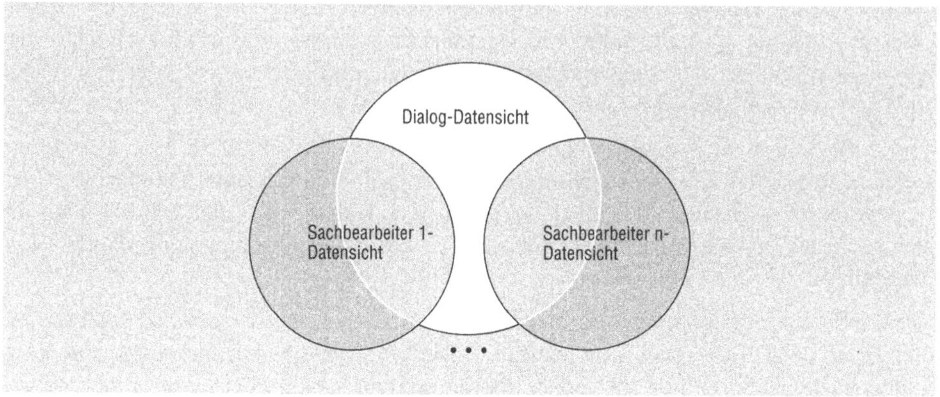

Abb. 7.4 Überlappung der Datensichten

Dialog-Datensicht

Ein Dialog ist also eine (aus Sicht des Anwenders) abgeschlossene Einheit, innerhalb
derer die Bearbeitung von bestimmten Daten durch verschiedene Aktionen möglich
ist. Die Daten, die innerhalb eines Dialogs bearbeitet werden können, bilden seine
Datensicht, d.h. einen wohldefinierten und für den Dialog relevanten Ausschnitt
aus dem Datenmodell, der gemäß spezifizierter Regeln aus der idealen Datenbank
gelesen bzw. in sie geschrieben wird. Die Datensicht des Geldausgabeautomaten
ist relativ klein: Sie enthält zu einer Kontonummer den Kontostand, den Betrag,
um den das Konto maximal überzogen werden darf, und eventuell noch weitere
Statusinformationen.

Die Dialoge und die Sachbearbeiter sind über ihre jeweiligen Datensichten eng
miteinander verbunden, denn die (disjunkten) Datensichten der Sachbearbeiter überlappen sich mit der eines Dialogs (Abb. 7.4), und zwar im allgemeinen so, daß es
einen großen Durchschnitt gibt, aber sowohl Dialog als auch Sachbearbeiter über
weitere Daten verfügen. Diese Überlappung ist für das Verständnis einer Spezifikation wichtig, denn sie hat zur Folge, daß das Arbeitsergebnis der Sachbearbeiter sich
nicht nur in ihren Datensichten, sondern auch in der des Dialogs niederschlägt. Dadurch wird es — kraft der idealen Maschine — auch für den Benutzer am Bildschirm
sichtbar.

Zusätzlich zur Datensicht muß für jeden Dialog auch festgelegt werden, wie die
Daten auf dem Bildschirm dargestellt werden. Während des Ablaufs eines Dialogs
können durchaus verschiedene Teile der Dialog-Datensicht dargestellt werden. Entsprechend gehören zu einem Dialog verschiedene Masken — genauer gesagt, gehört
zu jedem Zustand eines Dialogs eine Maske; wir kommen darauf zurück.

Ein Dialog ist im allgemeinen unabhängig von den Daten anderer Dialoge, d.h.
verschiedene Dialoge haben im allgemeinen verschiedene Datensichten. Die Datensichten zweier Dialoge können sich allerdings auch überlappen. In diesem Fall werden
Daten (z.B. ein Schlüssel) zwischen diesen Dialogen übertragen.

Dialogwechsel

Informationssysteme bieten in der Regel eine Vielzahl von Dialogen, die oft durch einen Menübaum strukturiert wird. Der Wechsel von einem Dialog zum anderen wird ganz unterschiedlich gehandhabt: Manchmal ist der Benutzer an die Pfade des Menübaums gebunden. Oft aber gibt es den sogenannten Expertenmodus, der eine weitgehende Freiheit beim Wechsel von einem Dialog zum anderen bietet.

Wenn wir einen Dialog verlassen und in einen anderen wechseln, gibt es hinsichtlich des verlassenen Dialogs zwei Konstellationen:

- Er ist *abgeschlossen*, d.h. seine *Daten* wurden entweder *verworfen* oder *bestätigt* (siehe dazu auch Abschnitt 6.6). Das kann der Benutzer in der Regel mit den virtuellen Tasten *Vw* bzw. *Bst* veranlassen (siehe Tabelle 7.1).
- Der zu verlassende Dialog bleibt *offen*; wir sagen auch, er ist *unterbrochen* oder *suspendiert*.

Beim Unterbrechen wird der gesamte Dialog mit all seinen Daten (aktueller Zustand, Dialogdatensicht) zwischengespeichert. Bei der Wiederaufnahme findet ihn der Benutzer in genau dem Zustand wieder, in dem er ihn unterbrochen hat. Insbesondere ist es auch möglich, einen Dialog zu suspendieren, um eine neue Inkarnation desselben Dialogs (mit anderen zu bearbeitenden Objekten) zu beginnen. Dialogunterbrechung ist immer dann sehr wichtig, wenn die Benutzer z.B. durch Telefonanrufe von Kunden in ihrem natürlichen Arbeitsablauf gestört werden und deshalb sehr rasch eine ganz andere Funktion des Systems benötigen.

Von einem Dialog können also gleichzeitig mehrere Inkarnationen existieren, deren maximale Zahl wir festlegen. Ist sie gleich 0, so wird der Dialog beim Verlassen (durch einen Dialogwechsel) sofort beendet und sein aktueller Zustand wird nicht aufbewahrt. Er kann dann nur über seinen Initialzustand wieder betreten werden. Falls die maximale Zahl gleich 1 ist, wird immer nur die (zeitlich) letzte Inkarnation gespeichert. Die Rückkehr in diesen Dialog ist dann eindeutig möglich. Wenn dagegen mehrere Inkarnationen zugelassen sind, muß man festlegen, welche bei der Rückkehr in einen offenen Dialog zu wählen ist. Dies geschieht nach einer der folgenden Regeln:

- Die (zeitlich) letzte Inkarnation wird genommen (LIFO-Kellerprinzip).
- Die erste Inkarnation wird genommen (FIFO-Warteschlange).
- Der Benutzer kann eine beliebige auswählen. Dafür muß ihm eine Selektionsmöglichkeit am Bildschirm geboten werden.

Beim Übergang von einem Dialog zum nächsten ergeben sich im Prinzip vier Möglichkeiten, die aber nicht alle auch gestattet bzw. realisiert sein müssen: Man kann

- den alten Dialog verlassen und einen neuen beginnen,
- den alten Dialog verlassen und einen offenen wiederaufnehmen,
- den alten Dialog unterbrechen und einen neuen beginnen oder
- den alten Dialog unterbrechen und einen offenen wiederaufnehmen.

Wenn auch meistens ein freizügiger Wechsel zwischen den Dialogen gewünscht sein wird, so kann es doch Ausnahmefälle geben, für die eine Einschränkung spezifiziert werden soll. Das heißt, daß der Eintritt in einen Dialog nicht von jedem anderen, sondern nur von einem oder einigen wenigen zulässig sein soll. Typischerweise werden bei einem derartigen Übergang auch Daten (meist ein Schlüssel) von einem Dialog zum anderen übergeben.

Die zulässigen Dialogwechsel stellen wir der Übersicht wegen gerne graphisch dar. Nur zwischen Dialogen, die durch eine Linie verbunden sind, können Dialogwechsel stattfinden. Ggf. versehen wir die Verbindungslinien mit Pfeilspitzen, um anzudeuten, daß ein Dialogwechsel nur in einer Richtung zugelassen ist. Beispiel: In einem Buchungssystem, das etwa einen Menüdialog, Buchungs-, Pflege- und Informationsdialoge umfaßt, könnte eine solche Graphik wie in Abb. 7.5(a) aussehen. Gemäß dieser Abbildung ist z.B. der Dialog *Buchungs-Nachbearbeitung* nur vom Dialog *Buchung* aus erreichbar. (Wir haben in diesem Beispiel der Einfachheit halber nicht Dialoge, sondern nur ihre Dialogtypen (siehe dazu weiter unten) angegeben. Genaueres im TuBSy-Beispiel, Abschnitt 9.3.1.)

Diese graphische Darstellung kann nur einen ersten Überblick geben. Die formale Spezifikation solcher Beschränkungen und auch die Festlegung, zwischen welchen Dialogen beim Dialogwechsel Daten übergeben werden können, erfolgt in Form der *Dialoge-Übergangsmatrix*, Abb. 7.5(b). Die Zeilen und Spalten dieser Matrix sind mit allen Dialogen des Systems beschriftet. In der Matrix sind die Einträge +, − und # zulässig. + steht dabei für einen möglichen, − für einen nicht möglichen Dialogwechsel, und # bedeutet, daß beim Dialogwechsel zwischen diesen beiden Dialogen eine Übernahme von Daten (meist eines Schlüssels) erfolgen kann (nicht muß). Bei einer großen Anzahl von Dialogen (mehr als zehn) ist die Übergangsmatrix ein unhandliches Darstellungsmittel. Hier kann man sich andere, z.B. lineare Notationen einfallen lassen. Wir haben uns in Abb. 7.5(b) damit beholfen, daß wir nicht Dialoge, sondern Dialogtypen — also mehrere Dialoge zusammengefaßt (siehe unten) — aufgeführt haben.

Zum Dialog wechseln betätigt man eine virtuelle Taste, und zwar in der Weise, daß man das Kürzel des neuen Dialogs angibt und hinzufügt, ob man ihn neu, also in seinem Initialzustand, betreten oder als offenen, früher unterbrochenen Dialog wiederaufnehmen will, in letzterem Fall in dem Zustand und mit den Daten zum Zeitpunkt der Unterbrechung. Tabelle 7.1 enthält die für die beiden Dialogwechselarten nötigen virtuellen Tasten *Dialogwechsel_neu* bzw. *_offen*, kurz *Dwn* und *Dwo*, die mit der *Dialog_Id* parametrisiert sind, also genau genommen viele Tasten repräsentieren.

Standard-Interaktionen und Dialogtypen

Der naive Ansatz bei der Spezifikation eines Informationssystems besteht darin, einfach für jeden Dialog ein IAD zu entwerfen. Dabei begegnet man zwei Problemen:

- Viele virtuelle Tasten sind in sehr vielen IADs vorhanden und bewirken immer dasselbe.

- Viele Dialoge laufen nach demselben Muster ab.

Ein Beispiel für den ersten Punkt ist die virtuelle Taste *Abb* des Geldausgabeautomaten (Abb. 7.3), die unabhängig vom Zustand immer das Schließen des Geräts bewirkt. Der zweite Punkt wird durch unzählige Anzeige- und Pflegedialoge unter-

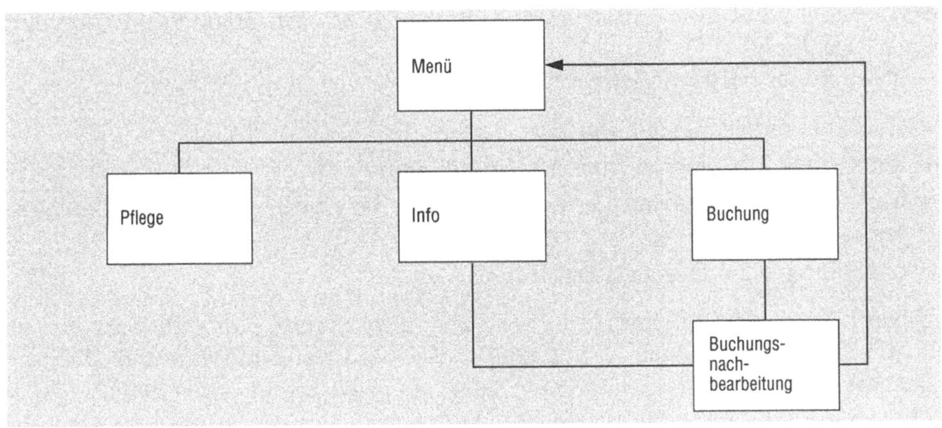

(a) Dialoge

nach von	Menü	Pflege	Info	Buchung	B-Nachbtg.
Menü	−	+	+	+	−
Pflege	+	+	+	−	−
Info	+	+	+	+	+
Buchung	+	−	+	+	#
Buchungs- Nachbear- beitung	+	−	+	+	−

(b) Dialoge-Übergangsmatrix

Abb. 7.5 Dialoge und Dialogwechsel am Beispiel eines Buchungssystems

mauert, wie man sie in fast allen Informationssystemen findet und die sich im Ablauf
sehr stark ähneln. Die Methode „ein IAD pro Dialog" führt deshalb zu viel Redun-
danz und langweiliger, fehleranfälliger Zeichen- und Schreibarbeit. Die IAD-Methode
bietet viele Freiheitsgrade, die man auch braucht, um Dialoge beliebiger Komplexität
spezifizieren zu können. Anderseits aber besteht das Bedürfnis, über die zahlreichen
Dialoge eines Informationssystems oder gar eines Unternehmens hinweg *Standards*
einzuhalten. Das ist nicht zuletzt ein Gebot der Benutzerfreundlichkeit: Gleichartige
Abläufe soll der Anwender immer nach demselben Schema abwickeln können. Dem

versuchen wir mit zwei Konstrukten Rechnung zu tragen: Standard-Interaktionen und Dialogtypen.

Beispiele für *Standard-Interaktionen* sind

- die Reaktion auf Eingabefehler,
- der schnelle Übergang in eine Art Grundzustand,
- Vor- und Rückwärtsblättern in Information, die sich über mehrere Bildschirme erstreckt,
- das Führen eines eingebetteten Hilfe-Dialogs.

Es würde ein IAD total überladen, wenn man diese Standard-Interaktionen in allen Zuständen einzeichnen würde. Statt dessen werden sie einmal systemweit definiert. Das hat auch den Vorteil, daß das System an allen Stellen eines möglicherweise weitverzweigten Dialogs in diesen Standardfällen immer gleich reagiert, ohne daß man beim Entwerfen der einzelnen IADe darauf achten müßte.

Zur Spezifikation der Standard-Interaktionen wird in einer Tabelle der *globalen virtuellen Tasten* festgelegt, welche virtuellen Tasten systemweit gültig sind, wie sie realisiert werden (ob durch Funktionstasten, durch Kommandos in bestimmten Feldern oder durch Analysieren von Dateninhalten), ggf. welche Parameter sie besitzen, welche Aktionen sie auslösen und in welchen Folgezustand sie den Dialog überführen. Ein gutes Repertoire globaler virtueller Tasten und damit verbundener Standard-Interaktionen ist in Tabelle 7.1 enthalten.

Ein *Dialogtyp* legt die Struktur mehrerer gleichartiger Dialoge fest, und zwar durch ein Interaktionsdiagramm; wir sagen, ein Dialog ist von einem bestimmten Typ. Man sollte in einem System oder, übergreifend, in mehreren Systemen eines Unternehmens relativ wenige Dialogtypen haben (nicht viel mehr als ein halbes Dutzend), zu denen es allerdings viele Dialoge geben kann.

Betrachten wir ein Beispiel: Abbildung 7.6 stellt die Ablaufstruktur von einfachen Pflegedialogen dar. Im Zustand $O1$ muß sich der Benutzer entscheiden, ob er ein neues Objekt anlegen oder ein altes, schon vorhandenes weiter bearbeiten will, indem er eine der *speziellen virtuellen Tasten O_neu* oder *O_alt* drückt. Diese müssen eigens spezifiziert werden, und das kann man ganz gut mit einer Entscheidungstabelle wie in Abb. 7.7 tun. Der Fall O_neu liegt vor, wenn ein korrekter Schlüssel, zu dem es noch kein Objekt in der Datenbank gibt, und evtl. auch ein Fachinhalt erfaßt werden. O_alt gilt als gedrückt, wenn *nur* ein Schlüssel eines vorhandenen Objekts eingegeben wird. Alles übrige sind Fehlerfälle. Auf jeden Fall führen O_neu und O_alt in den Zustand $O2$. Dort wird nun weiter Fachinhalt (*FI*) bearbeitet, bis durch die globale virtuelle Taste *Bst* das Ergebnis bestätigt wird und wir wieder in $O1$ landen. Dort darf *Bst* nicht benutzt werden, ebensowenig wie O_neu oder O_alt im Zustand $O2$; all dies würde zu einer Fehlermeldung führen. Die globale virtuelle Taste *Verwerfen* darf in jedem Zustand betätigt werden. Sie löscht die eingegebenen Daten und führt dann in den Zustand $O1$.

Tabelle 7.1 Globale virtuelle Tasten (Standard-Interaktionen)

	virtuelle Taste			
Lang- Bezeichnung	Kurz-	Realisierung	auszulösende (Standard-) Aktion	Folgezustand
Menü	M	F2	Wechsel in den Menü- Dialog (wie Dwn(M))	Initial-Zustand des Menü-Dialogs
Ende	E	F3	Abschluß der Dialogsitzung	–
Hilfe	H	F1	Wechsel in den Hilfe- Dialog, der zum aktu- ellen Zustand korres- pondiert	Initial-Zustand des betreffenden Hilfe-Dialogs
Hilfe-Rückkehr	HR	F1	Wechsel in den hilfe- rufenden Dialog	Zustand, in dem um Hilfe gerufen wurde
Dialog- wechsel_neu	Dwn	Kdo: Dialog-Id sowie F4	dto., ggf. mit Übergabe des Objekt-Schlüssels	Initial-Zustand des betreffen- den Dialogs
Dialog- wechsel_offen	Dwo	Kdo: Dialog-Id sowie F5	Wechsel in den durch den Parameter Dialog-Id bezeichneten Dialog	Zustand beim Verlassen des betreffenden Dialogs
Blättern_vor	Bv	F7	Anzeigen der nächsten Bildschirmseite	wie Ausgangs- zustand
Blättern_rück	Br	F8	Anzeigen der letzten Bildschirmseite	wie Ausgangs- zustand
Verwerfen	Vw	F12	Datensichten und Bildschirm löschen	Initialzustand des aktuellen Dialogs
Bestätigen	Bst	F6	Datensichten speichern	wie im IAD angegeben
Fachinhalt	FI	Maskeninhalt sowie DF-Taste	wie im IAD angegeben	wie im IAD angegeben

Kdo: Kommandofeld am Bildschirm
F: Funktionstaste
DF: Datenfreigabetaste

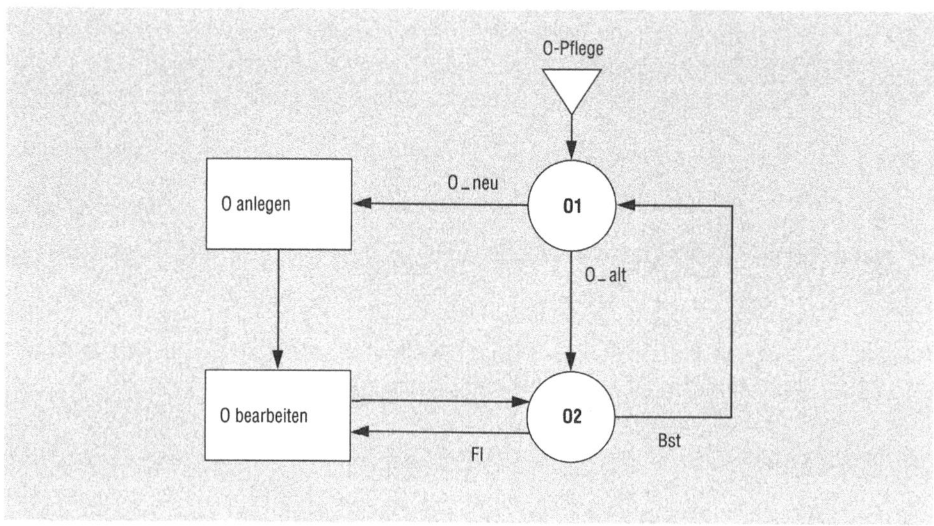

(a) Zustandsgraph

IAD O-Pflege

Zustand O1
    O_neu: O anlegen
              O bearbeiten $\longrightarrow$ O2
    O_alt: O lesen $\longrightarrow$ O2

Zustand O2
    FI: O bearbeiten $\longrightarrow$ O2
    Bst $\longrightarrow$ O1

(b) Formale Codierung

Abb. 7.6 Interaktionsdiagramm eines Pflegedialogs

Dialogetabelle

Die Eigenschaften der einzelnen Dialoge fassen wir in einer Tabelle zusammen. Sie enthält zu jedem Dialog

- seinen Namen,

- eine (eindeutige) Kurzbezeichnung (Dialog-Id),

- den Dialogtyp,

- die maximale Anzahl offener Inkarnationen des Dialogs (hier sind in der Regel nur 0, 1 oder „mehrere" erlaubt),

in#	+	+	+	+	−
ex#	−	−	+	+	
in FI	+	−	−	+	
O_neu	×	×			
O_alt			×		
Fehler				×	×

Darin bedeuten die Bedingungen:

    in#   Hat der Benutzer einen korrekten Schlüssel eingegeben?
    ex#   Existiert zu diesem Schlüssel ein Objekt in der (idealen) Datenbank?
    in FI Hat der Benutzer irgendwelchen Fachinhalt eingegeben?

Abb. 7.7 Entscheidungstabelle für spezielle virtuelle Tasten

- ggf. das Auswahlverfahren, demzufolge die Datensicht des evtl. offenen Dialogs beim Wiedereintritt zu selektieren ist; dafür gibt es prinzipiell drei Verfahren: Kellerung (LIFO), Warteschlange (FIFO), direkte Wahl.
- einen Vermerk, ob eine Berechtigungsprüfung stattzufinden hat,
- einen Verweis auf seine Datensicht.

In enger Verbindung mit der Dialogetabelle ist die schon behandelte Übergangsmatrix zu spezifizieren.

7.3 IAD-Zustände und Masken

Die Zustände eines IADs (durch das ein Dialogtyp beschrieben ist) sind Punkte im Ablauf eines Dialogs, in denen auf Benutzereingabe gewartet wird. Es wurde allerdings noch nichts darüber gesagt, welche Masken in einem Zustand auf dem Bildschirm dargestellt sind und in welche Felder der Maske Eingaben erfolgen können. Dies kann ja auch nicht für einen Dialogtyp — also für mehrere Dialoge mit gleicher Ablaufstruktur — festgelegt werden, sondern nur für den einzelnen Dialog. Verschiedene Dialoge desselben Typs haben in ein und demselben Zustand des Typs durchaus verschiedene Daten auf dem Bildschirm; denn sie haben ja auch verschiedene Datensichten.

Damit ist auch schon gesagt, daß während eines Dialogs mehrere verschiedene Masken am Bildschirm dargestellt sein können. Es ist also nicht eine Maske dem gesamten Dialog zugeordnet, sondern für jeden Zustand des Dialogs wird eine Maske spezifiziert.

Diese Beziehung zwischen Dialogzuständen und Masken erfaßt man am besten in einer *Maskentabelle*. Die Zuordnung von Masken zu Zuständen eines Dialogs schließt natürlich nicht aus, daß in mehreren Zuständen dennoch die gleiche Maske angezeigt wird. Dazu muß in der Maskentabelle einfach die gleiche Maske mehrfach eingetragen werden.

Maskendefinition

Es reicht zur Definition einer Maske nicht aus, ihre Erscheinungsform auf dem Bildschirm, d.h. das *Maskenlayout* aufzuzeichnen. Es wird am besten gleich mit dem gegebenen Maskengenerator erzeugt. Das ist zwar meist der — anschauliche — Ausgangspunkt im Entwurf, er bedarf im weiteren aber einer präzisen Spezifikation. Die Hauptsache dabei ist der eindeutige Zusammenhang zwischen Maske und Dialog-Datensicht, den wir in der Regel einfach durch Namensgleichheit herstellen, d.h. ein Maskenfeld wird mit demselben Bezeichner angesprochen wie das korrespondierende Attribut der Datensicht. Die Definition der Maske wird in Form der *Maskenfeldertabelle* gegeben, die für jedes Feld folgende Information enthält:

- *Feld-Identifikation*
  entspricht in der Regel dem Namen des auf dem Bildschirm darzustellenden Attributs der Dialog-Datensicht; falls nicht, muß der Zusammenhang mit letzterer eigens klargestellt werden.

- *Feldart*
  gibt an, wie sich Benutzer und System des Feldes bedienen. Dafür gibt es folgende Möglichkeiten:

  E Eingabefeld, dessen Inhalt vom System inhaltlich nicht verändert, sondern allenfalls formal transformiert wird, z.B. links/rechtsbündig verschieben, führende Nullen auffüllen. Es kann ein Defaultwert angegeben werden, der gilt, wenn der Benutzer nichts eingibt.

  EV Eingabefeld, das vom System mit dem angegebenen Defaultwert vorausgefüllt wird.

  EM Eingabe-Mußfeld: Eine Eingabe des Benutzers ist zwingend erforderlich.

  A Ausgabefeld, das nur vom System ausgefüllt wird und für den Benutzer gesperrt ist.

  EA Ein- und Ausgabefeld: Hierin kann der Benutzer eine Eingabe machen, die das System ggf. modifiziert.

  EMA Eingabe-Muß und Ausgabefeld: wie EA, jedoch mit zwingender Benutzereingabe.

  Die Feldart kann vom IAD-Zustand abhängen.

- *Defaultwert*
  gibt bei einem E-Feld an, welchen Standardwert das System einsetzt, wenn der
  Benutzer nichts eingibt, und bei einem EV-Feld, welche Vorbelegung es erfährt.

- *Zuordnung zur physischen Bildschirmmaske*
  Letztlich muß eindeutig festgelegt werden, wo das Feld auf der physischen Maske
  des Bildschirms erscheint. Sein Bezeichner auf der Maske ist eine Orientierungs-
  hilfe; deshalb führen wir ihn auf. Da es den aber nicht unbedingt geben muß, reicht
  das nicht. Wie also den eindeutigen Zusammenhang herstellen? Das hängt von
  dem zur Verfügung stehenden Werkzeug, dem Maskengenerator ab: Am schön-
  sten ist es, wenn man ihm die Feld-Identifikation mitteilen kann; damit ist der
  Zusammenhang gegeben. Ansonsten muß er über die Geometrie festgelegt werden, d.h. entweder über die Reihenfolge (von links oben nach rechts unten) oder
  die Koordinaten der Felder. Das bedeutet, diese vom Maskengenerator erzeugten
  Koordinaten in die Tabelle zu übernehmen. Keinesfalls sollte man sie aber von
  Hand erstellen und pflegen!

Es kommt häufig vor, daß verschiedene Masken gleiche Teile enthalten. Deshalb
ist es zweckmäßig, *Teilmasken* einzuführen. Die Definition einer Teilmaske sieht fast
genauso aus wie die einer Maske, außer daß Koordinaten nicht absolut, sondern
relativ anzugeben sind.

Teilmasken eignen sich gut, *tabellarische Masken* zu spezifizieren. Darin kommen Zeilen gleicher Struktur mehrfach untereinander vor. Wir definieren dafür eine
(Gruppe von) Zeile(n) als Teilmaske und geben an, wie oft sie in der Tabelle auftreten soll. Dabei kann es sein, daß ein Bildschirm nicht ausreicht und die Tabelle als
blätterbar gekennzeichnet werden muß. Wir haben in Tabelle 7.1 die beiden globalen
virtuellen Tasten *Blättern_vor* und *Blättern_rück* definiert. Mit ihnen ist in jedem
Zustand Blättern möglich, dem (in der Maskentabelle) eine variabel lange Maske
zugeordnet ist.

Globale Maskeneigenschaften

Die Erscheinungsform der Masken auf dem Bildschirm ist durch gewisse globale
Merkmale bestimmt, die durch die Terminaltechnik einerseits und ergonomische Festlegungen andererseits geprägt sind. Dazu gehören Schriftart, Helligkeit und Farbe
von Feldern und ihren Bezeichnern sowie die Art, wie — etwa im Fehlerfall — die
Aufmerksamkeit auf bestimmte Felder gelenkt wird, z.B. durch Blinken oder er-
höhte Helligkeit, aber auch das Führen des Cursors von Feld zu Feld u.ä.m. Diese
Darstellungseigenschaften sind einmal projekt- oder noch besser unternehmensweit
festzulegen und somit nicht Gegenstand der Definition einzelner Masken.

Plausibilitäten

Die Maskenfeldertabelle stellt eine Beziehung zwischen Maskenfeldern und der Datensicht des Dialogs her — und damit auch eine Beziehung zwischen Maskenfeldern
und Datentypdefinitionen. Deshalb kann man davon sprechen, daß jedes Maskenfeld
einen bestimmten Typ hat.

Man kann natürlich nicht davon ausgehen, daß der Benutzer am Terminal in ein
Feld nur korrekte Werte eingibt, also nur Werte des Datentyps. Falsche Feldinhalte
können aber leicht durch einen Vergleich mit der entsprechenden Datentypdefini-
tion erkannt werden. Die meisten Eingabefehler werden schon durch solche Plausibilitätsprüfungen festgestellt. Während sie unmittelbar durch die Spezifikation der
Maske und der Datentypen gegeben sind und deshalb keiner weiteren Ausformulie-
rung bedürfen, können weitergehende Prüfungen erst im (idealen) Anwendungskern
erfolgen, müssen also bei den Sachbearbeitern spezifiziert werden.

(Fehler-) Meldungen

Das Erkennen einer inkorrekten Eingabe des Benutzers muß zu einer ihm gut verständlichen Fehlermeldung führen. Deshalb ist in der Spezifikation eine *Liste aller
Fehlermeldungen* anzulegen, jede gekennzeichnet durch eine *Fehleridentifikation*. Mit
ihr referenzieren wir in der Spezifikation, aber auch später im Code den zugehörigen
Fehlertext, der im Dialog auf dem Bildschirm oder auch auf Listen (Batch) ausgegeben wird. Zudem können mit einer Fehlermeldung weitere Hinweise verknüpft sein,
z.B. dadurch daß ein fehlerhaftes Maskenfeld (hell, blinkend) hervorgehoben wird.

Meldungen müssen sich nicht nur auf Fehler des Benutzers beziehen, sie können
ihm auch andere Informationen geben. Die Liste der (Fehler-) Meldungen und die —
möglichst einheitliche — Art und Weise, wie sie dem Benutzer präsentiert werden,
ist ein häufig vernachlässigter, nichtsdestoweniger wichtiger Teil der Spezifikation
einer Benutzerschnittstelle.

7.4   IAD-Aktionen

Bisher war hauptsächlich von Dialogabläufen — also von Dialogtypen — und von
Zuständen dieser Dialogtypen die Rede. In den IADen kommen auch Aktionen vor,
die angestoßen werden, wenn die entsprechende virtuelle Taste betätigt wurde, wenn
also die Bedingung, die zu dieser Aktion führt, erfüllt ist. Es wurde allerdings noch
nichts darüber gesagt, wie die Aktionen zu spezifizieren sind. Dies kann — wie bei
den Masken — wiederum nicht für Dialogtypen geschehen, sondern nur für den
einzelnen Dialog, denn in den Aktionen werden dialogspezifische Daten bearbeitet.

Zur Spezifikation einer Aktion betrachten wir also die (Bezeichnung der) Aktion,
wie sie in einem IAD auftritt, und einen bestimmten Dialog dieses Typs. In einer
Aktion werden die verschiedenen Felder der aktuellen Maske analysiert. Abhängig
davon, in welchen Feldern Daten neu eingegeben, geändert oder gelöscht wurden,
werden die entsprechenden Geschäftsvorfälle bearbeitet. Diese wiederum beauftragen
direkt oder indirekt bestimmte Sachbearbeiter mit Teilaufgaben. Für die übersichtliche Darstellung der Zusammenhänge zwischen Feldinhalten und Geschäftsvorfällen
bzw. Sachbearbeiteraufträgen ist wiederum die Entscheidungstabelle eine gut geeignete Spezifikationstechnik; siehe Abb. 7.8. Eine solche muß für jede Aktion eines
Dialogs angegeben werden.

Ef1	n	n	ä		...			
Ef2	n			ä			Ef	Eingabefeld
...				ä			Gv	Geschäftsvorfall
...							n	neu eingegeben
...							ä	geändert
Efm		n			l	...	l	gelöscht
Gv1	×				...			
Gv2		×						
...				×				
...			×					
...		×						
Gvn		×			...			

Abb. 7.8 Spezifikation einer Aktion mittels Entscheidungstabelle

In ihrer oberen Hälfte, dem Bedingungsteil, sind die Maskenfelder aufgeführt, deren Inhalte in dieser Aktion zu bearbeiten sind, und es wird analysiert, was der Benutzer mit ihnen gemacht hat (neu eingegeben, geändert, gelöscht). Unten in der Entscheidungstabelle, in ihrem Aktionsteil, stehen die in Frage kommenden Geschäftsvorfälle oder evtl. unmittelbar die Sachbearbeiteraufträge, und durch × ist festgelegt, welche davon unter welchen Bedingungen zu aktivieren sind.

Wir haben bereits erwähnt, daß eine IAD-Aktion unterschiedliche Ergebnisse erzielen kann. Im IAD sind allerdings nur Bezeichnungen für diese Ergebnisse angegeben (bzw. gar nichts, wenn nur ein Ergebnis, nämlich „ok", möglich ist). Wie diese Ergebnisse ermittelt werden, kann ebenfalls nicht für den Dialogtyp, sondern muß für jeden einzelnen Dialog dieses Typs spezifiziert werden. Auch dafür bieten sich wieder Entscheidungstabellen an.

Die Entscheidungstabelle ist zur Analyse von Benutzereingaben — sei es um virtuelle Tasten, Geschäftsvorfälle oder Aktionsergebnisse zu ermitteln — ein probates Darstellungsmittel; sie ist nicht nur übersichtlich, sondern zwingt aufgrund ihrer Struktur, über alle möglichen Kombinationen von Eingaben nachzudenken, auch über die intuitiv unmöglich erscheinenden und deshalb oft übersehenen. Die Benutzung von Entscheidungstabellen in der Spezifikation ist allerdings nicht zwingend; manchmal kann eine andere Darstellung (verbal, Pseudocode) einfacher oder klarer sein.

Wir hatten eingangs dieses Kapitels die Bedeutung der *Einheitlichkeit der Benutzerschnittstelle* betont und können nun zusammenfassen, welche spezifikatorischen Mittel dazu beitragen:

- das Konzept des *Dialogtyps*, der mehrere gleichartige *Dialoge* in ihren Abläufen mittels eines Interaktionsdiagramms einmal festlegt;

- der Aufbau von *Masken aus Teilmasken*, die ein gleichbleibendes Erscheinungsbild bestimmter Daten in verschiedenen Masken sicherstellen;
- *virtuelle Tasten*, deren Realisierung nur an einer Stelle definiert wird, garantieren, daß der Benutzer seinen Dialog immer auf dieselbe Weise steuern kann;
- *Standard-Interaktionen* sorgen für die Einheitlichkeit immer wiederkehrender Abläufe, z.B. Fehlerbehandlung, Blättern, Hilfedialog.

8

Ideale Maschine

Die ideale Maschine dient dazu, die Semantik der Systemspezifikationssprache zu definieren. Mit ihrer Hilfe sollen vor allem die vielen Einzelteile der Spezifikation einer Dialog-Benutzerschnittstelle präzise gefaßt und zusammengefügt werden. Da die Spezifikationsnotation — Sprache ist eigentlich etwas zu hoch gegriffen — vielfach vage ist und Spielraum läßt, ist eine Semantikdefinition im streng-formalen Sinn allenfalls teilweise möglich.

8.1 Konzept der idealen Maschine

8.2 Ideale Dialog-Benutzerschnittstelle

8.3 Idealer Anwendungskern

8.4 Ideale Datenbank

8.1 Konzept der idealen Maschine

Abschnitt 4.3 fortführend, bringt dieses Kapitel eine semantische Fundierung der in den Kapiteln 4–7 behandelten Methode der Systemspezifikation.[1] Dabei ist eine Reihe von Konzepten bzw. Elementen, insbesondere für die Dialog-Benutzerschnittstelle, eher intuitiv eingeführt worden, die einer Präzisierung bedürfen: virtuelle Tasten und Folgen davon, Dialogtypen und Interaktionsdiagramme, Dialogschritte und -wechsel, Ver- und Entsorgen von Datensichten etc.

Die ideale Maschine dient dazu, die Semantik unserer Notation der Systemspezifikation — sie Sprache zu nennen, wäre wohl übertrieben — zu definieren. Diese Notation ist absichtlich an vielen Stellen vage und läßt dem Spezifikateur Spielraum; denn eine vollständig festgelegte Spezifikationssprache wäre, zumindest beim heutigen Kenntnisstand, nicht praxisgerecht, weil sie nicht für alle vorkommenden Probleme eine adäquate Darstellung bieten könnte, das Spezifizieren durch formale Details unnötig mühsam und das Ergebnis wohl schwer verständlich machen würde.

Die ideale Maschine ist ein Interpreter für Systemspezifikationen. Man kann eine solche auf ihr gedanklich ablaufen lassen und erkennt so die Bedeutung der Spezifikation.[2] Die ideale Maschine ist, ähnlich der Systemspezifikation, in drei Ebenen gegliedert, vgl. Abb. 4.3:

- ideale Benutzer- und Nachbarsysteme-Schnittstellen
- idealer Anwendungskern (= Geschäftsvorfälle und Sachbearbeiter)
- ideale Datenbank (= Datenmodell).

Damit befassen sich die folgenden Abschnitte, wobei die ideale Dialog-Benutzerschnittstelle bei weitem am ausführlichsten behandelt wird.

8.2 Ideale Dialog-Benutzerschnittstelle

Die ideale Dialog-Benutzerschnittstelle analysiert die Benutzereingaben, kontrolliert den Dialogablauf, führt die Aktionen und somit die Geschäftsvorfälle aus und erzeugt ggf. (Fehler-) Meldungen an den Benutzer. Ihren Aufbau entnehme man Abb. 8.1; außerdem führe man sich Abb. 4.2 und Tabelle 4.1 begleitend zu den folgenden Abschnitten vor Augen.

---

[1] Das ganze Kapitel 8 hat eine stärker theoretische Ausrichtung und Bedeutung. Es kann deshalb beim ersten Lesen ohne Nachteil für das Verständnis des Folgenden übergangen werden.

[2] Eine gute Idee ist es, die ideale Maschine real zu bauen und so Spezifikationen interpretativ ausführbar zu machen. Das wäre ein hervorragendes Prototyping-Werkzeug. Dafür müßte die Notation der Spezifikation allerdings stärker formalisiert, sozusagen zu einer richtigen Spezifikationssprache gemacht werden.

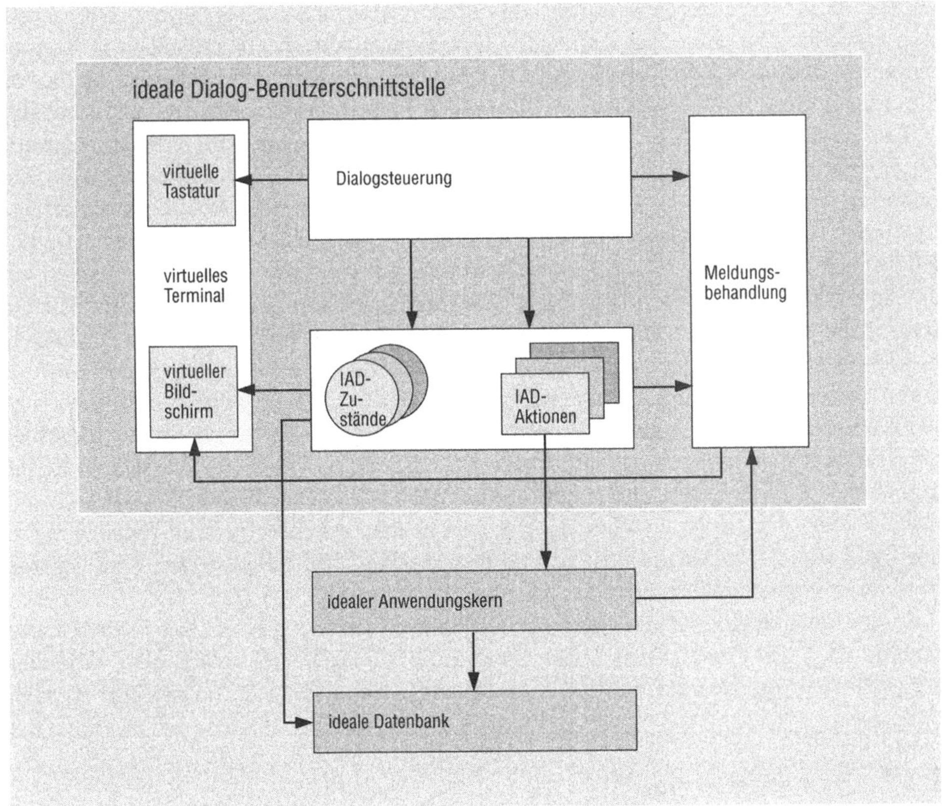

Abb. 8.1 Struktur der idealen Dialog-Benutzerschnittstelle

8.2.1 Virtuelles Terminal

Das virtuelle Terminal, bestehend aus Tastatur und Bildschirm, schafft die Voraussetzung, daß man in der Spezifikation die Elemente der Benutzerschnittstelle — Tasten, Masken und ihre Felder — auf anwendungslogischer Ebene, d.h. unabhängig von ihrer technischen Realisierung, ansprechen kann.

Die *virtuelle Tastatur* ermittelt, welche virtuelle(n) Taste(n) der Benutzer „gedrückt" hat, und zwar anhand der Tabelle der globalen und speziellen virtuellen Tasten. Eine virtuelle Taste kann auf unterschiedliche Weisen physisch realisiert sein, vor allen Dingen als reale (Funktions-) Taste und als Bildschirmeingabe mit steuerndem Charakter, z.B. als Kommando, aber auch die Eingabemöglichkeiten einer Maus lassen sich gut als virtuelle Tasten spezifizieren. Eine wichtige Eigenschaft der virtuellen Tastatur ist, daß sie Tastenfolgen — oder besser gesagt: „Akkorde", also gleichzeitig angeschlagene Tasten — erkennt. Ein Benutzer kann nämlich mehrere virtuelle Tasten quasi gleichzeitig betätigen, z.B. indem er ein Steuerfeld ausfüllt und eine Funktionstaste drückt. Die Interpretation solcher Tastenakkorde als Folgen obliegt dann der Dialogsteuerung anhand der Interaktionsdiagramme. Der Zweck der virtuellen Tastatur liegt darin, die Systemspezifikation ausschließlich in Termen *virtueller* Tasten zu formulieren und frei von deren physischer Realisierung zu halten, die nur an einer Stelle definiert wird, nämlich in den dafür vorgesehenen Tabellen.

Der *virtuelle Bildschirm* liefert den Inhalt jedes Maskenfeldes mit dem Zusatz, ob er neu eingegeben, geändert oder gelöscht wurde. Dazu muß man das Feld nur mit dem Namen benennen, unter dem es in der Maskenfeldertabelle registriert ist. In dieser Tabelle ist ggf. ein Defaultwert für ein Feld definiert, der vom virtuellen Bildschirm eingesetzt wird, wenn der Benutzer das Feld leer läßt. In diesem Fall gilt das Feld als neu eingegeben. Am Ende eines Dialogschritts besorgt der virtuelle Bildschirm die Ausgabe der Dialogdatensicht. Alle Veränderungen, die daran während des Dialogschritts vorgenommen wurden — vor allem durch die Sachbearbeiter via deren Datensichten, die ja mit der Dialogdatensicht weitestgehend überlagert sind —, erscheinen somit automatisch dem Benutzer. Man beachte: Die ideale Maschine arbeitet natürlich nicht mit einem realen Bildschirm; der virtuelle Bildschirm hat lediglich den Zweck, in der Spezifikation ohne technische Details mit den Masken und ihren Feldern hantieren zu können. Die wesentliche spezifikatorische Arbeit liegt in der Definition der Dialogdatensicht und den Maskenfeldertabellen, den Rest besorgt, fiktiv, der virtuelle Bildschirm.

In der Maskenfeldertabelle kann ein Teil einer Maske als blätterbar gekennzeichnet sein; es ist Sache des virtuellen Terminals mit seinen Blättertasten diese Fähigkeit zu gewährleisten. Weiteres muß in einer Spezifikation dazu nicht ausgeführt werden.

8.2.2 Dialogsteuerung

Die ideale Dialogsteuerung kontrolliert den Ablauf jeder Dialogsitzung eines Benutzers[3] gemäß dem Schema[4] in Abb. 8.2(b). Eine *Dialogsitzung* besteht demzufolge aus einer Sequenz von — evtl. ineinander geschalteten — *Dialogen*, deren jeder sich i.allg. aus mehreren *Dialogschritt*en zusammensetzt. In Abb. 8.2(a) sind die Datentypen und Variablen aufgeführt, mit denen die ideale Dialogsteuerung arbeitet. Grundlegend sind dabei die Aufzählungstypen *Dialog*, *IAD_Zustand* und *IAD_Aktion*, deren Vereinigungsmenge die *IAD_Knoten* sind, sowie *virt_Tasten*. Die konkrete Ausprägung der Wertemengen dieser Typen findet sich in den entsprechenden Darstellungen — Tabellen, IAD-Code — einer Systemspezifikation. Die darauf basierenden übrigen Typen und Variablen erläutern wir im folgenden zusammen mit den Algorithmen, die sich in der Verfeinerung der *Dialogsitzung* ergeben.

Eine *Dialogsitzung initialisieren*, Abb. 8.2(c), bedeutet im wesentlichen, den Benutzer in das oberste Menü zu führen, damit er seine weitere Dialogwahl treffen kann.

---

[3]Daß an einem realen System viele Benutzer zugleich arbeiten, muß die ideale Maschine nicht reflektieren, denn es ist für die Semantik einer Systemspezifikation weitgehend bedeutungslos.

[4]Die Algorithmen in diesem Kapitel sind in einer stark an Ada angelehnten Notation formuliert. Eine reine Ada-Darstellung wäre auch möglich, würde jedoch einige syntaktische Formalismen nach sich ziehen, auf die wir der leichteren Lesbarkeit wegen verzichten, ohne dadurch an Genauigkeit zu verlieren.

Im weiteren betätigt er bei jedem Dialogschritt eine oder auch mehrere virtuelle Tasten, die wir dann in der *Menge_virt_Tasten* vorfinden. Diese Variable und die *akt_virt_Taste* müssen dementsprechend initialisiert werden.

Beim *Dialog initialisieren*, Abb. 8.2(e), geht es zunächst darum, das Gedächtnis des zu initialisierenden, also aktuellen Dialogs (*Gedächtnis_akt_Dialog*), bestehend aus den Komponenten *Dialog, IAD_Zustand* und *Datensichten*,[5] richtig einzustellen. Die Routine *Dialog initialisieren* kann voraussetzen, daß die *akt_virt_Taste* einen Dialog identifiziert, und zwar jenen, in den übergegangen werden soll. Dementsprechend ist zunächst eine Fallunterscheidung zu treffen, zu deren Verständnis eine parallele Betrachtung ihres Gegenstücks in *Dialog abschließen*, Abb. 8.2(f), ratsam ist. Betrachten wir die einzelnen Fälle genauer:

- Der Übergang in den *Menü*-Dialog, sei es aus einem beliebigen anderen Dialog oder aus *Dialogsitzung initialisieren*, dürfte ohne weitere Erläuterungen einsichtig sein.

- Beim Übergang in den *Hilfe*-Dialog werden dessen Zustand auf den Anfangszustand des Hilfe-IAD und die *akt_Datensicht* auf die leere Menge eingestellt. Zuvor wurden bereits in *Dialog abschließen* das *Gedächtnis_hilfsbedürftiger_Dialog* vermerkt und Datensichten zwischengespeichert. Das Pendant dazu, die *Hilfe_Rückkehr*, findet sich in *Dialog initialisieren*.

- Bevor wir die *Dialogwechsel* betrachten, müssen wir das Konzept offener — wir sagen auch: suspendierbarer — Dialoge klären: Der Benutzer kann einen Dialog vorübergehend verlassen, auch wenn seine Datensichten noch in Bearbeitung, d.h. weder bestätigt noch verworfen sind. Natürlich muß ein solcherart offener Dialog später abgeschlossen werden, damit die Daten nicht ewig in der Schwebe bleiben. In der Systemspezifikation ist festzulegen, ob von einem Dialog 0, 1 oder mehrere Inkarnationen möglich sind; denn es kann sein, daß aus anwendungsspezifischen Aspekten (bestimmte) Dialoge gar nicht oder höchstens einmal suspendierbar sein sollen. Man bedenke, daß die Flexibilität, die das Offenhalten von Dialogen bietet, beim Benutzer auch erhebliche Verwirrung stiften kann. Beim Dialogwechsel sind diverse Aspekte zu beachten:

  - Beim *Dialog abschließen*, Abb. 8.2(f) ist zu prüfen, ob *Datensichten in Bearbeitung* sind, d.h. ob der aktuelle Dialog suspendiert werden soll (und kann); wenn ja, werden sein Gedächtnis in die *Liste_offener_Dialoge* eingetragen und die *akt_Datensichten* zwischengespeichert. Falls ein Dialog nicht suspendierbar ist, wird der Versuch eines Dialogwechsels mit offenen Datensichten bereits in der Bearbeitung des Dialogschritts abgefangen, genauer gesagt in *Virt_Tastenfolge interpretieren*, Abb. 8.2(h).

  - Betrachten wir nun das Eröffnen eines neuen Dialogs in *Dialog initialisieren*, Abb. 8.2(e): Die virtuelle Taste *Dialogwechsel_neu* führt den *gewünschten_Dialog* als Parameter mit sich, der somit zum *akt_Dialog* wird. Im weiteren sind folgende Fälle zu berücksichtigen:

---

[5] Man beachte die in Abb. 8 2(a) unten angegebene abkurzende Schreibweise, mit der die Identität von gewissen Strukturen und ihren Komponenten postuliert wird. Sie könnte, jeweils durch entsprechende Zuweisungen auscodiert, auch explizit hergestellt werden

* In der Dialoge-Übergangsmatrix der Systemspezifikation ist festgelegt, ob bei einem Dialogwechsel ein Objekt mitgegeben wird. Dafür ist beim *Dialog initialisieren* zu sorgen.

* Schließlich ist der Dialog auf den initialen Zustand im IAD einzustellen und vorher ggf. eine Initialaktion auszuführen.

— Beim Wechsel in einen offenen Dialog werden sein Gedächtnis der *Liste_offener_Dialoge des gewünschten Dialogs* entnommen und die *akt_Datensichten* aus dem Zwischenspeicher der idealen Datenbank gelesen; siehe *Dialog_initialisieren*.

Zum Abschluß von *Dialog initialisieren* wird der virtuelle Bildschirm aufbereitet, d.h. die zum initialen IAD-Zustand passende Maske wird aufgelegt und mit der Dialog-Datensicht beschrieben, falls diese nicht leer ist.

Wir kommen nun zum Kern des Dialogablaufs, dem Ausführen eines *Dialogschritts*, Abb. 8.2(g): Nach dem Initialisieren der Meldungsbehandlung werden zunächst die Aufgaben erledigt, die mit dem zu verlassenden *akt_IAD_Zustand* verbunden sind, nämlich Plausibilität der Maskeneingabe prüfen und eine daraus ggf. ermittelte virtuelle Taste der virtuellen Tastatur mitteilen. Von dieser wird dann die gesamte *Menge_virt_Tasten* erfragt und versucht, sie so zu sortieren, daß eine zulässige *virt_Tastenfolge* entsteht.[6] Dazu werden die (speziellen und globalen) virtuellen Tasten so aneinandergereiht, daß sie zu einer im IAD spezifizierten Sequenz passen. Wenn dann noch eine virtuelle Taste übrigbleibt, muß es sich um eine globale handeln, die nicht im IAD steht (z.B. *Blättern_vor*). Sie bildet dann das letzte Glied der Folge. Kann die *Menge_virt_Tasten* nicht zu einer im Sinne des IAD und der Standard-Interaktionen zulässigen Sequenz gruppiert werden, gibt es eine Fehlermeldung.

Und schließlich muß die ideale Dialogsteuerung die *virt_Tastenfolge interpretieren*, Abb. 8.2(h). Dazu zieht sie eine Schleife über die *virt_Tastenfolge*, wobei jeder Schleifendurchlauf zu einem weiteren IAD-Zustand führt. Die Aktivitäten, die in den vermittels der *akt_virt_Taste* selektierten Fällen stecken, dürften weitgehend selbsterklärend sein. Erläuterungsbedürftig erscheint folgendes:

* Bei einem Dialogwechsel muß geprüft werden, ob der *akt_Dialog* überhaupt suspendiert werden darf.

* Ein wichtiger Aspekt der IAD-Interpretation steckt in der Funktion *Folgeknoten*. Sie ermittelt aus einem IAD-Zustand bzw. einer IAD-Aktion und einer virtuellen Taste bzw. einem Aktionsergebnis den Folgeknoten, sei es ein Zustand oder eine Aktion.

* In den Fällen vor **others** werden alle globalen virtuellen Tasten außer *FI* (Fachinhalt) abgehandelt. *FI* wird im **others**-Fall wie die speziellen Tasten bearbeitet; die dort auftretende Schleife läuft von einem IAD-Zustand über möglicherweise mehrere Aktionen zum unmittelbaren Folgezustand.

---

[6]Meistens ist diese Menge bzw. Folge virtueller Tasten einelementig, also genau eine Taste, und alles ist ganz einfach. Wir müssen hier aber den allgemeinen Fall betrachten.

```
type Dialog is (... Menge der Dialog-Ids gemäß Dialoge-Übersicht ...);
type IAD_Knoten is (... Menge aller Zustände und Aktionen,
                          die in den IADen vorkommen ...);
subtype IAD_Zustand  is IAD_Knoten range - - Menge aller IAD_Zustände;
subtype IAD_Aktion   is IAD_Knoten range - - Menge aller IAD_Aktionen;
type Dialogzustand is record D: Dialog;
                             Z: IAD_Zustand;
                    end record;
type Datensicht is Menge der Anker einer Dialog- oder
                         Sachbearbeiter-Datensicht;
type Datensichten is Potenzmenge von Datensicht;
type Dialoggedächtnis is record DZ: Dialogzustand;
                               DS: Datensichten;
                      end record;
type virt_Tasten is (- - die Menge der globalen virtuellen Tasten:
                     Menü, Ende,
                     Hilfe, Hilfe_Rückkehr,
                     Dialogwechsel_neu, Dialogwechsel_offen,
                     Blättern_vor, Blättern_rück,
                     Verwerfen, Bestätigen,
                     Fachinhalt,
                     - - sowie die Menge der speziellen virtuellen Tasten
                     );
type Menge_virt_Tasten is Potenzmenge der virt_Tasten;

akt_Dialog, gewünschter_Dialog: Dialog;  - - akt bedeutet aktuell
IAD_Knoten: IAD_Knoten;
akt_IAD_Zustand: IAD_Zustand;
akt_IAD_Aktion: IAD_Aktion;
akt_Dialogzustand: Dialogzustand;
Gedächtnis_akt_Dialog, Gedächtnis_hilfsbedürftiger_Dialog: Dialoggedächtnis;
Liste_offener_Dialoge: array (Dialog) of
                array (POSITIVE range <>) of Dialoggedächtnis;
akt_Datensichten: Datensichten;
akt_virt_Taste: virt_Tasten;
Menge_virt_Tasten: Menge_virt_Tasten;
virt_Tastenfolge: array (POSITIVE range <>) of virt_Tasten;
Dialogsitzungsende, Dialogwechsel: BOOLEAN;
```

Um die folgenden Algorithmen einfacher darstellen zu können,
sei angenommen, daß stets gilt:

```
    akt_Dialogzustand = (akt_Dialog, akt_IAD_Zustand)
    Gedächtnis_akt_Dialog = (akt_Dialogzustand, akt_Datensichten)
    IAD_Knoten = akt_IAD_Zustand bzw. akt_IAD_Aktion
```

(a) Typen und Variablen

Abb. 8.2 Die ideale Dialogsteuerung

Dialogsitzung

Dialogsitzung initialisieren;
while not Dialogsitzungsende
loop – – Dialog:
        Dialog initialisieren;
        while not Dialogwechsel
        loop Dialogschritt **end loop**;
        Dialog abschließen;
end loop;
Dialogsitzung abschließen;

(b) Dialogsitzung

Dialogsitzung initialisieren

Menge_virt_Tasten := {Menü};
akt_virt_Taste := Menü;
Dialogsitzungsende := **false**;

(c) Dialogsitzung initialisieren

Dialogsitzung abschließen

Dialogabschlußmeldung ausgeben;

(d) Dialogsitzung abschließen

Abb. 8.2 Die ideale Dialogsteuerung

```
Dialog initialisieren

case akt_virt_Taste is  - - Hier kommen nur dialogwechselnde Tasten vor.
   when Menü
            ⇒ akt_Dialogzustand := (Menü, IAD_Init_Zustand des Menü-Dialogs);
               akt_Datensichten := ∅;
   when Hilfe
            ⇒ akt_Dialogzustand := (Hilfe, IAD_Init_Zustand des Hilfe-Dialogs);
               akt_Datensichten := ∅;
   when Hilfe_Rückkehr
            ⇒ Gedächtnis_akt_Dialog := Gedächtnis_hilfsbedürftiger_Dialog;
               akt_Datensichten lesen;
   when Dialogwechsel_neu (gewünschter_Dialog)
            ⇒ akt_Dialog := gewünschter_Dialog;
               if Dialogwechsel ohne Objektübernahme
               then akt_Datensichten löschen;
                       akt_Datensichten := ∅;
               else null;  - - bisherige Datensichten bestehen weiter
               end if;
               if Init_Aktion im IAD des gewünschten Dialogs vorgesehen
               then IAD_Init_Aktion ausführen;
               end if;
               akt_IAD_Zustand := IAD_Init_Zustand des gewünschten Dialogs;
   when Dialogwechsel_offen (gewünschter_Dialog)
            ⇒ Gedächtnis_akt_Dialog := nächster Eintrag in der
                   Liste_offener_Dialoge des gewünschten Dialogs;
               akt_Datensichten lesen;
   when others ⇒ null;  - - kommt nicht vor
end case;
virt. Bildschirm auf Maske einstellen passend zum akt_IAD_Zustand;
Dialog-Datensicht auf virt. Bildschirm ausgeben;
virt. Terminal ausgeben;
Dialogwechsel := false;
```

(e) Dialog initialisieren

Abb. 8.2 Die ideale Dialogsteuerung

Dialog abschließen

```
case akt_virt_Taste is   - - Hier kommen nur dialogwechselnde Tasten vor.
   when Menü ⇒ null;
   when Ende ⇒ Dialogsitzungsende := true;
   when Hilfe
        ⇒ Gedächtnis_hilfsbedürftiger_Dialog := Gedächtnis_akt_Dialog;
           akt_Datensichten zwischenspeichern;
   when Hilfe_Rückkehr ⇒ null;
   when Dialogwechsel_neu | Dialogwechsel_offen
        ⇒ if Datensichten in Bearbeitung and
             Anzahl suspendierbarer Inkarnationen des akt_Dialogs ≥ 1
           then Gedächtnis_akt_Dialog in die Liste_offener_Dialoge eintragen;
                akt_Datensichten zwischenspeichern;
           else  null;
           end if;
   when others ⇒ null;  - - kommt nicht vor
end case;
```

(f) Dialog abschließen

Dialogschritt

```
Meldungsbehandlung initialisieren;
Plausibilität des mit dem akt_IAD_Zustand verbundenen Maskeninhalts prüfen;
ggf. aus dem Maskeninhalt spezielle virt. Tasten ermitteln;
Menge_virt_Tasten von virt. Tastatur lesen;
virt_Tastenfolge bilden aus der Menge_virt_Tasten gemäß akt_IAD_Zustand;
if zulässige virt_Tastenfolge gebildet werden kann
then virt_Tastenfolge interpretieren;
else Fehlermeldung ("Unzulässige Funktion");
end if;
Dialog-Datensicht auf virt. Bildschirm ausgeben;
ggf. (Fehler-) Meldungen auf virt. Bildschirm ausgeben;
virt. Terminal ausgeben;
```

(g) Dialogschritt

Abb. 8.2 Die ideale Dialogsteuerung

```
Virt_Tastenfolge interpretieren
for akt_virt_Taste in virt_Tastenfolge
loop case akt_virt_Taste
        when Menü ⇒ Dialogwechsel := true;
        when Ende
                ⇒ if keine offenen Dialoge existieren
                  then Dialogwechsel := true;
                  else Fehlermeldung ("Offene Dialoge müssen
                                      noch abgeschlossen werden");
                  end if;
        when Hilfe
                ⇒ if akt_Dialog ≠ Hilfe
                  then Dialogwechsel := true;
                  else Fehlermeldung ("Bereits im Hilfe-Dialog");
                  end if;
        when Hilfe_Rückkehr
                ⇒ if akt_Dialog = Hilfe
                  then Dialogwechsel := true;
                  else Fehlermeldung ("Nicht im Hilfe-Dialog");
                  end if;
        when Dialogwechsel_neu (gewünschter Dialog)
                ⇒ if Anzahl suspendierbarer Inkarnationen
                     des gewünschten Dialogs = 1 and
                     Liste_offener_Dialoge enthält gewünschten Dialog
                  then Fehlermeldung ("Gewünschter Dialog ist bereits
                                      einmal offen und kann nicht
                                      noch einmal eröffnet werden");
                  else if Datensichten in Bearbeitung and
                          Anzahl suspendierbarer Inkarnationen
                          des akt_Dialog = 0
                       then Fehlermeldung ("Laufender Dialog muß erst
                                           abgeschlossen werden");
                       else Dialogwechsel := true;
                       end if;
                  end if;
```

(h) Virtuelle Tastenfolge interpretieren (Fortsetzung nächste Seite)

Abb. 8.2 Die ideale Dialogsteuerung

```
        when Dialogwechsel_offen
            ⇒ if Liste_offener_Dialoge nicht leer
               then if Datensichten in Bearbeitung and Anzahl
                            suspendierbarer Inkarnationen des akt_Dialog = 0
                       then Fehlermeldung ("Laufender Dialog muß erst
                                           abgeschlossen werden");
                       else Dialogwechsel := true;
                       end if;
                    else Fehlermeldung ("Kein offener Dialog vorhanden");
                    end if;
        when Blättern_vor | Blättern_rück
            ⇒ entsprechende Blätter-Standardaktion mit der Maske
              des akt_IAD_Zustands ausführen;
        when Verwerfen
            ⇒ akt_Datensichten löschen;
              virt. Bildschirm löschen;
              akt_IAD_Zustand := IAD_Init_Zustand des akt_Dialogs;
        when Bestätigen
            ⇒ akt_Datensichten speichern;
              akt_IAD_Zustand := Folgeknoten (akt_IAD_Zustand,
                                             Bestätigen);
        when others - - Fachinhalt oder spezielle virtuelle Taste
            ⇒ IAD_Knoten := Folgeknoten (akt_IAD_Zustand,
                                         akt_virt_Taste);
              while IAD_Knoten kein IAD_Zustand
                    - - sondern IAD_Aktion
              loop - - die dem IAD_Knoten entsprechende
                   IAD_Aktion ausführen;
                   IAD_Knoten := Folgeknoten (IAD_Aktion,
                                             Aktionsergebnis);
              end loop; - - akt_IAD_Zustand = IAD_Knoten
    end case;
end loop;
```

(h) Virtuelle Tastenfolge interpretieren

Abb. 8.2 Die ideale Dialogsteuerung

8.2.3 IAD-Zustände und -Aktionen

In Verbindung mit einem *IAD-Zustand* sind ggf. spezielle Plausibilitätsbedingungen
und virtuelle Tasten spezifiziert. Sie zu Beginn eines Dialogschritts zu interpretieren,
vgl. Abb. 8.2(g), obliegt der idealen Benutzerschnittstelle.

Ähnlich verhält es sich mit den *IAD-Aktionen*. Sie werden gemäß ihrer Spezifikation im Zuge des Interpretierens einer virtuellen Tastenfolge ausgeführt, Abb. 8.2(h),
und liefern ggf. unterschiedliche Aktionsergebnisse, die der idealen Dialogsteuerung
zurückgeliefert und von dieser zum Ermitteln des Folgeknotens (Zustand oder Aktion) im IAD benutzt werden.

Durch die Aktionen wird der Ablauf der fachlichen Verarbeitung gesteuert, letztlich durch Aufruf der Sachbearbeiter im idealen Anwendungskern, und zwar in zwei
„Phasen": Analysieren der Eingabe und Erzeugen der Ausgabe. Das bedeutet, daß
irgendwo in jeder Aktion entschieden wird, welche Ausgabemaske am (virtuellen)
Bildschirm aufzuschalten ist (die Eingabemaske ist durch den vorigen IAD-Zustand
bestimmt).

Zur idealen Maschine gehören schließlich die *Standardaktionen*, vgl. Tabelle 7.1.
Sie besorgt also Dialogwechsel, blättert in Bildschirmmasken, liest und speichert
Datensichten, reagiert auf Benutzerfehler u.ä.m, und das alles, ohne daß es in jeder
Systemspezifikation explizit ausformuliert werden müßte.

8.2.4 Meldungsbehandlung

Zu jeder Systemspezifikation gehört eine Liste der Meldungen, die das System absetzen kann, im Dialog wie auch im Batch. Überwiegend geht es dabei um Fehlermeldungen, die als Reaktion auf inkorrekte Eingaben des Benutzers auszugeben sind; es
können jedoch auch Hinweise anderer Art sein. Ihre Quelle liegt im Dialog hauptsächlich in der idealen Dialogsteuerung und in den IAD-Zuständen und -Aktionen, aber
auch die Sachbearbeiter im idealen Anwendungskern können Meldungen absetzen;
siehe Abb. 8.1.

Die Meldungsbehandlung sammelt alle während eines Dialogschritts bzw. Batch-
Jobsteps anfallenden Meldungen und stellt sie dem Benutzer in geeigneter Weise dar.
Im Dialog geschieht das zunächst ganz einfach durch Ausgaben in der Meldungszeile
am Bildschirm, die blätterbar ist, d.h. auf Tastendruck weitere, nicht gleichzeitig
darstellbare Meldungen preisgibt.

Betrachten wir die Datenstruktur der Meldungsbehandlung genauer. Die Liste
der Meldungen besteht aus drei Teilen:

- der Meldungsidentifikation,

- dem Meldungstext und

- ggf. dem (den) betroffenen Feld(ern).

Im Dialog werden die betroffenen Felder auf dem Bildschirm hervorgehoben, und
zwar auf eine Weise (blinkend, hell, kursiv, farbig o.ä.), die in der Spezifikation an
einer Stelle für das gesamte System festgelegt ist. Zudem wird der Cursor auf das

als erstes aufgeführte Feld positioniert. Im Batch werden die Felder — oder anders gesagt: die betroffenen Attribute des Datenmodells — in der Meldung mit aufgeführt.

Unter Umständen kann es wünschenswert sein, dem Benutzer Gelegenheit zu geben, die angefallenen Meldungen in einem eigenen Dialog zu studieren. Dieser ist dann wie jeder andere zu spezifizieren, wobei wir voraussetzen können, daß die Meldungsliste zu seiner Datensicht gehört.

Die spezifikatorische Arbeit im Zusammenhang mit Meldungen (siehe auch Abschnitt 7.3) beschränkt sich nunmehr darauf,

- die Liste der Meldungen mit den o.g. Teilen aufzustellen und

- an den Stellen in der Spezifikation, an denen Fehler oder andere Meldungsursachen erkannt werden — insbesondere in den Entscheidungstabellen der IAD-Zustände und -Aktionen sowie im Ablauf der Sachbearbeiteraufträge —, auf die einschlägige Meldung vermittels ihrer Identifikation Bezug zu nehmen.

Den Rest besorgt die Meldungsbehandlung. Dazu gehört auch das Erzeugen einer Meldung für den Fall, daß der Benutzer eine Eingabe macht, die einer Typdefinition des Datenmodells widerspricht (der weitaus häufigste Fehlerfall). Auch dafür ist nichts weiter zu spezifizieren.

8.3 Idealer Anwendungskern

Anders als bei der Benutzerschnittstelle, für die die ideale Maschine vieles besorgt, was nicht explizit spezifiziert werden muß, gibt es beim idealen Anwendungskern kaum etwas zu sagen. Er wird durch die Geschäftsvorfälle und Sachbearbeiter mit ihren Aufträgen und Datensichten gebildet. Sie werden individuell spezifiziert, und die ideale Maschine hat dem — sozusagen per Default — nichts hinzuzufügen.

8.4 Ideale Datenbank

Auch zur idealen Datenbank ist nur wenig auszuführen. Wir stellen sie uns als beliebig schnelles, relationales Datenbanksystem vor, das zudem keine Restriktionen hinsichtlich Speichervolumen kennt. Wir können ihm also das Datenmodell unverändert anvertrauen, ohne an die Performance denken zu müssen.

Zudem ver- und entsorgt die ideale Datenbank die *Datensichten*, realisiert also die in der idealen Dialogsteuerung benutzten Funktionen, wie z.B. *Datensichten lesen/(zwischen)speichern/löschen*. Ganz wesentlich ist die Überlappung der Dialog- und Sachbearbeiter-Datensichten, Abb. 7.4, denn dadurch kann die ideale Maschine gewährleisten, daß Änderungen, die ein Sachbearbeiter vornimmt — z.B. Ergebnisse, die er errechnet —, unmittelbar auch in der Dialog-Datensicht gelten und

zugleich dem Benutzer am Bildschirm präsentiert werden. In der Spezifikation muß
deshalb nichts weiter geschrieben werden, um den Zusammenhang zwischen Dialog-
und Sachbearbeiter-Datensichten herzustellen. Außerdem stellt die ideale Maschine
sicher, daß in allen Datensichten nur typgerechte, also plausibel-korrekte Daten stehen.

9

TuBSy-Systemspezifikation

Der Zweck dieses Kapitels ist es zu zeigen, wie die in Kapitel 2 doch recht vage formulierten Anforderungen an das touristische Buchungssystem namens TuBSy in eine präzise Systemspezifikation umgesetzt werden. Wir können hier natürlich nicht die vollständige Spezifikation wiedergeben, das würde den Rahmen dieses Buchs sprengen. Bei der nötigen Auswahl haben wir darauf geachtet, daß alle wichtigen methodischen Aspekte ausreichend mit Beispielen illustriert werden. Dieses Kapitel beschreibt eine fertige Lösung, und das ist nicht die einzig mögliche. Leider kann es nicht den Entwurfsprozeß wiedergeben, der zu dieser Lösung geführt hat, obwohl der interessanter wäre als sein Ergebnis.

9.1 Systemstruktur

9.2 Datenmodell

9.3 Benutzerschnittstelle

9.4 Sachbearbeiter

9.1 Systemstruktur

Die grundlegende Systemstruktur von TuBSy leitet sich aus zwei prinzipiellen Unterscheidungen ab:

- Angebotene und gebuchte Reisen; erstere liegen sozusagen auf Vorrat „im Lager", letztere sind bereits an Kunden (Teilnehmer) verkauft.
- Dialog und Batch: Die Reisen werden interaktiv, also im Dialog gepflegt und gebucht, wogegen Auswertungen, Abrechnungen und Produktion der Reiseunterlagen im Batch laufen.

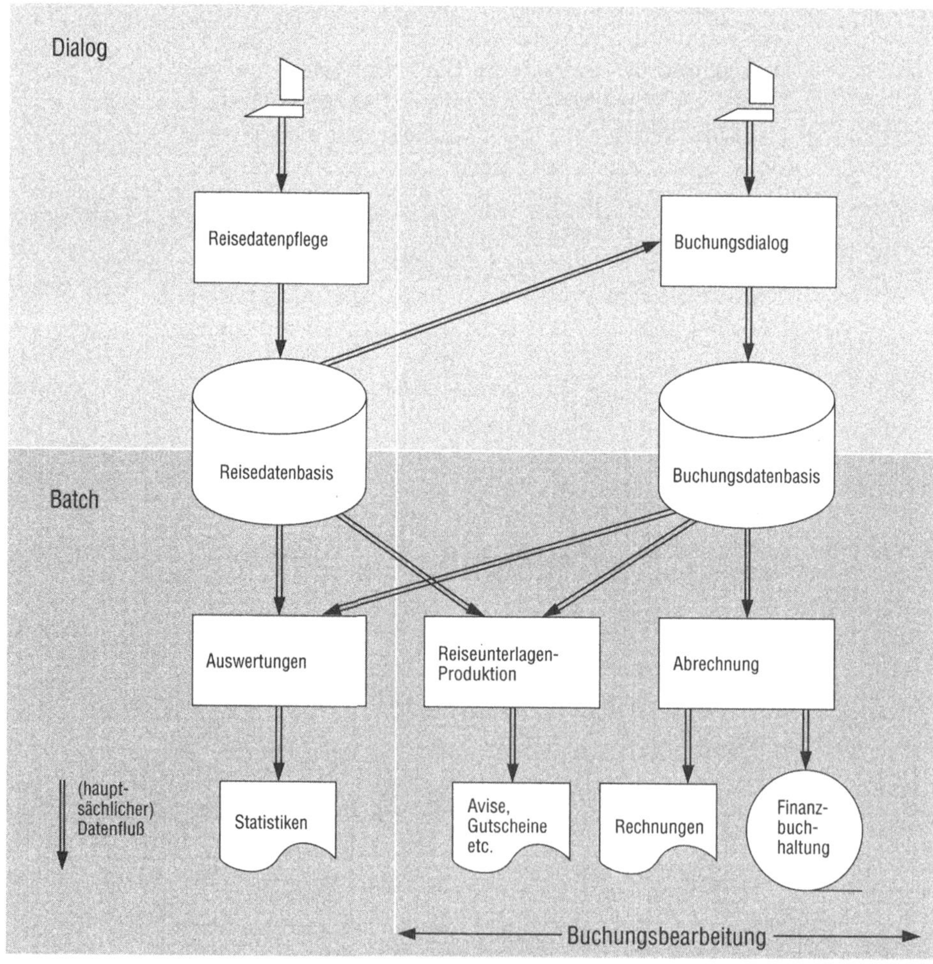

Abb. 9.1 TuBSy-Systemstruktur

Daraus ergeben sich die in Abb. 9.1 dargestellten Daten- und Funktionskomplexe. Man erkennt daran, daß die TuBSy-Daten in zwei großen „Töpfen" liegen: in der Reise- und der Buchungsdatenbasis. Die *Reisedatenbasis* enthält vor allem die Informationen über die vom Veranstalter *angebotenen Reisen* und ist somit ein Spiegelbild der im Reisebüro ausliegenden Kataloge. Zudem führt sie die sog. Vakanzen, also die Information über freie Kapazitäten wie da sind: Zimmer in Hotels und Plätze auf Flügen. Die *Buchungsdatenbasis* enthält die *gebuchten Reisen*, also die Informationen, welcher Teilnehmer für welchen Zeitraum welches Hotel, welchen Flug, welche sonstige Leistung reserviert hat, was das kostet, ob die Reservierungen fest sind usw.

Die Funktionen von TuBSy gliedern sich in folgende Komplexe, man könnte auch sagen, die TuBSy-Sachbearbeiter gehören folgenden Abteilungen an:

(1) *Pflege der Reisedaten* (Dialog)
Aufbauen und Aktualisieren der

- angebotenen Reisen,

- darin enthaltenen Leistungen,

- Kontingente und Vakanzen.

(2) *Buchungsdialog*
Bearbeiten der Buchungen, d.h.

- Anlegen, Ändern und Stornieren von Buchungen mit den Daten über Reiseziel und -zeitraum, Teilnehmer, Hotel(s), Flüge, sonstige Leistungen,

- Bearbeiten von Reservierungen,

- Preisrechnung.

(3) *Produktion der Reiseunterlagen* (Batch)
Erstellen aller für eine Buchung nötigen Unterlagen:

- Avise an Hoteliers,

- Flugtickets,

- Gutscheine für Hotels und sonstige Leistungen,

- allgemeine Reiseinformation für die Teilnehmer.

(4) *Abrechnung* (Batch)
Erstellen von Belegen bzw. Datenträgerinformationen für

- Rechnungen,

- Banklastschrift für Reisebüros,

- Finanzbuchhaltung (Nachbarsystem).

(5) *Auswertungen* (Batch)
Erstellen aller Arten von Statistiken über Reisen und Buchungen.

9.2 Das TuBSy-Datenmodell

9.2.1 Objekt/Beziehungsbild

Werfen wir zunächst einen Blick auf das O/B-Bild (Abb. 9.2). Optisch springt sofort wieder die Unterteilung in Reise- und Buchungsdaten ins Auge. Im Zentrum der *Reisedatenbasis* stehen *Reise* und *Leistung*; letztere kann sein: ein *a_Zimmer* (*a_* steht für angeboten) in einem *Hotel*, ein *a_Flug*, eine *a_sonstige Leistung* oder ein *a_Transfer*. Wir haben es hier also mit vier Subobjekten zu tun und sagen auch, sie stünden — indirekt, zur Kontingentierung siehe unten — in einer Rollenbeziehung („kann sein") zur *Leistung*. Ihr geographischer Zusamenhang, siehe die Objekte *Gebiet* und *Ort*, ist evident. Ein „touristisches Tripel" (Flug, Hotel, sonstige Leistung) ist der minimale Bestandteil jeder Reise; deshalb gehören ≥ 3 Leistungen zu einer Reise. Dies folgt aus den IATA-Tarifregeln, nach denen Verbilligungen von Linienflügen nur in Verbindung mit mindestens zwei weiteren Leistungen gewährt werden dürfen. Zu jeder Leistung gibt es genau einen *Anbieter* (Fluggesellschaft, Hotelier o.ä.).

Eine wichtige Information für bestimmte Leistungen, nämlich für Flüge und Hotelzimmer, ist ihre *Kapazität*. Sie besagt für jeden Tag der Reisesaison, wieviele Einheiten einer Leistung (z.B. Zimmer in einem Hotel) insgesamt bevorratet wurden (Kontingent) und wieviele davon noch frei sind (Vakanz). Die Kapazität ist im O/B-Bild in Form einer informationstragenden Beziehung dargestellt, die zwischen den zwei Objekten *kontingentierte Leistung* und *Tag* steht, und Kontingent sowie Vakanz als Attribut hat. Der Vorteil dieser Darstellung liegt darin, daß sie das wichtige Konzept der Kapazität von Leistungen auf der Ebene des O/B-Bildes zeigt. Unschön ist das Objekt *Tag*, das so recht eigentlich keines ist; man messe es nur einmal an den im Datenmodell-Abschnitt 5.4.1 aufgestellten Kriterien, von denen zwei nicht zutreffen (welche?).

Der Kern der *Buchungsdatenbasis* ist natürlich die *Buchung* mit ihren mindestens drei Reservierungen („touristisches Tripel"). Analog zur Leistung der Reisedatenbasis kann eine Reservierung ein *b_Zimmer* (*b_* steht für gebucht), ein *b_Flug*, eine *b_sonstige Leistung* oder ein *b_Transfer* sein. Ein wichtiger Teil der Buchung sind die *Teilnehmer*, die auch in Beziehung zu den einzelnen Reservierungen stehen. Der Zusammenhang zwischen Buchungs- und Reisedatenbasis liegt in den Beziehungen zwischen den Subobjekten der *Leistung* einerseits und der *Reservierung* andererseits.

Über diese Erläuterungen hinaus erschließe sich der Leser das TuBSy-Datenmodell selbst durch Betrachtung des O/B-Bildes in Verbindung mit den nachfolgend aufgeführten Attributlisten und den Datentypen. Sie dürften weitgehend selbsterklärend sein.

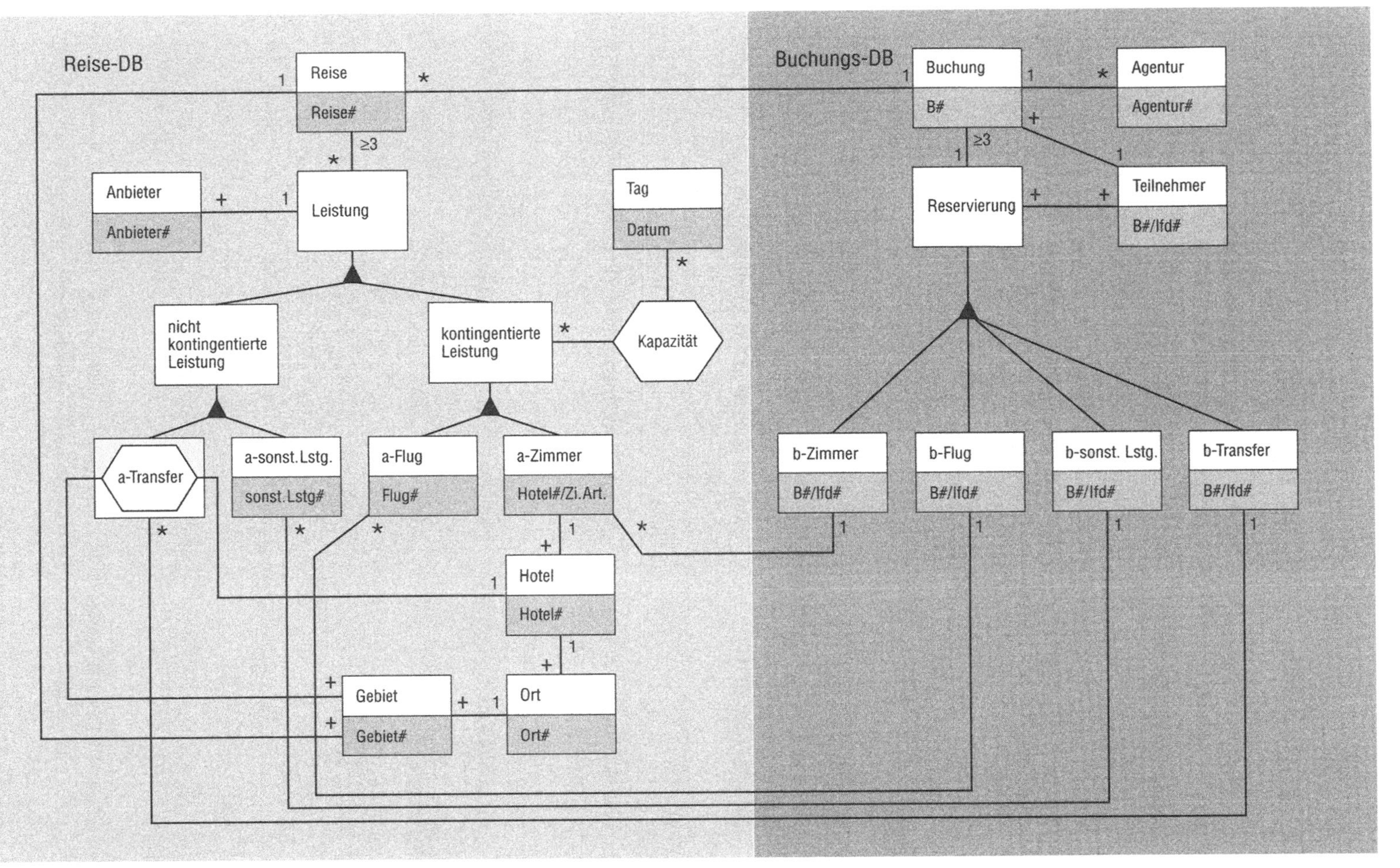

Abb. 9.2 TuBSy-Datenmodell: O/B-Bild

9.2.2　Attributlisten

Im folgenden ist zu jedem Objekt und zu jeder informationstragenden Beziehung
eine Liste der jeweiligen Attribute aufgeführt. Jedes Attribut wird so notiert:

Name DATENTYP

Die Datentypen sind im nächsten Abschnitt definiert, den man begleitend zu diesem
lese. Schlüsselattribute sind unterstrichen. Oft ist der Name eines Attributs mit dem
seines Typs identisch. Dann schreiben wir nur den DATENTYP hin.

Reisedatenbasis

REISE

REISE#
Zielort　　　　　　　　GEBIET#
Grundpreis　　　　　　DMK
ERLÄUTERUNG　　　　　　－ － zum Ausdruck auf Reiseunterlagen

LEISTUNG

LEISTUNGS#　　　　　　　　－ － Vereinigungsmenge der Subobjekte-Schlüssel
ANBIETER#
Verkaufspreis　　　DMK
Einkaufspreis　　　DMK
PREISEINHEIT

ANBIETER

ANBIETER#
Name　　　　　　　　FIRMA
ANSCHRIFT
Kinderermäßigung PROZENT
ZAHLUNGSZIEL

KAPAZITÄT

KONTI-LEISTUNGS#　　　－ － Vereinigungsmenge der Subobjekte-Schlüssel
　　　　　　　　　　　　　　　　－ － (*Hotel#/Zimmerart bzw. Flug#*)
Tag DATUM
Anz_Kontingent_Einheiten NATURAL
Anz_Vakanzen　　　　　　NATURAL

a_ZIMMER   -- angebotenes Zimmer

    HOTEL#
    ZIMMERART
    BELEGBARKEIT
    VERKAUFSPREIS_DIFFERENZ

HOTEL

    HOTEL#
    HOTELNAME
    ANSCHRIFT
    Standard_Zimmerart ZIMMERART
    VERPFLEGUNGSPREIS_TAB
    ALTERSGRUPPEN_ERMÄSSIGUNGS_TAB
    ERLÄUTERUNG

a_FLUG   -- angebotener Flug

    FLUG#
    Startort FLUGHAFEN
    Zielort   FLUGHAFEN
    Startzeit UHRZEIT
    Zielzeit UHRZEIT
    FLUGZEUGTYP
    Business_Class_Zuschlag DMD
    First_Class_Zuschlag   DMD

a_SONSTIGE LEISTUNG   -- angebotene sonstige Leistung

    SLSTG#
    ERLÄUTERUNG

a_TRANSFER   -- angebotener Transfer

    GEBIET#
    HOTEL#
    TRANSFERRICHTUNG
    ERLÄUTERUNG

GEBIET

> <u>GEBIET#</u>
> ERLÄUTERUNG

ORT

> <u>ORT#</u>
> ERLÄUTERUNG

Buchungsdatenbasis

BUCHUNG

> <u>B#</u>
> <u>REISE#</u>
> Startort   FLUGHAFEN
> Reisezeitraum   ZEITRAUM $--$ synonym werden gebraucht:
> $--$ *Reisebeginn = Reisezeitraum.von*
> $--$ *Reiseende = Reisezeitraum.bis*
>
> ANZ_TEILNEHMER
> Preis   DMK $--$ Gesamtpreis der Buchung
> F_STATUS
> B_STATUS
> BEMERKUNG
> Buchungstag   DATUM
> Sachbearbeiter   PERSONEN_ID
> AGENTUR#

RESERVIERUNG

> <u>RESERVIERUNGS#</u>
> Anz_Reservierungen POSITIVE $--$ Anzahl reservierter Leistungen,
>   z.B. Anzahl Zimmer einer Art,
>   Personen auf einem Flug
>
> Preis   DMK $--$ Preis einer reservierten Leistung
> R_STATUS
>
> $--$ Das Objekt *RESERVIERUNG* hat keinen eigenständigen Schlüssel.
> $--$ Die *RESERVIERUNGS#* ergibt sich aus den Subobjekten; diese ha-
> $--$ ben immer *B#/LFD#* als Schlüssel, unterscheiden sich also nicht.
> $--$ Im Datenbankentwurf wird man einen Diskriminator einführen (z.B.
> $--$ *Z, F, S, T*), im Datenmodell ist das nicht nötig.

b_ZIMMER   – – gebuchtes Zimmer

    B#/LFD#
    HOTEL#
    ZIMMERART
    Reservierungszeitraum ZEITRAUM
    Belegung ANZ_PERSONEN

b_FLUG   – – gebuchter Flug

    B#/LFD#
    FLUG#
    Tag DATUM
    KLASSE
    FLUGART

b_SONSTIGE LEISTUNG   – – gebuchte sonstige Leistung

    B#/LFD#
    SLSTG#

b_TRANSFER   – – gebuchter Transfer

    B#/LFD#
    GEBIET#
    HOTEL#
    TRANSFERRICHTUNG

TEILNEHMER

    B#/LFD#
    NAME
    ANREDE
    Alter ALTERSGRUPPE

AGENTUR

    AGENTUR#
    Name   FIRMA
    ANSCHRIFT
    Standard_Startort FLUGHAFEN
    Provision   PROZENT
    ZAHLUNGSZIEL

9.2.3 Datentypen

```
type MTAG   is range 1 .. 31;
type MONAT is range 1 .. 12;
type JAHR   is range 1990 .. 2030;  - - externe Repräsentation: 90 .. 30
type DATUM is record t:  MTAG;
                      m: MONAT;
                      j:  JAHR;
           end record;
type ZEITRAUM is record von: DATUM;
                          bis:  DATUM;
              end record;

type STUNDE  is range 0 .. 23;
type MINUTE  is range 0 .. 59;
type UHRZEIT is record std:  STUNDE;
                       min: MINUTE;
             end record;

type DM       is delta 0.01 range −99_999_999.99 .. 99_999_999_999.99;
subtype DMK   is DM range 0.0 .. 99_999.0;    - - kleinere Beträge
subtype DMD   is DM range −500.0 .. 3000.0;  - - Differenzbeträge
type PROZENT is range 0 .. 300;              - - Faktoren in %

type ANSCHRIFT is record Str: STRASSE;
                         Plz: POSTLEITZAHL;
                         Ort: ORT;
                         Tel: TELEFON#;
                         Tlx: TELEX#;
                         Fax: TELEFAX#;
               end record;
type FIRMA is new STRING (1 .. 40);
type PERSONEN_ID is new STRING (1 .. 4);

type REISE# is new NUM_STRING (1 .. 4);   - - 1000 .. 9999
type ANBIETER# is record Gebiet: GEBIET#;
                         Anbieter_Nr: NUM_STRING (1 .. 3);   - - 1 .. 999
               end record;
type FLUGHAFEN is new ALFA_STRING (1 .. 3); - - international genormter
                                            - - 3-Letter-Code, z.B.
                                            - - MUC, FRA, TXL, JFK
type GEBIET# is new FLUGHAFEN;
type ORT#    is record Gebiet: GEBIET#;
                       Ort_Nr: NUM_STRING (1 .. 2);   - - 01 .. 99
           end record;
```

```
type HOTEL#  is record Ort: ORT#;
                       Hotel_Nr: NUM_STRING (1 .. 2);   - - 01 .. 99
           end record;
type HOTELNAME is new STRING (1 .. 25);

type ZIMMERART  is new STRING (1 .. 4); - - für Werte wie etwa
                       - - EZ   Einzelzimmer
                       - - DZ   Doppelzimmer
                       - - 3Z   3-Bett-Zimmer
                       - - DZZ DZ mit Zustellbett
                       - - EZT EZ mit Terrasse
                       - - DZT DZ mit Terrasse
type BELEGBARKEIT is record normal: ANZ_PERSONEN;
                            min:    ANZ_PERSONEN;
                            max:    ANZ_PERSONEN;
           end record;
           - - Üblicherweise gilt z.B. bei einem Doppelzimmer:
           - - normal = min = max = 2. Es kann jedoch auch
           - - sein, daß normal = 2, min = 1 (es kann auch als
           - - Einzelzimmer belegt werden) und max = 4 (es kann
           - - zwei Zustellbetten aufnehmen).
type ANZ_PERSONEN is range 1 .. 9;

type VERKAUFSPREIS_DIFFERENZ is
           record
               Saisonpreis_Differenz_Tab:
                   SAISONPREIS_DIFFERENZ_TAB;
               Verlängerungsabschlag: DMD;
               Einzelzimmerzuschlag:  DMD;
               Zustellbett: DMD;
           end record;
type SAISONPREIS_DIFFERENZ_TAB
           is array (POSITIVE range <>) of
           record Zeitraum: ZEITRAUM;
                  Differenz: DMD;
           end record;

type VERPFLEGUNGSPREIS_TAB is array (POSITIVE range <>) of
           record Verpflegungsart:   VERPFLEGUNGSART;
                  Verpflegungspreis: DMK;
           end record;

type VERPFLEGUNGSART is new STRING (1 .. 4); - - für Werte wie etwa
                       - - HP Halbpension
                       - - VP Vollpension
                       - - HPEF HP mit
                       - - englischem Frühstück
```

```
                                            --              ext. Repräsentation:
type ALTERSGRUPPE is (Baby,          -- ≤  4 Jahre  B
                      Kind,          -- ≤ 12 Jahre  K
                      Jugendlicher   -- ≤ 17 Jahre  J
                      Erwachsener); --              E

type ALTER is range 1 .. 150;
type ALTERSGRUPPEN_ERMÄSSIGUNGS_TAB
                 is array (ALTERSGRUPPE) of
                 record Altersgrenze: ALTER;
                        Ermäßigung: PROZENT;
                 end record;

type AIRLINECODE is new ALFA_STRING (1 .. 2); -- Werte gemäß inter-
                                              -- nationaler Norm, z.B.
                                              -- LH, PW, AF, SR
type FLUG# is record Airlinecode: AIRLINECODE;
                     Flug_Nr: NUM_STRING (1 .. 4);  -- 001 .. 5999
             end record;
                                 -- externe Repräsentation:
type KLASSE is (First,      -- F
                Business,  -- B
                Tourist);  -- T
type FLUGZEUGTYP is new STRING (1 .. 4);  -- für Werte wie etwa
                                          -- A300, B737, B747, DC10
type FLUGART is (Standard_Hinflug, Standard_Rückflug, frei_gebucht);

type SLSTG# is new NUM_STRING (1 .. 4);  -- 1000 .. 9999
type TRANSFERRICHTUNG is (Flughafen_Hotel, Hotel_Flughafen);

type BEMERKUNG    is new STRING (1 .. 70);
type ERLÄUTERUNG is new STRING (1 .. 40);

type PREISEINHEIT    -- Einheit, auf die sich ein Preis bezieht,
                     -- z.B. 150,- DM pro Person
                                      -- externe Repräsentation:
                 is (Einzelleistung, -- E
                     Person,         -- P
                     Stunde,         -- H
                     Tag,            -- T
                     Woche);         -- W
```

```
type ZAHLUNGSZIEL_ART is (unverzüglich, verzögert);
type ZAHLUNGSZIEL (Art: ZAHLUNGSZIEL_ART) is
                record
                    case Art is
                    when unverzüglich ⇒ null;
                    when verzögert ⇒
                        Ziel : POSITIVE range 7 .. 30;   - - Anzahl Tage
                    end case;
                end record;

type B#              is new NUM_STRING (1 .. 6); - - Buchungsnummern
                                                 - - 100000 .. 500000
type AGENTUR# is new NUM_STRING (1 .. 4); - - Reisebüro-Ids 1000 .. 9999

type ANREDE          - - externe Repräsentation:
           is (Herr,  - - H
               Frau,  - - F
               Kind); - - K
type NAME is new ALFA_STRING (1 .. 30);
type ANZ_TEILNEHMER is array (ALTERSGRUPPE) of NATURAL;

type B_STATUS is  - - summarischer Status einer Buchung      externe
                  - - (siehe Zustandsmodell):               Repräsentation:
   (in_Bearbeitung,         - - Reservierungen sind noch offen      IB
                            - - oder Buchung ist inkonsistent.
    in_Bearbtg_nach_Prod,   - - Dto., außerdem wurden bereits       IBNP
                            - - Reiseunterlagen produziert.
    raum_zeit_konsistent,   - - Buchung ist in Raum und Zeit konsistent, RZK
                            - - Reiseunterlagen können produziert werden.
    r_z_konsistent_nach_Prod, - - Buchung ist nach Unterlagenproduktion  RZNP
                            - - erneut raum/zeit-konsistent.
    produziert,             - - Reiseunterlagen sind produziert.    PROD
    storniert);             - - Buchung ist storniert.             STOR
type F_STATUS is  - - summarischer Flugstatus einer Buchung:
    (ok,                    - - Alle Flüge sind fest gebucht.      OK
     open);                 - - Mindestens ein Flug ist offen.     OP
type R_STATUS is  - - Status einer Reservierung:
    (ok,                    - - Reservierung ist fest gebucht,     OK
     requested,             - - beim Veranstalter angefragt,       RQ
     open);                 - - offen.                             OP

type LFD# is new POSITIVE;  - - für fortlaufende Numerierung
```

9.3   Die TuBSy-Benutzerschnittstelle

Die Spezifikation einer Dialog-Benutzerschnittstelle besteht aus einer Vielfalt und
Vielzahl einzelner Elemente; die Gefahr, den Überblick zu verlieren ist groß. Des-
halb sei dem Leser empfohlen, sich immer wieder an Abb. 4.2, Tabelle 4.1 und den
Ausführungen in Kapitel 7 zu orientieren.

9.3.1   Dialoge

Betrachten wir zunächst die informelle, graphische Übersicht der TuBSy-Dialoge,
und zwar auf Ebene der Dialogtypen, Abb. 9.3(a). Darin sehen wir drei Bereiche:

- Dialoge zum Pflegen der Reisedatenbasis
- Informationsdialoge
- Buchungsdialoge.

Zudem gibt es zwei Menüdialoge, Abb. 9.3(b), über die Einstiege mit unterschiedlichen Berechtigungen in TuBSy möglich sind: Vom Pflegemenü erreicht man nur die
Pflege- und Info-Dialoge, vom Buchungsmenü nur die Buchungs- und Info-Dialoge.
Jedem Terminal ist, entsprechend seiner Berechtigung, genau eines dieser beiden
Menüs zugeordnet. (Dadurch entstehen eigentlich zwei Dialogsysteme.) Diese graphische Darstellung gibt die Sachverhalte weder ganz vollständig noch präzise wieder, deshalb die Tabellen 9.1(a) und (b). Weitere Erläuterungen dazu wurden bereits
in Abschnitt 7.2, Seite 136, gegeben.

9.3.2   Datensicht

Wir definieren nun beispielhaft die Datensicht des Buchungsdialogs. Man beachte,
daß eine Datensicht pro Dialog und nicht pro Dialogtyp zu spezifizieren ist. Da
es vom Dialogtyp Buchung nur eine Ausprägung gibt, spielt dieser Unterschied in
diesem Fall allerdings keine Rolle.

Wir spezifizieren die Datensicht dadurch, daß wir zunächst ihre Struktur angeben,
Abb. 9.4. Ihr liegt das Datenmodell zugrunde, dessen Relationen wir, als (record-)
Typen aufgefaßt, in die Strukturdeklarationen einsetzen und so sämtliche daran hän-
gende Attribute einbeziehen (z.B. b_ZIMMER, $TEILNEHMER$).

Sodann beschreiben wir verbal die Abbildung zwischen Datensicht und -modell,
also wie die Datensicht zustande kommt: Die $B\#$ wird — bei einer neu anzu-
legenden Buchung — vom System generiert oder — bei einer vorhandenen Buchung — vom Benutzer eingegeben. Sie identifiziert die Buchung sowie die Zimmer-,
Flug-, sonstige Leistungs-, Transfer- und Teilnehmerliste. Die Länge dieser Listen
(Anz_Zimmer_Res, Anz_Flug_Res, Anz_sLstg_Res, Anz_Tf_Res, Anz_Tn) ist gleich
der jeweils größten laufenden Nummer. Die Anzahl der Zuordnungen ist:

$$Anz\_Z = Anz\_Zimmer\_Res + Anz\_Flug\_Res + Anz\_sLstg\_Res + Anz\_Tf\_Res$$

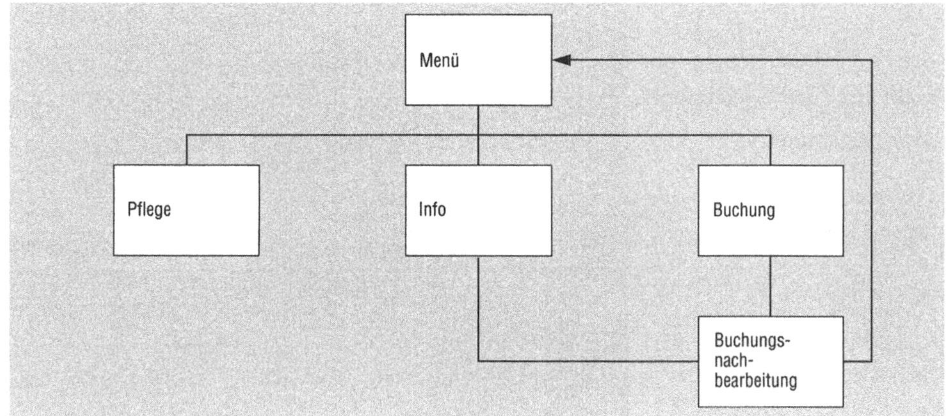

(a) Dialogtypen

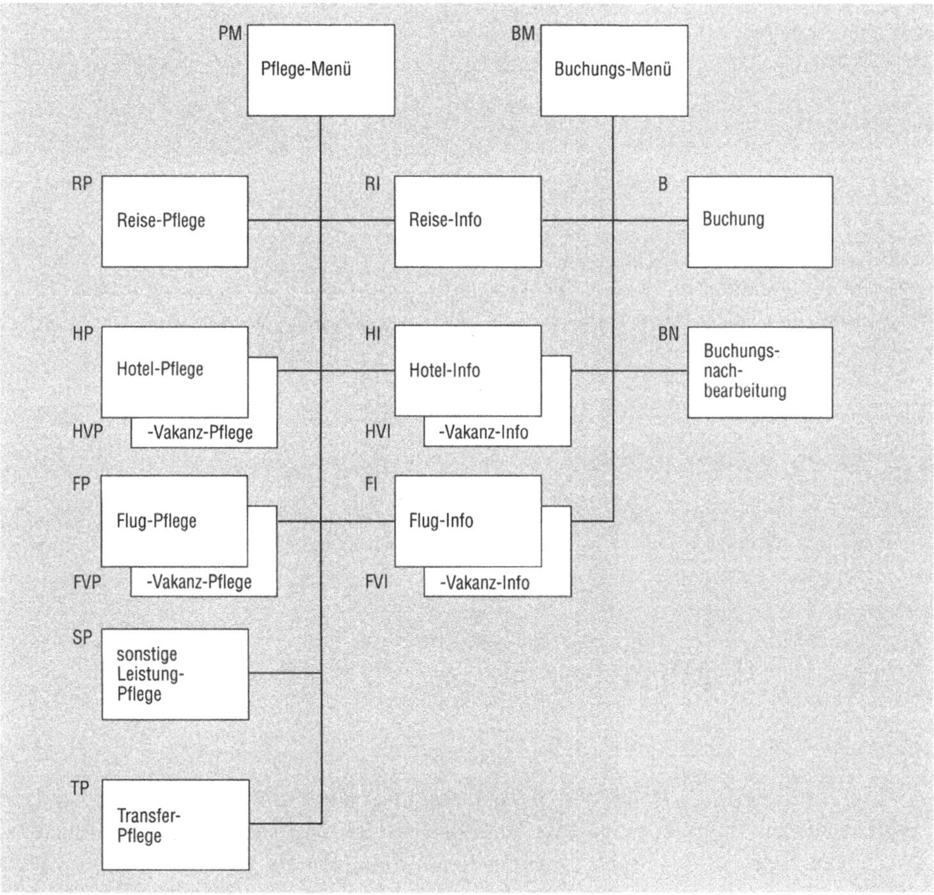

(b) Dialoge

Abb. 9.3 TuBSy-Dialoge: Übersicht und Übergänge (graphisch)

Tabelle 9.1 TuBSy-Dialoge

(a) Dialogetabelle

Dialog	Dialog-Id[1]	Dialogtyp	max. Anzahl offener Dialoge	Datensicht beim Wiedereintritt	Berech-tigungs-prüfung
Pflege-Menü	PM	Menü	0	—	–
Buchungs-Menü	BM				
Reise-Pflege	RP	Pflege	0	—	+
Hotel-Pflege	HP				
Hotelvakanz-Pflege	HVP				
Flug-Pflege	FP				
Flugvakanz-Pflege	FVP				
sonst. Leistung-Pflege	SP				
Transfer-Pflege	TP				
Reise-Info	RI	Info	1	aus letztem Dialog	–
Hotel-Info	HI				
Hotelvakanz-Info	HVI				
Flug-Info	FI				
Flugvakanz-Info	FVI				
Buchung	B	Buchung	mehrere	gemäß direkter Wahl	+
Buchungs-Nachbear-beitung	BN	Buchungs-Nachbear-beitung	mehrere	aus letztem Dialog	+

[1]Man beachte, daß die Dialog-Ids als Parameter der globalen virtuellen Tasten Dwn und Dwo (Dialogwechsel_neu bzw. _offen) eingesetzt werden (siehe Tabelle 7.1).

Die Numerierung (*lfd#*) der Teilnehmer und der Reservierungen in den Listen ergibt sich aus ihrer jeweiligen Reihenfolge auf den Masken. Die Zuordnung Reservierungen/Teilnehmer ergibt sich wie folgt: Sei X(i) die i-te Reservierung gemäß *lfd#* (X = *Zimmer, Flug, sonstige Leistung, Transfer*) und n(i) ihre Anzahl (siehe das Attribut *Anz_Reservierungen* im Objekt *RESERVIERUNG*). Die ersten n(1) Teilnehmer werden X(1) zugeordnet, die nächsten n(2) Teilnehmer X(2) etc. Diese Zuordnung kann mittels der Zuordnungsmaske geändert werden.

Tabelle 9.1 TuBSy-Dialoge

(b) Dialoge-Übergangsmatrix

von \ nach	Pflege-Menü	Buchg.-Menü	Pflege	Info	Buchg.	Buchg.-Nachbtg.
Pflege-Menü	−	−	+	+	−	−
Buchg.-Menü	−	−	−	+	+	−
Pflege	+	−	+	+	−	−
Info	(+)	(+)	(+)	+	(+)	((+))
Buchung	−	+	−	+	+	#
Buchungs-Nachbearbtg.	−	+	−	+	+	−

(+)   Übergang derart eingeschränkt, daß über die Info-Dialoge kein Wechsel zwischen Pflege- und Buchungsdialogen möglich ist.

((+)) Übergang nur in offenen Dialog möglich.

Zur Datensicht gehören ferner die *AGENTUR* und die durch *Reise#* identifizierte *Reise* sowie die damit verknüpften Leistungen.

9.3.3 Virtuelle Tasten

Virtuelle Tasten dienen dem Benutzer zum Navigieren in den Interaktionsdiagrammen, die im folgenden Abschnitt definiert werden. Dabei gibt es allgemeingültige, die sog. *globalen virtuellen Tasten* — sie haben wir bereits in Tabelle 7.1 festgelegt — und *spezielle virtuelle Tasten*, siehe Tabelle 9.2. Man beachte dabei, daß die Regeln zum Ermitteln der Tasten *B_neu/alt* und *X_neu/alt* in Form von Entscheidungstabellen erst in Verbindung mit den entsprechenden Dialogtypen angegeben werden, denn sie hängen eng mit der fachlichen Logik zusammen.

BUCHUNG mit ihren RESERVIERUNGen

B# (Anker)

type ZIMMER_RESERVIERUNG is record R: RESERVIERUNG;
                                                bZ: b_ZIMMER;
                                        end record;
type FLUG_RESERVIERUNG is record R: RESERVIERUNG;
                                                bF: b_FLUG;
                                        end record;
type SLSTG_RESERVIERUNG is record R: RESERVIERUNG;
                                                bSL: b_SONSTIGE_LEISTUNG;
                                        end record;
type TRANSFER_RESERVIERUNG is record R: RESERVIERUNG;
                                                bT: b_TRANSFER;
                                        end record;

Zimmerliste: **array** (1 .. Anz_Zimmer_Res) **of** ZIMMER_RESERVIERUNG;
Flugliste: **array** (1 .. Anz_Flug_Res) **of** FLUG_RESERVIERUNG;
s_LstgListe: **array** (1 .. Anz_sLstg_Res) **of** SLSTG_RESERVIERUNG;
Transferliste: **array** (1 .. Anz_Tf_Res) **of** TRANSFER_RESERVIERUNG;
Teilnehmerliste: **array** (1 .. Anz_Tn)   **of** TEILNEHMER;

type DISKIMINATOR is (Zimmer, Flug, sLstg, Transfer);
type ZUORDNUNG is record Res_Art: DISKRIMINATOR;
                                Res: LFD#;
                                Tn: **array** (NATURAL **range** <>)
                                        of LFD#;
                        end record;

Zuordnungen: **array** (1 .. Anz_Z) **of** ZUORDNUNG;

AGENTUR
    Agentur# (Anker)
    Name
    Standard_Startort

REISE mit ihren LEISTUNGen
    Reise# (Anker)

Abb. 9.4 Dialog-Datensicht *Buchung*

9.3.4 Dialogtypen

Wir geben zwei Beispiele: die Dialogtypen Buchung und Pflege. Ihre Interaktionsdiagramme (IAD) sind in graphischer, d.h. informeller Darstellung sowie in formalpräziser Codierung in Abb. 9.5 und 9.6 wiedergegeben. Die darin vorkommenden virtuellen Tasten B_neu/alt und X_neu/alt sind in Tabelle 9.3 spezifiziert.

Die Grundidee des Dialog(typ)s *Buchung* ist es, für das Gros der Buchungen mit einer Maske auszukommen, siehe Abb. 9.7. Damit läßt sich allerdings nur eine begrenzte Zahl von Zimmern und Flügen für eine begrenzte Zahl von Teilnehmern buchen. In den meisten Fällen reicht das auch, aber TuBSy muß eine prinzipiell beliebige Zahl von Hotels, Flügen, sonstigen Leistungen und Teilnehmern in einer Buchung verkraften. Deshalb gibt es dafür je eine blätterbare Spezialmaske, Abb. 9.8–9.10, und je einen IAD-Zustand (H, F, S, T in Abb. 9.5). Dahin wechselt man, um weitere Elemente, die in der Buchungsmaske keinen Platz haben, zu erfassen und zu bearbeiten. Die Buchungsmaske (Abb. 9.7) wird in den Zuständen $B1$, $B2$ und $B3$ aufgeschaltet. In $B1$ entscheidet der Benutzer, ob er eine neue *Buchung anlegen* (virtuelle Taste B_neu) oder eine bereits vorhandene zur weiteren Bearbeitung auswählen will (virtuelle Taste B_alt, die durch Eingabe einer Buchungsnummer „betätigt" wird). Zur exakten Bestimmung der virtuellen Tasten B_neu und B_alt siehe die Entscheidungstabelle 9.3(a). Der eigentliche Bearbeitungszyklus läuft dann mittels der Taste FI (Fachinhalt) über den Zustand $B2$, in dem eine Buchung auch storniert werden kann und von wo aus typischerweise der Wechsel in die Spezialzustände H, F, S, T und Z erfolgt. In Z kann man die Zuordnung von Teilnehmern zu Reservierungen ändern, die TuBSy standardmäßig einfach aufgrund der Eingabereihenfolgen trifft. Im Übergang in den Zustand $B3$, veranlaßt durch die virtuelle Taste Ab, werden einige wichtige Abschlußarbeiten ausgeführt, u.a. wird die Buchung auf räumliche und zeitliche Konsistenz geprüft und ihr Preis berechnet; genaueres zeigt die Spezifikation der Aktion *Buchung abschließen*. Im Zustand $B3$ muß sich der Benutzer entscheiden, ob er die Buchung bestätigen (Bst) will; danach kann er sie nicht mehr ohne weiteres beseitigen — er müßte sie stornieren, und das kostet Geld. Vorher kann er seine Bearbeitung verwerfen (mit der virtuellen Taste Vw, im IAD nicht eingezeichnet, weil global in jedem Zustand gültig). Diese Möglichkeit wird gerne benutzt, um in einer Kundenberatung Probebuchungen aufzubauen, anhand derer man sehen kann, ob alle nötigen Leistungen verfügbar sind und was die Reise kostet.

Pflege ist ein echter Dialogtyp, echt in dem Sinn, daß es davon sieben Ausprägungen gibt; siehe Tabelle 9.1(a). Im IAD-Zustand $X1$ (Abb. 9.6) entscheidet sich der Benutzer für das Anlegen eines neuen Objekts, z.B. eines Hotels, oder das Bearbeiten eines vorhandenen. X_neu und X_alt werden allerdings nach anderen Kriterien als bei einer Buchung ermittelt (siehe Entscheidungstabellen 9.3). Der Unterschied liegt darin begründet, daß der Schlüssel eines neuen Pflege-Objekts, z.B. *Flug#*, vom Benutzer vorgegeben werden muß und nicht — wie die $B\#$ — von TuBSy generiert wird. Durch den Zustand $X2$ läuft der Bearbeitungszyklus, und von dort aus wird auch bestätigt, was nach $X1$ zurück und in einen neuen Pflegevorgang führt.

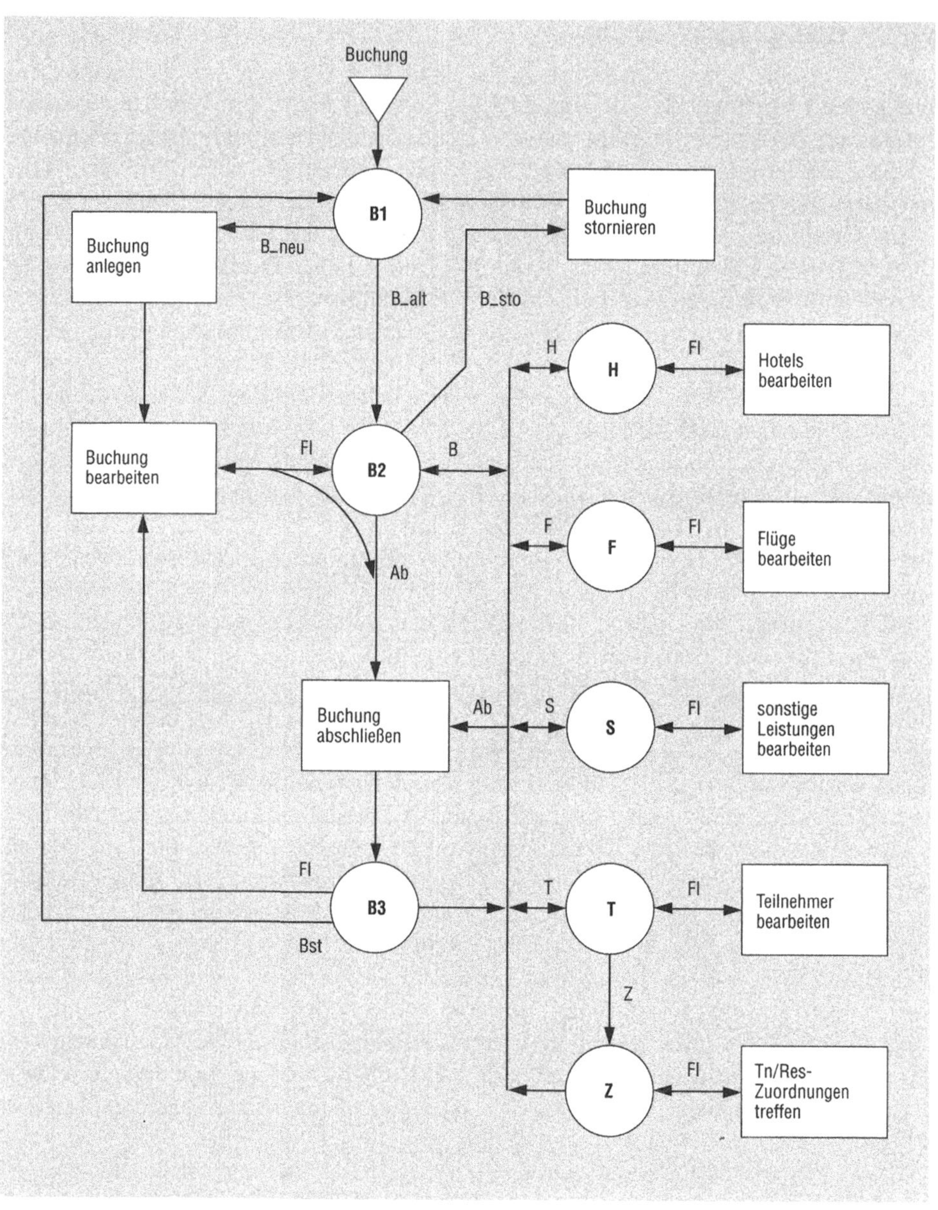

(a) Interaktionsdiagramm als Zustandsgraph

Abb. 9.5 Dialogtyp *Buchung*

IAD Buchung

Zustand B1

    B_neu: Buchung anlegen
            Buchung bearbeiten $\longrightarrow$ B2
    B_alt: Buchung lesen $\longrightarrow$ B2

Zustand B2

    FI: Buchung bearbeiten $\longrightarrow$ B2
    Ab: Buchung abschließen $\longrightarrow$ B3
    B_sto: Buchung stornieren $\longrightarrow$ B1
    FI & Ab
    H $\longrightarrow$ H
    F $\longrightarrow$ F
    S $\longrightarrow$ S
    T $\longrightarrow$ T

Zustand B3

    FI: Buchung bearbeiten $\longrightarrow$ B2
    Bst $\longrightarrow$ B1
    H $\longrightarrow$ H
    F $\longrightarrow$ F
    S $\longrightarrow$ S
    T $\longrightarrow$ T

Zustand H

    FI: Hotels bearbeiten $\longrightarrow$ H
    B $\longrightarrow$ B2
    Ab: Buchung abschließen $\longrightarrow$ B3
    FI & Ab
    F $\longrightarrow$ F
    S $\longrightarrow$ S
    T $\longrightarrow$ T

Zustände F, S, T, Z ähnlich H mit leichten Abweichungen

(b) Formale Codierung

Abb. 9.5 Dialogtyp *Buchung*

Tabelle 9.2 Spezielle virtuelle Tasten

Lang-Bezeichnung	Kurz-	Realisierung	
Abschließen	Ab	F9	
Buchung	B	Kdo: B & DF	Kdo, Markierung:
Hotel	H	Kdo: H & DF	Maskenfelder
Flug	F	Kdo: F & DF	DF: Datenfreigabetaste
sonst. Leistung	S	Kdo: S & DF	
Teilnehmer	T	Kdo: T & DF	
Zuordnung	Z	Markierung: × & DF	
neue Buchung	B_neu	siehe ET bei	
alte Buchung	B_alt	Dialogtyp *Buchung*	
Buchung stornieren	B_sto	Kdo: STO & DF	
neues Pflegeobjekt	X_neu	siehe ET bei	
altes Pflegeobjekt	X_alt	Dialogtyp *Pflege*	

Tabelle 9.3 Ermitteln spezieller virtueller Tasten

(a) B_neu und B_alt

in#	−	+	+	+	+	alle übrigen Fälle sind
ex#		−	+	−	+	irrelevant
in FI	+	+	−	−	+	
B_neu	×	×				
B_alt			×			
Fehler				×	×	

(b) X_neu und X_alt

in#	+	+	+	+	−
ex#	−	−	+	+	
in FI	+	−	−	+	
X_neu	×	×			
X_alt			×		
Fehler				×	×

Darin bedeuten die Bedingungen:
  in#　Hat der Benutzer einen korrekten Schlüssel eingegeben?
  ex#　Existiert zu diesem Schlüssel ein Objekt in der (idealen) Datenbank?
  in FI　Hat der Benutzer irgendwelchen Fachinhalt eingegeben?

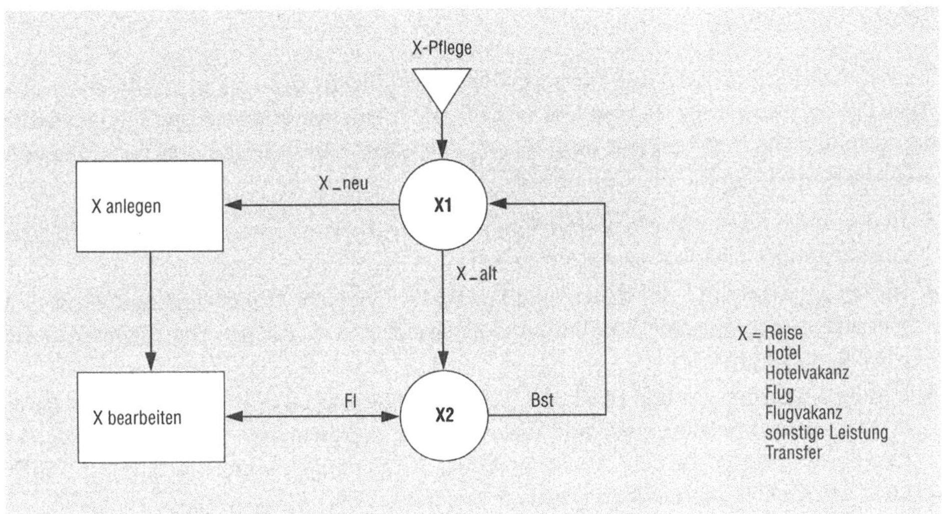

(a) Interaktionsdiagramm als Zustandsgraph

IAD X-Pflege

Zustand X1
    X_neu: X anlegen
            X bearbeiten $\longrightarrow$ X2
    X_alt: X lesen $\longrightarrow$ X2

Zustand X2
    FI: X bearbeiten $\longrightarrow$ X2
    Bst $\longrightarrow$ X1

(b) Formale Codierung

Abb. 9.6 Dialogtyp *Pflege* eines Objektes

9.3.5   Masken

Nachstehend geben wir das Gros der Masken des Buchungsdialogs wieder; siehe
Abb. 9.7–9.10 sowie die Teilmasken in Abb. 9.11. Die Masken sind den Dialogzustän-
den gemäß Tabelle 9.4 zugeordnet. Kurz noch einige Hinweise zu den nachfolgenden
Maskendarstellungen:

- In den Layouts der Masken sind Eingabefelder durch ___ gekennzeichnet und reine
  Ausgabefelder (Feldart = A) durch +++.

- In der ersten Spalte der Maskenfeldertabellen legt ein Wiederholungsfaktor fest,
  wie oft eine Teilmaske — dabei handelt es sich meist nur um eine Zeile — in der
  Maske vorkommt.

- Die Feldkoordinaten der Masken sind absolut angegeben, die der Teilmasken relativ zu ihrer Position innerhalb einer Maske, und zwar nur kursorisch, um anzudeuten, daß sie von einem Maskengenerator aus dem Layout errechnet und nicht
  vom Entwickler manuell eingetragen werden.

Tabelle 9.4 Maskentabelle (Buchungsdialog)

Maske	Zustände	
Buchung	B1, B2, B3	
Hotels	H	
Flüge	F	
sonst. Leistungen *)	S	*) Als Beispiel nicht wiedergegeben.
Teilnehmer	T	
Zuordnungen *)	Z	

```
 1  TUBSY01                            B U C H U N G                          ++.++.++
 2  ========================================================================
 3
 4     BNR ______      REISE ____  AB ___    HIN ______   RÜCK ______
 5     AGT ____ +++++++++++++++  FSTAT ++  BSTAT ++++   PREIS ++++++++
 6
 7
 8     HOTEL                             ZIART   VON    BIS     ANZ   HSTAT
 9     _______ +++++++++++++++++++++++   ____/_  ______ ______  ---    ++
10     _______ +++++++++++++++++++++++   ____/_  ______ ______  ---    ++
11     _______ +++++++++++++++++++++++   ____/_  ______ ______  ---    ++
12
13
14     A NAME                     ALTER   A NAME                        ALTER
15     _ --------------------------- -    _ ---------------------------  -
16     _ --------------------------- -    _ ---------------------------  -
17     _ --------------------------- -    _ ---------------------------  -
18
19
20     BEMERKUNG _______________________________________________________
21
22     +++++++++++++++++++++++++++++++++++++++++++++++++++++++++++++++++++++++
23     ================================================================
24     KDO ____
             1         2         3         4         5         6         7        8
    12345678901234567890123456789012345678901234567890123456789012345678901234567890
```

(a) Layout

Abb. 9.7 Maske *Buchung*

W	Feld-Id	Feld-Art	Default-Wert	Koordinate (absolut)	Bezeichner auf Maske
1	Teilmaske Rahmen				
	B#	EA	–	4/7	BNR
	Reise#	EM		4/24	REISE
	Startort	E	Standard_ Startort	...	AB
	Reisebeginn	EM			HIN
	Reiseende/ -dauer	EMA		etc., wird vom	RÜCK
	Agentur#	EM		Masken-	AGT
	Agentur.Name	A		Generator	–
	F_Status	A		erzeugt	FSTAT
	B_Status	A			BSTAT
	Preis	A		...	PREIS
	Bemerkung	E	–		BEMERKUNG
3	Teilmaske Hotel				
6	Teilmaske Teilnehmer				

Das Feld *Reiseende/-dauer* entspricht nicht direkt einem Attribut der Dialog-Datensicht. In ihm kann entweder das *Reiseende* als Datum direkt eingegeben werden (das entspricht dann der Dialog-Ds) oder die *Reisedauer* in Anzahl von Tagen. Daraus ergibt sich: *Reiseende = Reisebeginn + Reisedauer*.

(b) Maskenfeldertabelle

Abb. 9.7 Maske *Buchung*

```
 1  TUBSY02                          H O T E L S                              ++.++.++
 2  ================================================================================
 3
 4    BNR ++++++        REISE ++++  AB +++     HIN ++++++  RÜCK ++++++
 5
 6
 7    HOTEL                                    ZIART   VON    BIS     ANZ   HSTAT
 8    _ _______  +++++++++++++++++++++++++     ____/_  ______ ______  ___    ++
 9    _ _______  +++++++++++++++++++++++++     ____/_  ______ ______  ___    ++
10    _ _______  +++++++++++++++++++++++++     ____/_  ______ ______  ___    ++
11    _ _______  +++++++++++++++++++++++++     ____/_  ______ ______  ___    ++
12    _ _______  +++++++++++++++++++++++++     ____/_  ______ ______  ___    ++
13    _ _______  +++++++++++++++++++++++++     ____/_  ______ ______  ___    ++
14    _ _______  +++++++++++++++++++++++++     ____/_  ______ ______  ___    ++
15    _ _______  +++++++++++++++++++++++++     ____/_  ______ ______  ___    ++
16    _ _______  +++++++++++++++++++++++++     ____/_  ______ ______  ___    ++
17    _ _______  +++++++++++++++++++++++++     ____/_  ______ ______  ___    ++
18    _ _______  +++++++++++++++++++++++++     ____/_  ______ ______  ___    ++
19    _ _______  +++++++++++++++++++++++++     ____/_  ______ ______  ___    ++
20
21
22    ++++++++++++++++++++++++++++++++++++++++++++++++++++++++++++++++++++++++++++++
23    ================================================================================
24  KDO ____

                1         2         3         4         5         6         7         8
      12345678901234567890123456789012345678901234567890123456789012345678901234567890
```

(a) Layout

W	Feld-Id	Feld-Art	Default-Wert	Koordinate (absolut)	Bezeichner auf Maske
1	Teilmaske Rahmen				
1	Teilmaske Buchungsmerkmale				
12 *	Markierung	E	–	8–19/1	–
	Teilmaske Hotel				

* bedeutet: blätterbar
Im Feld *Markierung* ist folgende Eingabe zulässig: S = Stornieren.

(b) Maskenfeldertabelle

Abb. 9.8 Maske *Hotels*

```
 1  TUBSY03                         F L Ü G E                                    ++.++.++
 2  ================================================================================
 3
 4     BNR ++++++        REISE ++++  AB +++     HIN ++++++  RÜCK ++++++
 5
 6
 7     FLUG        DATUM       AB              AN          K   ANZ   FSTAT
 8   _ ______     ______    +++ +++++     +++ +++++    _   ---   ++
 9   _ ______     ______    +++ +++++     +++ +++++    _   ---   ++
10   _ ______     ______    +++ +++++     +++ +++++    _   ---   ++
11   _ ______     ______    +++ +++++     +++ +++++    _   ---   ++
12   _ ______     ______    +++ +++++     +++ +++++    _   ---   ++
13   _ ______     ______    +++ +++++     +++ +++++    _   ---   ++
14   _ ______     ______    +++ +++++     +++ +++++    _   ---   ++
15   _ ______     ______    +++ +++++     +++ +++++    _   ---   ++
16   _ ______     ______    +++ +++++     +++ +++++    _   ---   ++
17   _ ______     ______    +++ +++++     +++ +++++    _   ---   ++
18   _ ______     ______    +++ +++++     +++ +++++    _   ---   ++
19   _ ______     ______    +++ +++++     +++ +++++    _   ---   ++
20
21
22   ++++++++++++++++++++++++++++++++++++++++++++++++++++++++++++++++++++++++++++++++
23   ================================================================================
24  KDO ____

             1         2         3         4         5         6         7         8
   12345678901234567890123456789012345678901234567890123456789012345678901234567890
```

(a) Layout

W	Feld-Id	Feld-Art	Default-Wert	Koordinate (absolut)	Bezeichner auf Maske
1	Teilmaske Rahmen				
1	Teilmaske Buchungsmerkmale				
12 *	Markierung	E	–	8–19/1	–
	Teilmaske Flug				

Im Feld *Markierung* ist folgende Eingabe zulässig: S=Stornieren.

(b) Maskenfeldertabelle

Abb. 9.9 Maske *Flüge*

```
 1  TUBSY05                          T E I L N E H M E R                    ++.++.++
 2  ================================================================================
 3
 4     BNR ++++++      REISE ++++  AB +++     HIN ++++++  RÜCK ++++++
 5
 6
 7     A NAME                        ALTER
 8     _ _ ____________________________  _
 9     _ _ ____________________________  _
10     _ _ ____________________________  _
11     _ _ ____________________________  _
12     _ _ ____________________________  _
13     _ _ ____________________________  _
14     _ _ ____________________________  _
15     _ _ ____________________________  _
16     _ _ ____________________________  _
17     _ _ ____________________________  _
18     _ _ ____________________________  _
19     _ _ ____________________________  _
20
21
22  ++++++++++++++++++++++++++++++++++++++++++++++++++++++++++++++++++++++++++++++++
23  ================================================================================
24  KDO ____
                1         2         3         4         5         6         7         8
       12345678901234567890123456789012345678901234567890123456789012345678901234567890
```

(a) Layout

W	Feld-Id	Feld-Art	Default-Wert	Koordinate (absolut)	Bezeichner auf Maske
1	Teilmaske Rahmen				
1	Teilmaske Buchungsmerkmale				
12 *	Markierung	E	–	8–19/1	–
	Teilmaske Teilnehmer				

Im Feld *Markierung* ist folgende Eingabe zulässig:
× = Selektion des angekreuzten Teilnehmers für Zuordnung.

(b) Maskenfeldertabelle

Abb. 9.10 Maske *Teilnehmer*

Feld-Id	Feld-Art	Default-Wert	Koordinate (relativ)	Bezeichner auf Maske
Hotel#	EM		0/0	HOTEL
Hotelname	A		0/8	–
Zimmerart	E	Standard-Zimmerart	...	ZIART
Belegung	EA	Belegbarkeit.normal		/
Reservierungs-Zeitraum.von	E	Reisebeginn		VON
Reservierungs-Zeitraum.bis	E	Reiseende		BIS
Anz_Reser-vierungen	E	1		ANZ
R_Status	A			HSTAT

(a) Teilmaske *Hotel*

Feld-Id	Feld-Art	Default-Wert	Koordinate (relativ)	Bezeichner auf Maske
Flug#	EM		0/0	FLUG
Tag	EM		0/10	DATUM
Startort	A			AB
Startzeit	A		...	–
Zielort	A			AN
Zielzeit	A			–
Klasse	E	T		K
Anz_Reser-vierungen	E	1		ANZ
R_Status	A			FSTAT

(b) Teilmaske *Flug*

Abb. 9.11 Maskenfeldertabellen der Teilmasken

Feld-Id	Feld-Art	Default-Wert	Koordinate (relativ)	Bezeichner auf Maske
Anrede	E	–	0/0	A
Name	EA	Name des vorigen Teilnehmers	0/2	NAME
Alter	EA	E, falls Anrede = H oder F	...	ALTER

(c) Teilmaske *Teilnehmer*

Feld-Id	Feld-Art	Default-Wert	Koordinate (relativ)	Bezeichner auf Maske
B#	A		0/4	BNR
Reise#	A		0/21	REISE
Startort	A			AB
Reisebeginn	A		...	HIN
Reiseende	A			RÜCK

(d) Teilmaske *Buchungsmerkmale*

Feld-Id	Feld-Art	Default-Wert	Koordinate (absolut)	Bezeichner auf Maske
Masken#	A		1/1	–
Überschrift	A		1/35	–
Datum	A		1/73	–
Trenner			2/1	===...
Meldung	A		22/1	–
Trenner			23/1	===...
Kommando	E	–	24/5	KDO

(e) Teilmaske *Rahmen*

Abb. 9.11 Maskenfeldertabellen der Teilmasken

9.3.6 Aktionen

Beispielhaft zeigen wir in Abb. 9.12 die Spezifikation einiger Aktionen des Buchungs-dialogs aus Abb. 9.5, und zwar *Buchung anlegen*, *bearbeiten* und *abschließen* sowie *Hotels*, *Flüge* und *Teilnehmer bearbeiten*. Sie operieren auf den Masken *Buchung*, *Hotel* und *Flug*, Abb. 9.7, 9.8, 9.9, die sich der Leser vor Augen führe.

Wie in Kapitel 7.4 erläutert, verknüpft eine IAD-Aktion die Benutzereingaben in den Maskenfeldern mit Geschäftsvorfällen bzw. Sachbearbeiteraufträgen. Oft beschreiben wir diesen Zusammenhang mit Entscheidungstabellen (ET). In ihrem Bedingungsteil (obere Hälfte der ET) sind die in Betracht zu ziehenden Maskenfelder aufgeführt, und es wird abgefragt, ob und wie sie vom Benutzer verändert wurden; dabei bedeuten:

n   Feldinhalt neu eingegeben
ä   geändert
l   gelöscht

Im ET-Aktionsteil (untere Hälfte) sind die benötigten Sb-Aufträge aufgelistet und durch × angegeben, welche davon unter welchen Bedingungen zu aktivieren sind. Wir schreiben sie der Kürze halber ohne Parameter hin; denn diese sind aufgrund der nachfolgenden Sb-Spezifikation klar. Die Eingaben in den Maskenfeldern werden natürlich zu in-Parametern und die Sb-Ergebnisse fließen in die Sb- und die Dialog-Datensicht, von wo aus sie — kraft der idealen Maschine — auf den Bildschirm zur Anzeige gelangen.

Aktion **Buchung anlegen**

Reise#	n
Agentur#	n
⟶ Sb Buchung:	
Buchung anlegen	×

Diese rudimentäre ET zeigt, daß man nur sehr wenig Information braucht, um
eine Buchung anzulegen, nämlich wohin die *Reise* geht und welches Reisebüro
(*Agentur*) sie bucht. Alles Weitere — Hotels, Flüge, Teilnehmer — kann später
kommen und wird erst in der folgenden Aktion verarbeitet.

(a) *Buchung anlegen*

Aktion **Buchung bearbeiten**

Diese Aktion wird in vier Schritten abgewickelt:

(1) *Hin/Rückflug bearbeiten:*

Startort	n	ä		
Reisebeginn	n		ä	
Reiseende	n			ä
Teilnehmer	n			
⟶ Sb Flug:				
Hin&Rückflug buchen	×			
Hin&Rückflug umbuchen		×		
Hinflug umbuchen			×	
Rückflug umbuchen				×

Diese ET drückt u.a. aus, daß der *Flug*-Sb mit *Hin&Rückflug buchen* beauftragt wird, wenn alle vier Maskenfelder neu eingegeben sind. Ein Ändern
des *Reisebeginns* führt zu *Hinflug umbuchen*.

(2) *Hotels bearbeiten*
    entspricht der gleichnamigen, eigenständigen Aktion; siehe Abb. 9.12(d);

(3) *Teilnehmer bearbeiten*
    entspricht der gleichnamigen, eigenständigen Aktion; siehe Abb. 9.12(f);

(4) *Bemerkung schreiben*
    wird durch den gleichnamigen Auftrag des Buchung-Sb ausgeführt.

(b) *Buchung bearbeiten*

Abb. 9.12 Aktionen des Buchungsdialogs

Aktion **Buchung abschließen**

Diese Aktion hat keine Maskenfelder zu analysieren; sie aktiviert einige wichtige Sb-Aufträge:

$\longrightarrow$ Sb Buchung: Raum/Zeit-Konsistenz prüfen

B_Status feststellen

Reiseunterlagen-Produktion terminieren

$\longrightarrow$ Sb Transfer: Transfers bearbeiten

$\longrightarrow$ Sb Preis: Buchungspreis berechnen

(c) *Buchung abschließen*

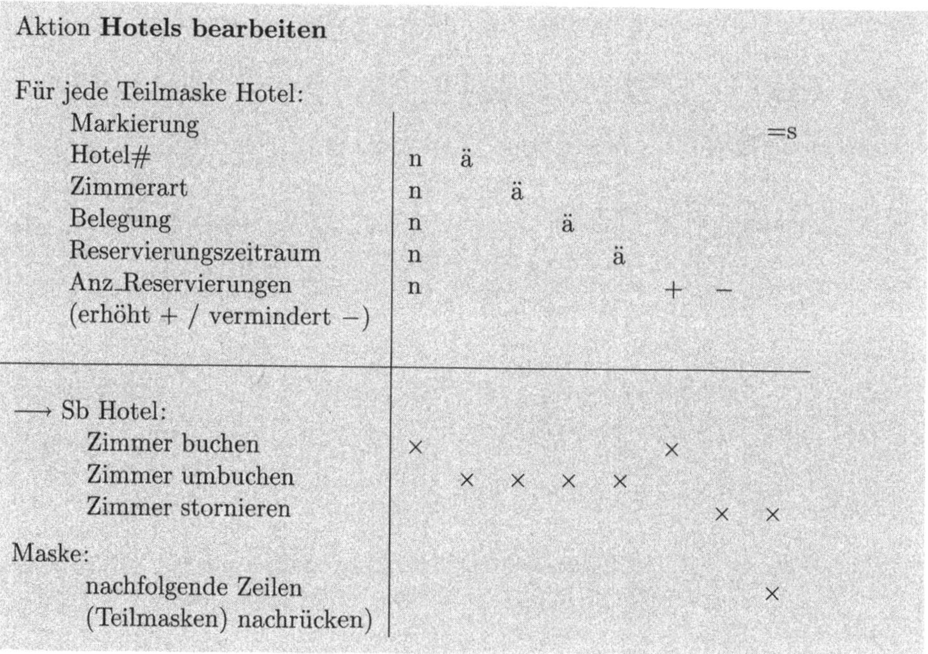

Aktion **Hotels bearbeiten**

Für jede Teilmaske Hotel:

	1	2	3	4	5	6	7	8
Markierung								=s
Hotel#	n	ä						
Zimmerart	n		ä					
Belegung	n			ä				
Reservierungszeitraum	n				ä			
Anz_Reservierungen (erhöht + / vermindert −)	n					+	−	
$\longrightarrow$ Sb Hotel:								
Zimmer buchen	×					×		
Zimmer umbuchen		×	×	×	×			
Zimmer stornieren							×	×
Maske:								
nachfolgende Zeilen (Teilmasken) nachrücken)								×

(d) *Hotels bearbeiten*

Abb. 9.12 Aktionen des Buchungsdialogs

Aktion Flüge bearbeiten

Für jede Teilmaske Flug:

	1	2	3	4	5	6	7
Markierung							=s
Flug#	n	ä					
Tag	n		ä				
Klasse	n			ä			
Anz_Reservierungen (erhöht + / vermindert −)	n				+	−	
→ Sb Flug:							
Flug buchen	×				×		
Flug umbuchen		×	×	×			
Flug stornieren						×	×
Maske:							
nachfolgende Zeilen (Teilmasken) nachrücken							×

(e) *Flüge bearbeiten*

Aktion Teilnehmer bearbeiten

Für jede Teilmaske Teilnehmer:

	1	2	3	4	5	6	7	8
Markierung								=s
Anrede	n	n			ä			
Name	n			n		ä		
Alter	n		n	n			ä	
→ Sb Teilnehmer:								
Tn buchen	×	×	×	×				
Tn ändern					×	×		
Tn_Alter ändern							×	
Tn stornieren								×
Maske:								
nachfolgende Zeilen (Teilmasken) nachrücken								×

(f) *Teilnehmer bearbeiten*

Abb. 9.12 Aktionen des Buchungsdialogs

9.4   Die TuBSy-Sachbearbeiter

Die Funktionalität von TuBSy wird von einer ganzen Schar von Sachbearbeitern erbracht. Sie sind in Abb. 9.13 mit ihren wesentlichen Auftragsbeziehungen (Pfeile) dargestellt. Man beachte, daß rein lesende Datenzugriffe nicht über Sb-Aufträge erfolgen und deshalb auch nicht durch Pfeile wiedergegeben sind; denn jeder Sb kann im gesamten Datenmodell lesen und nicht nur in seiner eigenen Datensicht. Die Sachbearbeiter sind zwei „Abteilungen" zugeordnet: entweder (1) der Reisendatenbasis, die alle Informationen über die angebotenen Reisen und Leistungen enthält, wie sie auch im Katalog des Veranstalters stehen, sowie die Vakanzen — die noch freien Kapazitäten von Hotels und Flügen — oder (2) der Buchungsbearbeitung, welche die gebuchten, verkauften Reisen zu den Teilnehmern in Beziehung setzt und alle damit zusammenhängenden Informationen führt.

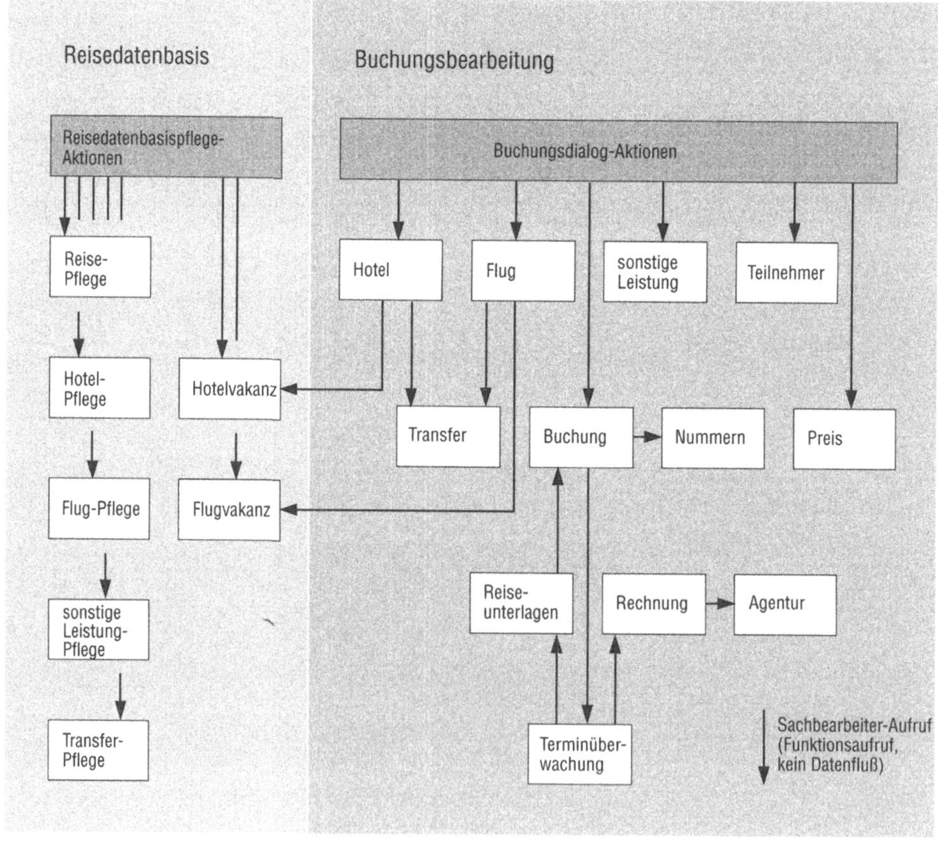

Abb. 9.13 Die TuBSy-Sachbearbeiter

Inmitten der Buchungsbearbeitung sieht man den *Buchung*-Sb, dem eine gewisse Koordination obliegt. Ganz so zentral, wie es zunächst scheint, ist seine Rolle allerdings nicht. Denn auch andere Sachbearbeiter erledigen wichtige Geschäftsvorfälle direkt im Auftrag der Benutzerschnittstelle: *Hotel* und *Flug* kümmern sich um Reservierungen inklusive *Transfer*, der *sonstige Leistung*-Sb arbeitet unmittelbar für die Benutzerschnittstelle ebenso wie der Sachbearbeiter, der die Liste der *Teilnehmer* führt. Der *Preis*-Sb vermag ausrechnen, wieviel eine gebuchte Reise als ganzes und in ihren Teilen kostet. Es würde hier zu weit führen, alle TuBSy-Sachbearbeiter im einzelnen zu erläutern; wir müssen uns auf einige wenige beschränken, und zwar spezifizieren wir beispielhaft die Sachbearbeiter *Buchung*, Abb. 9.14, *Flug*, Abb. 9.15, *Hotel*, Abb. 9.16, und *Hotelvakanz*, Abb. 9.17. Die Datensicht und die Liste der Aufträge eines Sachbearbeiters geben wir jeweils vollständig an, von den Auftragsspezifikationen bringen wir nur einige ausgewählte.

Zu den folgenden Sb-Spezifikationen sind einige Bemerkungen angebracht:

- Zur *Terminologie:* Die Namen der Sachbearbeiter sind so gewählt, daß man das Wort Sachbearbeiter sinnvoll anhängen kann, es jedoch nicht muß. So kann man vom *Hotel*-Sb, *Hotelvakanz*-Sb oder *Terminüberwachung*-Sb sprechen, aber auch einfach vom *Hotel*, der *Hotelvakanz* etc.

- Wir verwenden weitgehend eine *formale Notation*, ohne diese jedoch in Syntax und Semantik präzise zu definieren und ohne sie zur verbindlichen Sprache der Sb-Spezifikation zu erklären. Ihre Bedeutung dürfte intuitiv klar sein. Wir verstehen sie als Anregung und empfehlen dem Leser, sich beim Spezifizieren seiner Sachbearbeiter ggf. Varianten zurechtzulegen. Das oberste Ziel ist, *verständlich, klar* und *präzise* zu *spezifizieren* und nicht, sklavisch einen Formalismus einzuhalten!

- Jeder Sachbearbeiter hat seine *Datensicht*, die er — und nur er — verändern kann. Wir geben sie durch Auflisten der betreffenden Objekte, Beziehungen und Attribute des Datenmodells an. Wichtig dabei ist der Anker (Schlüssel), über den die Datensicht beschafft werden kann. Ein Sachbearbeiter kann auch außerhalb seiner Datensicht lesen (aber nur lesen), z.B. der *Buchung*-Sb den Zielort einer Reise. Das notieren wir so: *Reise(Reise#).Zielort* oder einfach *Reise.Zielort* (der Schlüssel des Objekts *Reise* ist ohnehin klar).

- Einige *notationelle Konventionen:*
  $x \Longrightarrow Ds.a$

  zeigt ein Ändern der Datensicht an. Es bedeutet, daß das Attribut a der Sb-Datensicht nach Ausführen des Sb-Auftrags den Wert x hat. Wir notieren kurz $x \Longrightarrow Ds$, wenn x und a namensgleich sind, was oft vorkommt, z.B. wenn x ein in-Parameter ist. Wir schreiben $x \Longrightarrow Ds$ unmittelbar da hin, wo der Wert x erstmals auftaucht; das ergibt eine sehr kompakte, übersichtliche Notation. Der Effekt eines Sb-Auftrags ist ja ganz wesentlich durch die Auswirkung auf die Datensicht bestimmt; deshalb ist es sehr wichtig, deutlich zu machen, wo und wie das geschieht.

$\longrightarrow$ Sb: Auftrag

> kennzeichnet das Erteilen (Aufrufen) eines Auftrags an einen anderen Sachbearbeiter; dies ist neben der Datensichtmanipulation der zweite wichtige Aspekt der Effektbeschreibung eines Sb-Auftrags.

$\downarrow \uparrow$

> markiert in- ($\downarrow$) bzw. out- ($\uparrow$) Parameter beim Aufruf eines fremden Sb-Auftrags.

Attr_alt

> bezeichnet den Wert eines Attributs der Datensicht vor dessen letzter, aktueller Änderung.

- *Ergebnis- (out-) Parameter* gibt es nicht bei den Sb-Aufträgen, die direkt von (den Aktionen) der Benutzerschnittstelle gerufen werden; denn die Sachbearbeiter legen ihr Ergebnis in ihrer Datensicht ab, die mit der Dialog-Datensicht überlappt und so von selbst auf dem Bildschirm zur Darstellung kommt. Innenliegende Sachbearbeiter, also solche die von anderen Sachbearbeitern gerufen werden, können sehr wohl out-Parameter haben, um Ergebnisse zurückzumelden. Dabei sollte es sich allerdings nicht um Attribute des Datenmodells handeln, denn die kann jeder Sachbearbeiter direkt lesen, sondern etwa um Rückmeldungen, die das erzielte Ergebnis charakterisieren.

- Verschiedentlich benutzen wir den *Terminüberwachung*-Sb. Seine Spezifikation ist in Abschnitt 6.5 skizziert.

- Jeder Sachbearbeiter kann eine *Meldung* absetzen, wenn er auf eine Ungereimtheit stößt, und diese so der Außenwelt mitteilen. Sie gelangt kraft der idealen Maschine an die Benutzerschnittstelle, und zwar gleichermaßen in Dialog und Batch.

- Wir verzichten in diesem TuBSy-Beispiel auf die explizite Benennung und Spezifikation der *Geschäftsvorfälle*, weil sie — wie das häufig vorkommt — 1:1 den Sb-Aufträgen entsprechen, die direkt von (den Aktionen) der Benutzerschnittstelle erteilt werden. Ihre eigenständige Darstellung würde folglich nichts nützen, aber den Text aufblähen.

Sachbearbeiter **Buchung**

Datensicht	Aufträge

BUCHUNG   Buchung anlegen
    B# (Anker)   Buchung stornieren

    Reise#   Bemerkung schreiben
    B_Status   Raum/Zeitkonsistenz prüfen
    Bemerkung   B_Status ändern
    Buchungstag   B_Status feststellen
    Sachbearbeiter   Reiseunterlagen-Produktion terminieren
    Agentur#

Auftrag **Buchung anlegen**

in: Reise# $\Longrightarrow$ Ds
        Agentur# $\Longrightarrow$ Ds

Effekt:

    $\longrightarrow$ Sb Nummern: neue Buchungsnummer vergeben ($\uparrow$ B# $\Longrightarrow$ Ds)
    Objekt für eine neue Buchung unter B# ist angelegt.
    System.Tagesdatum $\Longrightarrow$ Ds.Buchungstag
    System.Login_Kennung $\Longrightarrow$ Ds.Sachbearbeiter

Auftrag **Raum/Zeitkonsistenz prüfen**

Effekt:

    Die für die Buchung reservierten Leistungen sind auf Konsistenz geprüft,
    und zwar bezüglich folgender Fragen:
    – Liegen alle Hotels im Zielgebiet der Reise?
    – Passen die Flüge räumlich und zeitlich aneinander?
    – Sind die Reservierungszeiträume der Hotels lückenlos und passen sie genau
      in den Reisezeitraum?
    – Ist die Summe der Belegungen (= Betten) aller Zimmer *gleich* der Zahl
      der Teilnehmer?
    Sind alle Fragen mit Ja beantwortet, dann
    raum_zeit_konsistent $\Longrightarrow$ Ds.B_Status

Abb. 9.14 Sachbearbeiter *Buchung*

Sachbearbeiter **Flug**

<u>Datensicht</u>   <u>Aufträge</u>

BUCHUNG   Hin&Rückflug buchen
    <u>B#</u> (Anker)   Hin&Rückflug umbuchen
    Startort   Hinflug umbuchen
    Reisebeginn   Rückflug umbuchen
    Reiseende   Flug buchen
    F_Status   Flug umbuchen
    für jedes zur Buchung gehörige Objekt   Flug stornieren
    RESERVIERUNG/b_FLUG:
        <u>lfd#</u> (Anker)
        <u>Flug#</u>
        Tag
        Klasse
        Flugart
        Anz_Reservierungen
        R_Status

Auftrag Hin&Rückflug buchen

in: Startort $\Longrightarrow$ Ds
      Reisebeginn $\Longrightarrow$ Ds
      Reiseende $\Longrightarrow$ Ds

Effekt:

    für Flug-Reservierung   mit lfd# = 1:
      $\longrightarrow$ Sb Flugvakanz: Standard_Flug reservieren
                ($\downarrow$ Startort, Reise.Zielort, Reisebeginn,
                  Buchung.Anz_Teilnehmer,
                  $\uparrow$ Flug# $\Longrightarrow$ Ds, R_Status $\Longrightarrow$ Ds)
      Reisebeginn $\Longrightarrow$ Ds.Tag
      Standard_Hinflug $\Longrightarrow$ Ds.Flugart

    für Flug-Reservierung   mit lfd# = 2:
      $\longrightarrow$ Sb Flugvakanz: Standard_Flug reservieren
                ($\downarrow$ Reise.Zielort, Startort, Reiseende,
                  Buchung.Anz_Teilnehmer,
                  $\uparrow$ Flug# $\Longrightarrow$ Ds, R_Status $\Longrightarrow$ Ds)
      Reiseende $\Longrightarrow$ Ds.Tag
      Standard_Rückflug $\Longrightarrow$ Ds.Flugart

    für beide Flug-Reservierungen:
      Tourist $\Longrightarrow$ Ds.Klasse
      Buchung.Anz_Teilnehmer $\Longrightarrow$ Ds.Anz_Reservierungen
    if beide R_Status = ok **then** ok $\Longrightarrow$ Ds.F_Status
                   else open $\Longrightarrow$ Ds.F_Status
      $\longrightarrow$ Sb Terminüberwachung: Wiedervorlegen ($\downarrow$ Buchung. Sachbearbeiter,
                                          Flüge, B#, sofort);

    end if

Auftrag **Hinflug umbuchen**

in: Reisebeginn $\Longrightarrow$ Ds

Effekt:
    für die Flug-Reservierung mit Flugart = Standard_Hinflug:
        $\longrightarrow$ Sb Flugvakanz: Standard_Flug reservieren
                            ($\downarrow$ Startort, Reise.Zielort, Reisebeginn,
                                Buchung.Anz_Teilnehmer
                      $\uparrow$ Flug# $\Longrightarrow$ Ds, R_Status $\Longrightarrow$ Ds)
      if R_Status = ok
      then $\longrightarrow$ Sb Flugvakanz: Flug stornieren
                      ($\downarrow$ Flug#_alt, Tag, Buchung.Anz_Teilnehmer)
            Reisebeginn $\Longrightarrow$ Ds.Tag
            Buchung.Anz_Teilnehmer $\Longrightarrow$ Ds. Anz_Reservierungen
      else Meldung ("Umbuchen nicht möglich, bisheriger Flug bleibt reserviert")
          $\longrightarrow$ Sb Terminüberwachung:
                    Wiedervorlegen ($\downarrow$ Buchung.Sachbearbeiter,
                              Flug klären, (B#, Flug#), sofort);
          Flug#_alt $\Longrightarrow$ Ds.Flug#
          ok $\Longrightarrow$ Ds.R_Status
      end if
    if keine Flug-Reservierung mit Flugart = Standard_Hinflug vorhanden
    then $\longrightarrow$ Sb Terminüberwachung: Wiedervorlegen ($\downarrow$ Buchung.Sachbearbeiter,
                                    Flüge, B#, sofort)

Auftrag **Flug buchen**

in: Flug# $\Longrightarrow$ Ds
     Tag $\Longrightarrow$ Ds
     Klasse $\Longrightarrow$ Ds
     Anz_Reservierungen $\Longrightarrow$ Ds

Effekt:

   Die größte lfd# der Flug-Reservierungen ist um 1 erhöht, dafür gilt:
      $\longrightarrow$ Sb Flugvakanz: Flug reservieren
                      ($\downarrow$ Flug#, Tag, Klasse, Anz_Reservierungen, $\uparrow$ Status)
     if Status = ok
     then ok $\Longrightarrow$ Ds.R_Status
     else open $\Longrightarrow$ Ds.R_Status
         $\longrightarrow$ Sb Terminüberwachung: Wiedervorlegen ($\downarrow$ Buchung.Sachbearbeiter,
                                    Flüge, B#, sofort)
     end if
     frei_gebucht $\Longrightarrow$ Ds.Flugart

Abb. 9.15 Sachbearbeiter *Flug*

Sachbearbeiter **Hotel**

<u>Datensicht</u>   <u>Aufträge</u>

BUCHUNG   Zimmer buchen

     <u>B#</u>(Anker)   Zimmer umbuchen

     für jedes zur Buchung gehörige Objekt   Zimmer stornieren

     RESERVIERUNG/b-ZIMMER:

         <u>lfd#</u> (Anker)

         Hotel#

         Zimmerart

         Reservierungszeitraum

         Belegung

         Anz_Reservierungen

         R_Status

Auftrag Zimmer umbuchen

in: Hotel# $\Longrightarrow$ Ds

       Zimmerart $\Longrightarrow$ Ds

       Belegung $\Longrightarrow$ Ds

       Reservierungszeitraum $\Longrightarrow$ Ds

Effekt:

     if nur Reservierungszeitraum geändert

     then $\longrightarrow$ Sb Hotelvakanz: Zimmerreservierung verschieben

                ($\downarrow$ Hotel#, Zimmerart, Reservierungszeitraum, Anz_Reservierungen)

     else

     if not a_Zimmer.Belegbarkeit.min $\leq$ Belegung

                               $\leq$ a_Zimmer.Belegbarkeit.max

     then Meldung ("Belegung nicht möglich")

     else – – Die Personenzahl der alten Reservierung:

         b_Zimmer.Belegung $\times$ Anz_Reservierungen

         – – dividiert durch die neue Belegung

         – – ergibt die neue Anz_Reservierungen:

         / Belegung $\Longrightarrow$ Ds.Anz_Reservierungen

         if Divisionsrest $\neq$ 0

         then Meldung ("Teilnehmer frei geworden")

         end if

         $\longrightarrow$ Sb Hotelvakanz: Zimmer reservieren

                    ($\downarrow$ Hotel#, Zimmerart, Reservierungszeitraum,

                        Anz_Reservierungen, $\uparrow$ Status)

Abb. 9.16 Sachbearbeiter *Hotel* (Fortsetzung nächste Seite)

                    if Status = ok
                    then $\longrightarrow$ Sb Hotelvakanz: Zimmer stornieren
                                            ($\downarrow$ Hotel#_alt, Zimmerart_alt,
                                              Reservierungszeitraum_alt,
                                              Anz_Reservierungen_alt)
                          $\longrightarrow$ Sb Transfer: Transfer umbuchen ($\downarrow$ Hotel#)
                    else Meldung ("Umbuchen nicht möglich")
                          Hotel#_alt $\Longrightarrow$ Ds
                          Zimmerart_alt $\Longrightarrow$ Ds
                          Belegung_alt $\Longrightarrow$ Ds
                          Reservierungszeitraum_alt $\Longrightarrow$ Ds
                          Anz_Reservierungen_alt $\Longrightarrow$ Ds
                    end if
              end if
              end if

Abb. 9.16 Sachbearbeiter *Hotel*

Sachbearbeiter Hotelvakanz

Datensicht	Aufträge
KAPAZITÄT	Hotel anlegen
Hotel#	Hotel löschen
Zimmerart	Zimmerart anlegen
Tag	Zimmerart löschen
Anz_Kontingent_Einheiten	Kontingent ändern
Anz_Vakanzen	Zimmer reservieren
	Zimmer stornieren
	Zimmerreservierung verschieben

Der *Hotelvakanz-Sb* wird später durch ein gleichnamiges Modul realisiert, dessen Spezifikation in Abschnitt 14.3 wiedergegeben ist. Sieht man von einigen technischen Aspekten ab, z.B. von Systemfehlern und der programmtechnischen Schnittstelle, so entspricht die Modulspezifikation im wesentlichen der des Sachbearbeiters. Es erübrigt sich deshalb hier, beispielhaft Hotelvakanz-Aufträge zu spezifizieren.

Abb. 9.17 Sachbearbeiter *Hotelvakanz*

9.4.1 Zustandsmodell der Buchung

Abbildung 9.18 zeigt das Zustandsmodell einer Buchung, das nicht nur für den
Buchung-Sb gilt, sondern für alle Sachbearbeiter. Die Kreise stellen die Zustände
dar, und an den Pfeilen stehen Sb-Aufträge, deren Ausführung den entsprechenden
Zustandsübergang bewirkt.

Zu diesem Zustandsmodell noch ein paar Erläuterungen: Die Zustände *in Bearbeitung* und *raum/zeitkonsistent* haben je einen „Zwilling", damit der *Reiseunterlagen*-
Sb erkennen kann, ob er schon etwas produziert hat und deshalb bei Änderungen
gezielt Unterlagen nachreichen, Gutscheine zurückfordern oder Avise stornieren muß.
Nach dem Anlegen einer Buchung ist und bleibt sie *in Bearbeitung* — natürlich auch
wenn sie geändert wird —, und zwar bis zur Beauftragung des *Buchung*-Sb, die
Raum/Zeitkonsistenz zu *prüfen*. Ein bestimmter Auftrag an den *Reiseunterlagen*-Sb
bewirkt den Übergang in den Zustand *Reiseunterlagen produziert*, der im Normalfall der Endzustand ist. Wenn in ihm der Anwender die Buchung doch noch ändert,

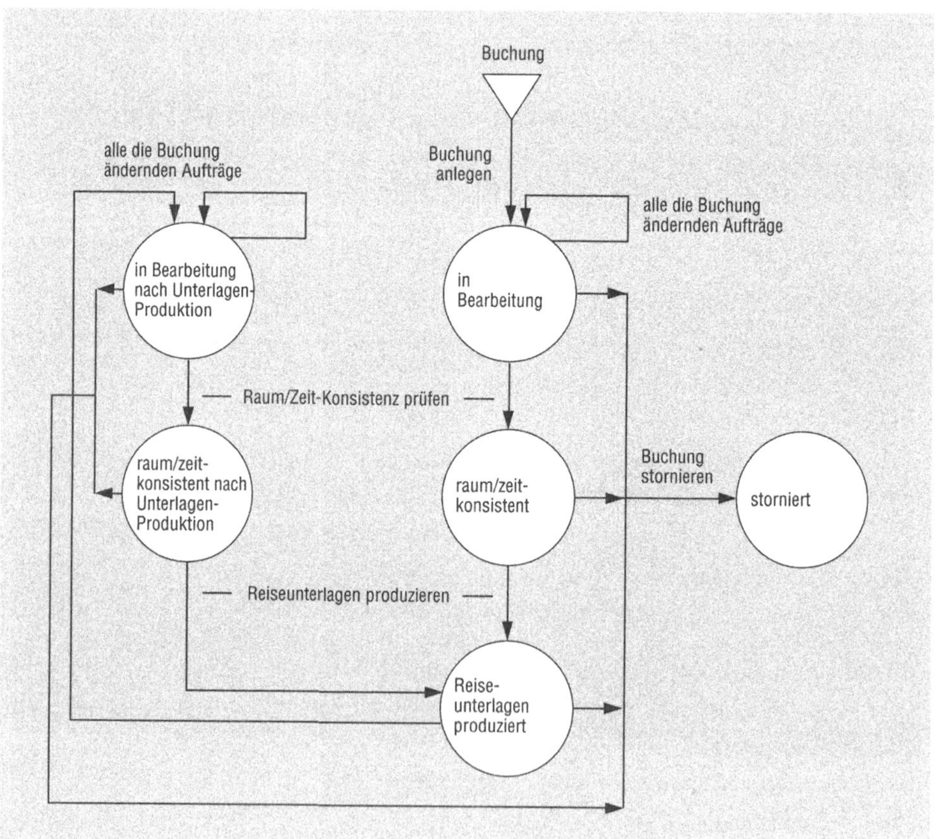

Abb. 9.18 Zustandsmodell einer Buchung

durchläuft sie die „Zwillingszustände". Für den Fall ihrer Stornierung wird der Endzustand *storniert* erreicht, aus dem es kein Zurück mehr gibt.

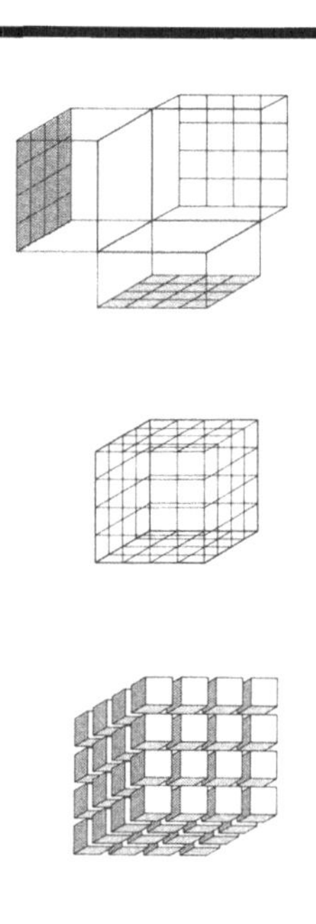

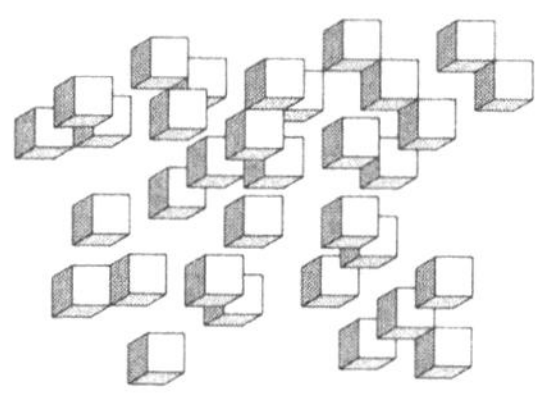

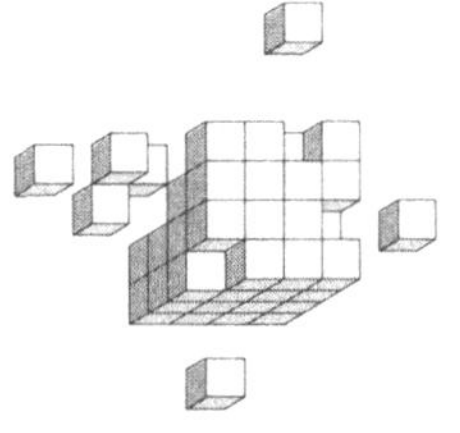

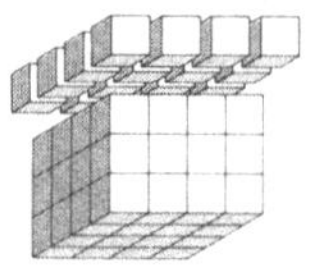

III

Systemkonstruktion

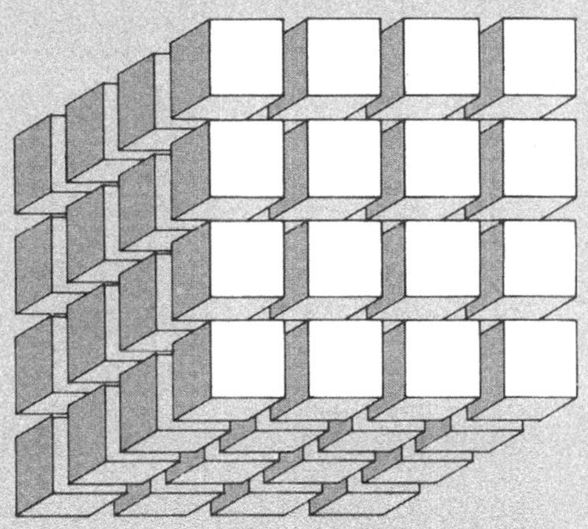

10

Modularisierung

Modularisierung ist die Gliederung eines zu entwerfenden Systems in Teile — das sind Komponenten und (vor allem) Module — sowie die grobe Festlegung des Zusammenwirkens und der Schnittstellen der Module. Im Zuge der Modularisierung werden also die Module „entdeckt", benannt und in ihren statischen und dynamischen Beziehungen festgelegt. Dieser Entwurfsprozeß wird von zwei Prinzipien geleitet: Datenabstraktion und Systemaufbau gemäß unserer Standardarchitektur.

10.1 Allgemeines zur Modularisierung

Wozu eigentlich Modularisierung?

Softwaresysteme sind in der Regel sehr groß: Einige zigtausend Zeilen Code sind der Umfang eines eher kleinen oder mittleren Systems, große haben einige Hunderttausend, sehr große sogar Millionen Zeilen Code. Ein Entwicklungsaufwand von etlichen zig Bearbeiterjahren kommt dafür schnell zusammen. Probleme dieser Größenordnung kann man nur mit der Devise der alten Römer beherrschen: divide et impera. Man muß sie in ausreichend viele und kleine, einzeln bearbeitbare Teilprobleme zerlegen. Dies hauptsächlich aus zwei Gründen:

- Kein einzelner Mensch ist fähig, ein großes Softwaresystem ohne Substrukturen und noch dazu in allen Einzelheiten zu begreifen. Gute Modularisierung trägt ganz entscheidend zu seiner *Verständlichkeit* bei, und das nicht nur in der Entwicklung, sondern vor allem auch in der Wartung.

- Modularisierung ist nicht nur eine technische Notwendigkeit, sondern auch für das *Projektmanagement* von Nutzen: Sie schafft die Voraussetzung für koordinierte Parallelarbeit in größeren Teams und ist Grundlage der Projektplanung und -kontrolle.

Modulare Strukturen sind in allen Ingenieurdisziplinen eine Selbstverständlichkeit — man denke etwa an elektronische Baugruppen und Autoteile. Sie sollten es auch im Software-Engineering sein. In der Praxis sieht es häufig leider anders aus, da werden immer noch Bandwürmer von Programmen mit unspezifizierten Schnittstellen geschrieben ...

Was ist Modularisierung?

Modularisierung ist die Gliederung eines zu entwerfenden Systems in Teile — das sind Komponenten und (vor allem) Module — sowie die grobe Festlegung des Zusammenwirkens und der Schnittstellen der Module (Abb. 10.1). Im Zuge der Modularisierung werden also die Module „entdeckt", benannt und in ihren statischen und dynamischen Beziehungen festgelegt. Eine detaillierte, präzise Definition ihrer Schnittstellen erfolgt erst später in der „Modulspezifikation".

Man verwechsle in Abb. 10.1 die Beziehung *besteht aus* nicht mit *ruft auf.* Letztere gibt an, daß ein Modul ein anderes, genauer: eine Operation eines Moduls eine Operation eines anderen aufruft. Die hierarchische Systemstruktur — die *besteht aus*-Beziehung — gibt also keinesfalls den dynamischen Ablauf des arbeitenden Systems wieder.

Mit Modularisierung bezeichnet man die Aktivität der Systemzerlegung und auch ihr dokumentiertes Ergebnis; Modularität meint die Eigenschaft eines Systems, eine (gute) modulare Struktur zu haben. Was genau ein Modul ist und welche Typen von Moduln es gibt, wollen wir etwas später behandeln.

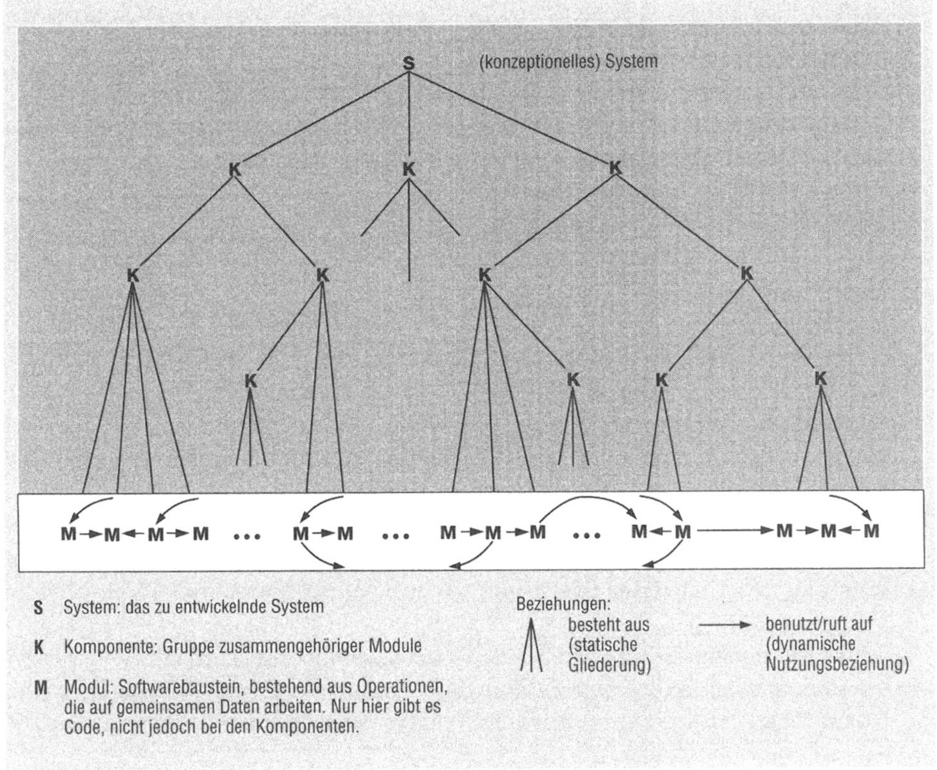

Abb. 10.1 Ziel der Modularisierung: Zerlegung des Systems

Kriterien guter Modularität

Allgemein ausgedrückt, zeichnet sich eine gute Modularisierung durch hohe Kohäsion (interne Bindung) und geringe Kopplung (externe Bindung) der Module aus. Myers hat dafür die Begriffe „module strength" und „module coupling" geprägt, [Myers 76]. Dies bedeutet, daß der Zusammenhalt der Statements innerhalb eines Moduls groß ist, während die Schnittstellenbeziehungen zwischen den Moduln auf das Nötigste beschränkt sind. Das wird erreicht, indem man einen — und nur einen — Sachverhalt der Anwendung in ein Modul abbildet, daß man also Know-how in Form von Daten und darauf operierenden Algorithmen in einem Modul konzentriert. Und das sind spezielle Kriterien einer guten Modularität:

(1) *Abgeschlossenheit*
    Jedes Modul verkörpert eine Entwurfsentscheidung, also eine in sich abgeschlossene Aufgabe.

(2) *Wohldefinierte Schnittstellen*
    Die Schnittellen eines Moduls sind vollständig und eindeutig spezifiziert, auf jeden Fall sind sie schriftlich festgelegt. Es darf insbesondere keine impliziten Schnitt-

stellen geben, also keine undokumentierten Annahmen eines Moduls über Struktur oder Verhalten eines anderen.

(3) *Geheimnisprinzip*

Jedes Modul kennt eine saubere Trennung von Spezifikation und Konstruktion, dem Was vom Wie. Dieses — wohl wichtigste — Prinzip wurde von Parnas formuliert und ist auch als „Information hiding" bekannt, [Parnas 72].

(4) *Gegenseitige Nicht-Beeinflußung*

Änderungen in der Konstruktion eines Moduls ziehen keine Änderungen anderer Module nach sich.

(5) *Handhabbarkeit*

Jedes Modul ist gut überschaubar, also nicht zu groß. So kann es von einer einzelnen Person bearbeitet werden.

(6) *Schnittstellen-Minimalität*

Ein System soll so in Module zerlegt und deren Schnittstellen sollen so spezifiziert sein, daß ihre Komplexität möglichst gering ist.

(7) *Prüfbarkeit*

Jedes Modul ist so beschaffen, daß sein korrektes Funktionieren geprüft werden kann und zwar nur unter Beachtung seiner Schnittstellenspezifikation.

(8) *Integrierbarkeit*

Schließlich müssen sich die Module zu einem vernünftigen Ganzen — dem Softwaresystem mit den geforderten Leistungen — zusammenfügen (integrieren) lassen. Dies muß mit vertretbarem Aufwand möglich sein und darf keine grundsätzlich neuen Probleme schaffen.

(9) *Planbarkeit*

Ein Modul muß planbar und kontrollierbar sein. Das heißt, es muß möglich sein, auf dem Weg zu seiner Fertigstellung klar erkennbare Meilensteine zu setzen. Für alle Module müssen sich eindeutige Zuständigkeiten festlegen lassen.

In unserer Projektpraxis haben sich zwei Prinzipien als allgemeine und hinreichend tragfähige *Leitlinien* für die Modularisierung großer Softwaresysteme herausgestellt:

- die *Datenabstraktion* als Methode zur Bildung von Moduln und Spezifikation ihrer Schnittstellen,

- eine *Standardarchitektur* von Informationssystemen, gemäß derer die Module in Schichten angeordnet werden und so — von unten nach oben — zunehmend mächtigere *virtuelle Maschinen* bilden.

Modularisierung schafft, wenn sie gut gemacht wird, klare technische Strukturen in der Software und ihrer Dokumentation. Modularität erst macht die hohe Komplexität von Softwaresystemen beherrschbar.[1]

---

[1] Über *Modularisierung* lesenswert: [Balzert 82], Kapitel 2.5.1.3, 2.5.1.4, 2.5.1.5 (S. 214–240).

10.2   Datenabstraktion als Modularisierungsprinzip

Der erste Leitgedanke der Modularisierung heißt also Datenabstraktion. Was ist das? Wir wollen zunächst zwei Erklärungen geben, um dann zu definieren, was ein Datenabstraktionsmodul ist.

Beginnen wir mit einer etwas allgemeinen Darstellung über Abstraktion. Abstrahieren heißt, das Wesentliche eines Sachverhalts unter einem bestimmten Blickwinkel herauszuarbeiten bzw. auf Details zu verzichten. Abbildung 10.2[2] zeigt zunächst die funktionale Abstraktion, die wir aus der Mathematik kennen und die in Form des Unterprogramms schon früh — in den 50er Jahren — Eingang in die Informatik

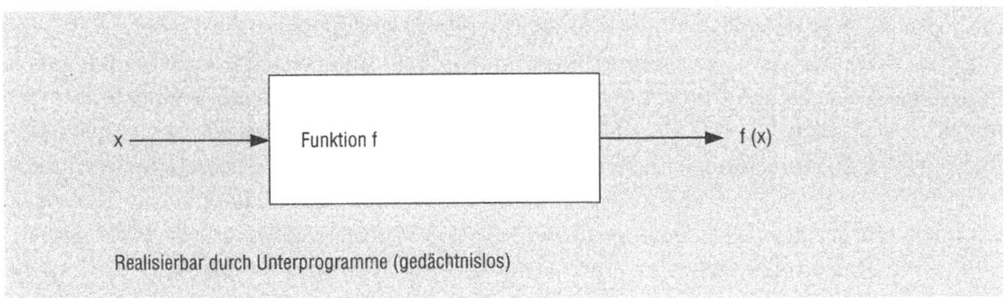

(a) Funktionale Abstraktion

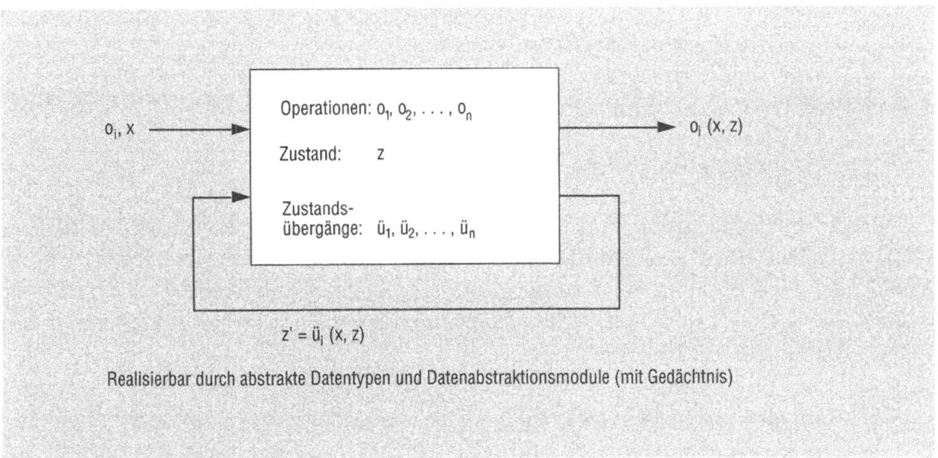

(b) Datenabstraktion

Abb. 10.2 Abstraktion

---

[2] Diese Darstellung stammt aus [Wegner 84]

gefunden hat. Datenabstraktion hat sich erst später — in der ersten Hälfte der 70er Jahre — etabliert. Sie kann als weitergehende Form betrachtet werden, bei der eine Reihe von Funktionen — wir bevorzugen dafür den Begriff Operationen — auf einem gemeinsamen Zustand arbeiten, so daß ihr Ergebnis von der Eingabe und dem Zustand abhängt. Eine Datenabstraktion ist also mehr als eine Ansammlung von Funktionen, die Beziehungen der Operationen untereinander machen den Unterschied.

Betrachten wir nun das einfache Beispiel einer Warteschlange (engl. Queue). Abbildung 10.3 zeigt eine Konstruktion mittels eines Arrays, das man sich ringförmig angeordnet denkt und in dem sich die Schlange gegen den Uhrzeigersinn bewegt. Zwei Zeiger — *head* und *tail* — markieren Anfang und Ende. Weitere Einzelheiten dazu — insbesondere Algorithmen — findet man in [Denert-Franck 77], wo auch alternative Realisierungsmöglichkeiten behandelt werden. Besser jedoch abstrahiert man davon und entwickelt eine konzeptionelle Vorstellung wie im oberen Teil des Bildes. Diese besteht aus einem Datenmodell (Schlange von Menschen, die vor einem Schalter anstehen), das von der konkreten Datenrepräsentation abstrahiert und leicht verständlich ist. Die Operationen *ADD*, *REMOVE*, *COUNT* und andere sind in Begriffen dieses Datenmodells definierbar. Sie bilden die Schnittstelle zur Warteschlange. Das Bild illustriert den Unterschied zwischen Spezifikation und Konstruktion und erklärt den Begriff Datenabstraktion: Die Spezifikation abstrahiert von der konkreten Datenrepräsentation und ihren Alternativen und enthält nur die absolut notwendige, konzeptionelle Information.

Wir definieren ein Datenabstraktionsmodul durch sein Datenmodell — im weiteren nennen wir es Modulmodell — und die Liste der darauf ausführbaren Operationen mit ihren Parametern. Für die Warteschlange sieht diese etwa so aus:

> *INIT_QUEUE (max_length:* **in** *integer)*
> *ADD (element:* **in** *string)*
> *FRONT (element:* **out** *string)*
> *REMOVE*
> *COUNT (no_elements:* **out** *integer)*

Dies ist nur eine grobe Festlegung des Moduls. Eine vollständige Modulspezifikation bedarf eines ausformulierten Modulmodells, einer präzisen Definition der Effekte der Operationen, einer programmtechnischen Schnittstelle und einiger weiterer Punkte. Das Kapitel 14 (Modulspezifikation) geht darauf detaillierter ein. Nun ist eine Definition angebracht:

> Ein **Datenabstraktionsmodul** schließt eine Menge von Problemstellung her eng verwandter Daten ein. Ihre Struktur ist sein Geheimnis, der Zugriff auf sie nur über spezifische Operationen möglich.

Mit anderen Worten: Ein Datenabstraktionsmodul hat die folgenden Eigenschaften:

(1) Es ist durch die Menge der mit ihm ausführbaren Operationen definiert. Diese sogenannten *Export-Operationen* bilden zusammen mit ihren Parametern die *Schnittstelle* des Moduls.

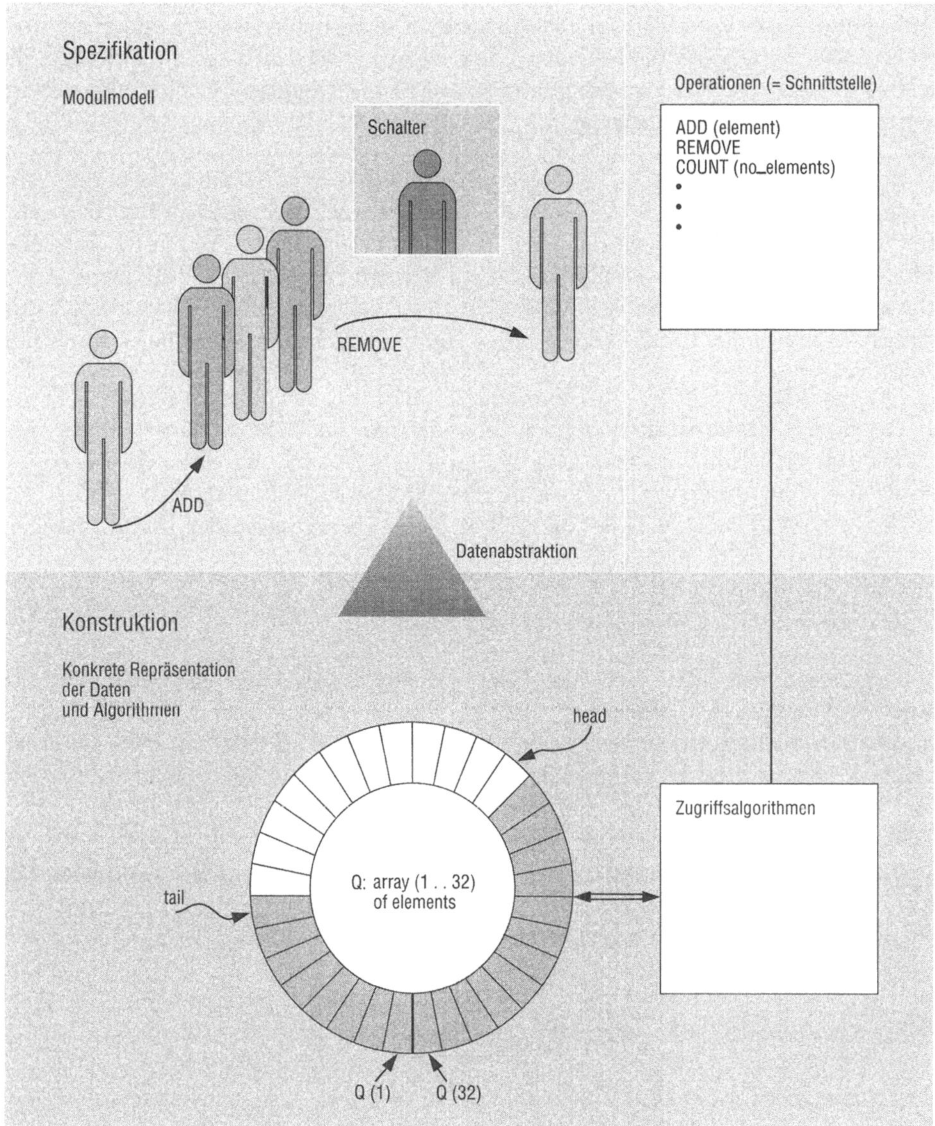

Abb. 10.3 Beispiel einer Datenabstraktion: Warteschlange (Queue)

(2) Die Benutzer eines Datenabstraktionsmoduls müssen nicht wissen, wie seine Datenstrukturen und Algorithmen realisiert sind.

(3) Selbst wenn sie es wissen, dürfen bzw. können sie seine Daten nicht direkt, sondern nur über seine Schnittstelle, das heißt mittels seiner Operationen manipulieren.

Charakteristisch für ein Datenabstraktionsmodul ist, daß es Daten von einem Aufruf einer Operation bis zum nächsten Aufruf derselben oder einer anderen aufbewahrt, also ein Gedächtnis hat. Der Effekt einer Operation ist somit nicht von ihr allein, sondern von der Aufrufhistorie des gesamten Moduls abhängig, die sich im Zustand der Daten niederschlägt.

Man sagt gerne, daß ein Datenabstraktionsmodul seine Daten „einkapselt" und nennt es deshalb auch eine *Datenkapsel.* Damit konzentriert man in ihm bestimmtes Anwendungs-Know-how, das nach außen durch das abstrakte Daten- (Modul-) Modell und die Operationenschnittstelle, nach innen durch die konkrete Datenstruktur sowie die Algorithmen zur Realisierung der Operationen verkörpert wird. Auf diese Weise wird das Parnas'sche *Geheimnisprinzip* (Information hiding) sehr schön gewährleistet.

Die interne Datenstruktur muß keineswegs nur im Arbeitsspeicher liegen. Ein Datenabstraktionsmodul kann seine Daten durchaus auch auf einem Hintergrundspeicher halten; es behütet dann sozusagen eine Datei, die ihm exklusiv gehört. Von außen, von der Schnittstelle her betrachtet, ist es also unwesentlich und unsichtbar, daß das Modul seine Daten in einer Datei speichert. Dies hat zur Folge, daß kein anderes Modul auf die Datei direkt zurückgreifen kann; es muß sich dafür stets der Operationen des die Datei einschließenden Moduls bedienen.

Das Zusammenwirken mehrerer Datenabstraktionsmodule ist schematisch in Abb. 10.4 dargestellt. Man sieht, daß das Modul M aus einer Datenstruktur — im Bild angedeutet durch *dcl X* — und mehreren Operationen, *OpA* bis *OpZ*, besteht. X ist eine globale Variable für diese Operationen und kann von ihnen lesend und schreibend benutzt werden. Die anderen Module dürfen X nicht direkt, z.B. in Zuweisungen, benutzen, sondern nur über den Aufruf *(call)* der Operationen von M. Diese rufen ihrerseits Operationen anderer Module, letztere wiederum auch und so fort. Abbildung 10.4 zeigt also, welche Benutzungsbeziehungen zulässig und welche im Sinne der Datenabstraktion verboten sind.

Abstrakter Datentyp

Das Konzept des abstrakten Datentyps (ADT), wie es in einigen modernen Programmiersprachen, z.B. Ada und Modula, existiert, erlaubt die Definition einer Datenabstraktion (Daten + Operationen) als Typ und die beliebig häufige Inkarnation eines Objekts dieses Typs ähnlich wie bei der Deklaration von Variablen eines elementaren Datentyps (z.B. Integer).

Der ADT-Mechanismus steht uns im allgemeinen mangels sprachlicher Möglichkeiten leider nicht zu Gebote; unsere Datenabstraktionsmodule existieren deshalb meist nur in *einer* Ausprägung und entstehen nicht als Inkarnationen eines Typs. Dennoch scheinen uns die abstrakten Datentypen als konzeptionelle Idee sehr hilfreich, nicht nur beim Modularisieren, sondern z.B. auch beim Datenmodellieren, siehe Abschnitt 5.2.5.

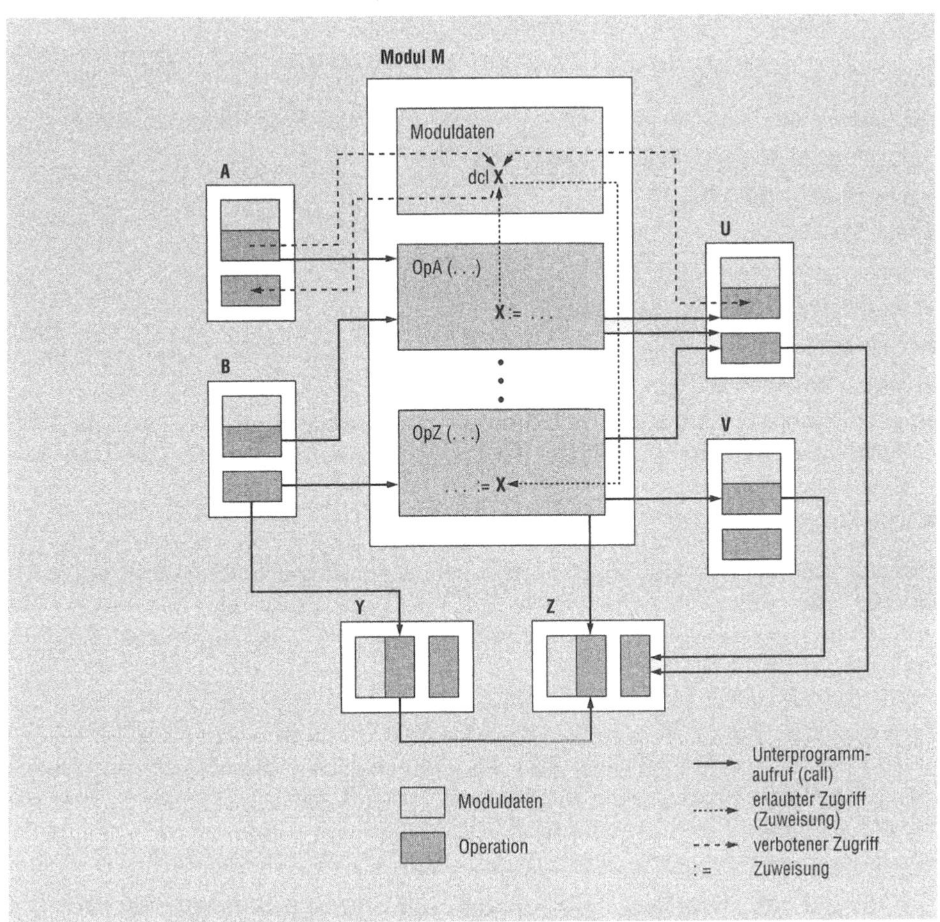

Abb. 10.4 Aufbau und Umgebung eines Datenabstraktionsmoduls

Bis auf einen kurzen Exkurs über die formale Spezifikation in Kapitel 14.1 können wir in diesem Buch nicht näher auf abstrakte Datentypen eingehen und verweisen deshalb auf die Literatur[3].

---

[3] Über *abstrakte Datentypen* lesenswert: [Balzert 82], Kapitel 2.5.1.1, 2.5.1.2 (S. 190–214) und [Bishop 86].

10.3　Zum Begriff des Moduls

Auf die Frage „Was ist ein Modul?" erhält man von Softwareleuten meist recht unterschiedliche Antworten. Sie sagen, ein Modul sei

- ein Unterprogramm,
- ein Makro,
- eine übersetzbare Einheit,
- eine ladbare Einheit (Lademodul),
- eine Funktion,
- eine Datenabstraktion,
- eine Folge ausführbarer Instruktionen, die zusammengehören, weil sie in ihrer Gesamtheit eine bestimmte, anhand der Programmspezifikation klar identifizierbare Funktion definieren
- und ähnliches mehr.

Schlimmer noch, es gibt Bücher mit so vielversprechenden Titeln wie „Software-Entwicklung" oder „Current Practices in Software Development", in denen der Begriff Modul so gut wie gar nicht vorkommt, geschweige denn, daß sie eine Definition enthielten.

Die vorstehenden Modulbegriffe sind teils programm-/systemtechnischer, teils konzeptioneller Natur. Wir wollen im folgenden die technischen Begriffe zunächst außer acht lassen und eine konzeptionelle Moduldefinition geben. Dazu stützen wir uns auf die Begriffe funktionale und Datenabstraktion (Abb. 10.2) und ergänzen das vorstehend eingeführte Datenabstraktionsmodul um die eher klassische Variante der Funktion:

> Ein **Modul** ist eine softwaretechnische Einheit, die eine *funktionale oder* eine *Datenabstraktion* realisiert. Es bietet *(exportiert)* zu ihrer Benutzung eine *Schnittstelle* in Form von einer oder mehreren, in der Regel parametrisierten *Operationen* an. Jedes Modul wird mit seinen Export-Operationen und deren Parametern präzise in Syntax und Semantik *spezifiziert*.

Im Falle eines Datenabstraktionsmoduls arbeiten die Operationen auf gemeinsamen Daten (dem Modulgedächtnis); dadurch ist der Effekt des Aufrufs einer Operation von den vorhergehenden Aufrufen dieser oder anderer Operationen abhängig. Die Operationen eines (gedächtnislosen) Funktionsmoduls dagegen sind in ihrer Wirkung natürlich voneinander unabhängig. Ein Modul kann (und wird im allgemeinen) Operationen anderer Module zur Realisierung seiner Funktionalität benutzen *(importieren)*.

Die Operationen eines Moduls werden typischerweise mit Unterprogrammtechnik, gelegentlich auch als Makros realisiert. Ein Modul kann als eine, aber auch als mehrere *Übersetzungseinheiten* ausgelegt werden.

Zum Begriff der **Komponente**: Dies ist eine Einheit, die nach außen eine Schnittstelle in Form von Operationen bietet — ganz genauso wie ein Modul. Im Gegensatz zu diesem besteht sie aus mehreren Moduln, die untereinander Schnittstellen haben,

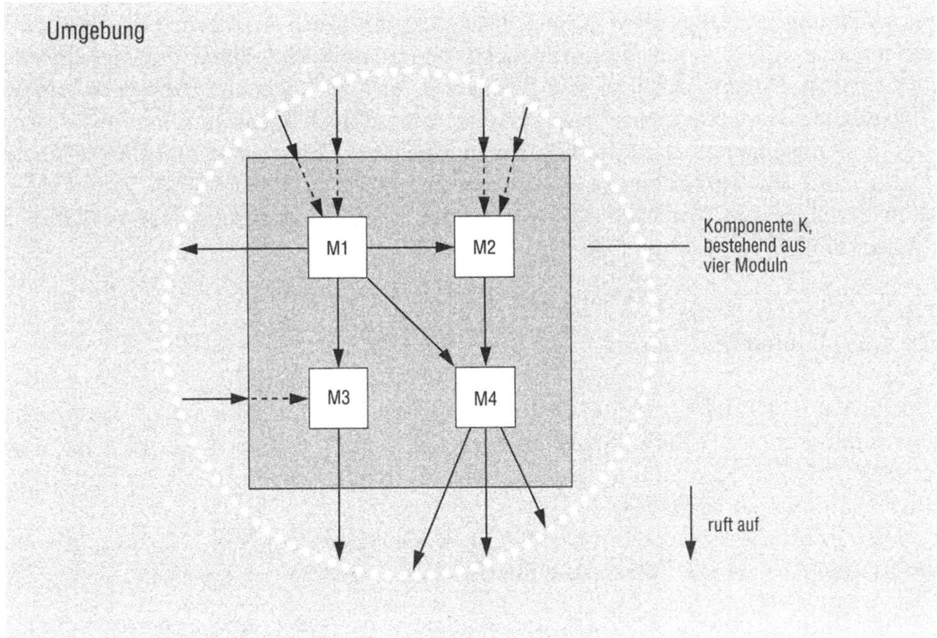

Abb. 10.5 Schnittstellenbeziehungen zwischen einer Komponente, ihren Moduln und der Umgebung

von denen außerhalb der Komponente kein Gebrauch gemacht wird. Abbildung 10.5 zeigt die Feinstruktur einer Komponente K. Ihre Zerlegung in vier Module bleibt der Umgebung verborgen. Diese kennt nur die Schnittstelle von K; von welchem Modul eine Operation letztlich ex- oder importiert wird, ist für sie irrelevant. Dies wird durch die gestrichelten Fortsetzungen der Aufrufpfeile angedeutet.

Für weitere Ausführungen zum Modulbegriff und eine Klassifizierung von Modultypen siehe [Balzert 82], Kapitel 2.5.1.3 (S. 214–218).

10.4 Standardarchitektur von Informationssystemen

Bei aller Unterschiedlichkeit in den Anwendungen und den Basissystemen (Hardware, Betriebs- und Datenbanksystem etc.) weisen betriebliche Informationssysteme große Ähnlichkeiten in ihrer Struktur auf. Aus einer Reihe von Projekten haben wir die Gemeinsamkeiten solcher Systeme herausdestilliert und zu einer „Standardarchitektur" verallgemeinert. Wir benutzen sie nun — neben der Datenabstraktion — als zweiten Leitgedanken der Modularisierung.

Abbildung 10.6 zeigt diese Standardarchitektur als eine Anordnung der Module in aufeinander aufbauenden *Softwareschichten*. Man kann auch sagen, daß diese Schichten *virtuelle Maschinen* bilden, die den jeweils darüber liegenden Ebenen bestimmte abgegrenzte Leistungen zur Benutzung anbieten. Betriebliche Informationssysteme haben im allgemeinen *Dialog*funktionen zum Erfassen, Bearbeiten und Darstellen der Daten sowie *Batch*programme zur Verarbeitung größerer Datenmengen, insbesondere zum Erzeugen von Papieren wie etwa Rechnungen, Belegen und Auswertungen in Listenform.

10.4.1 Dialog

Betrachten wir zunächst den Dialogteil. Er stützt sich natürlich auf ein Betriebssystem und wird von einem *Dialogmonitor* — auch TP- (Transaction oder Tele Processing-) Monitor[4] genannt — gesteuert. Die Datenbasis wird mit einem Datei- oder Datenbanksystem verwaltet.

Die eigentliche Anwendung besteht im wesentlichen aus drei Schichten, die den bekannten Ebenen der Systemspezifikation (vgl. Abb. 4.1) entsprechen:

- Die **Dialogführung** realisiert die *Benutzerschnittstelle*, und zwar wiederum in zwei Schichten: Die *Dialogsteuerung* kontrolliert die Ablauflogik, wie sie mit den Interaktionsdiagrammen spezifiziert ist. Die darunter liegende Schicht *Dialogbearbeitung* analysiert die Maskendaten, erkennt daraus die vom Benutzer angeforderten Geschäftsvorfälle, aktiviert daraufhin die Sachbearbeitermodule des Anwendungskerns und erzeugt die Ergebnisausgabe inklusive eventueller Fehlermeldungen. Sie bedient sich dabei des *virtuellen Terminals*, das erlaubt, mit dem realen Terminal einfach zu kommunizieren. Genaueres folgt.

- Der **Anwendungskern** bietet die Funktionalität der *Sachbearbeiter*. Im ersten Entwurf machen wir jeden Sachbearbeiter der Systemspezifikation zu einem Modul des Anwendungskerns und jeden Sachbearbeiterauftrag zu einer Moduloperation. Es kann Gründe geben, von diesem ersten Modularisierungsansatz stellenweise abzuweichen und beispielsweise aus einem Sachbearbeiter mehrere Module zu machen. Dann sollte man allerdings immer kritisch prüfen, ob die Ursache nicht bereits in einer ungeschickten Bildung der Sachbearbeiter in der Systemspezifikation liegt, die man erst beim Modularisieren erkannt hat. Ist das der Fall, sollte man den Fehler an der richtigen Stelle, nämlich in der Spezifikation, beheben.

  Ein wichtiger Punkt beim Design des Anwendungskerns sind die Datenbanktransaktionen, also die Festlegung, zwischen welchen Datensätzen Konsistenzbedingungen derart bestehen, daß eine bestimmte Änderung bei allen diesen Sätzen einen Update bewirken muß oder bei gar keinem. Alle DB-Systeme bieten dafür einen Transaktionsmechanismus in Form eines Klammerpaares (Beginn/Ende einer Transaktion) an. Es ist zweckmäßig, ein solches Klammerpaar, also das Know-how über eine bestimmte Transaktion, in einem Anwendungskernmodul zu konzentrieren, also einem Sachbearbeiter zuzuordnen.

---

[4] Siehe dazu das Kapitel 11 (Prozeßorganisation).

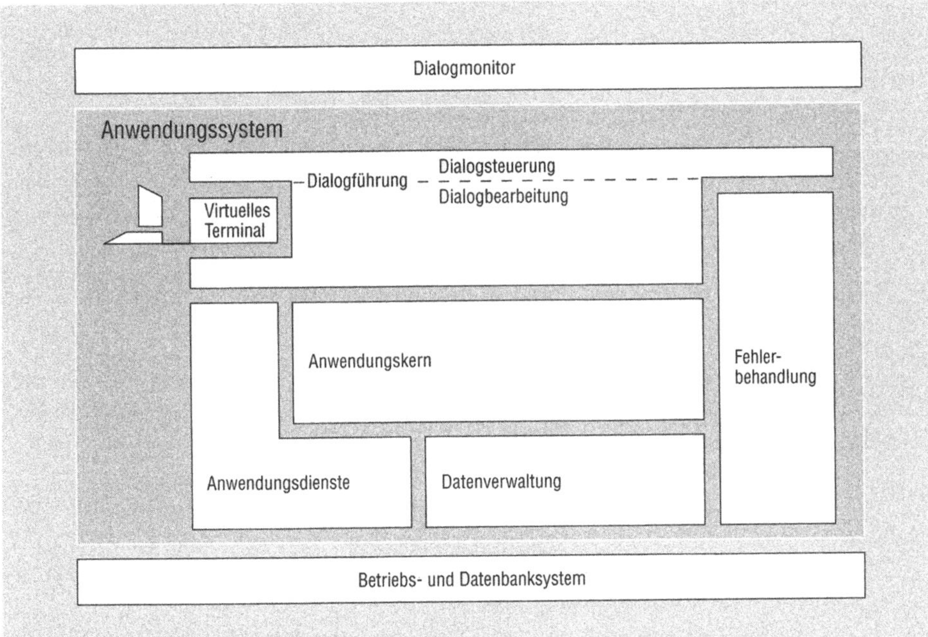

(a) Dialog

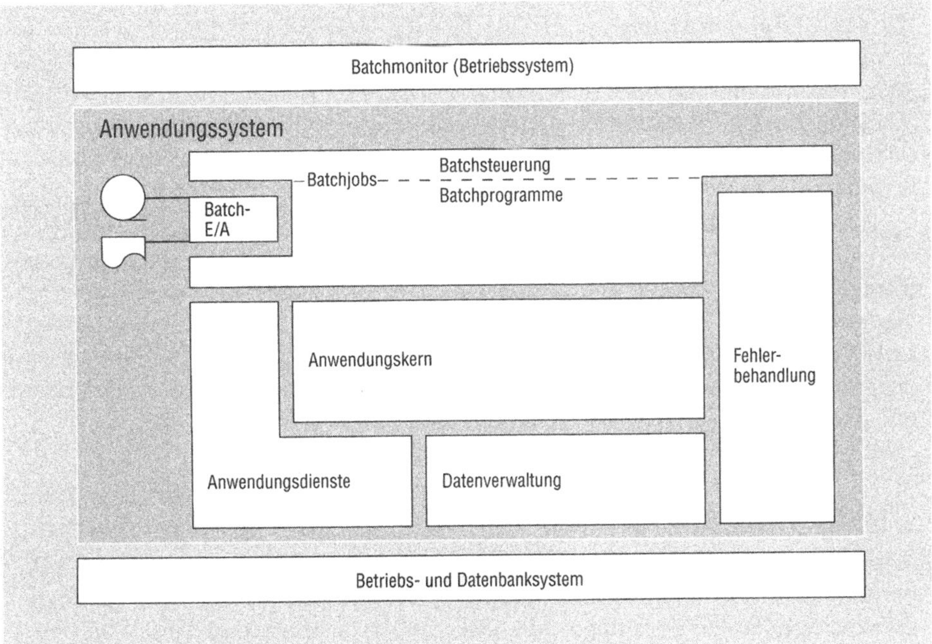

(b) Batch

Abb. 10.6 Standardarchitektur von Informationssystemen

- Die **Datenverwaltung** versorgt die Module des Anwendungskerns mit ihren Daten aus der Datenbank und entsorgt sie dorthin wieder. Auf diese Weise realisieren wir das Ver-/Entsorgen der in der Systemspezifikation definierten *Datensichten* aus der/in die ideale Datenbank. Zudem kommen noch modularisierungs- und speichertechnische Aspekte ins Spiel, die wir im weiteren erläutern.

Neben diesen drei zentralen Schichten gibt es noch zwei „flankierende" Komponenten:

- Die **Anwendungsdienste** sind allgemein verwendbare, dennoch anwendungsspezifische Module. Typische Beispiele sind Kalenderfunktionen und Plausibilitätsprüfungen wie etwa Prüfziffernrechnung. Dabei handelt es sich meist um gedächtnislose Funktionsmodule.

- Die **Fehlerbehandlung** besteht aus zwei Teilen:

  - der *Benutzerfehlerbehandlung*, die das koordinierte Darstellen und Verwalten von Fehlermeldungen besorgt und

  - der *Systemfehlerbehandlung*, die Fehlersituationen geordnet abwickelt, deren Ursache etwa in Programmierfehlern liegt; siehe dazu das Kapitel 13 (Systemfehler).

10.4.2 Dialogführung

Wir wollen nun diese oberste Schicht von Moduln genauer betrachten. Sie hat die Dialoge mit dem Benutzer zu steuern, wie sie durch die Interaktionsdiagramme in Verbindung mit den Masken spezifiziert sind, und die Funktionen des Anwendungskerns mit den daraus resultierenden Datenbankzugriffen zu aktivieren.

Ein gutes Verständnis für die Feinstruktur der Dialogführungsschicht gewinnen wir durch Betrachten der Abb. 10.7. Es zeigt schematisch einen *Zustands*übergang in einem IAD, in dessen Verlauf das System eine *Aktion* ausführt, sowie zwei *Masken*, die jeweils einem Zustand zugeordnet sind. Diese sind aus — teilweise gleichen — *Teilmasken* aufgebaut. Dieses aus der Systemspezifikation bekannte, immer wiederkehrende Grundmuster führt uns zu der in Abb. 10.8 dargestellten Modularisierung mit den Komponenten *Dialogsteuerung*, *Dialogbearbeitung*, *virtuelles Terminal* und *Fehlerbehandlung* (siehe auch die Übersicht in Tabelle 10.1).

Dialogsteuerung

Der Kern der Dialogsteuerung, der *IAD-Interpreter*, realisiert die Ablauflogik, die in den Interaktionsdiagrammen steckt. Er interpretiert den IAD-Code, der, in der Systemspezifikation geschrieben, die Dialogtypen definiert, und wickelt dementsprechend die einzelnen Dialogschritte ab. Sein Gedächtnis sagt ihm, welcher Benutzer an welchem Terminal sich in welchem Dialog und darin in welchem Zustand befindet. Die Verarbeitung, die hinter den Zuständen und Aktionen der IADe steckt, wird nicht in der Dialogsteuerung direkt ausgeführt, sondern nur in Form von Operationen der Dialogbearbeitung aufgerufen.

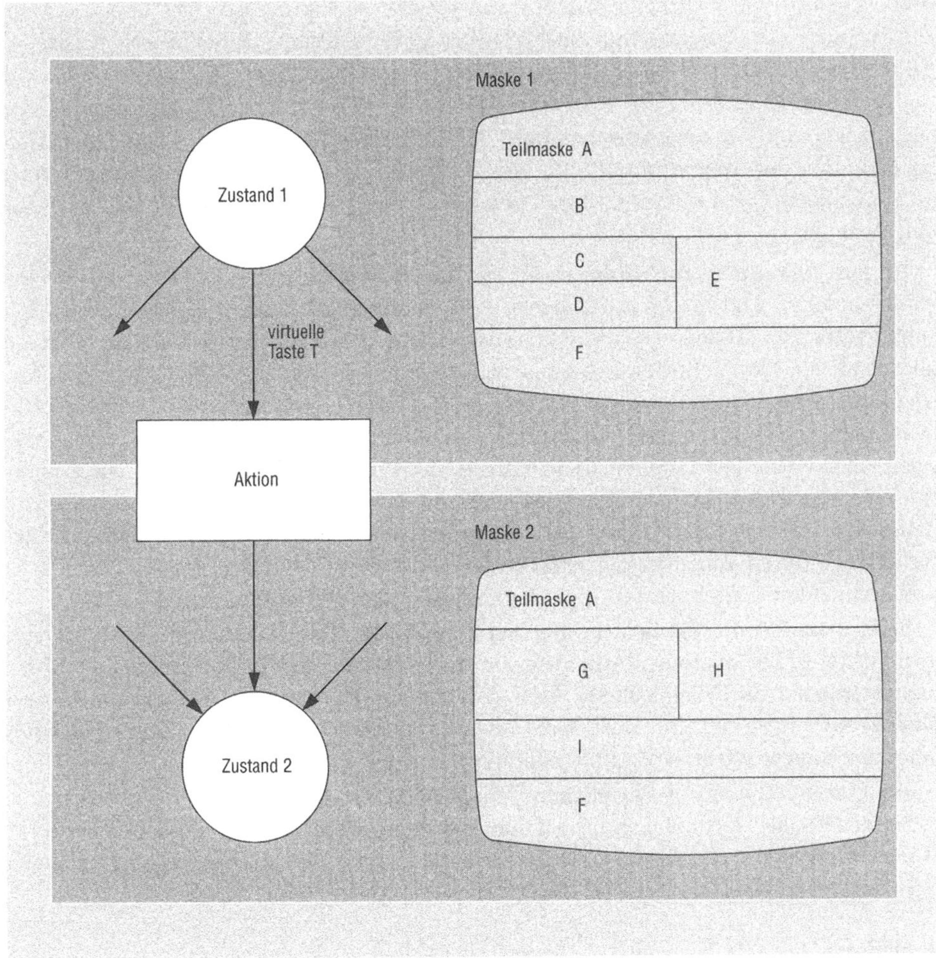

Abb. 10.7 Masken und Zustandsübergang im IAD

Wenn der Benutzer einen Dialogwechsel beabsichtigt, fragt der IAD-Interpreter den *Dialogeverwalter*, ob dies zulässig ist. Letzterer führt zudem Buch über die offenen Dialoge und beschafft die Daten im Fall des Wiedereintritts in einen solchen Dialog.

Der *Dialogsteuerungskoordinator* wickelt einen Dialogschritt insgesamt ab, indem er diverse Operationen der Dialogführungsmodule — und auch anderer Komponenten wie etwa der Datenverwaltung — in der richtigen Reihenfolge aufruft.

Dialogbearbeitung

Bei deren Modularisierung wenden wir folgende Regel an: Zu jedem Dialog gibt es ein Modul, den Dialogbearbeiter, und ebenso für jede Teilmaske einen Teilmaskenbearbeiter. Diese Module sind alle von gleicher Struktur, denn sie haben jeweils Operationen zur Bearbeitung der IAD-Zustände, gekennzeichnet durch Kreise in Abb. 10.8, und der Aktionen, gekennzeichnet durch Kästchen.

Jeder *Dialogbearbeiter* exportiert pro Maske eine Operation, die hauptsächlich die zugehörigen Teilmasken zusammenhält. Auch zu jeder Aktion gibt es eine Operation als Klammer der Teilaktionen; man beachte allerdings, daß eine Aktion(soperation) im allgemeinen nicht nur eine Maske bearbeitet, sondern deren verschiedene für Ein- und Ausgabe.

In den *Teilmaskenbearbeitern* spielt die Musik der Benutzerschnittstelle. Sie arbeiten auf den Daten einer Teilmaske und exportieren je zwei Operationen: eine zum Prüfen der Teilmaske und die andere zum Ausführen der Teilaktion. Erstere nimmt all die Plausibilitätsprüfungen vor, die nicht in den Sachbearbeitern des Anwendungskerns stecken. Außerdem erkennt sie gegebenenfalls, daß eine bestimmte fachinhaltliche Eingabe (z.B. in einem Schlüsselfeld) gleichbedeutend mit dem Betätigen einer virtuellen Taste ist und teilt dies der virtuellen Tastatur mit. Die Operation, die eine Teilaktion ausführt, analysiert die Benutzereingabe in der betreffenden Teilmaske, aktiviert die daraus resultierenden Geschäftsvorfälle bzw. Sachbearbeiteraufträge durch Aufrufen der entsprechenden Operationen des Anwendungskerns und stellt deren Ergebnisse in die Ausgabefelder der Teilmaske.

Falls man auf die Strukturierung der Masken in Teilmasken verzichtet — und zwar schon in der Systemspezifikation —, dann machen die beiden Ebenen der Dialogbearbeitung natürlich keinen Sinn, d.h. die Teilmaskenbearbeiter gehen in den Dialogbearbeitern auf. Bei einer nicht allzu komplexen Benutzerschnittstelle ist dies eine durchaus akzeptable und zweckmäßige Lösung.

Bei den vorstehend beschriebenen Teilaktionen handelt es sich um Geschäftsvorfall-bearbeitende Aktionen, hinter denen die eigentliche Anwendungsfunktionalität steckt. Außerdem gibt es die *Standardaktionen*, die durch globale virtuelle Tasten ausgelöst werden, z.B.

- Blättern,

- Dialog verwerfen, d.h. Daten und Bildschirm löschen,

- Dialog bestätigen, d.h. Daten in der Datenbank abspeichern.

Die Standardaktionen sind im wesentlichen nicht dialogabhängig und können deshalb allgemein realisiert werden. Dafür gibt es ein eigenes Modul, evtl. auch mehrere. In den Dialog- bzw. Teilmaskenbearbeitern bedarf es dann nur noch spezifischer Ergänzungen. So ist etwa das Blättern ein genereller Mechanismus, der jedoch jeweils auf die spezifische (Teil-) Maske eingestellt werden muß.

Virtuelles Terminal

Das virtuelle Terminal unterstützt die Dialogführung durch eine einfache Kommunikation mit dem realen Terminal. Es abstrahiert von vielen technischen Eigenschaften des Terminals und konzentriert sich auf eine für die Anwendung adäquate Darstellung der Ein/Ausgaben, repräsentiert durch zwei Module:

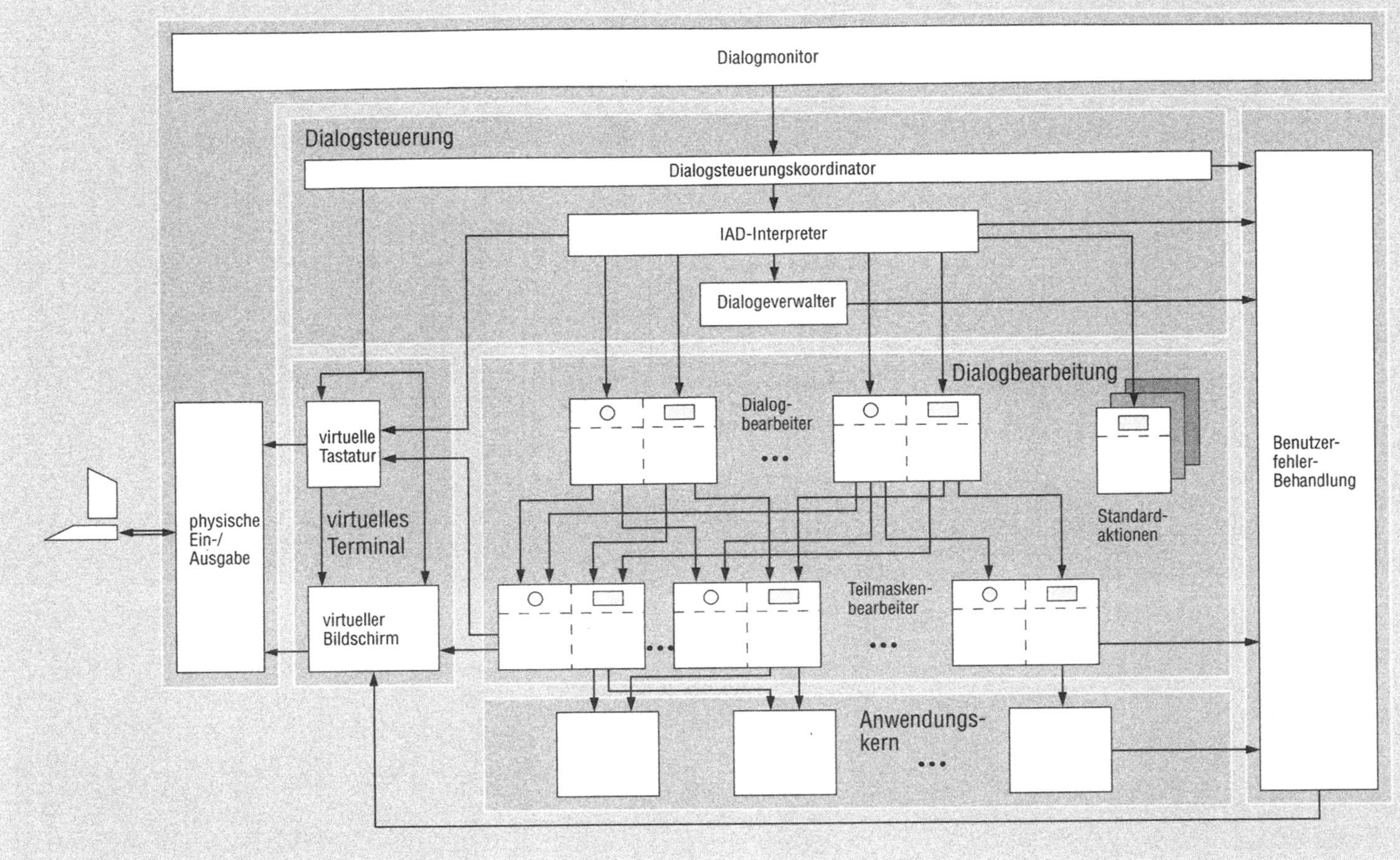

Abb. 10.8 Struktur der Dialogführung

Tabelle 10.1 Dialogführung: Komponenten, Module und Operationen

Komponente	Modul	Operation
Dialogsteuerung	Dialogsteuerungs-koordinator	Dialogschritt abwickeln
	IAD-Interpreter	Dialogschritt abwickeln
	Dialogeverwalter	Dialog wechseln
Dialogbearbeitung	Dialogbearbeiter (ein Modul pro Dialog)	Eingabemaske bearbeiten Aktion ausführen (je eine Operation pro Maske bzw. Aktion)
	Teilmaskenbearbeiter (ein Modul pro Teilmaske)	Teilmaske prüfen Teilaktion ausführen (je eine Operation pro Teilmaske bzw. -aktion)
	Standardaktionen (evtl. mehrere Module)	eine Operation pro Standardaktion
Virtuelles Terminal	Virtuelle Tastatur	virt. Tastatur initialisieren virt. Taste setzen betätigte virt. Tasten mitteilen
	Virtueller Bildschirm	virt. Bildschirm initialisieren Feld lesen Ausgabe-Maske auflegen Feld schreiben Feldattribut setzen virt. Bildschirm schreiben
	Physische Ein/Ausgabe	Die Operationen sind spezifisch gegeben durch das zu verwendende System zur Generierung von Masken und zur Bedienung der Bildschirmschnittstelle
Fehlerbehandlung	Benutzerfehler-behandlung	Fehlermeldungen initialisieren Fehler melden Fehlermeldungen ausgeben
	Systemfehler-behandlung	siehe Kapitel 13 (Systemfehler)

- Von der *virtuellen Tastatur* kann man erfragen, welche Taste(n) betätigt worden ist (sind). Sie entnimmt dies der Analyse der physischen Eingabe, in der sie Funktionstasten und Bildschirmfelder mit steuerndem Inhalt erkennt. Außerdem teilt ihr die Dialogbearbeitung aufgrund eines bestimmten Feldinhalts (z.B. (Nicht-) Eingabe eines Schlüssels) ggf. mit, daß eine virtuelle Taste betätigt wurde.

- Der *virtuelle Bildschirm* kennt die bei der letzten Benutzereingabe auf dem realen Bildschirm befindliche bzw. für die nächste Ausgabe aufzulegende Maske. Man kann deshalb auf die Maskenfelder unter Angabe ihres Namens lesend bzw. schreibend zugreifen und dabei zusätzlich erfahren, was der Benutzer mit einem Feld gemacht hat (neu eingegeben, geändert, gelöscht o.ä.), sowie gewisse Darstellungseigenschaften von Feldern (Helligkeit, Schriftart, Blinken, ggf. Farbe etc.) manipulieren. Diese Feldzugriffe kann man sich als Lese/Schreib-Operationen vorstellen, mit Feldnamen und -inhalt als Parameter. Technisch wird das in der Regel aber so realisiert, daß die zugreifenden Module (der Dialogführung) über eine Datenstruktur verfügen, in der die Feldinhalte und Darstellungsattribute unmittelbar stehen.

Diese beiden virtuellen Geräte verbergen die Struktur der *physischen Ein/Ausgabe*, die in der Regel durch ein oder mehrere Module der gegebenen Systemsoftware realisiert wird. Damit kann man typischerweise Masken generieren und die Schnittstelle zum Bildschirm bedienen; IBM's SDF/BMS (Screen Definition Facility/Basic Mapping Support) ist ein Beispiel. Die Mächtigkeit dieser Basissoftware beeinflußt natürlich den Realisierungsaufwand der „virtuellen Module".

Fehlerbehandlung

Hier betrachten wir nur die *Benutzerfehlerbehandlung* (Systemfehler sind Gegenstand des Kapitels 13). Alle Module der Dialogführung melden ihr evtl. erkannte Fehler, die aus Eingaben des Benutzers resultieren. Die Benutzerfehler-Behandlung merkt sich alle Fehler während der Abwicklung eines Dialogschritts, markiert fehlerhafte Eingabefelder, stellt den Fehlermeldungstext zusammen und gibt ihn via virtuellen Bildschirm aus.

Zusammenspiel der dialogführenden Module

Zum genaueren Verständnis der Dialogführung betrachten wir nun das Zusammenwirken ihrer Module. Details der Abläufe zeigt das Szenario in Abb. 10.9; grob betrachtet läuft ein Dialogschritt folgendermaßen ab:

- Der Empfang der Eingabe-Nachricht aktiviert den Dialogmonitor.

- Dieser beauftragt den Koordinator der Dialogsteuerung, den Dialogschritt abzuwickeln. Dazu werden

  – das virtuelle Terminal so initialisiert, daß anschließend alle Benutzereingaben abgelesen werden können;

  – die Fehlermeldungen initialisiert;

- der IAD-Interpreter aufgerufen, damit er den beabsichtigten Zustandsübergang vollzieht und so den Dialogschritt in seinen wesentlichen Teilen ausführt. Das bedeutet,

  * die Benutzereingabe auf Plausibilität prüfen,
  * den Benutzerwunsch in Form der betätigten virtuellen Taste(n) und einschlägigen Geschäftsvorfälle ermitteln,
  * dafür ggf. den Dialog wechseln,
  * den Benutzerwunsch durch Aufrufen der (Teil-) Aktionen ausführen, die ihrerseits

    · die Sachbearbeiter-Operationen im Anwendungskern aufrufen,

  * das Ergebnis in die Ausgabemaske schreiben;

- die im Verlaufe des Dialogschritts erkannten und gesammelten Fehlermeldungen ausgegeben und

- der virtuelle Bildschirm in den Ausgabebereich des Maskensystems geschrieben.

- Schließlich sorgt der Dialogmonitor dafür, daß die Ausgabe-Nachricht an das Terminal gesendet wird.

10.4.3 Datenverwaltung

Diese Komponente ist dazu da, die Module des Anwendungskerns mit/von Daten zu ver/entsorgen. Dabei sind vier Aspekte bedeutsam: (1) eine optimale Realisierung, d.h. sparsame Verwendung der Datenbankzugriffe, (2) die Transformation der Daten aus der physischen Struktur der Datenbank (DB) in anwendungslogische Sichten des Datenmodells (Datensichten) und umgekehrt, (3) die Aufbewahrung der Moduldaten zwischen den Dialogschritten sowie (4) ein Mechanismus zum Sperren zusammenhängender Anwendungsdaten. Mehr dazu im folgenden.

Optimieren der Datenbankzugriffe

Der schlimmste Designfehler in puncto Performance, i.e. Antwortzeitverhalten und Durchsatz, ist ein Zuviel an DB-Zugriffen, nicht nur weil ein physischer Plattenzugriff einige zig Millisekunden dauert, sondern auch weil der logische DB-Zugriff meist viel CPU-Leistung kostet (dies vor allem, wenn er mit einem Prozeßwechsel verbunden ist). Es heißt also sparsam sein! Die DB-Struktur wird so entworfen, daß man die benötigten Daten mit möglichst wenigen Zugriffen erreicht. Dazu empfiehlt es sich, eher wenige große als viele kleine Dateien anzulegen und Daten auch redundant zu speichern; genaueres siehe Kapitel 12 (Datenbankentwurf). Daraus erwachsen der Datenverwaltung zwei Anforderungen:

- Sie sollte in gewissem Umfang *Daten puffern*, damit nicht jeder Datenzugriff eines Moduls das DB-System beansprucht. Gewiß kann man dagegen einwenden, daß eine Pufferverwaltung gerade eine der Leistungen eines DB-Systems ist, und wir

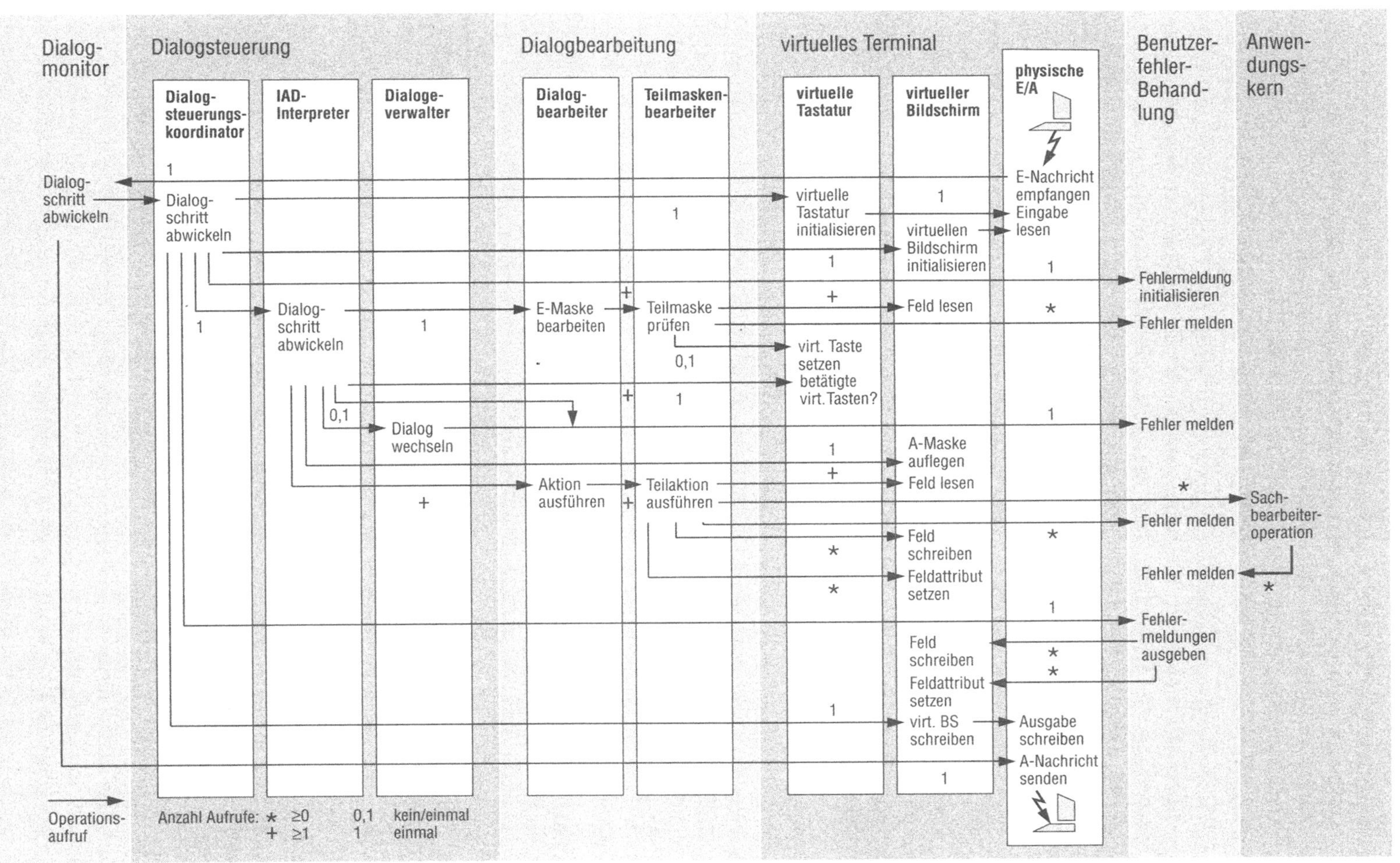

Abb. 10.9 Aufruf/Ablauf-Szenario der Dialogführung

wollen diese auch nicht nachbauen. Es geht nur darum, auf einen bestimmten Datensatz während eines Dialogschritts möglichst nur einmal lesend und/oder schreibend zuzugreifen. Ansonsten erzeugt man unötige und hohe CPU-Last, auch wenn keine Platten-Ein/Ausgabe nötig sein sollte; denn, wie schon gesagt, allein der Wechsel ins DB-System kostet viele Maschinenbefehle.

- Die zweite Anforderung entspringt dem Wunsch, das Prinzip *Datenabstraktion effizient* zu *realisieren*. Ein naheliegender, jedoch etwas naiver Ansatz zur Einkapselung von Anwendungsdaten ist, jedem Modul seine eigene(n) Datei(en) zu geben, Abb. 10.10(a). Das ist auch gut, solange darin nicht Daten enthalten sind, auf die im Verlaufe eines Dialogschritts mit ein- und demselben Schlüssel zugegriffen wird. Beispiel: Zu den Daten eines Artikels, die durch eine Artikelnummer identifiziert werden, gehöre der Preis und der Lagerbestand. Beide sollen verschiedenen Moduln zugeordnet, jedoch in einem Schritt des Dialogs Auftragsbearbeitung gleichzeitig genutzt werden. Lägen sie nun in zwei — den Moduln zugeordneten — Dateien, so wären in diesem Dialogschritt zwei Lese- und ggf. zwei Schreibzugriffe auf den Hintergrundspeicher nötig. Die Datenlogik erzwingt das nicht: Preis und Lagerbestand könnten in einem Satz einer Datei unter demselben Schlüssel gespeichert und mit einem Lese- bzw. Schreibzugriff erreicht werden. Die durch das Prinzip Datenabstraktion verursachte Aufteilung in zwei Dateien würde hier also unnötige Systemlast erzeugen.

Die Lösung dieses Widerspruchs zwischen Performance und guter Modularisierung mit Datenabstraktion liegt in einer speziellen Form der Datenbereitstellung, Abb. 10.10(b). Daten mit gemeinsamem Schlüssel werden in *einer* Datei gehalten und die Module in der Vorstellung entworfen, sie hätten je ihre *eigene* Datei. Ein Mechanismus sorgt dafür, daß den Moduln zu Beginn eines Dialogschrittes ihre Daten unterlegt und diese am Ende — ggf. modifiziert — in die Datei zurückgeschrieben werden. Das „Unterlegen" geschieht dadurch, daß in den einzelnen Moduln ein Zeiger auf ihren jeweiligen Datenabschnitt in der Datenverwaltung gesetzt wird. Diese Zeiger gehören logisch zur Datenverwaltung, stehen aber in den Arbeitsspeicherbereichen der Module; mit den Moduldaten $D1$, $D2$, ..., Dn verhält es sich gerade umgekehrt. Insofern ist die Datenverwaltung kein ganz „normales" Modul, sondern trickst mit globalen Variablen; dies aber nur, um eine ansonsten „saubere" Modulstruktur effizient zu realisieren. Wenn einem das nicht gefällt oder wenn es sich programmtechnisch nicht oder nur schwer machen läßt, kann die Datenverwaltung für jedes zu unterstützende Modul zwei Operationen exportieren, eine zum Lesen, die andere zum Schreiben der Moduldaten.

Diese Daten-Ver- und Entsorgung geschieht ohne weiteres Zutun der Module in magischer Weise, sozusagen „by magic". Daher hat dieser Mechanismus in unserem Jargon den Namen *Magic*.

Transformieren zwischen physischer und logischer Datenstruktur

Aus den eben erörterten Performancegründen entspricht die Struktur der realen, physischen Datenbank in der Regel nicht dem Datenmodell (= ideale Datenbank). Somit muß eine Transformation zwischen diesen beiden Strukturen stattfinden; denn

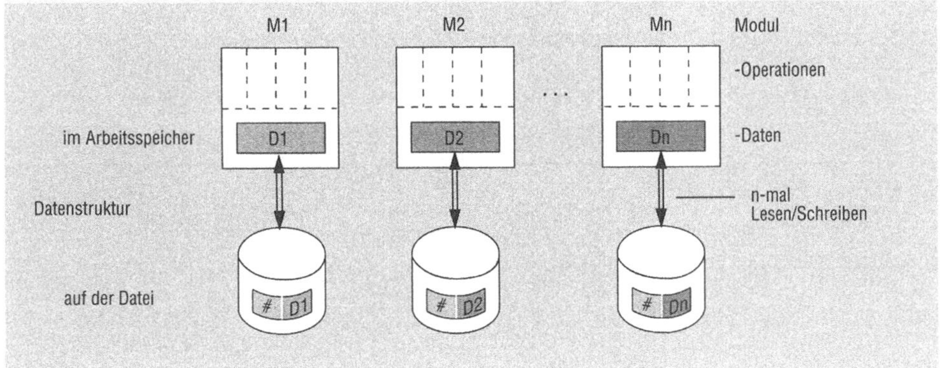

(a) Jedes Modul hat seine eigene Datei

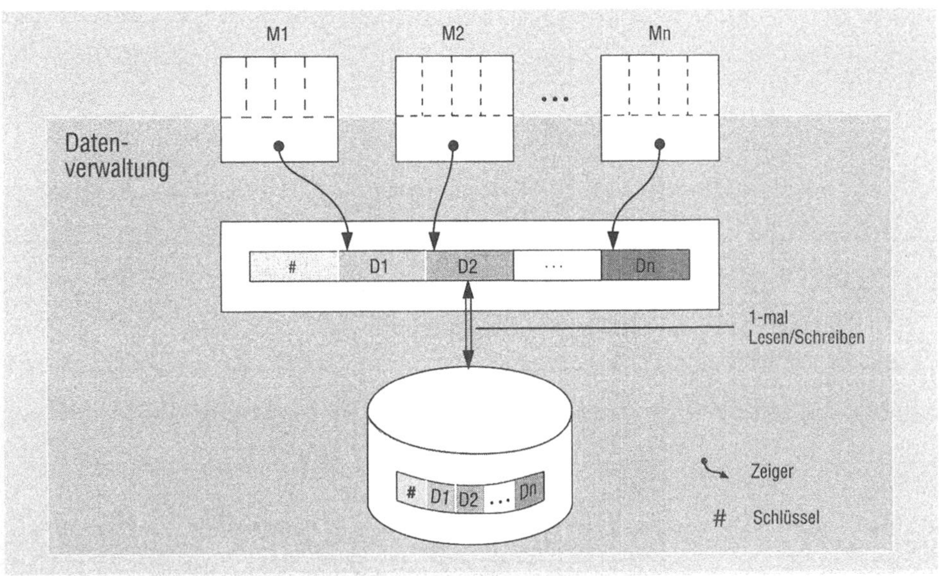

(b) Daten-Ver/Entsorgung „by magic"

Abb. 10.10 Magic-Konzept

auf der Platte haben wir unweigerlich die physische Struktur, und im Anwendungskern und darüber soll und darf nicht diese, sondern nur die (anwendungs-) logische
Datensicht zu sehen sein. Wo und wie findet die Transformation statt? Zwei Lösungen sind denkbar:

- Die erste erklärt diese Transformation zur Sache eines Moduls der Datenverwaltung, dessen Geheimnis die physische DB-Struktur ist und das die Abbildung auf

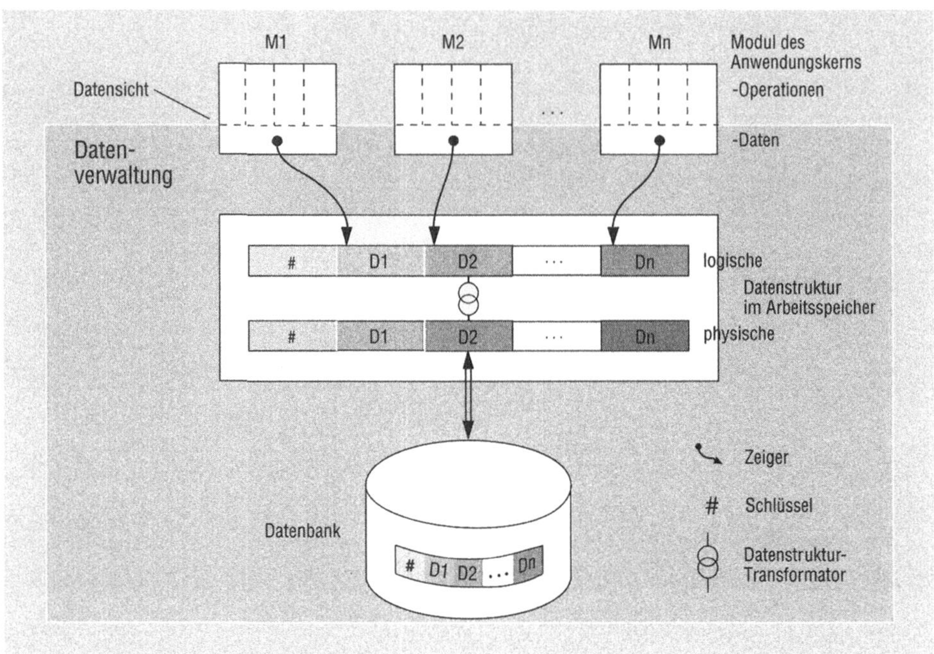

(a) in der Datenverwaltung

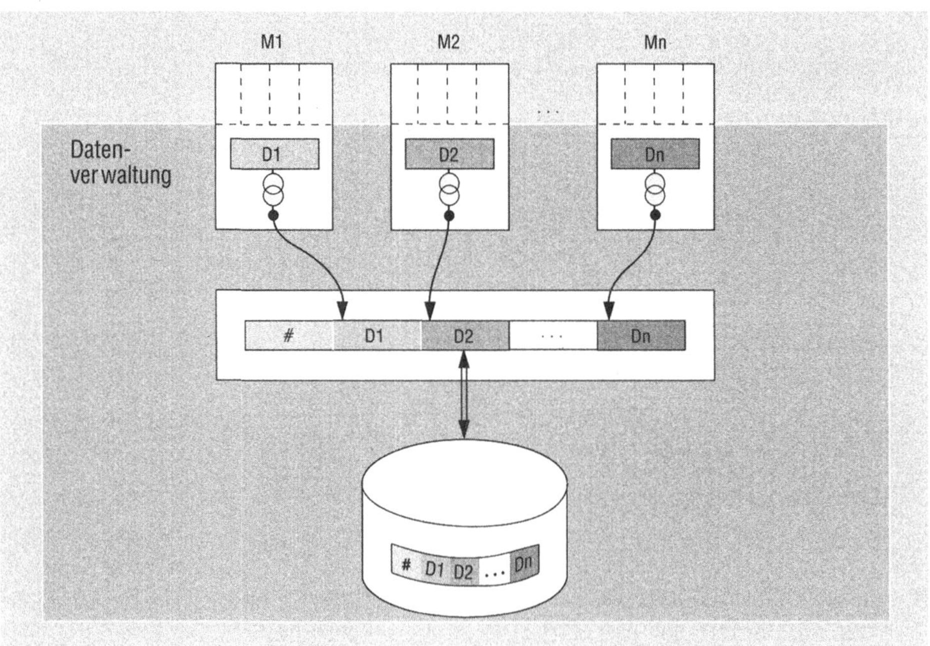

(b) in den einzelnen Moduln

Abb. 10.11 Transformation zwischen physischer und logischer Datenstruktur

die logische Sicht realisiert, Abb. 10.11(a). Diese wird den Moduln des Anwendungskerns in der schon geschilderten Weise „by magic" zur Verfügung gestellt. Die Ausschnitte aus der Datenbank, welche die Datenverwaltung den Moduln des Anwendungskerns zur Verfügung stellt, entsprechen den Datensichten der Sachbearbeiter aus der Systemspezifikation. Nun kann es sein, daß Module nicht mit reinen Sichten auf das Datenmodell, sondern mit eigens definierten Datenstrukturen arbeiten. So wird beispielsweise in den TuBSy-Moduln das Datum als Tag des Jahrhunderts verwendet und nicht in der im Datenmodell definierten klassischen Form. Eine sture Transformation zwischen logischem Datenmodell und physischer Datenbank ist also nicht immer der richtige Werg. Deshalb

- die zweite Lösung, Abb. 10.11(b): Jedes Modul kennt die physische Struktur seiner Daten in der Datenbank und transformiert sie selbst in die ihm zweckmäßige Datensicht. Die Datenverwaltung besorgt lediglich den optimalen Zugriff „by magic" auf die Datenbank.

Die Entscheidung für eine der beiden Lösungen wird von der Frage bestimmt, wo man welches Know-how konzentrieren möchte. Will man die physische DB-Struktur abkapseln, weil man sie aus Performancegründen besonders trickreich gestaltet hat, sollte man die erste Lösung wählen, die Transformation also an einer Stelle konzentrieren. In diesem Fall steht das Wissen des DB-Designers im Vordergrund, und er sollte auch das „Trafo-Modul" programmieren. Für Module, deren Datenstrukturen stark vom Datenmodell abweichen, eignet sich die zweite Lösung besser. Knifflige, modulspezifische Algorithmen und Datenstrukturen gehören nicht in die (universelle) Datenverwaltung, sondern in die jeweiligen Module! Sie sind damit Sache des Modulentwicklers und nicht des DB-Designers, der ersterem lediglich mitteilen muß, wie er die Moduldaten in der Datenbank gespeichert hat. Natürlich kann man beide Lösungen kombinieren: Für die Module, die mit einer Sicht auf das Datenmodell arbeiten — und das dürfte meist die Mehrzahl sein —, stellt die Datenverwaltung diese Sicht her, während sie den anderen Moduln, die ihre Daten selbst transformieren müssen, nur die physische Struktur anbietet.

Unabhängig von beiden Lösungen ist die Frage, ob die Module per Zeiger oder durch Kopieren mittels entsprechender Operationen der Datenverwaltung zu ihren Daten kommen. Die Zeigerlösung, die durch die Abbildungen 10.10(b) und 10.11 suggeriert wird, ist natürlich effizienter und deshalb dem Kopieren vorzuziehen, sofern nicht programmtechnische Gründe entgegenstehen, wie etwa das Fehlen von Zeigern und der Möglichkeit, einen Speicherbereich mit verschiedenen Datenstrukturen zu überlagern.

Tabelle 10.2 Speicherklassen und Lebensdauer

Art der Daten (logische Speicherklasse)	Lebensdauer	Speicherung (physische Speicherklasse)	Daten-Ver/Entsorgung durch die Datenverwaltung
lokale Variable einer Operation	Ausführung einer Operation	WORKING STORAGE in Cobol; Stack in einer block-orientierten Sprache	entfällt
Moduldaten im Arbeitsspeicher	Dialogschritt	mit GET/FREEMAIN verwalteter Arbeitsspeicher	Lesen zu Beginn eines Dialogschritts
Moduldaten im Zwischenspeicher	Dialog	spezielle Datei, z.B. CICS-TS-Queue	Schreiben am Ende eines Dialogs
Moduldaten in der Datenbank	„ewig"	Datenbanksystem	Schreiben am Ende (=Bestätigen)

Speichern von Daten unterschiedlicher Lebensdauer

Aus dem Verlauf des Dialogbetriebs ergeben sich Daten unterschiedlicher Lebensdauer entsprechend folgendem Schema:

$$\ldots \{ \, [\, (-----) \; (---) \; (----) \,] \; [\, (---) \,] \; [\, (--) \; (----) \,] \, \} \ldots$$

Darin bedeuten:

-    Ausführen einer Moduloperation
( ) Dialogschritt
[ ] Dialog
{ } Dialogsitzung

Die (Denk-) Pausen des Benutzers zwischen den Dialogschritten sind in Wirklichkeit natürlich viel länger als oben dargestellt, typischerweise ein bis zwei Größenordnungen.

Daraus entstehen Klassen von Daten, die sich hinsichtlich Lebensdauer und Speicherung unterscheiden, siehe Tabelle 10.2. Die Aufgabe der Datenverwaltung ist es nun, die Moduldaten im Rhythmus des Dialogablaufs zwischen den Speicherklassen auf und ab zu bewegen; den Takt dazu schlägt die Dialogsteuerung, sie ruft die Datenverwaltung auf. Mit den Daten, die lokal zu einer Moduloperation sind und nur während deren Ausführung leben, hat sie nichts zu tun. Sie befaßt sich nur mit den operationsglobalen Moduldaten, und zwar in folgender Weise (Zeilen 2–4 in Tabelle 10.2):

- Für die Dauer eines Dialogschritts besorgt sie Arbeitsspeicher, der den Aufruf einer Operation überlebt. Solcher statischer Speicher ist in den meisten Programmiersprachen ohnehin gegeben; dann muß man nichts weiter tun. Unter der Kontrolle eines TP-Monitors, z.B. CICS, kann das jedoch anders aussehen; dann muß die Datenverwaltung explizit Speicher vom Betriebssystem anfordern (*GETMAIN*) und freigeben (*FREEMAIN*). Letzteres besorgt evtl. der Monitor selbst am Ende eines Dialogschritts.

- Eine wichtige Funktion der Datenverwaltung ist das Aufbewahren der Moduldaten zwischen den Dialogschritten, also während der langen Denkpausen des Anwenders. Dazu speichert er sie, mit der Terminalnummer identifiziert, in einer speziellen Datei (die CICS-TS-Queue ist eine solche). Das ist natürlich nicht nötig, wenn die Daten zwischen den Dialogschritten im Arbeitsspeicher verbleiben können. Das ist bei kleinen Systemen mit wenigen Terminals durchaus möglich, geht aber nicht mehr, wenn sehr viele Terminals unter Kontrolle eines TP-Monitors laufen müssen.

- Das Ver- und Entsorgen der Moduldaten aus der bzw. in die Datenbank haben wir unter den Überschriften „Optimieren" und „Transformieren" bereits behandelt und ordnen es hier nur noch in die Lebensdauersystematik ein. Meistens, wenn auch nicht immer, sind zu Beginn eines Dialogs Daten aus der Datenbank zu lesen. Am Ende werden die Daten entweder verworfen, d.h. gelöscht, oder bestätigt — das kann übrigens auch zwischendurch geschehen —, dann sind sie in die Datenbank zu schreiben.

Sperrmechanismus

Eine immer wiederkehrende Problemstellung ergibt sich daraus, daß ein Benutzer auf bestimmten, zusammenhängenden Daten exklusiv arbeiten können muß, und zwar auch über eine längere Zeit — mehrere Minuten, vielleicht sogar Stunden. Denken wir beispielsweise an eine TuBSy-Buchung (siehe Kapitel 9): Es muß verhindert werden, daß zwei Benutzer sie zugleich ändern, noch dazu, ohne voneinander zu wissen. Wie kann man das bewerkstelligen? Man könnte es ganz einfach mit organisatorischen Maßnahmen erreichen, etwa durch die Festlegung, daß ein Benutzer nur seine „eigenen" Buchungen bearbeiten darf. Aber das befriedigt kaum.

Es ist auch nicht allein mit dem Sperrmechanismus des Datenbanksystems getan. Der erlaubt typischerweise das Sperren einzelner Sätze und das möglichst auch nur für kurze Zeit, am besten nur für die Dauer eines Dialogschritts. Denn wenn man sich beim Sperren eines Satzes vom Wohlverhalten des Benutzers abhängig macht — der kann die Sperre ja „ewig" halten —, gerät man in Probleme: Man muß einen (nicht zu langen) Timer einschalten und nach dessen Ablauf die Sperre automatisch lösen, wodurch der Benutzer seiner Arbeit verlustig geht. Außerdem kann ein anderer, der mit denselben Daten arbeiten will, nicht erfahren, wer sie ihm gesperrt hat, denn davon weiß das Datenbanksystem nichts. Das gravierendste Problem liegt aber darin, daß es oft nicht mit dem Sperren eines einzigen Satzes getan ist. So könnte eine TuBSy-Buchung in mehreren Sätzen verschiedener Dateien gespeichert sein, etwa um die Teilnehmerdaten vom Rest der Buchung zu separieren.

Wie kann man die exklusive Nutzung einer Buchung — oder allgemeiner: eines zusammenhängenden Datenbereichs — durch einen Benutzer sicherstellen? Dafür gibt es zwei grundverschiedene Strategien:

- Ein in der Datenverwaltung liegender Sperrmechanismus — also oberhalb des Datenbanksystems, dieses jedoch nutzend — erlaubt es dem Anwendungskern zu Beginn der Arbeit mit einem Datenbereich, diesen für einen Benutzer zu sperren. Will dann ein anderer auf dieselben Daten zugreifen, wird er abgewiesen, evtl. mit dem Hinweis, wer gerade dran ist. Es ist dann seine Sache, auf der Ebene zwischenmenschlicher Kommunikation einen möglichen Konflikt zu klären. Die Sperre muß zum Schluß natürlich explizit aufgehoben werden.

- Bei der zweiten Strategie werden die zu bearbeitenden Daten gelesen, ohne sie in der Datenbank zu sperren, und eine Kopie wird zur Seite gelegt. Am Ende der Bearbeitung werden sie erneut gelesen und mit der anfangs gefertigten Kopie verglichen. Ergibt sich kein Unterschied, können die vom Benutzer veranlaßten Änderungen in die Datenbank eingebracht werden. Besteht jedoch eine Differenz, so bedeutet das, daß zwischenzeitlich ein anderer Benutzer mit Änderungen zuvorgekommen ist und die des zuletzt gekommenen müssen verworfen werden, denn sie beruhen auf letztlich nicht mehr gültigen Voraussetzungen.

Die zweite Strategie läßt sich einfacher realisieren, ist aber für den Benutzer im Konfliktfall u.U. erheblich unangenehmer, zumal er dann auch nicht erfährt, wer ihm in die Quere gekommen ist. Die erste Strategie ist dagegen viel benutzerfreundlicher. Für welche man sich entscheidet, hängt im wesentlichen von zwei Faktoren ab: Zum ersten von der zu erwartenden Konflikthäufigkeit; ist sie — z.B. aus organisatorischen Gründen — sehr gering, kann man mit der zweiten Strategie leben. Zum zweiten kommt es darauf an, welchen Preis man bereit ist, für Benutzerfreundlichkeit zu zahlen; der Aufwand für die erste Strategie ist recht hoch, sie wird deshalb kaum angewendet.

Resümierend halten wir fest, daß die *Datenverwaltung* durch vier *Funktionskomplexe* charakterisiert ist:

- *Optimieren* der DB-Zugriffe,
- *Transformieren* der Daten zwischen physischer und logischer Sicht,
- *Speichern* von Moduldaten unterschiedlicher Lebensdauer sowie
- *Sperren* von Anwendungsdaten.

In welcher Weise diese Funktionen realisiert werden, hängt sehr stark vom gegebenen Basissystem ab, also von Betriebssystem, TP-Monitor, DB-System und

Programmiersprache. In dessen Kenntnis kann man die Datenverwaltung konkret entwerfen, im Rahmen dieses Buchs müssen wir uns mit den vorstehend formulierten allgemeinen Anforderungen begnügen.

10.4.4 Batch

Die Standardarchitektur ist für den Batch im Prinzip dieselbe wie für den Dialog; siehe Abb. 10.6(b). Es ist eben eines der Ziele dieser Schichtenstruktur, den Unterschied zwischen Dialog und Batch auf die Ebenen oberhalb des Anwendungskerns zu beschränken. Durch den gemeinsamen Anwendungskern wird nicht nur Entwicklungs- und Wartungsaufwand gespart, sondern vor allem eine homogene Software und eine höhere Integrität der Datenbasis erzielt.

Der *Batchmonitor* ist durch die Funktionen des Betriebssystems gegeben, welche die Abläufe steuern, wie sie in der Job Control Language (JCL) definiert sind. Die *Batchsteuerung* ist — zumindest teilweise — in der JCL geschrieben; sie kann jedoch auch in einer unteren (Teil-) Schicht als Bestandteil der eigentlichen Anwendungssoftware realisiert sein. Die *Batchprogramme* verarbeiten die vorliegenden Eingangsdaten und erzeugen die diversen Ausgaben (Listen, Belege, Datenträger für andere Systeme). Sie bedienen sich dabei — ebenso wie die Dialogfunktionen — der Module des Anwendungskerns, (indirekt) der Datenverwaltung, der Anwendungsdienste und der Fehlerbehandlung.

11

Prozeßorganisation

Die Prozeßorganisation ist eine Entwurfsaktivität im Rahmen der Systemkonstruktion. Sie legt fest, welche Module in welchen Prozessen zum Ablauf kommen und wie die Module über Prozeßgrenzen hinweg kommunizieren. Der Begriff Prozeß wird hier im Sinne des zu verwendenden Betriebssystems verstanden. Durch die Prozeßorganisation wird die notwendige Parallelität in der Ausführung der Anwendungssoftware hergestellt, und zwar mit den Mitteln des Betriebssystems und nicht durch eigene Programmierung asynchroner Konstrukte.

11.1 Was ist ein Prozeß?

11.2 Entwurfsziele der Prozeßorganisation

11.3 Abriß der Prozeßkonzepte

11.4 Was ist ein TP-Monitor?

11.5 Fallbeispiel: CICS

11.1 Was ist ein Prozeß?

Der Prozeß, den wir hier meinen, ist ein fundamentales Konzept in jedem Betriebssystem.[1] Es gibt dafür keine allgemeingültige präzise Definition, sondern nur eine Vielfalt von Umschreibungen. Wir wollen uns mit folgender Charakterisierung begnügen:

> Ein *Prozeß* ist eine Programminkarnation, d.h. eine Einheit aus *Code und Daten*, die auf einem Prozessor unter Kontrolle des Betriebssystems *abläuft*.

Ein zu Prozeß synonymer Begriff ist *Task*.

Auf einem Prozessor kann zu einem bestimmten Zeitpunkt natürlich nur ein Prozeß laufen. Aber es ist eine wichtige Funktion heutiger Betriebssysteme, mehrere Prozesse in sehr kurzen zeitlichen Wechseln ineinander verzahnt, also aus Sicht des Benutzers (quasi-) parallel ablaufen zu lassen. Es wäre völlig unakzeptabel, auf einem größeren Rechner ein Programm für einen Benutzer erst vollständig auszuführen, bevor das nächste an die Reihe kommt, denn

- es entstünde eine unzumutbare Serialisierung für die Benutzer und

- der Prozessor wäre in den Ein/Ausgabezeiten arbeitslos.

Der Prozeß ist also aus Sicht der Anwendungssoftware die elementare Einheit der Asynchronität und Parallelverarbeitung. Bei der Anwendungsentwicklung bedienen wir uns der entsprechenden Möglichkeiten des Betriebssystems, und es gibt keinen Grund, diese durch die Programmierung eigener asynchroner Konstrukte zu ersetzen! Jeder Prozeß gehorcht einem *Zustandsmodell* wie etwa in Abb. 11.1, die eine vereinfachte Fassung zeigt. Das Laufen eines Prozesses wird aus einem von zwei Gründen unterbrochen:

- Er initiiert eine Ein/Ausgabeoperation, bis zu deren Abschluß er nicht lauffähig ist, also warten muß.

- Die ihm zugebilligte Zeit ist abgelaufen. (Die Zeitscheiben liegen typischerweise im Bereich von einigen msec.)

Im allgemeinen sind mehrere Prozesse lauffähig. Der Prozessor wird jeweils einem davon nach einer bestimmten Strategie zugeteilt, wobei unterschiedliche *Prioritäten* zu berücksichtigen sind.

Die Prozeßverwaltung nimmt das Betriebssystem anhand eines *Prozeßkontrollblocks* wahr, der folgende Information enthält:

- die Identifikation des Prozesses,

- sein aktueller Zustand,

- seine Priorität,

- Zeiger auf den dem Prozeß zugewiesenen Speicherbereich,

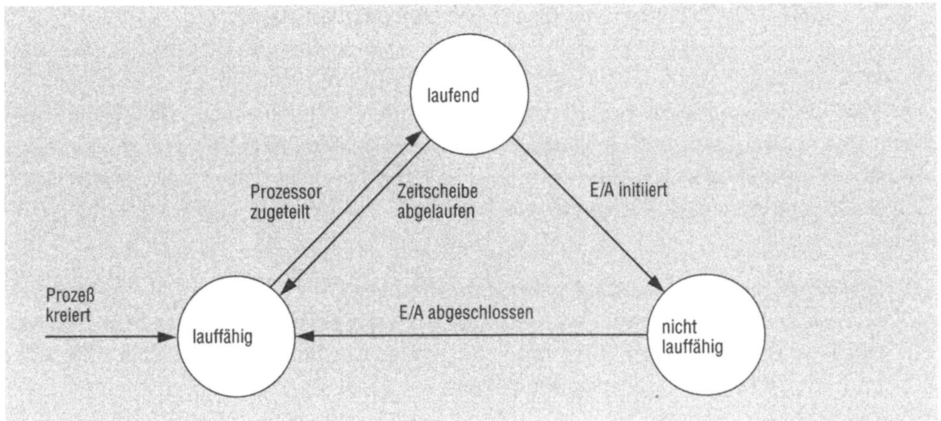

Abb. 11.1 Zustandsmodell eines Prozesses

- die von ihm belegten Ressourcen,
- einen Speicherbereich zum Retten der Registerinhalte.

Ein wichtiger Aspekt des Prozeßkonzepts ist der *Speicherschutz*. Mit Mitteln der Hardware und des Betriebssystems ist es möglich, ein (fehlerhaftes) Programm daran zu hindern, über den Speicherbereich seines Prozesses hinaus in den anderer Prozesse zu greifen und dadurch deren Daten zu zerstören. Damit kann man Anwendungen wirksam gegen Fehler anderer schützen. Leider verfügen nicht alle Systeme über einen solchen Mechanismus.

Mehrere Prozesse können mit einem gemeinsamen Programmcode, sog. *Shared code* arbeiten. Das bedeutet, das Programm wird nur einmal im Speicher gehalten, und mehrere Anwender können damit — natürlich mit unterschiedlichen Daten — in jeweils einem Prozeß arbeiten. Wenn beispielsweise mehrere Programmierer editieren, so steht der Code des Editors nur einmal im Speicher, wohingegen für jeden zu bearbeitenden Text ein eigener Prozeß mit seinem Datenbereich existiert. Shared code muß natürlich wiedereintrittsfähig (*reentrant*) sein.

Prozesse können miteinander kommunizieren. Dafür gibt es verschiedene Formen der *Interprozeßkommunikation*, die man allerdings mit Bedacht nutzen muß; denn der zeitliche *Aufwand* für einen *Prozeßwechsel* ist meist nicht unerheblich. Er braucht eine ganze Menge Rechnerleistung, weil die Anzahl der Maschinenbefehle, die dabei durchlaufen werden, bis zu einigen Tausend betragen kann. Das ist so viel, daß man beim Entwurf schon darauf achten muß, nicht zu viele Prozeßwechsel zu verursachen und die Nutzleistung in einer vernünftigen Relation zum Mehraufwand des Prozeßwechsels zu halten.

11.2 Entwurfsziele der Prozeßorganisation

Das Ziel der Entwurfsaktivität Prozeßorganisation (PO) liegt darin, die Module so in Prozessen anzuordnen, daß ein gutes dynamisches Systemverhalten zustande kommt. Zudem ist festzulegen, wie die Module über Prozeßgrenzen hinweg kommunizieren. Dabei ist eine ganze Reihe einzelner Ziele bzw. Randbedingungen in Betracht zu ziehen:

(1) *Parallelisierung E/A-orientierter Anwendungen*
E/A-intensive Anwendungen, wie z.B. die interaktive Nutzung eines Informationssystems mit seinen Terminal- und Datei-Ein/Ausgaben für viele Benutzer, muß die PO hochgradig parallelisieren.

(2) *Prioritätensteuerung*
Das Festlegen von Verarbeitungsprioritäten ist Aufgabe der PO.

(3) *Speicherschutz*
(Teile von) Anwendungen — insbesondere ihre Daten — lassen sich gegen fehlerhaftes Verhalten anderer durch Einkapseln in Prozessen schützen, sofern entsprechende Mechanismen gegeben sind.

(4) *Speicherplatzrestriktionen*
Manche Rechner beschränken aufgrund ihrer Architektur den Speicherplatz für einen Prozeß. So kann man etwa bei 16-Bit-Rechnern nicht mehr als 64k Speicherplätze adressieren. Solche Restriktionen muß man bei der PO berücksichtigen, etwa indem man Module, die sachlogisch in einen Prozeß gehören, aber dafür zu groß sind, auf mehrere verteilt.

(5) *Mehrfachnutzung von Arbeitsspeicher*
Bei der PO ist die intensive Ausnutzung des Arbeitsspeichers zu bedenken. Dazu zwei Aspekte:

- Shared code: Arbeiten mehrere Anwender mit denselben Funktionen, so sollte der Code nur einmal im Speicher gehalten werden und muß deshalb reentrant sein.

- Overlay: Oft kann nicht der ganze Code resident im (realen) Arbeitsspeicher gehalten werden, sondern muß bei Bedarf nachgeladen werden. Da die ladbare Einheit ein Prozeß ist, ist die Gestaltung der Overlays ein Thema der PO.

(6) *Synchronisation von Dateizugriffen*
Dies ist zwar in der Regel eine Angelegenheit des Datei- oder Datenbanksystems, kann aber bei kleineren, einfacheren Rechnersystemen dort fehlen. Dann kann man sich dadurch behelfen, daß man das Modul, das die Datenzugriffsoperationen exportiert, in nur einem Prozeß ablaufen läßt. Die Synchronisation der Interprozeßkommunikation besorgt dann die Synchronisation der Dateizugriffe gleich mit.

(7) *Bedienung der Peripherie*
Zur Steuerung autonomer, d.h. asynchron arbeitender peripherer Einheiten, wie Terminals, Drucker, DFÜ-Verbindungen, wird oft je ein Prozeß eingerichtet.

(8) *Generierung und (Wieder-) Anlauf der Software*
Der Code eines Prozesses ist die elementare ladbare Einheit und von daher in
der PO zu betrachten unter den Gesichtspunkten

- Generierung, d.h. als Ergebnis von Übersetzen und Binden, und

- (Wieder-) Anlauf, d.h. als kleinste Einheit, die im Prinzip für sich gestartet
  werden kann.

Die vorstehenden Punkte zeigen, daß die PO die Zuordnung der Module zu den
ablauffähigen Prozessen unter sehr verschiedenen Aspekten vorzunehmen hat. Dabei
gibt es immer eine sehr starke Abhängigkeit von dem zu verwendenden Betriebssystem. Eines aber ist nicht Sache der PO: die funktionale Gliederung der Software.
Diese erfolgt bei der Modularisierung, d.h. bei der Bildung der Module, die dann den
Prozessen zuzuordnen sind. Es ist ein häufig auftretendes Mißverständnis, daß Prozesse mit Funktionen, Moduln oder anderen sachlogischen Einheiten gleichgesetzt
werden.

11.3 Abriß der Prozeßkonzepte

Angesichts der Vielzahl von Einflußfaktoren, die beim Entwurf eines Prozeßkonzepts
zu beachten sind, ist es nicht erstaunlich, daß sich keine Standardlösung anbietet.
Vielmehr sind die Hersteller von Hardware und Systemsoftware vor eine Reihe von
Entwurfsentscheidungen gestellt, wenn es darum geht, für einen Rechner ein oder
mehrere Prozeßkonzepte zu entwickeln. Wenn davon auf einer Anlage mehrere zur
Verfügung stehen, hat wiederum der Entwickler die Wahl, welches davon für eine
spezielle Anwendung zu wählen und wie es zu nutzen ist. Um diese Entscheidungen
zu treffen, ist es erforderlich, der Frage nachzugehen, welche Merkmale verschiedene
Formen der Prozeßorganisation aufweisen.
Wozu braucht man überhaupt eine Prozeßorganisation? Die Definition des Prozeß-
begriffs in Abschnitt 11.1 zeigt, daß jede Ausführung eines Programms das Vorhandensein eines Prozesses bedingt. Trotzdem gibt es Fälle, in denen das Prozeßkonzept
so trivial ist, daß man es gar nicht erwähnt — dann nämlich, wenn zu jeder Zeit
nur ein Prozeß existiert. Alle verfügbaren Betriebsmittel sind dann natürlicherweise
diesem einen Prozeß zugeordnet, so daß sie sich durch ihr bloßes Vorhandensein
selbst verwalten. Dies ist heutzutage nur noch bei Arbeitsplatzrechnern (PCs, Workstations) der Fall (sie beziehen ihre Stärke wesentlich aus der Tatsache, daß ihre
Betriebsmittel ständig einem einzigen Benutzer zugeordnet sind), und selbst hier
wächst die Zahl nichttrivialer Prozeßkonzepte. Prozeßorganisation wird also dort in-
teressant, wo mehrere Prozesse gleichzeitig existieren. Dafür kann es zwei Gründe
geben: Zum einen um *mehrere Benutzer gleichzeitig* zu bedienen, zum anderen kann
es vorteilhaft sein, *für einen Benutzer mehrere Prozesse* vorzusehen. Im Zuge der
Prozeßorganisation werden einige Entwurfsentscheidungen fällig, insbesondere bezüglich der Zuteilung der Betriebsmittel zu Prozessen; sie hängt also davon ab, wie

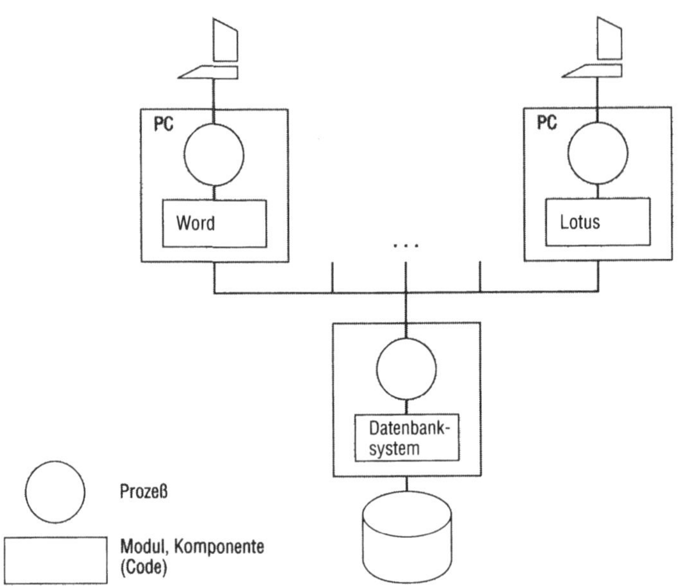

(a) Vernetzte Arbeitsplatzrechner

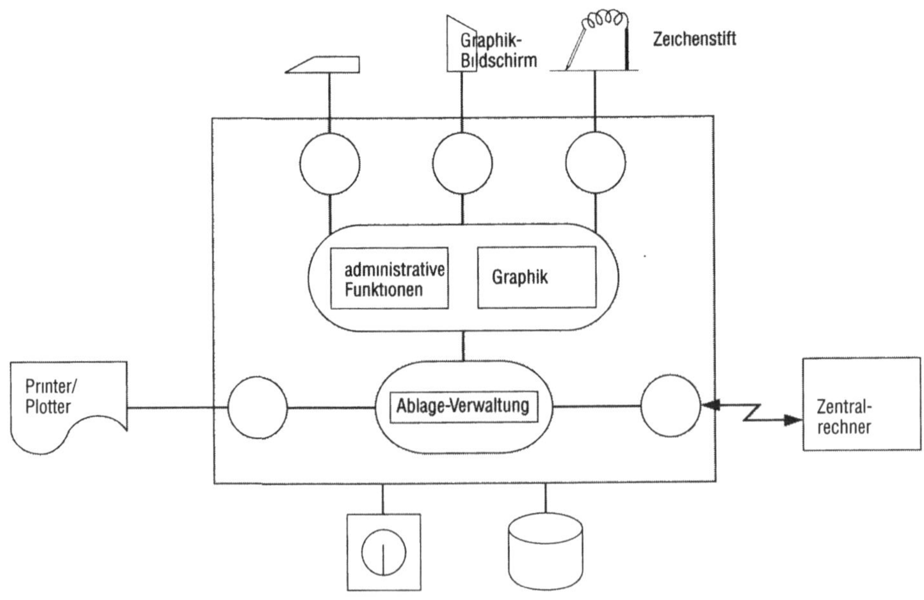

(b) Graphischer Arbeitsplatz

nur wenige Batchläufe gleichzeitig gefahren, die sich in der Prozessornutzung abwechseln, Speicher und Dateien aber meist über Minuten bis Stunden festhalten. Entsprechend verhalten sich Betriebssysteme für derartige Anwendungen: Sie teilen Speicher in großen Mengen (bis einige Megabyte virtuell) zu; die Zuordnung von Datenbeständen zu einem Batchlauf geschieht dateiweise und oft exklusiv.

Echtzeitsysteme

Im Gegensatz zu Batchsystemen stehen die Echtzeitsysteme, deren Prozeßorganisation auf die Kommunikation mit oftmals vielen externen Partnern — menschlichen oder technischen — eingerichtet sein muß.

Dialogsysteme

Wie sieht die Situation bei Dialogsystemen aus? Zunächst sind teilweise andere Betriebsmittel zu verwalten als im Batch: Bildschirme und andere Kommunikationseinrichtungen spielen eine große Rolle, wogegen Drucker und Magnetband in ihrer Bedeutung zurücktreten. Eine auf wenig Parallelität ausgelegte Prozeßorganisation würde als unzumutbar empfunden, da eine Vielzahl von Benutzern zumindest scheinbar gleichzeitig bedient werden will. Die Anforderungsprofile sind hier nicht einheitlich und lassen sich in drei Gruppen einteilen.

Arbeitsplatzrechner

Betrachten wir zunächst eine Architektur, die aus untereinander vernetzten Arbeitsplatzrechnern besteht, Abb. 11.3(a). Jeder Rechner fährt zunächst nicht mehr als einen Prozeß, womit eine Vielzahl von Anwendern vollauf zufrieden ist. Im kommerziellen Bereich möchte man aber auch bei PC- oder Workstation-Anwendungen oft auf gemeinsame Daten zugreifen, so daß eine Vernetzung mit einem sogenannten File-Server nötig wird, der wiederum ein Arbeitsplatzrechner oder eine größere Anlage sein kann. Dann läuft auf dem File-Server ein Prozeß zur Bedienung der angeschlossenen Netzknoten; je nach Beschaffenheit des Netzes läuft auf jedem angeschlossenen Netzknoten ein zusätzlicher Prozeß, der die Netzkommunikation realisiert.

Als Spezialfall eines Arbeitsplatzrechners mit mehreren Prozessen zur Bedienung eines einzigen Benutzers zeigen wir einen für die Bundespost entwickelten Interaktiven Graphischen Arbeitsplatz (IGAP) auf der Basis eines Prozeßrechners, Abb. 11.3(b). Hier ist eine Vielfalt von Peripheriegeräten mit relativ eigenständiger Software zu betreiben, so daß man sich für eine Lösung mit je einem Prozeß für die Tastatur, den Zeichenstift, den Bildschirm, die Datenbasis, die Datenfernübertragung, die Graphik und die eigentliche Anwendungsfunktionalität entschied. Im Gegensatz zu Prozessen, die verschiedene Benutzer bedienen, müssen sich die Prozesse des IGAP relativ häufig synchronisieren, um sich Aufträge zu geben und Rückmeldungen über deren Ausführung auszutauschen, wofür der *Remote procedure call* als Kommunikationsmittel zwischen Prozessen eingesetzt wird.

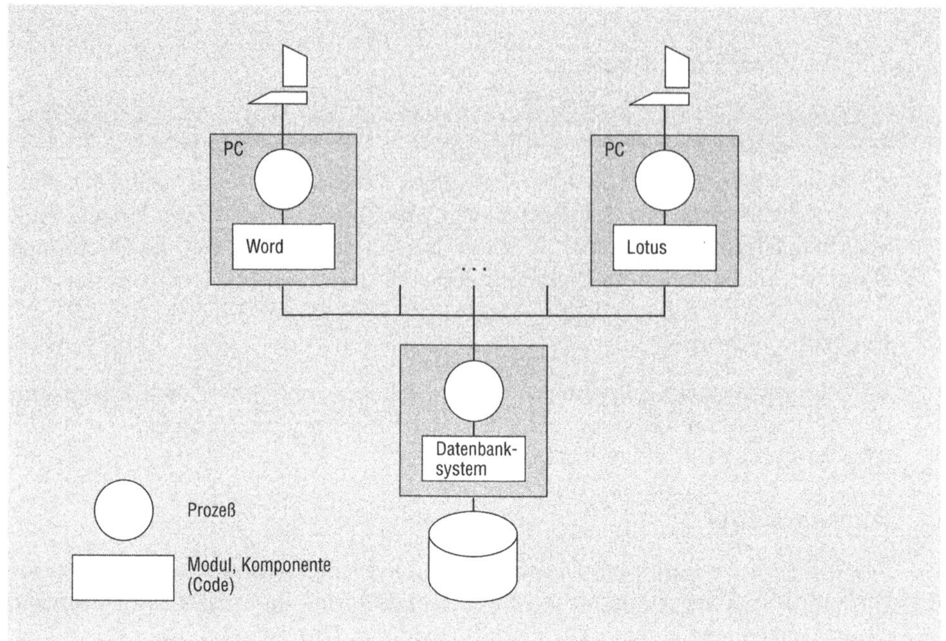

(a) Vernetzte Arbeitsplatzrechner

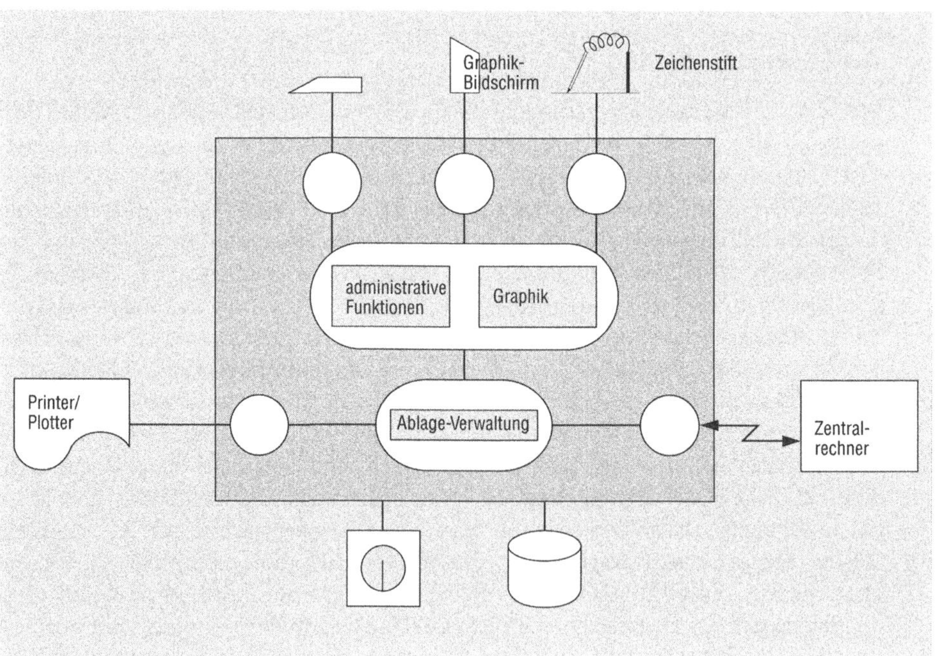

(b) Graphischer Arbeitsplatz

Abb. 11.3 Verschiedene Prozeßorganisationen

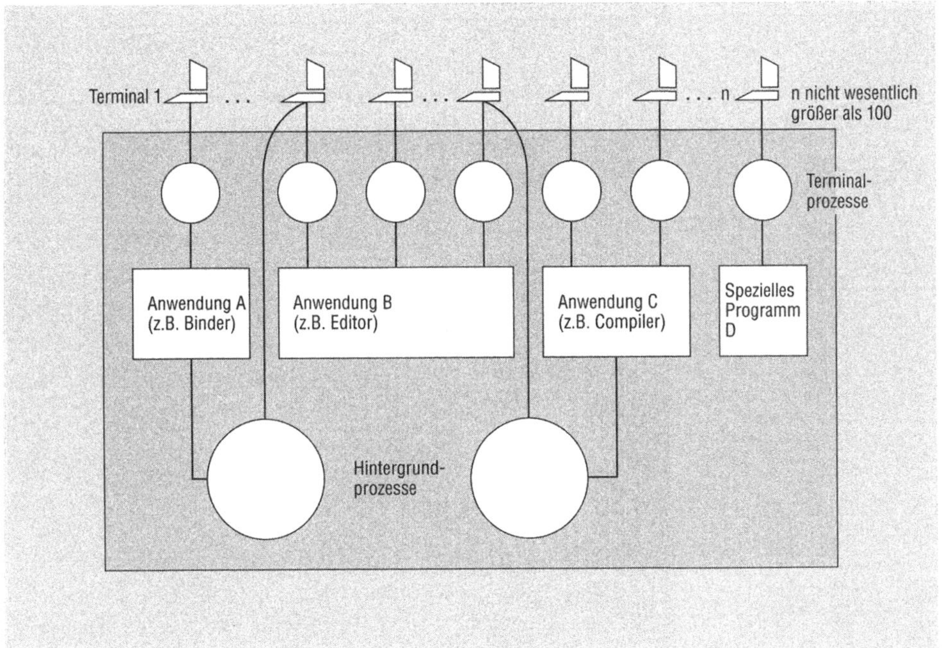

(c) Teilnehmerbetrieb

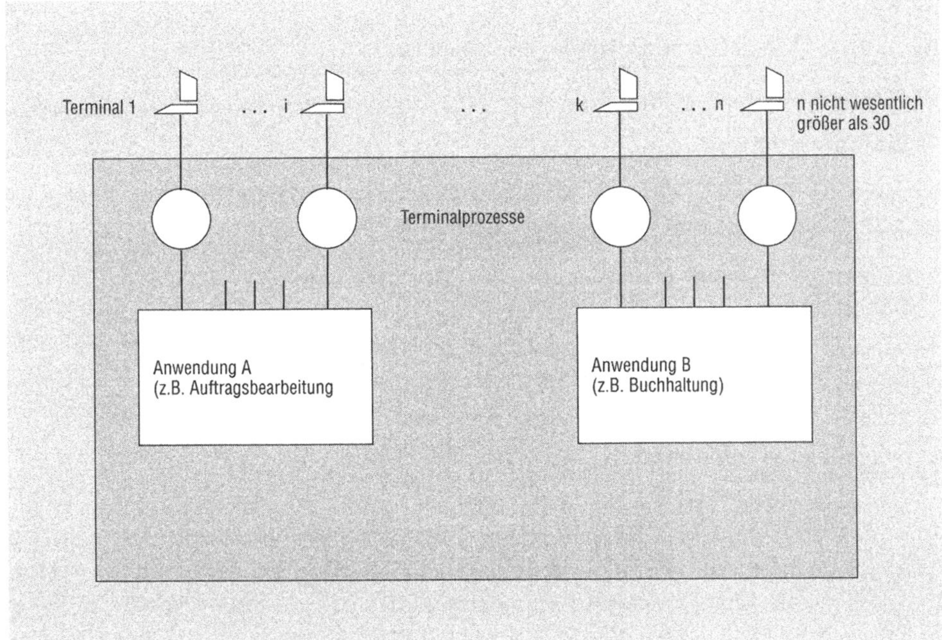

(d) Teilhaberbetrieb mit Minirechnern

Abb. 11.3 Verschiedene Prozeßorganisationen

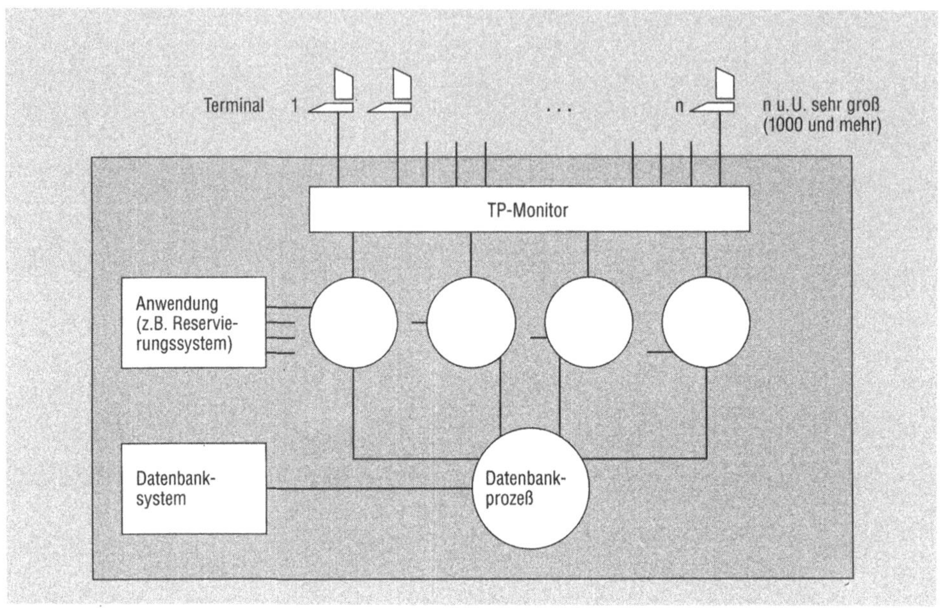

(e) Teilhaberbetrieb mit TP-Monitor

Abb. 11.3 Verschiedene Prozeßorganisationen

Teilnehmersysteme

Typisch für die zweite Gruppe von Dialogbenutzern sind Softwareentwickler. Ihre Nutzung der Betriebsmittel ist durch folgende Merkmale gekennzeichnet:

- schlechte Voraussagbarkeit der einzelnen Anforderungen (Editieren, Compilieren, Dateipflege etc.),
- hohe CPU-Last, z.B. beim assoziativen Suchen mit dem Editor oder im Data Dictionary sowie beim Compilieren,
- hohe I/O-Raten, da ganze Dateien (Programmquellen) bearbeitet werden,
- hohe Speicheranforderungen, um extreme I/O-Belastung zu vermeiden.

Der wesentliche Unterschied zu Batchläufen besteht also nicht in der Menge der Betriebsmittel, sondern in dem Rhythmus, in dem diese angefordert werden: Die Wartezeiten der Prozesse sind, bedingt durch die Reaktionszeit der Benutzer, so lang, daß die Freigabe knapper Ressourcen zwischendurch dringend erforderlich ist. Neben Softwareentwicklern haben allgemein technische Anwender ähnliche, manchmal sogar höhere Anforderungen, beispielsweise im CAD-Bereich. Dialogsysteme der eben beschriebenen Art nennt man Teilnehmersysteme.

Ein Teilnehmersystem ordnet jedem Entwickler zunächst einen Prozeß mit vergleichsweise vielen Betriebsmitteln zu, Abb. 11.3(c). Die Anzahl der Benutzer ist deshalb begrenzt und liegt meist nicht höher als 100. Manche der anfallenden Aufgaben verbrauchen mehr Betriebsmittel als in einem der Terminalprozesse verfügbar sind, so daß sie in Hintergrundprozesse ausgelagert werden. Dazu gehören Programmgenerierungen (durch Präprozessoren, Compiler, Binder) sowie komplexe Auswertungen aus Projektbibliotheken oder Data Dictionaries. Ziel einer solchen gemischten Prozeßorganisation ist es, Anwendungen mit hohem Interaktionsgrad, wie Editoren und Debugger, in einem Dialogprozeß hoher Priorität laufen zu lassen, die Antwortzeiten im Dialog jedoch nicht durch CPU-intensive Langläufer zu belasten.

Teilhaber- bzw. Transaktionssysteme

Die dritte Gruppe von Dialogbenutzern sind EDV-Sachbearbeiter im kaufmännisch-administrativen Bereich oder in der Produktion, die mit betrieblichen Informationssystemen arbeiten. Für sie wird die Masse aller Dialoganwendungen geschrieben. Ihre Betriebsmittelanforderungen unterscheiden sich von denen der Software-Entwickler durch

- gute Vorhersagbarkeit der Anforderungen, da alle Dialogabläufe festliegen und bekannt ist, an wievielen Arbeitsplätzen welche Anwendungen benutzt werden,

- niedrige bis mittlere CPU-Last, da in jedem Dialogschritt meist nur wenige Daten ausgewertet werden und komplexe Algorithmik, falls vorhanden, oft in den Batch ausgelagert wird,

- niedrige I/O-Raten, da sich ein Dialog nur auf wenige Sätze der Datenbasis, nie auf ganze Dateien bezieht,

- niedrige Speicheranforderungen aus demselben Grund.

Es wäre jedoch leichtsinnig, aus diesen Charakteristika zu schließen, betriebliche Informationssysteme könnten ohne besondere Vorsicht bei der Nutzung von Betriebsmitteln realisiert werden. Das Gegenteil ist der Fall, denn

- die Zahl der Terminals kann sehr hoch sein. Große Teilnehmersysteme bedienen typischerweise 50 bis 100 Softwareentwickler, die zudem nicht während ihrer gesamten Arbeitszeit am Bildschirm sitzen. Sie entwickeln jedoch Systeme, die nach ihrer Fertigstellung von hunderten, manchmal sogar tausenden Anwendern zugleich benutzt werden, deren vergleichsweise geringe Betriebsmittelanforderungen in der Summe respektable Größenordnungen annehmen;

- die große Zahl der Benutzer bzw. Geschäftsvorfälle führt zu hohen Transaktionsraten (bis zu 100 Transaktionen (Dialogschritte) pro Sekunde);

- die Benutzer verlangen zu Recht kurze Antwortzeiten (≤ 1–3 Sekunden). Dieses Ziel ist meist wichtiger als eine hohe Systemauslastung;

- sehr viele kurze Transaktionen sind konkurrierend auszuführen;

- das Verkehrsaufkommen ist stochastisch;

- der Zugriff auf gemeinsame Datenbestände mit größtmöglicher Aktualität muß synchronisiert werden;

- die Anforderungen an die Verfügbarkeit der Systemleistung können extrem hoch sein.

Dialogsysteme mit den soeben beschriebenen Eigenschaften nennt man Teilhaber- oder auch Transaktionssysteme. Ihr Prozeßkonzept muß anders aussehen als eines mit vergleichsweise geringer Parallelität. Die Schaffung von Prozessen, die Zuteilung von Betriebsmitteln muß ohne großen Aufwand möglich sein, da sie sehr oft erfolgt. Betriebsmittel müssen in kleinen Portionen (einige Kilobyte Speicher, einzelne Dateisätze) den einzelnen Prozessen zugeteilt werden können.

Kleinere betriebliche Informationssysteme laufen oft auf sog. *Minirechnern*. Bis auf die eingeschränkte Anzahl der Benutzer (nicht viel mehr als 20) gelten hier die Charakteristika von Transaktionssystemen. Ihre Betriebssysteme erlauben, pro Benutzer einen Prozeß zu schaffen, der dann entsprechend wenig Betriebsmittel in Anspruch nimmt, Abb. 11.3(d).

Teilhabersysteme lassen sich auf *Großrechnern* nicht nach derselben Strategie implementieren wie auf Minirechnern. Die typischen Betriebssysteme für Großrechner gehen nämlich davon aus, daß ein Prozeß viele Betriebsmittel benötigt. Dies ist im Batchbetrieb, der neben den Dialoganwendungen wichtig ist und bleibt, tatsächlich der Fall. Was soll man also tun, wenn man Hunderte, ja sogar Tausende von Benutzern gleichzeitig bedienen muß? Man entscheidet sich meist nicht dafür, das komplette Betriebssystem wegzuwerfen und durch ein spezielles für den Teilhaberbetrieb zu ersetzen. Diese Lösung erscheint zwar elegant, ist aber aus zwei Gründen nicht machbar: Zum einen will man neben dem Transaktionsbetrieb oft noch andere Anwendungen fahren, die das Standard-Betriebssystem brauchen. Zum anderen gibt es spezielle „Transaktions-Betriebssysteme" so gut wie nicht, zumindest nicht für die in diesem Bereich üblicherweise zum Einsatz kommenden Rechner[2]. Aus diesem Grund setzt man zusätzlich zum Betriebssystem ein Softwareprodukt ein, das eine Vielzahl von Terminals bedienen kann, Abb. 11.3(e). Ein solches Produkt heißt aufgrund seiner Aufgabe, viele Benutzer-Transaktionen zu koordinieren, *Transaktions-* oder kurz *TP-Monitor* (engl. Transaction bzw. Tele-Processing Monitor).

Prozeßsysteme

Sie kontrollieren technische Einrichtungen aller Art; sie steuern industrielle Anlagen, z.B. Walzstraßen oder Kraftwerke, überwachen und regeln Flugzeuge und Raketen, sind das Kontrollzentrum von Meßgeräten und Robotern, übernehmen immer mehr Funktionen in unseren Autos und Haushaltsgeräten. Dabei werden entweder Universal- (Prozeß-) Rechner oder Mikroprozessoren eingesetzt. Mikroprozessoren zur Gerätesteuerung wurden häufig ohne Betriebssystem, also direkt auf der Hardware, programmiert. Erst seit kurzem gibt es dafür Betriebssysteme wie etwa VRTX oder C-Executive. Ihre Prozeßorganisation ist noch wenig standardisiert; wir verzichten deshalb auf eine eingehende Behandlung.

---

[2] Ein Beispiel für ein solches Transaktions-Betriebssystem ist das (uralte) ACP/TPF (Airline Control Program/Transaction Processing Facility) von IBM, auf dem u.a. System One arbeitet, das Reservierungssystem, das künftig auch Amadeus benutzt und das 1000 Transaktionen pro Sekunde bewältigen soll.

11.4 Was ist ein TP-Monitor?

Ein TP-Monitor ist eine Art spezielles Betriebssystem, das auf bzw. in dem eigentlichen Betriebssystem (z.B. MVS oder BS2000) sitzt und Transaktionsanwendungen mit ihren vielen Benutzern an deren Terminals steuert und verwaltet.

11.4.1 Funktionalität eines TP-Monitors

Der Hauptzweck eines TP-Monitors ist die *operative (d.h. Laufzeit-) Steuerung* der Anwendung. Dafür bietet er im wesentlichen folgende Funktionen:

- Ablaufkontrolle einer Transaktion (Dialogschritt[3]):

  - Auswahl und Aufruf des Transaktionshauptprogramms — das ist in unserer Standardarchitektur die Dialogsteuerung — anhand des vom Benutzer eingegebenen Transaktionscodes (TAC),

  - ggf. Aktivierung weiterer (Unter-) Programme, die vom Hauptprogramm direkt oder indirekt gerufen werden;

- Zuteilung von Betriebsmitteln (Programme, Prozesse, Arbeitsspeicher);

- Kommunikation mit den Peripheriegeräten (Terminals, Drucker): Empfangen/ Senden der Nachrichten von/zu den Endgeräten und Aufbereiten derselben, so daß die Anwendungssoftware von der — evtl. unterschiedlichen und oft wechselnden — Physik der Hardware unberührt bleibt;

- Kommunikation mit der Datenbasis: Diese kann, muß aber nicht über den TP-Monitor laufen. Wenn Datenbank und TP-Monitor eng verzahnt sind, spricht man auch von einem DB/DC- (Data Base/Communication-) System; IMS von IBM ist beispielsweise ein solches;

- Sicherung der eingehenden Nachrichten;

- Wiederanlauf (Recovery/Restart): Mechanismen, die nach dem Absturz einer einzelnen Transaktion oder des gesamten Systems einen geordneten Neubeginn ermöglichen;

- Zugangskontrolle durch Prüfen der Benutzerberechtigung für eine bestimmte Anwendung.

Über diese operativen Funktionen hinaus leisten TP-Monitore auch einen Beitrag zur *Administration* und *Überwachung* ihrer Anwendungen:

- Verwalten der Informationen über

  - Benutzer,

  - Terminals,

  - Drucker,

---

[3] Ein *Dialogschritt* ist die Verarbeitung einer Eingabe, er beginnt mit dem Empfang der Eingabe und endet mit dem Senden der Ausgabenachricht.

- Programme,
- Dateien.

So gesehen, ist ein TP-Monitor ein eigenes Informationssystem, das es beispielsweise gestattet, einen neuen Drucker dem System bekannt zu geben, seine Attribute zu ändern und ihn bei Bedarf auch wieder abzuhängen. TP-Monitore übernehmen diese Aufgaben unterschiedlich vollständig und unterschiedlich komfortabel. Im Idealfall bieten sie eine maskengeführte Benutzerschnittstelle, über die der Systemadministrator seine Änderungen einbringen kann, während das System läuft. Oft ist es allerdings erforderlich, das System herunterzufahren, mit viel Akribie Assembler-Tabellen zu korrigieren und es dann wieder neu zu starten.

- Monitoring und Debugging: Da die Anwendung unter Kontrolle des TP-Monitors abläuft, können wir von ihm erfahren,

  - welche Programme wie oft aufgerufen werden,
  - wieviele I/Os und wieviel CPU-Zeit sie jeweils verbrauchen,
  - wie die Speicherauslastung aussieht und
  - welche Fehlersituationen aufgetreten sind. Zudem gestatten es die meisten TP-Monitore, das System in einem Debugging-Modus laufen zu lassen.

Dies ist nur ein knapper Überblick der Funktionalität von TP-Monitoren; tiefer darauf eingehen ließe sich nur anhand konkreter Systeme, was den Rahmen dieses Buchs sprengen würde. Bedauerlicherweise gibt es außer Handbüchern kaum Literatur zu diesem Thema.[4]

11.4.2 Konversationelle vs. transaktionsorientierte Programmierung

Die natürliche Art, einen Dialog zu programmieren, läuft auf etwa folgendes Schema hinaus:

```
Login-Aufforderung aufbereiten/
              senden;
Login-Eingabe empfangen /
              verarbeiten;
while not Logout
      loop Ausgabe aufbereiten/
              senden;
           -- Auf Eingabe warten,
           -- solange der Benutzer denkt.
           Eingabe empfangen/
              verarbeiten;
      end loop;
```

---

[4] Eine löbliche Ausnahme bildet das lesenswerte Buch [Meyer-Wegener 88] über *Transaktionssysteme*.

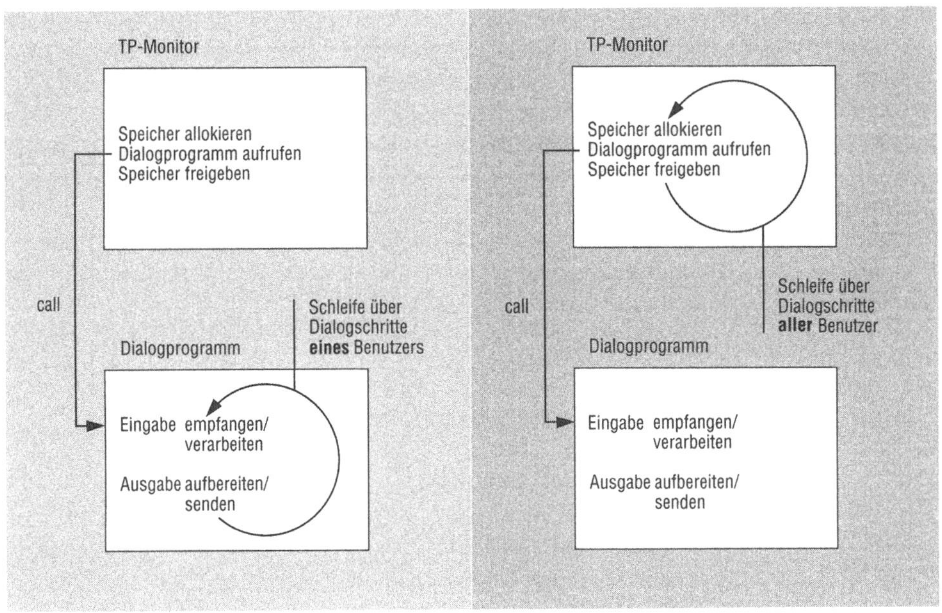

(a) konversationell   (b) transaktionsorientiert

Abb. 11.4 Konträre Arten der Dialogprogrammierung

Diese Programmstruktur nennt man *konversationell* [5], weil sie den Dialog zwischen Benutzer und Programm unmittelbar widerspiegelt. Man kann sie allerdings nur benutzen, solange die Anzahl der Benutzer gering ist; denn sie geht mit den Betriebsmitteln (Prozesse und Arbeitsspeicher) viel zu verschwenderisch um.

In Transaktionssystemen dauert die Verarbeitung einer Benutzereingabe meist nicht sehr lang; die Software wird auf kurze Antwortzeiten optimiert. Wesentlich länger, typisch um einen Faktor 100, dauert die Denk- und Eingabephase des Benutzers. Wäre in diesem Zeitraum ein konversationell geschriebenes Programm in einem Prozeß aktiv und würde Arbeitsspeicher beanspruchen, so wäre der Prozeß um denselben Faktor 100 länger aktiv als das System tatsächlich für den Benutzer rechnet. Über alle Benutzer und Prozesse gemittelt bedeutet das: der Betriebsmittelbedarf wäre um den Faktor 100 höher als unbedingt nötig.

Deshalb wird man in der Regel *transaktionsorientiert* programmieren, d.h. jede Benutzereingabe startet einen neuen Prozeß, der sofort nach der Bildschirmausgabe wieder beendet wird. Die Steuerung dafür übernimmt der TP-Monitor.

Den wesentlichen Unterschied zwischen konversationeller und transaktionsorientierter Programmierung erkennt man aus Abb. 11.4: (a) Bei einem konversationellen Programm liegt die Schleife über die Dialogschritte im Dialogprogramm, (b) bei einem transaktionsorientierten dagegen wird sie im TP-Monitor gezogen. Im Fall (a)

---

[5] Diese Bezeichnung stammt aus dem CICS-Sprachgebrauch.

wird also ein Prozeß und der ihm zugewiesene Speicher für die ganze Dauer der Dialogsitzung gebunden, bei (b) nur für die kurze Zeit eines Dialogschritts. Konversationelle Programmierung führt also zu einem hohen Verbrauch an Prozessen und Arbeitsspeicher, der bei einer großen Zahl von Benutzern zum Kollaps eines Transaktionssystems führen kann. Deshalb ist bei Anwendung eines TP-Monitors, dessen Zweck ja gerade die Bedienung einer großen Zahl von Terminals ist, die transaktionsorientierte Programmierung die Regel, ja geradezu eine Notwendigkeit.

Der transaktionsorientierte Programmierstil hat auf die nach Eintreffen der Benutzereingabe loslaufende Komponente, die *Dialogsteuerung*[6], tiefgreifende Auswirkungen. Konversationell realisiert sähe sie so aus:

```
procedure Dialogsteuerung is
begin
      Dialogzustand := Anfang;
      while Dialogzustand ≠ Ende
            loop Ausgabe aufbereiten/
                          senden;
                 Eingabe empfangen/
                          verarbeiten;
                 Dialogzustand := Folgezustand (Dialogzustand, Eingabe);
            end loop;
end Dialogsteuerung;
```

Das geht aber nicht, weil zwischen Senden und Empfangen die Kontrolle abgegeben werden muß. So ergibt sich folgende — transaktionsorientierte — Struktur der Dialogsteuerung:

```
procedure Dialogsteuerung is
begin
      Zustandsinformation lesen;
      if Dialogzustand ≠ Anfang
      then Eingabe empfangen/
                      verarbeiten;
            Dialogzustand := Folgezustand (Dialogzustand, Eingabe);
      end if;
      if Dialogzustand ≠ Ende
      then Ausgabe aufbereiten/
                      senden;
      end if;
      Zustandsinformation schreiben;
end Dialogsteuerung;
```

Die schematische Einfachheit täuscht; realistische Dialogsteuerungen gehören oft zu den komplexesten Moduln einer Anwendung.

---

[6] Siehe Abschnitt 10.4.2 (Dialogführung).

11.4.3 Beispiele für TP-Monitore

Wir wollen die TP-Monitore

- CICS (Customer Information Control System) von IBM,
- UTM (Universeller Transaktionsmonitor) von Siemens,
- Pathway von Tandem

ganz kurz charakterisieren.

CICS

Wir betrachten hier CICS unter MVS. Es läuft in einer einzigen (MVS-) Task, belegt somit eine Region und ist aus Sicht des MVS ein ganz normaler Job, der sich von einem Batchjob höchstens durch seine (höhere) Priorität unterscheidet. Zur Ausführung eines jeden Dialogschritts kreiiert CICS eine selbst verwaltete Task, Abb. 11.5(a). Zu einem bestimmten Zeitpunkt existieren davon gerade so viele, wie Benutzereingaben zu bearbeiten sind. Die Beendigung einer CICS-Task erfolgt nicht automatisch mit Ausgabe der Maske, sondern muß explizit codiert werden (z.B. durch ein CICS RETURN TRANSID). Die Verpflichtung der Entwickler auf transaktionsorientierte Programmierung besagt unter CICS nichts anderes, als daß sie ihre Tasks auch wirklich brav beenden.

Problematisch ist bei CICS, daß alle Tasks im selben Adreßraum laufen und sich deshalb bei Programmierfehlern gegenseitig abschießen können. Keine Mühe bereitet es auch, das CICS selber zum Absturz zu bringen. Daraus ergibt sich als zwingende Konsequenz, daß für Entwicklung und Produktion unterschiedliche CICSe bereitgestellt werden müssen. Im Interesse des Betriebsklimas empfiehlt es sich sogar, jedem Projektteam sein eigenes CICS zu geben.

Ein bei CICS häufiges und unangenehmes Problem ist Speicherknappheit[7]. Es tritt allerdings nur dann auf, wenn man nicht mit XA (Extended Architecture der /370), d.h. nicht mit 31 Bit Adreßbreite (= 2 GB), sondern nur mit 24 Bit (= 8 MB) arbeitet. Ohne XA müssen sich die Subtasks 8 MB virtuellen Adreßraum teilen. Das ist nicht besonders viel, wenn es darum geht, Code eines großen Systems und Daten von vielen hundert Benutzern unterzubringen. Wichtigster Grund für transaktionsorientierte Programmierung war hier also die sparsame Nutzung von *virtuellem* Adreßraum! Mit XA verliert dieses Argument seine Gültigkeit.

Ein weiteres (aber weniger gravierendes) Problem ist das Zusammenspiel zwischen CICS und dem Demand Paging. Wenn nämlich die MVS-Task, in der CICS arbeitet, auf einen Page Fault läuft, dann müssen alle CICS-Anforderungen solange warten, bis er aufgelöst ist.

In Abschnitt 11.5 gehen wir noch genauer auf CICS, den wohl am weitesten verbreiteten TP-Monitor, ein.

---

[7]Speicherknappheit führt zu der berühmt-beruchtigten Meldung „CICS under stress".

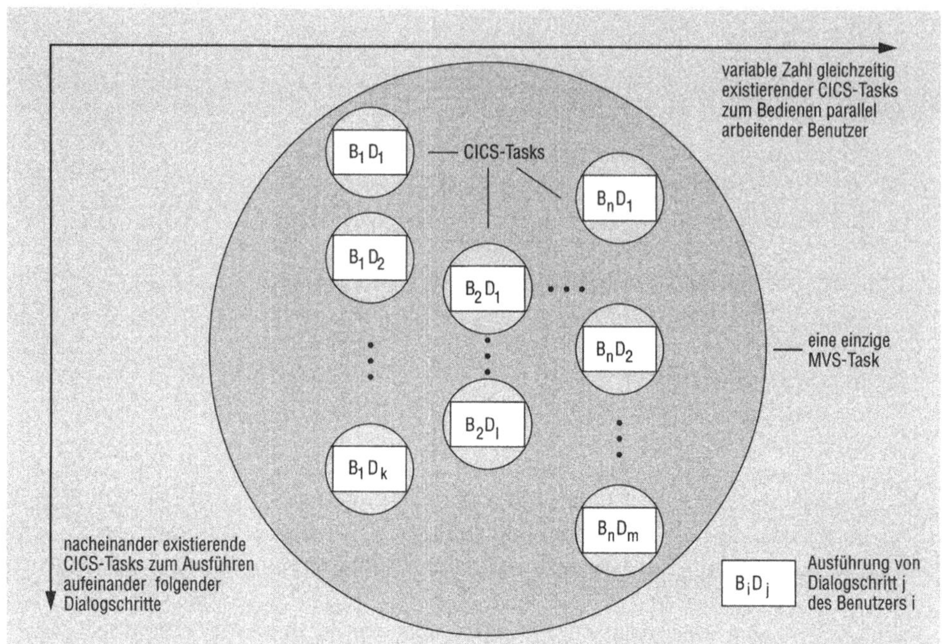

(a) MVS-Nutzung durch CICS

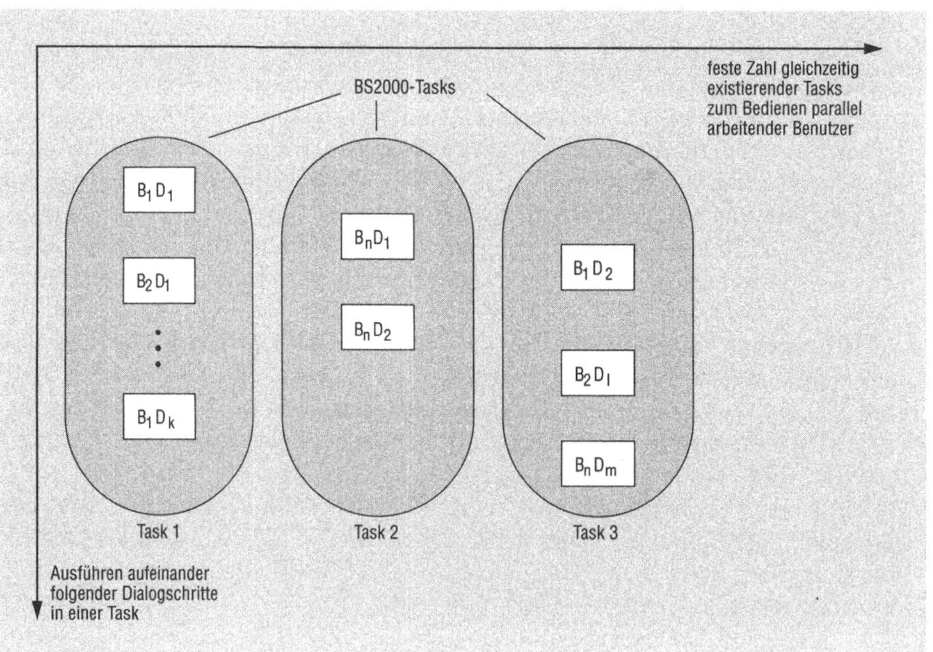

(b) BS2000-Nutzung durch UTM

Abb. 11.5 Nutzung der Betriebssystemprozesse durch verschiedene TP-Monitore

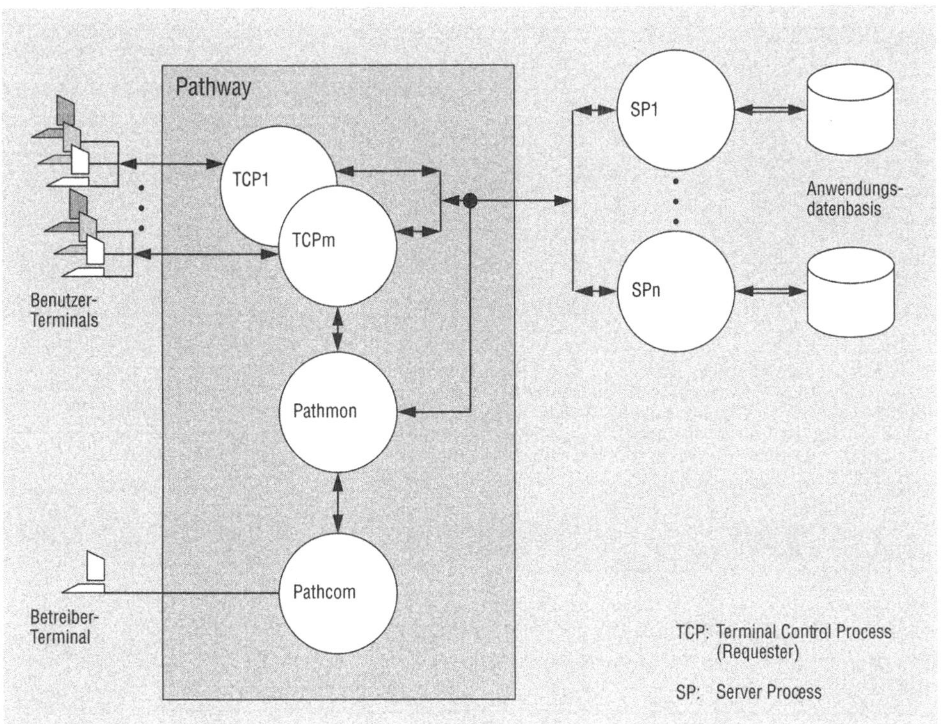

(c1) Guardian-Nutzung durch Pathway: Requester-, Server- und Kontrollpro-
zesse

Abb. 11.5 Nutzung der Betriebssystemprozesse durch verschiedene TP-Monitore

UTM

UTM läuft in erster Linie auf BS2000, neuerdings gibt es auch eine UNIX-Version
(UTM-X). Während andere TP-Monitore dem Betriebssystem gegenüber als ganz
normale Anwendung auftreten, ist UTM als Komponente des BS2000 aufzufassen.

UTM belegt eine feste, aber konfigurierbare Anzahl von BS2000-Tasks, denen es
die Dialogeingaben reihum zuteilt, Abb. 11.5(b). Jede der BS2000-Tasks arbeitet
also streng sequentiell Eingaben von ganz unterschiedlichen Benutzern ab. Die Zahl
der Tasks sollte möglichst klein, jedoch so gewählt sein, daß stets mindestens eine
rechenbereit ist, d.h. nicht auf Ein/Ausgabe wartet. Somit hängt diese Zahl mit der
Zahl der I/Os in einem Dialogschritt zusammen und liegt typischerweise unter 10.

Zur Verwaltung von mittel- und langfristigen Daten bietet UTM Speicherbereiche
unterschiedlicher Lebensdauer an. Er gewährt Speicherschutz der Tasks untereinander; auch ist es nicht möglich, durch Programmierfehler das UTM selbst abzu-
schießen.

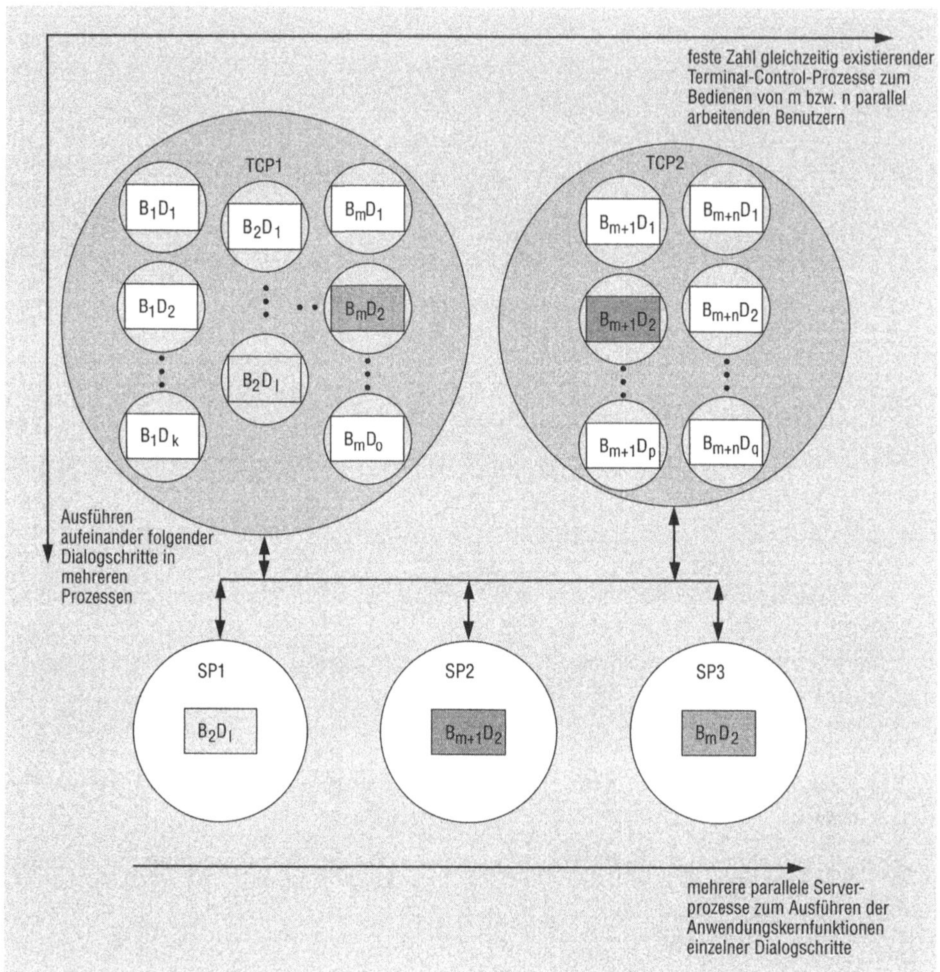

(c2) Guardian-Nutzung durch Pathway: Abwicklung der Dialogschritte in Requester- und Server-Prozessen

Abb. 11.5 Nutzung der Betriebssystemprozesse durch verschiedene TP-Monitore

Eine der Stärken von UTM liegt in seiner Kommunikationsfähigkeit: Verschiedene UTMe können sich ganz hervorragend miteinander unterhalten. Insbesondere im Zusammenspiel mit UTM-X bieten sich dadurch elegante Möglichkeiten der verteilten Verarbeitung.

Pathway

Die Tandem-NonStop-Systeme mit ihrem Betriebssystem Guardian sind — anders als das batchorientierte MVS — von Hause aus für Transaktionsverarbeitung konzipiert. Dennoch braucht man auch in diesem Fall einen TP-Monitor, Pathway genannt.

Pathway nutzt Guardian-Prozesse in der Abb. 11.5(c1) dargestellten Weise. Ein Terminal Control Process (TCP) steuert eine feste Menge von Terminals. Bei sehr vielen Terminals kann es sinnvoll sein, mehrere TCPs einzurichten, die gleichartig in dem Sinn sind, daß sie mit demselben Code arbeiten. Dieser ist in einer spezifischen Sprachvariante, Screen Cobol, zu schreiben und enthält die über den Maskengenerator Pathaid erzeugte Bildschirmschnittstelle. Im Sprachgebrauch unserer Standardarchitektur ausgedrückt, siehe Abb. 10.6, handelt es sich beim TCP-Code um die Dialogführung.

Die TCPs treten als sog. Requester gegenüber den Serverprozessen auf. Das sind ganz normale Guardian-Prozesse, mit denen die TCPs via Interprozeßkommunikation verkehren. In den Serverprozessen kommen die Module des Anwendungskerns zum Ablauf, und deshalb stecken darin auch die Zugriffe auf die Anwendungsdatenbasis. Ein Dialogschritt wird also nicht wie bei CICS oder UTM in einem einzigen Prozeß abgewickelt, sondern in einem TCP und einem Serverprozeß, evtl. auch in mehreren, falls verschiedene Anwendungskernmodule gebraucht werden. Siehe dazu Abb. 11.5(c2).

Die TCPs und ihre Verbindung mit den Serverprozessen werden von einem speziellen Prozeß, Pathmon, überwacht. Der Betreiber der Transaktionsanwendung kann diese über einen weiteren Spezialprozeß, Pathcom, steuern.

Zusammenfassend: Pathway ist durch die skizzierte Nutzung von Guardian-Prozessen charakterisiert und besteht aus dem Code für die TCPs, Pathmon und Pathcom sowie einigen Utilities (Screen Cobol, Maskengenerator). Die Serverprozesse sind nicht Teil von Pathway.

11.5 Fallbeispiel: CICS

CICS ist, wie in Abschnitt 11.4.3 erwähnt, der TP-Monitor mit der größten Verbreitung. Dieser Abschnitt beschreibt nun, wie wir ihn nutzen, um die (Datenabstraktions-) Module unserer Standardarchitektur zum Laufen zu bringen. Zuvor müssen wir einen Abriß der dafür nötigen CICS-Funktionen geben, der notgedrungen äußerst kursorisch bleiben muß; denn CICS ist ein umfangreiches und komplexes System — allein der für den Anwendungsentwickler relevante Teil der Dokumentation umfaßt an die tausend Seiten. Wer zur weiteren Information nicht gleich die Manuals studieren will, sei auf [Summerville 87] verwiesen. Man muß sich schon gründlich damit auseinandersetzen, wenn man mit CICS ein gutes und performantes Design zustande bringen will!

11.5.1 CICS: Architektur und Funktionen

Womit arbeitet CICS zusammen? CICS kann eingesetzt werden in Verbindung mit

- den Betriebssystemen MVS und VSE,
- den Programmiersprachen Cobol, PL/1 und Assembler,
- dem Dateisystem VSAM und diversen Datenbanksystemen (DB2, Adabas u.a.).

Was leistet CICS und was verlangt es dafür? CICS macht es möglich, daß Anwendungsprogramme, die ohne spezielle Vorkehrungen für Multiuser-Betrieb geschrieben wurden, viele Terminals konkurrierend unter Benutzung einer gemeinsamen Datenbasis bedienen können. Als Gegenleistung müssen die Programme unter der Kontrolle des CICS ablaufen, d.h. sie müssen nahezu alle Betriebsmittel, die sie sonst direkt beim Betriebssystem angefordert hätten, durch einen Aufruf an das CICS beschaffen.

Wie verkehren Anwendungsprogramme mit CICS? CICS ist in der Blütezeit der Assemblerprogrammierung entstanden und verlangt bei seinen Aufrufen die Besetzung einer Vielzahl von Kommunikationszellen und die Einhaltung einer umständlichen Makrosyntax. Um für Benutzer einer höheren Programmiersprache den gewohnten syntaktischen Komfort zu bieten und um einige krasse Fehler bei der Kommunikation mit CICS auszuschließen, wurden später unter dem Namen High Level Programming Interface (HLPI) ein Präprozessor und ein CICS-Schnittstellenprogramm entwickelt, die einen Teil der CICS-Aufrufe automatisch durchführen und die zusätzlich in ein Programm eingestreuten CICS-Kommandos in die alte Makroform überführen. Wir beschränken uns im folgenden auf die Darstellung der heute fast nur noch verwendeten komfortableren HLPI-Kommandoschnittstelle.

Welche Leistungen fordern Anwendungsprogramme von CICS an? Es handelt sich um nahezu alle Anforderungen von Betriebsmitteln, die von den verschiedenen Benutzern konkurrierend genutzt werden. Solche Betriebsmittel sind

- die Datenbasis,
- die Datenkommunikationseinrichtungen und
- der Arbeitsspeicher.

Ein ebenfalls konkurrierend genutztes Betriebsmittel, die CPU, wird i.allg. nicht explizit angefordert, sie kann jedoch zum Zweck von Verzögerungen in der Dialogausführung in Ausnahmefällen explizit durch die Anwendung freigegeben werden.

Verkehr mit der Datenbasis. Für VSAM, ein in Verbindung mit CICS häufig verwendetes Dateisystem, existiert eine Reihe von Kommandos für das Einfügen, Lesen, Verändern und Löschen von Dateisätzen. Ein Datensatz wird beispielsweise durch folgendes Kommando gelesen:

```
EXEC CICS READ
    DATASET ('DATEI1')
    RIDFLD (SCHLUESSEL)
    INTO (SATZSTRUKTUR)
    LENGTH (SATZLAENGE)
END-EXEC
```

Das Schlüsselwortpaar *EXEC/END-EXEC* bildet die Klammer für die Anweisungen an den CICS-Präprozessor. Die Parameter sind: die Bezeichnung der Datei, hier *DATEI1*, von der gelesen wird, eine Variable, die den *SCHLUESSEL* des zu lesenden Satzes enthält, die *SATZSTRUKTUR*, in die der Satzinhalt übertragen werden soll sowie die nach erfolgreichem Lesen erhaltene *SATZLAENGE*.

Weitere wichtige Kommandos außer *READ* sind: *INSERT, DELETE, REWRITE*. Ein Satz, der später zurückgeschrieben werden soll, ist mit einer speziellen Option zu lesen, worauf er bis zur Freigabe gesperrt ist.

Verkehr mit den Terminals. CICS bietet für die Datenkommunikation zwei Mechanismen verschiedener Abstraktionsstufen. Bei Verwendung der niedrigeren Schicht, der *Terminal Control*, werden Datenströme von der Anwendung zum Terminal und zurück übertragen. Diese Datenströme sind zwar aus Sicht der Anwendung von den Spezialitäten, wie sie ein Kommunikationsprotokoll und verschiedene Terminaltypen fordern, schon befreit, sie enthalten jedoch keine Information über den logischen Bildschirmaufbau. Für Transaktionssysteme ist der Bildschirm meist in Masken gegliedert, die dem Benutzer nur in bestimmten Feldern Eingaben ermöglichen. Eine Unterstützung bei der Definition solcher Masken bietet *Basic Mapping Support (BMS)*. Es ermöglicht, die festen Bestandteile einer Maske sowie die Felder zusammen mit einer Vielzahl von Eigenschaften (Helligkeit, Farbe, Eingabemöglichkeit, Format etc.) zu definieren sowie die Feldinhalte anwendungsseitig in strukturierten Variablen zu halten; BMS übernimmt dann die gesamte Konvertierung zwischen diesen Anwendungsstrukturen und den übertragenen Datenströmen. Das Empfangen einer kompletten Bildschirmmaske schreibt man wie folgt:

```
EXEC CICS RECEIVE MAP ('MASKE1')
    MAPSET ('MASKEN')
    INTO (MASKENSTRUKTUR)
END-EXEC
```

Auf die Unterscheidung zwischen Map und Mapset, letzteres eine physische Zusammenfassung von Programmen, die Masken realisieren, gehen wir nicht ein. Nach Ausführung des *RECEIVE*-Kommandos enthält die *MASKENSTRUKTUR* die vom Benutzer in die Maske eingegebenen Werte. Voraussetzung dafür ist, daß zuvor die richtige Maske auf den Bildschirm gesendet wurde; andernfalls ist die Eingabe nicht interpretierbar und führt zu einem Fehlercode.

Das entsprechende Kommando zum Senden einer Maske ist *SEND*. Setzt sich ein Bildschirm aus verschiedenen Teilmasken zusammen, so können diese nacheinander unter Verwendung der Option *ACCUM* gesendet und empfangen werden. Beim Senden gibt es als wichtige Optionen *ERASE* (der bisherige Bildschirminhalt wird gelöscht), *DATAONLY* (der feste Teil der Maske wird nicht übertragen) und *MAP-ONLY* (nur der feste Teil der Maske wird übertragen).

Verwendung von Arbeitsspeicher. Ein Programmierer, der ein einfaches CICS-Programm schreibt, braucht sich i.allg. um den benötigten Arbeitsspeicher nicht zu kümmern; das HLPI sorgt dafür, daß für alle in seinem Programm deklarierten Variablen Speicher zur Verfügung steht. Im nächsten Abschnitt werden wir Fälle beschreiben, in denen diese pauschale Zuteilung von Speicher nicht ausreicht. Für solche Fälle existiert das Kommando

```
EXEC CICS GETMAIN
      LENGTH (500)
      SET (ANFANGSZEIGER)
END-EXEC
```

das in diesem Beispiel einen zusammenhängenden Bereich von 500 Bytes (plus Verwaltungsinformation) im Arbeitsspeicher reserviert und einen Zeiger auf den Anfang dieses Bereichs zurückgibt. Das Kommando *FREEMAIN* gibt den Speicher wieder frei.

Unterprogrammaufruf. Aus der Batchprogrammierung ist man gewohnt, alle zu einer Verarbeitung gehörenden Programme zusammenzubinden und gemeinsam zur Ausführung zu bringen. Derart zusammengebundene Programme rufen sich mit einem in der jeweiligen Programmiersprache vorgesehenen Call-Mechanismus auf. Aus Gründen der Speicherorganisation ist dieses Verfahren unter CICS nicht zu empfehlen. CICS versucht nämlich, ein Programm, das zur Bedienung mehrerer Benutzer gleichzeitig verwendet wird, nur einmal im Arbeitsspeicher zu halten. In Kürze gehen wir auf die Begründung und Beschreibung dieses Verfahrens näher ein; fürs erste genügt die Feststellung, daß es sich lohnen kann, den Aufruf von Unterprogrammen beim CICS anzufordern. Der Call/Return-Mechanismus aus Programmiersprachen wird dabei ersetzt durch

```
EXEC CICS LINK
      PROGRAM ('UNTERPROG')
      COMMAREA (PARAMETERSTRUKTUR)
      LENGTH (PARAMETERLAENGE)
END-EXEC
```

Das Kommando verlangt die Bekanntgabe einer *PARAMETERSTRUKTUR* (technisch wird nur die Adresse übergeben) und der Länge dieser Struktur. Das gerufene Unterprogramm muß nach Beendigung seiner Tätigkeit die Kontrolle mit

```
EXEC CICS RETURN
END-EXEC
```

an den Aufrufer zurückgeben.

Eine häufig verwendete, aber nicht empfehlenswerte Methode des Programmaufrufs ohne Rücksprungmöglichkeit (entsprechend einem Goto der Programmiersprache) ist das Kommando XCTL. Es führt dazu, daß das aufrufende Programm alle

Betriebsmittel, insbesondere die Speicherbereiche, sofort abgibt und somit bei einem
ausprogrammierten Rücksprung alle Variablen verloren hätte.

Wie organisiert das CICS die Abläufe? Ein CICS läuft als Task in einer MVS-
Region. Dank des Speicherschutzes, den MVS in Verbindung mit der Hardware bietet, bedeutet das, daß das CICS weder Anwendungen in anderen Regions beein-
trächtigen noch selbst von diesen gestört werden kann. Innerhalb eines CICS ist
das jedoch nicht so, da ist alles ungeschützt. Eine CICS-Task — das ist der Prozeß,
den das CICS innerhalb der MVS-Region zur Ausführung eines Programms bildet
und kontrolliert (siehe auch unten) — kann z.B. durch einen Adressierungsfehler in
einem Array eine andere Task oder auch das CICS selbst ohne weiteres abschießen.

Verfolgen wir zunächst die Aktionen des CICS, die bei Bedienung eines einzigen
Benutzers ablaufen. CICS setzt voraus, daß das Terminal des Benutzers einen Bildschirminhalt selbst aufbereiten kann und erst bei Betätigung einer speziellen Taste
(Datenfreigabe) über ein Basis-Kommunikationssystem an die Anwendung schickt.
CICS empfängt nun einen Datenstrom vom Terminal des Benutzers. Es stellt fest,
welcher Verarbeitungswunsch hinter dieser Benutzereingabe steht. Im einfachsten
Fall ergibt sich dieser Verarbeitungswunsch aus den ersten vier Zeichen der Benutzereingabe, dem sogenannten *Transaktionscode (TAC)*. CICS hat eine Tabelle, die
zu jedem TAC ein Programm enthält, das zur Realisierung dieser Transaktion ablaufen soll. Welche Transaktionen es gibt und durch welche Programme sie realisiert
sind, muß man für jede Anwendung entscheiden. Für eine klare Begriffsbildung ist
wichtig: Der Transaktionscode ist eine im wesentlichen statische Identifikation einer
Verarbeitungs*möglichkeit*. Wenn eine Buchungsbearbeitung den TAC BCHG hat,
behält sie ihn unabhängig davon, wie oft die Benutzer gleichzeitig oder hintereinander die Buchungsbearbeitung verwenden. Auch das mit der Transaktion assoziierte
Programm ist (unsichtbar für den Benutzer) immer das gleiche.[8]

CICS weiß also aus dem Transaktionscode, welches Programm ablaufen soll. Um
die Übersicht zu behalten, falls auch noch andere Bearbeitungen dieser oder anderer
Transaktionen oder Programme konkurrierend laufen, vergibt es dieser konkreten
Bearbeitung, genannt *Task*, eine Tasknummer. Die Tasknummer ist solange eindeutig wie das CICS als Prozeß läuft. Sie ist dynamisch in dem Sinn, daß z.B. eine
bestimmte Task zur Buchungsbearbeitung für einen Benutzer eine andere Tasknummer erhält als eine andere Task, auch wenn sie demselben Benutzer und/oder auch
der Buchungsbearbeitung dient. Die Task ist also eine konkrete Ausführung einer
Transaktion.

Muß das auszuführende Programm vom CICS in den Arbeitsspeicher geladen werden? Im allgemeinen nein; denn das CICS verwendet bei der Programmverwaltung
die Technik des *Multi-Threading*. Dabei nutzt es folgende Idee zur Optimierung

---

[8] In der Literatur über CICS ist der Begriff der *Transaktion* nicht eindeutig. Unsere Definition
der Transaktion als Verarbeitungsmöglichkeit, nicht als tatsächliche Verarbeitung, ist gerechtfer-
tigt, da der die Transaktion identifizierende Transaktionscode statisch und unabhängig davon ist,
ob von der Verarbeitungsmöglichkeit Gebrauch gemacht wird. Das Ausführen einer Transaktion
bewirkt einen *Dialogschritt*, also den Übergang von einem Zustand im Interaktionsdiagramm in
den nächsten. Im übrigen sei angemerkt, daß die CICS-Transaktion (zunächst) nichts mit dem
Transaktionsbegriff aus der Datenbankwelt zu tun hat.

aus: Wenn bekannt ist, welche Bereiche eines Programms Code und Konstanten (und somit unveränderlich) bzw. Variablen (veränderlich) sind, genügt es, Code und Konstanten nur einmal im Speicher zu halten, egal wie oft sie gleichzeitig oder hintereinander verwendet werden. Damit gewinnt man Laufzeit und Wartezeiten (für das Laden der Programme von Platte) und Arbeitsspeicher (da stets maximal eine Kopie eines Programms dort liegt). Multi-Threading setzt allerdings voraus, daß der Compiler (oder der Assembler-Programmierer) keinen selbstmodifizierenden Code erzeugt (das Programm heißt dann *wiedereintrittsfähig* oder *reentrant*) und daß Programm- und Datenbereiche dem CICS getrennt bekanntgegeben werden. Compiler für die meist mit CICS verwendeten Sprachen Cobol und PL/1 nehmen dem Programmierer diese Sorge ab.

Das benötigte Programm wird also nur dann in den Arbeitsspeicher geladen, wenn es nicht schon dort ist. CICS übergibt nun dem Programm die Kontrolle und erhält sie erst dann wieder, wenn das Programm vom CICS eine Leistung wünscht. Bevor wir auf die Komplikationen eingehen, die eintreten, wenn mehrere Tasks gleichzeitig existieren, wollen wir noch schildern, wie das CICS diejenigen Speicherbereiche verwaltet, die für Variablen verwendet werden. *Arbeitsspeicher unter CICS ist meist knapp.* Diese Aussage gilt trotz der Verfügbarkeit virtuellen Arbeitsspeichers unter MVS; denn zum einen braucht das CICS selbst einige Megabyte Platz für seine internen Programme und Datenbereiche, zum anderen ist man bestrebt, möglichst viele Benutzer durch ein CICS bedienen zu lassen, so daß sich der auf den einzelnen entfallende Arbeitsspeicher entsprechend reduziert.

Wie kann man Arbeitsspeicher sparen? Natürlich ist man als Anwendungsentwickler aufgefordert, keine überflüssigen Datenbereiche zu verwenden. Damit ist es aber nicht getan. Geradezu verheerend wäre es, wenn einmal angeforderter Arbeitsspeicher aus Versehen nie mehr freigegeben würde, die belegten Bereiche sich also unkontrolliert im CICS ausbreiten könnten. Das Problem der *Speicherbereinigung* (Garbage collection) ist bei Transaktionssystemen also vordringlich, um durchgehenden Betrieb zu ermöglichen. CICS löst das Problem recht rigoros: jeder belegte Speicherbereich wird der Task zugeordnet, die ihn angefordert hat und spätestens bei Beendigung der Task automatisch freigegeben. Es ist somit kaum möglich und zumindest nicht empfehlenswert, Daten über die Tasks hinweg im Arbeitsspeicher zu halten. Auf die Konsequenzen werden wir im nächsten Abschnitt näher eingehen.

Das High Level Programming Interface sorgt auf seine Weise für rationellen Umgang mit dem Arbeitsspeicher. Es instrumentiert jedes Programm zu Beginn mit Speicheranforderungen für seine Variablen und am Ende mit Speicherfreigaben. Damit ist sichergestellt, daß z.B. ein Programm, das mit LINK aufgerufen wurde, bei seiner Rückkehr zum Aufrufer seine Datenbereiche freigibt. Das gleiche gilt für ein Programm, das die Kontrolle mit XCTL abgibt. Ein Programm jedoch, das ein anderes mit LINK aufruft, bleibt weiterhin in Benutzung, da es noch innerhalb derselben Task die Kontrolle zurückerhalten wird, und darf seine Bereiche behalten.

Noch ein paar Worte zur Verwaltung paralleler Tasks. CICS vergibt die Kontrolle wie ein Time-Sharing-Betriebssystem reihum an alle rechenwilligen Tasks. Da es selbst nur die Kontrolle erhält, wenn eine Task einen CICS-Dienst aufruft, kann auch nur zu diesen Zeitpunkten ein Taskwechsel stattfinden. Irgendeine Form des Speicherschutzes innerhalb eines CICS gibt es nicht, so daß eine Task infolge eines

Programmierfehlers Bereiche anderer Tasks, aber auch Programm- und Datenbereiche des CICS selbst zerstören kann. Dieser Vorgang, *Storage violation* genannt, kann
nur in den wenigsten Fällen vom CICS selbst diagnostiziert und behoben werden.
Meist dauert es einige Zeit, bis man vom Vorhandensein eines solchen Fehlers erfährt und noch länger, bis man ihn lokalisiert. Erschwerend kommt natürlich hinzu,
daß die Auswirkungen einer Storage violation von der aktuellen Speicherbelegung,
also der Betriebssituation, abhängen und deshalb nicht ohne weiteres reproduzierbar
sind, ferner, daß oft nicht die Bereiche der auslösenden Task, sondern die irgendeiner
anderen zerstört sind. Bevor eine Anwendung unter CICS in Produktion geht, ist
deshalb eine genaue Überwachung mit speziellen Tools ratsam, um festzustellen, ob
sich die Programme gutartig verhalten.

11.5.2 Prozeßorganisation mit CICS

Wie bringen wir nun die (Datenabstraktions-) Module unserer Standardarchitektur
(siehe Abschnitt 10.4) unter den Rahmenbedingungen des CICS zum Laufen? Im
ersten Ansatz könnten wir einfach *jedes Modul*, das i.allg. aus mehreren Operationen
besteht, als *ein CICS-Programm* auslegen. Die Module bzw. ihre Operationen rufen
sich dann per CICS LINK/RETURN auf. Der Aufruf geht an das Modul als Ganzes,
innerhalb dessen eine Steuerleiste die Verteilung auf die Operationen vornimmt[9].
Man muß nur noch den Transaktionscode (TAC) der Dialogsteuerung dem CICS
bekanntgeben und sich sonst um nichts weiter kümmern; die Module müssen nicht
statisch gebunden werden, weil sie das CICS bei Bedarf dynamisch lädt, und zwar
insgesamt nur einmal. Zur Ausführung eines Dialogschritts kreiert das CICS eine
Task und bringt darin alle CICS-Programme mit ihren Moduln zum Ablauf. Es ruft
zunächst via TAC die Dialogsteuerung auf und diese wiederum, direkt oder indirekt,
die darunter liegenden Module.

Leider gibt es einen triftigen Grund, nicht durchweg nach der Regel „Modul =
CICS-Programm" zu verfahren, nämlich beträchtliche Effizienzprobleme. Ein Unterprogrammaufruf per CICS LINK/RETURN kostet größenordnungsmäßig 10.000
Maschineninstruktionen. Davon kann man sich nicht allzu viele leisten, vor allem
wenn man vermeiden will, daß in einem Dialogschritt mehr als 1–2 Millionen Instruktionen ablaufen. Diese Grenze sollte man im Interesse eines akzeptablen Durchsatzes
und guter Antwortzeiten nicht überschreiten. Bei Moduloperationen, die entweder
sehr oft gerufen werden oder deren Netto-Code im Vergleich zu der LINK/RETURN-
Instruktionszahl kurz ist, müssen wir uns nach anderen Lösungen umsehen. Deren
gibt es zwei:

- Wir können *mehrere* getrennt übersetzbare *Module* statisch binden und so *zu
  einem CICS-Programm* machen. Dabei ist hinsichtlich der Aufrufstrukturen zweierlei zu beachten:

---

[9] Siehe dazu das Cobol- oder PL/1-Beispiel im Kapitel 15 (Modulkonstruktion).

- Ein Modul sollte möglichst nur in ein CICS-Programm eingebunden werden müssen, damit man nicht zu viel redundanten Code hat. Das setzt weitgehend baumförmige Aufrufbeziehungen voraus.

- Man wird solche Module zusammenbinden, die untereinander hohe und als Verbund nach außen niedrige Aufrufhäufigkeiten haben. Der externe Unterprogrammaufruf zwischen getrennt übersetzbaren Einheiten kostet eben nur größenordnungsmäßig 100 Instruktionen und nicht 10.000 wie der CICS LINK/RETURN.

• Eine sehr gute Lösung ist, *Moduloperationen als Makros* auszulegen. Jeder Operationsaufruf expandiert zu Inline-Code und verursacht deshalb keinerlei Call-Overhead. Natürlich entsteht dadurch redundanter Code, so daß man auch mit diesem Instrument bedachtsam umgehen muß. Zwar bleiben die Modulgrenzen gewahrt, denn die Makros (= Operationen), die ein Modul ausmachen, werden separat von ihren Nutzern entwickelt und verwaltet; programmtechnisch ist es aber leicht möglich, das Modulgeheimnis zu brechen — da ist Disziplin nötig.

In beiden Fällen muß man darauf achten, daß bei redundant auftretenden Moduln bzw. Operationen der Speicherplatz richtig zugeordnet wird, d.h. daß von einem Modul in einem Dialogschritt nur einmal sein Speicherbereich beansprucht wird.

Tabelle 11.1 listet die drei Alternativen für die programmtechnische Realisierung von Operationsaufrufen auf. Die dazu jeweils angeführten Vor- bzw. Nachteile beziehen sich auf vier Fragen: Wie wirkt sich der jeweilige Aufrufmechanismus aus auf die

• Modularität; wie gut wird die logische Modularisierung programmtechnisch unterstützt?

• Speicherverwendung: sparsam oder verschwenderisch?

• Performance; wieviele Maschineninstruktionen kostet ein Aufruf zusätzlich zur Netto-Leistung der Operation?

• Administration der Module; was vor allem ist an Generierung (Übersetzen und Binden) nötig, wenn sich ein Modul ändert?

Die in Tabelle 11.1 dargelegten Vor- und Nachteile sind so gelagert, daß man in der Regel nicht einfach eine der drei Alternativen wählen kann. Da es nicht ganz ohne CICS LINK/RETURN geht, steht man vor der Frage, ob man zusätzlich statisch gebundene Unterprogramme und/oder Makros einsetzen soll. Im folgenden skizzieren wir dazu eine Lösungsmöglichkeit.

Wir betrachten die in Abb. 11.6 dargestellte Prozeßorganisation für unsere Standardarchitektur (siehe dazu Abb. 10.6 und 10.8)[10]: Die Dialogsteuerung, deren Module zu einem CICS-Programm gebunden sind, wird vom CICS aufgrund des vereinbarten Transaktionscodes (z.B. TAC=DSTG) gerufen. Auch auf der Ebene der Dialogbearbeitung werden möglichst mehrere Module zusammengefaßt, wobei die Gruppierungen stark durch die gemeinsame Nutzung der Teilmaskenmodule beein-

---

[10] Die Darstellung in Abb. 11.6 ist nur exemplarisch und nicht vollstandig; denn es sind keineswegs alle möglichen CICS-Programme bzw. -Tasks, Module oder Aufrufbeziehungen gezeigt.

Tabelle 11.1 Vor- und Nachteile verschiedener Programmtechniken zum Aufruf von Moduloperationen

Aufruf einer Moduloperation	Vorteile (+) bzw. Nachteile (−)
(1) via CICS LINK/RETURN	+ Modulkapselung auch programmtechnisch unterstützt + keine Code-Redundanz → sparsame Speicherverwendung − sehr hoher Call-Overhead (ca. 10.000 Instruktionen) → Performance-Problem + Änderungen → keine Neu-Generierung der importierenden Module
(2) via externem Aufruf eines statisch gebundenen Unterprogramms	+ Modulkapselung auch programmtechnisch unterstützt − gewisse Code-Redundanz → höherer Speicherbedarf als (1) + geringer Call-Overhead (ca. 100 Instruktionen) − Änderungen → Neu-Generierung der importierenden Module − administrativ aufwendiger als (1)
(3) als Makro	− Modulkapselung geht programmtechnisch verloren −− hohe Code-Redundanz → hoher Speicherbedarf ++ kein Call-Overhead − Änderungen → Neu-Generierung der importierten Module

flußt werden. Man sieht auch, daß die Systemfehlerbehandlung per Makro-Aufruf benutzt wird. Die Module des virtuellen Terminals sind zwar zu einem CICS-Programm zusammengefaßt, in dem mit RECEIVE/SEND auf BMS zugegriffen wird, haben jedoch je einen „Außenposten" in den Dialogbearbeitungsprogrammen, über den per Makro schnell auf die Maskenfelder zugegriffen werden kann. Die Module des Anwendungskerns bilden jeweils ein CICS-Programm — hierbei wäre eine Zusammenfassung nur schwer zu finden und auch kaum lohnend — ebenso wie die Benutzerfehler-

Behandlung und die Datenverwaltung. Mit diesen Hinweisen sollte die Abb. 11.6 für sich sprechen, insbesondere auch die unterschiedlich eingezeichneten Arten der programmtechnischen Aufrufbeziehungen.

Man mag zunächst denken, daß man unter CICS mit Prozeßorganisation nichts zu schaffen hat, weil es diese automatisch regelt. Das trifft aber nur zu, wenn man sich um Performance nicht schert, und gerade das kann man sich bei kaum einer TP-Monitor-Anwendung mit ihren typischerweise vielen Benutzern leisten!

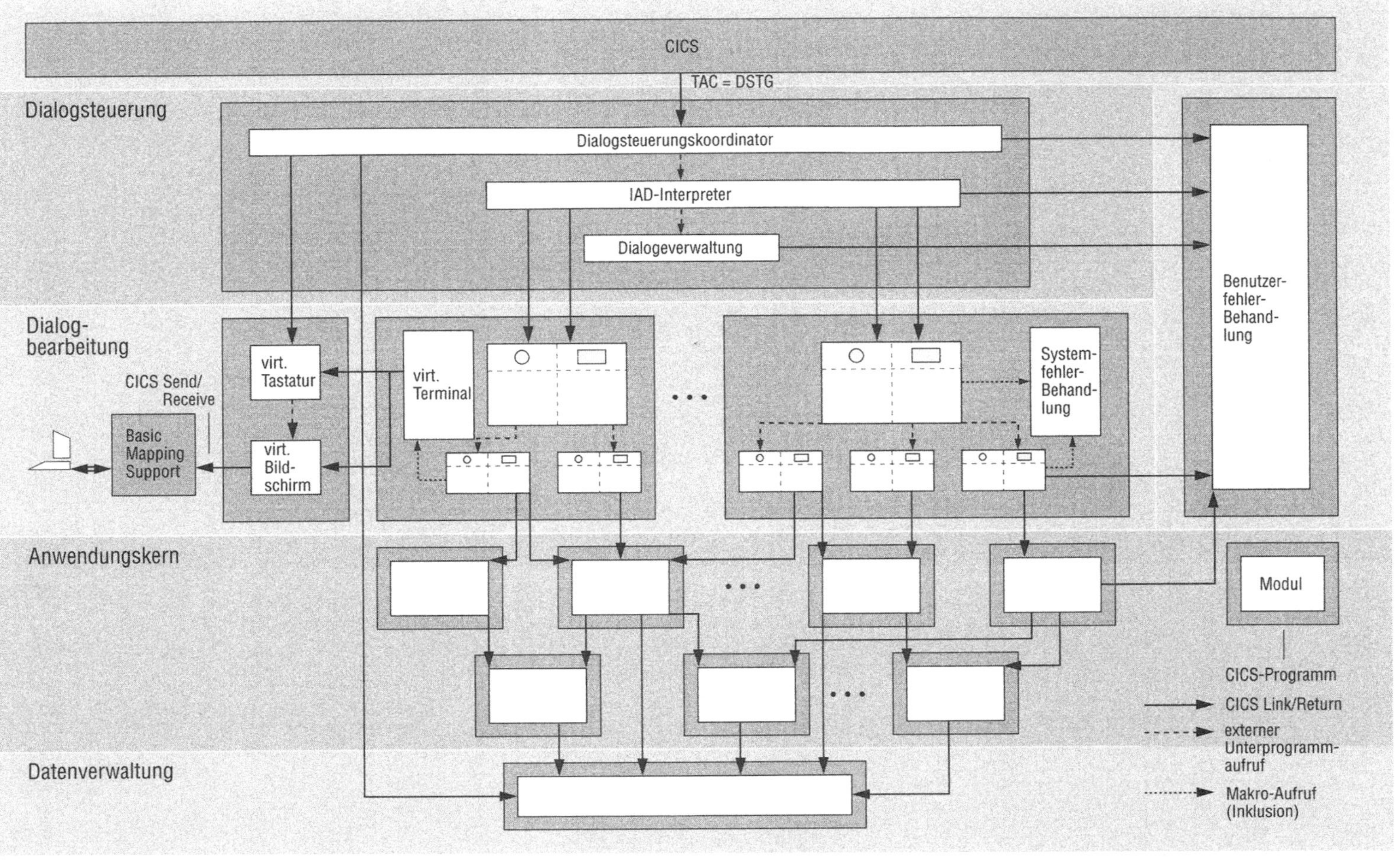

Abb. 11.6 Prozeßorganisation mit CICS

12

Datenbankentwurf

Der Datenbankentwurf legt die Strukturen fest, in denen die Daten auf externen Medien gespeichert werden und beschreibt somit, wie das Datenmodell durch die Nutzung eines Datei- oder DB-Systems technisch realisiert wird. Gute Performance erzielen ist das dominierende Motiv dieses Entwurfprozesses. Datenbankentwurf ist jedoch weitaus mehr als die bloße Definition der DB-Struktur: Datenübernahme, Entsorgung und Sicherungsverfahren sind nur einige der weiteren Themen. Wir wollen versuchen, die vielfältigen Aspekte herauszuarbeiten und an einigen, der Projektwirklichkeit entlehnten Beispielen zu verdeutlichen.

12.1 Die Tätigkeiten des DB-Entwurfs

12.2 Die Ziele des DB-Entwurfs

12.3 Fallbeispiele

12.4 Historienführung

Der Datenbank- (DB-) Entwurf legt die Strukturen fest, in denen die Daten eines Informationssystems auf externen Speichermedien, insbesondere Magnetplatten, gehalten werden. Er beschreibt also, wie das anwendungslogische Datenmodell der Systemspezifikation mit den Mitteln eines gegebenen Datenbanksystems technisch-physisch realisiert wird. Um Mißverständnissen vorzubeugen: *Das Datenmodell ist nicht der DB-Entwurf.* Das ist für den Fall evident, in dem ein nicht-relationales DB-System eingesetzt wird; denn dann muß das relationale Datenmodell in die entsprechenden Strukturen des DB-Systems transformiert werden. Aber auch wenn letzteres relational ist, muß man das Datenmodell i.allg. umformen, und zwar mit einem beherrschenden Ziel: *Performance.* Antwortzeitverhalten und Durchsatz eines Informationssystems werden entscheidend bestimmt durch seine Datenbankstrukturen und die sich daraus ergebenden Zugriffspfade. Dabei kann man die schlimmsten Performancefehler machen; irgendwelche Optimierungen beim Codieren von Algorithmen sind drittrangig im Vergleich zu einem geschickten DB-Entwurf, der sich u.a. dadurch auszeichnet, daß nur wenige DB-Zugriffe pro Dialogschritt nötig sind. Wie man dazu das Datenmodell u.U. „verbiegen" muß, werden wir im folgenden anhand einiger Beispiele zeigen.

In unserem Projektmodell sprechen wir von Daten*basis*entwurf, vgl. etwa Abb. 3.6, weil wir mit diesem Überbegriff ausdrücken wollen, daß wir es nicht nur mit Datenbank-, sondern auch mit „einfachen" Dateisystemen zu tun haben können, z.B. mit VSAM, ISAM, sequentiellen Dateien. Natürlich dominieren heutzutage die DB-Systeme und darunter wiederum die relationalen wie etwa DB2, Oracle, Informix und — das nur sehr begrenzt relationale — Adabas. Aber auch das hierarchische IMS/DB und netzförmige DB-Systeme wie UDS werden eingesetzt. Es würde den Rahmen dieses Buchs sprengen, auf die Spezifikation des DB-Entwurfs für alle derartigen Systeme einzugehen, wir beschränken uns in diesem Kapitel auf relationale. Als Standard ihrer Datendefinitions- und -manipulationssprache hat sich SQL etabliert, das wir in den Beispielen benutzen und beim Leser als in den Grundzügen bekannt voraussetzen. Mit der Schwerpunktsetzung auf relationale Systeme legen wir uns auch in einer terminologischen Frage fest: Das in allen DB-Systemen vorhandene rechteckige Objekt aus Spalten und Zeilen heißt manchmal „Datei" (z.B. Adabas), manchmal „Datenbank" (z.B. IMS/DB, Sesam), aber in allen relationalen Systemen sagt man „Tabelle", und deshalb tun wir das auch.

Über das landläufige Verständnis hinausgehend, ist Datenbankentwurf nach unserer Auffassung weitaus mehr als die bloße Definition der DB-Tabellen: Konsistenzbedingungen sind zu definieren, physischer Speicherplatz ist zuzuordnen, Datenübernahme und Entsorgung sind zu planen, Sicherungs- und Wiederherstellungsverfahren zu entwerfen. Mehr dazu im folgenden Abschnitt.

12.1 Die Tätigkeiten des DB-Entwurfs

Definition der Tabellen

Dies ist die offensichtlichste und wichtigste Aufgabe des DB-Entwurfs. Ihr Ergebnis dokumentiert man mittels der Data Definition Language (DDL) des jeweiligen DB-Systems; bei SQL-basierten Datenbanken sind das die Create-Befehle. Zur Tabellendefinition gehören auch die Indizes. Die Frage, wann sich ein Index lohnt, hängt sehr vom jeweiligen DB-System ab, so daß wir diesen Punkt hier nicht weiter vertiefen (vgl. aber [Siedersleben 89]). Diese Tabellendefinitionen sind das Ergebnis eines längeren Designprozesses, der mit einer Reihe von parallelen Entwurfstätigkeiten interagiert. Wir wollen ihn nicht hier durch abstrakte Regeln beschreiben, sondern in den Abschnitten 12.3 und 12.4 durch praxisnahe Beispiele veranschaulichen.

Definition der Schlüsseltabellen

In jedem Informationssystem gibt es eine große Anzahl von kleinen und kleinsten Tabellen, die einheitlich zu verwalten sind. Dabei handelt es sich um Dinge wie Flughafencode, Ländercode, Währungsschlüssel, Kostenart usw. Diese Tabellen, die oft als „Schlüsseltabellen" bezeichnet werden, haben folgende Eigenschaften:

- Sie sind klein (selten mehr als 1000 Sätze, meistens aber viel weniger als 100).
- Sie enthalten Steuerinformation (beim Ländercode z.B. die EG- oder die IATA-Zugehörigkeit).
- Tabelleninhalte werden nur durch wenige, ausgewählte Systembetreuer in speziellen, selten genutzten Dialogen geändert.
- Beim Prüfen von Eingaben erfolgen im Dialog und auch im Batch massenhafte Lesezugriffe auf diese Tabellen.

Solche Schlüsseltabellen könnten im Prinzip als ganz normale Datenbanktabellen eingerichtet werden. Dabei sind jedoch zwei Probleme zu befürchten:

- Ihre Verwaltung wird — wegen der großen Anzahl — unübersichtlich.
- Die Lesezugriffe führen zu Performanceproblemen.

Deshalb legt man sie in der Regel nicht als Datenbanktabellen an, sondern sieht ein eigenes Tabellensystem dafür vor. Solche Systeme werden auf dem Markt angeboten. Sie bieten die Möglichkeit, häufig gebrauchte Tabellen im Hauptspeicher resident zu halten, so daß Performanceprobleme bei massenhaftem Zugriff vermieden werden. Oft erlauben sie auch, Pflegedialoge zu generieren.

Benennung aller Konsistenzbedingungen

Zu den logischen Konsistenzbedingungen, die bereits während der Datenmodellierung erkannt wurden, gesellen sich beim DB-Entwurf weitere, technische Bedingungen. Wir werden im Abschnitt 12.3 einige kennenlernen. Als Beispiel sei hier das Fortsetzungskennzeichen genannt: Zu einem Konto gehören beliebig viele Posten, in aller Regel aber höchstens eine bestimmte Anzahl, beispielsweise 30. Aus Performancegründen stellt man die ersten 30 Posten in einen Leitsatz und vermerkt in einem Fortsetzungskennzeichen, ob in einer Überlaufdatei noch weitere Posten vorhanden sind. Die Konsistenzbedingung lautet: Genau dann, wenn das Fortsetzungskennzeichen gesetzt ist, müssen auch Posten in der Überlaufdatei vorhanden sein.

Dieser Entwurf ist nicht „normalisiert", aber sehr performant. Wir werden in Abschnitt 12.3 die Vor- und Nachteile normalisierter DB-Entwürfe noch genauer studieren. Für den Augenblick sei gesagt, daß man umso mehr technische Konsistenzbedingungen bekommt, je weiter man sich von normalisierten Dateien entfernt, und daß dies in der Praxis oft erforderlich ist.

Zuordnung von Speicherplatz

Für jede Tabelle wird ein Mengengerüst erstellt, und zwar für den Daten- und den Indexbereich. Auf der Basis des zu erwartenden Änderungsvolumens kann man entsprechende Reserven vorhalten; insbesondere läßt sich in Abhängigkeit davon der Füllgrad der Blöcke bestimmen. Bei der Zuordnung von Tabellen zu Platten kommen hardwarenahe Überlegungen ins Spiel: Tabellen, auf die oft gleichzeitig zugegriffen wird, sollte man auf verschiedene Platten legen. Genauso ist es zweckmäßig, Daten- und Indexbereiche voneinander zu trennen. Weitere Überlegungen hängen stark vom verwendeten DB-System ab.

Planung der Datenübernahme

Die Frage, wo die Daten bei Einführung des Systems eigentlich herkommen sollen, ist in der Regel außerordentlich kompliziert. Oft sind Datenbestände aus verschiedenen Alt- oder Nachbarsystemen zusammenzuführen. Dieser zusammengeführte Bestand ist maschinell und in einigen Fällen auch manuell zu bereinigen und zu ergänzen. Vor allem die manuelle Bereinigung ist personal- und zeitintensiv; das kostet Geld. Viel schlimmer ist jedoch, daß die aus verschiedenen Quellen stammenden Daten während der Bereinigung an Aktualität verlieren. Deshalb kann es erforderlich sein, die Daten in dieser Phase mehrfach zusammenzuführen! Die Komplexität des Urladens hängt wesentlich vom Umfeld des Informationssystems ab, wird jedoch auch durch die vom DB-Entwurf verursachten technischen Konsistenzbedingungen stark beeinflußt.

Ein Informationssystem ist erst dann zur Inbetriebnahme bereit, wenn die Qualität und Vollständigkeit des Ur-Datenbestandes einen gewissen, vorab festgelegten Grad erreicht hat. Das Urladen einer Datenbank ist auch im Zusammenhang mit der gesamten Übergangsstrategie vom Alt- zum Neusystem zu sehen — ein Thema, das eine ausführlichere Behandlung wert wäre.

Planung von Entsorgung und Reorganisation

Weil veraltete Daten (eine alte Adresse, eine alte Buchung) in aller Regel nicht einfach überschrieben werden dürfen, vermehren sich die Daten im laufenden Betrieb. Deshalb muß man in zwar großen, aber doch regelmäßigen Abständen dafür sorgen, daß nicht mehr benötigte Daten die Datenbank wieder verlassen. Zu diesem Zweck wird man periodische Batchläufe aufsetzen, die alle Daten eines bestimmten Alters auf andere Medien (Band, Mikrofiche) auslagern. Diese Batchläufe nehmen

typischerweise massenhafte Änderungen (insbesondere natürlich Löschungen) auf
der Datenbank vor. Solche Läufe haben zwei Nachteile: Sie dauern sehr lange (als
Faustregel rechnet man mit ein bis zwei Stunden für 100.000 geänderte Sätze), und
sie bringen die interne Struktur der Datenbank durcheinander. Gerade bei vielen
Löschungen kann es passieren, daß Erweiterungsbereiche, die im Lauf der Zeit angelegt wurden, plötzlich halb leer sind.

Deshalb bietet es sich an, solche Entsorgungsläufe mit der DB-Reorganisation
zu verbinden: Man entlädt die zu entsorgenden Dateien in sequentielle Dateien,
bearbeitet sie durch konventionelle Batchprogramme und lädt sie in der bereinigten
Form wieder zurück. Dieses Verfahren ist (natürlich in Abhängigkeit von der Anzahl
der zu löschenden Sätze) oft schneller als die naive Vorgehensweise, derzufolge man
die Daten direkt auf der Datenbank löscht; zudem werden die entsorgten Dateien
beim Zurückladen sozusagen gratis reorganisiert.

Bei Entsorgungsläufen ist darauf zu achten, daß Konsistenzbedingungen, die sich
auf mehrere Dateien beziehen, nicht verletzt werden. So kann man etwa Daten
von Kunden, die seit zwei Jahren nichts mehr bestellt haben, nur dann entsorgen, wenn zuvor die zugehörigen Rechnungen, Konten, Forderungen, Zahlungen etc.
beseitigt worden sind. Durch solche übergreifenden Konsistenzbedingungen ergeben
sich Gruppen von Dateien, die nur zusammen oder nur in einer bestimmten Reihenfolge entsorgt werden dürfen. Vielfältige Abhängigkeiten können dazu führen, daß
die gesamte Datenbank eine einzige Gruppe bildet und somit nur auf einmal entsorgt
und reorganisiert werden kann. Hier ist zu prüfen, ob eine solche globale Reorganisation, die bei großen Datenbeständen gut und gerne 24 Stunden (und länger)
dauern kann, zeitlich überhaupt unterzubringen ist. Denn das System ist in dieser
Zeit nicht verfügbar, und Feiertage wie Weihnachten oder Ostern werden gerne dazu
verwendet, um andere wichtige Dinge zu erledigen, z.B. die Installation eines neuen
Rechners.

Planung von Sicherungs- und Wiederherstellungsverfahren

Das *Sicherungsverfahren* gewährleistet, daß in regelmäßigen Abständen Sicherungen erstellt und in einer vorab festgelegten Weise aufbewahrt werden. Ähnlich wie
bei Entsorgung und Reorganisation stellt sich die Frage nach dem Umfang der zu
sichernden Einheiten: Dies kann die ganze Datenbank sein; oft aber ist es möglich und sinnvoll, einzelne Dateien oder Gruppen davon zu sichern. Ein typisches
Aufbewahrungsschema könnte etwa folgendermaßen aussehen: die letzten 10 Tages-
sicherungen, die letzten 10 Wochensicherungen, die letzten 6 Monatssicherungen und
alle Jahressicherungen. Fast alle DB-Systeme gestatten es heute, eine Sicherung während des laufenden Betriebes zu fahren, allerdings mit erheblichen Auswirkungen auf
die Performance, so daß man es in der Regel außerhalb des Dialogbetriebs oder in
betriebsarmen Zeiträumen tut. Soweit sind die Dinge relativ klar, und deshalb gibt
es im Rahmen des DB-Entwurfs nicht viel zu tun.

Wesentlich komplizierter ist es, diese Sicherungen im Fehlerfall auch tatsächlich zu
nutzen, um einen konsistenten Datenbestands wiederherzustellen. Dies ist die Aufgabe des *Wiederherstellungsverfahrens*. Dabei gilt es, zwei grundsätzlich verschie-

dene Fehlerfälle zu berücksichtigen: Plattendefekt (Headcrash) und korrumpierte Daten.

Im Falle eines *Plattendefekts* ist die Platte nicht mehr lesbar. Diese Situation ist sehr gut untersucht und deshalb sicher beherrschbar: Die letzte Sicherung wird auf eine intakte Platte eingespielt; mit Hilfe einer Logdatei, welche die Before- und Afterimages aller Transaktionen seit der letzten Sicherung enthält, stellt man den Zustand der Datenbank zum Zeitpunkt des letzten Transaktionsabschlusses vor dem Headcrash wieder her. Dieser Vorgang, den man mit Hilfe von Prozeduren weitgehend automatisieren kann, dauert je nach Größe des Datenbestands und Länge des Logbands zwischen wenigen Minuten und einigen Stunden. Wenn eine Schattendatenbank eingesetzt wird — d.h. der Datenbestand liegt auf voneinander unabhängigen Platten doppelt vor und alle Änderungen werden doppelt durchgeführt —, ist der Ausfall einer Platte für den Benutzer sogar völlig transparent. Man sollte jedoch bedenken, daß ein Headcrash heute sehr selten ist. Deshalb ist es bei einem normalen Informationssystem in der Regel nicht angemessen, eine Schattendatenbank einzusetzen.

Wesentlich häufiger und leider auch schwieriger zu behandeln sind *korrumpierte Daten*. Sie entstehen durch Fehler in Moduln, im Operating oder in Eingabedaten, die beispielsweise von einem Nachbarsystem kommen. Eine Schattendatenbank hilft dagegen gar nichts — sie enthält die korrumpierten Daten doppelt, genausowenig das Logband: Sein Nachfahren ab der letzten Sicherung stellt genau den fehlerhaften Zustand wieder her, den man eigentlich reparieren möchte.

Das erste Problem bei korrumpierten Daten ist ihre Erkennung: Es ist durchaus möglich, daß fehlerhafte Module tage- oder gar wochenlang laufen. Sehr hilfreich ist hier der konsequente Einsatz des Systemfehlerkonzepts: Indem man sooft wie nur irgendwie vertretbar alle denkbaren Konsistenzbedingungen prüft, kommt man Softwarefehlern mit hoher Wahrscheinlichkeit auf die Schliche. Aber selbst wenn gewährleistet ist, daß die letzte Sicherung noch konsistent war, gibt es kein Standardrezept für die Reparatur der Daten. Das Problem besteht darin, daß seither vermutlich *ein* fehlerhaftes, aber *viele* richtige Module gelaufen sind. Selektives Rücksetzen der Updates des fehlerhaften Moduls ist nicht einmal theoretisch möglich, denn die verschiedenen Module können ja in beliebiger Reihenfolge ein und denselben Satz geändert haben. Ein vernünftiges, aber nicht ganz einfach zu organisierendes Verfahren besteht darin, daß man die letzte Sicherung wieder einspielt, alle korrekten Module, die seither gelaufen sind, und — falls es die Zeit gestattet — eine korrigierte Version des fehlerhaften Moduls in derselben Reihenfolge wieder startet. Dies funktioniert sehr gut, wenn seit der letzten Sicherung kein Dialogbetrieb stattgefunden hat: Die beim zweiten Versuch korrekten Module überführen die Datenbank von einem konsistenten Zustand in einen anderen.

Wie aber kann man die seit der letzten Sicherung im Dialog getätigten Eingaben wiederherstellen? Das muß man manuell tun, sofern man von seiten der Softwarearchitektur keine Vorkehrungen getroffen hat. An dieser Stelle gelangt nämlich eines der wichtigsten Entwurfsprinzipien, die dieses Buch vertritt, zur Anwendung: Die Trennung der Dialogschicht von Anwendungskern und Datenbank. Sie wurde im Kapitel 4 (Systemspezifikation) vorbereitet und in Abschnitt 10.4 (Standardarchitektur) detailliert beschrieben. Dort wurde gesagt, daß alle Änderungen in Form von Geschäftsvorfällen von der Benutzerschnittstelle an den Anwendungskern weitergegeben werden. Deshalb enthält ein Protokoll, in dem alle Geschäftsvorfälle seit der letzten Sicherung mit ihren Parametern vermerkt sind, die Informationen, um den gesamten Dialog nachzufahren. Dieses Nachfahren kann man mit Hilfe eines Batchlaufs realisieren, der einfach jeden Geschäftsvorfall des Protokolls mit seinen Parametern an den Anwendungskern weitergibt. Die Geschäftsvorfälle werden dabei nicht unbedingt genauso bearbeitet, wie es bei der Eingabe des Originals im Dialog der Fall war, denn sie können ja andere Datenkonstellationen antreffen. Es ist also denkbar, daß ein Geschäftsvorfall, der im Dialog erfolgreich bearbeitet wurde, beim Nachfahren scheitert. Derartige Mißerfolge werden protokolliert und bedürfen einer manuellen Nacharbeit, die jedoch um Größenordnungen weniger aufwendig ist als die komplette manuelle Neueingabe.

12.2 Die Ziele des DB-Entwurfs

Performance

Wir alle wissen, daß Plattenzugriffe länger dauern als Zugriffe auf den Hauptspeicher, doch ist es gut, sich zu Beginn dieses Abschnitts die Größenverhältnisse vor Augen zu halten. Ein Plattenzugriff dauert zwischen 10 und 20 Millisekunden und befördert einen Block von z.B. 32 kByte von der Platte in den Hauptspeicher. Ein Zugriff auf diesen dauert weniger als 100 Nanosekunden und liest beispielsweise 32 Bits in ein Register. Das bedeutet: Wenn man den Hauptspeicher mit einem Karteikasten gleichsetzt, der sich in einem Meter Abstand vom Bürostuhl befindet, so entspricht ein Plattenzugriff einer Autofahrt von etwa 200 km, bei der 8000 Karteikarten auf einmal angeliefert werden (ein Plattenzugriff dauert 200.000mal solange wie ein Hauptspeicherzugriff und transportiert 8000mal mehr Daten). Vor diesem Hintergrund ist klar, daß die Anzahl der Plattenzugriffe pro Bearbeitungseinheit (etwa pro Dialogschritt) klein zu halten ist.

Ein gewisser Teil der Optimierung wird bereits von den DB-Systemen geleistet. Dank großer Puffer befinden sich meist wichtige Teile der Datenbank (etwa die oberen Indexstufen) im virtuellen Speicher. Dennoch sind Direktzugriffe auf einzelne Sätze und alle Updates mit echten Plattenzugriffen verbunden. Darüber hinaus laufen DB-Systeme (vom Einbenutzer-Betrieb abgesehen) immer in einem eigenen Prozeß, so daß DB-Zugriffe einer Interprozeßkommunikation bedürfen, die gegenüber dem einfachen Unterprogrammaufruf um ein Vielfaches aufwendiger ist.

Erstes Ziel des Datenbankentwurfs ist also Performance. Bekanntlich verhindern schlechte Antwortzeiten die Akzeptanz eines Systems völlig. Viele Software-Ingenieure wissen aus leidvoller Erfahrung, daß Fehler beim DB-Entwurf zu Antwortzeiten führen können, die statt der angestrebten Sekunde bei einer oder auch mehreren Minuten liegen. Allerdings sollte man immer versuchen, die in den Spezifikationen genannten Performanceanforderungen genau zu lesen und ggf. zu präzisieren. Die Standardanforderung „Antwortzeiten zu 95% unter einer Sekunde" bedeutet, daß

95% aller Dialogschritte in *allen* Dialogen weniger als eine Sekunde dauern müssen,
nicht aber, daß *jeder* Dialog in 95% aller Dialogschritte die genannte Antwortzeit
erzielen muß. Dialoge, die nur selten (wenige Male pro Monat oder gar pro Jahr)
benutzt werden, dürfen ohne weiteres sehr langsam sein. Genauso wird man es akzeptieren, wenn ein Batchlauf, den man unter Ausnützung aller Tricks auf 5 Minuten Laufzeit drücken könnte, tatsächlich 10 Minuten benötigt. Wenn aber für einen
großen Batchlauf, der einmal im Monat stattzufinden hat, nur ein Zeitfenster von
6 Stunden zur Verfügung steht, dann kann der Erfolg des gesamten Projekts davon
abhängen, ob es gelingt, ihn von — sagen wir — anfänglich 12 auf 6 Stunden zu
bringen.

Nur eine vernünftige Gewichtung der Performanceanforderungen gestattet es, das
Entwurfsziel „Performance" mit dem im Gegensatz dazu stehenden Ziel „Einfachheit" in Einklang zu bringen.

Einfachheit

Aus den Tätigkeiten des DB-Entwurfs ergibt sich als ganz wesentliches Entwurfsziel
seine Einfachheit. Konsistenzbedingungen, Datenübernahme, Entsorgung und Reorganisation, Sicherungs- und Wiederherstellungsverfahren: All das muß so einfach
wie möglich sein. Nun ist Einfachheit kein meßbarer Begriff, doch kann man sagen,
daß ein DB-Entwurf *umso einfacher* ist, *je besser* er *normalisiert* ist. Der aus dem
Datenmodell abgeleitete kanonische DB-Entwurf besitzt in der Regel einen hohen
Grad an Einfachheit und dient daher als Basis aller weiteren Überlegungen.

Es ist kein Zufall, daß wir die Einfachheit des DB-Entwurfs erst als zweites Entwurfsziel nennen, denn ein System, das die Performanceanforderungen nicht erfüllt,
wird als Mißerfolg gewertet und kommt nicht zum Einsatz. Es sind aber ungezählte
Systeme mit akzeptabler Performance und viel überflüssiger Komplexität im DB-
Entwurf im Einsatz. Diese Komplexität verursacht Verzögerungen im Projektverlauf
und ist schädlich für die Wartbarkeit; sie bringt jedoch nur in extremen Fällen ein
Projekt zum Scheitern.

Flexibilität

Im Datenmodell und im DB-Entwurf werden viele Sachverhalte festgelegt, die während der Laufzeit des Systems nicht notwendigerweise stabil bleiben. Zwei Beispiele:
Ein Unternehmen besitzt drei Fertigungsstätten; es ist abzusehen, daß mittelfristig
eine weitere dazukommt. Vermutlich wird man die Datenbank für vier oder vielleicht
fünf Fertigungsstätten auslegen, von denen zunächst nur drei benutzt werden, doch
muß man sich genau überlegen, welcher Änderungsaufwand entsteht, wenn wider
Erwarten eine sechste dazukommt.

Ein anderes Beispiel, das in fast jedem System eine Rolle spielt, ist der Zugriff auf
historische Daten. Wie lange müssen beispielsweise glattgestellte Konten im Dialog
verfügbar sein? Die Spezifikation sollte dazu eine Aussage machen, z.B. ein Jahr. Im
DB-Entwurf müssen diejenigen Änderungen vorausbedacht werden, die nötig sind,
wenn eines Tages dieser Zeitraum verkürzt oder verlängert werden sollte.

Vernünftige Nutzung des Speicherplatzes

Ein weiteres Ziel des DB-Entwurfs ist die Minimierung des benötigten Platten-
speichers. Dieser Aspekt ist insofern nachrangig, als Platten im Vergleich zu dem
Entwurfs- und Programmieraufwand, der beim Realisieren einer Speicherersparnis
entsteht, sehr billig sind (Faustregel in 1990: 100 DM pro Megabyte). Deshalb lohnt
es sich kaum jemals, zum Einsparen von wenigen Prozent Speicherbedarf größere
Maßnahmen zu ergreifen. Selbstverständlich gibt man bei ansonsten gleichwertigen
DB-Entwürfen demjenigen den Vorzug, der weniger Platz beansprucht. Allerdings
gibt es einige Standardtechniken (z.B. die in Abschnitt 12.4 beschriebene Delta-
Negativ-Methode), die recht einfach sind und in manchen Fällen den Platzbedarf
um Größenordnungen reduzieren.

12.3   Fallbeispiele

Dieser Abschnitt illustriert anhand von drei Praxisbeispielen verschiedene Entwurfs-
alternativen. Wir beginnen jeweils mit der normalisierten Version, die wir kurz als
die 3NF-Version bezeichnen, und werden sehen, welche Vor- und Nachteile sie jeweils
bietet.

12.3.1   Produktumsätze

Problemstellung: Ein Unternehmen, das irgendwelche, durch eine Produktnummer
identifizierte Produkte verkauft, möchte gerne die Monats- und Jahresumsätze der
letzten zwei Jahre führen. Das bedeutet, daß man im Dezember 1989 Zugriff auf die
Umsätze der Jahre 1987 und 1988 haben möchte. Beim Mengengerüst denke man
an etliche Zehntausend verschiedene Produkte. Der bei weitem häufigste Zugriff auf
diese Daten lautet: Welches war der Umsatz von Produkt x im Zeitraum y? Dabei
wird der Zeitraum durch den ersten und den letzten Monat angegeben. Darüber
hinaus kumuliert ein Batchlauf einmal im Monat — und eventuell zwischendurch
auf besondere Anfrage — die Umsätze nach bestimmten Kriterien (Produktgruppe,
Bereich etc.).

3NF-Entwurf: Man braucht drei Tabellen, und zwar eine für die Produkte
(Schlüssel: *Produktnummer*), eine für die Jahresumsätze (Schlüssel: *Produktnum-
mer/Jahr*) und schließlich eine für die Monatsumsätze (Schlüssel: *Produktnum-
mer/Jahr/Monat*). Die Jahrestabelle enthält für jedes Produkt drei Einträge (nämlich jeweils einen für das laufende, das letzte und das vorletzte Jahr) und die Mo-
natstabelle derer mindestens 24; die maximale Anzahl hängt von der Entsorgungs-
strategie ab. Die zur Definition der Tabellen nötigen SQL-Create-Befehle findet man
in Abb. 12.1(a).

Alternativer Entwurf: Die Monats- und Jahresumsätze stehen in der Produkttabelle, die somit neben diversen Produktattributen Felder für den Jahresumsatz des

laufenden und der letzten zwei Jahre enthält sowie Felder für den Umsatz von 36
Monaten. Das entsprechende Create-Statement siehe Abb. 12.1(b).

Bewertung: Die 3NF-Version hat einen gewichtigen Nachteil: Die typische Dialogabfrage nach dem Umsatz eines gegebenen Produkts in den letzten 24 Monaten
ist mit wenigstens 25 DB-Zugriffen verbunden: einer auf die Produkttabelle, 24 auf
die Monatsumsatztabelle und eventuell noch 2 auf die Jahresumsatztabelle. Auch der
Kumulationslauf gestaltet sich umständlich: Eine naheliegende Alternative besteht
darin, daß man sequentiell über die Monatsumsätze geht und von dort aus direkt auf
die Produkt- und Jahresumsätze zugreift. Im Gegensatz dazu kann beim alternativen Entwurf die Dialogabfrage mit einem einzigen DB-Zugriff befriedigt werden, und
auch der Kumulationslauf geht einfach sequentiell über die Produkttabelle, ohne daß
zusätzliche Direktzugriffe erforderlich sind. Dafür handelt man sich ganz erhebliche
Handhabungsprobleme ein. Das Problem ist die Zuordnung zwischen *Jahr1*, *Jahr2*
bzw. *Jahr3* und dem Kalenderjahr. Es gibt mehrere Strategien, von denen wir zwei
betrachten wollen:

- Die erste ist abhängig vom aktuellen Tagesdatum und besagt, daß sich *Jahr1*
  auf das laufende, *Jahr2* auf das letzte und *Jahr3* auf das vorletzte Jahr beziehen. Hier ist zum Jahreswechsel ein gewaltiger Batchlauf erforderlich, der *Um-
  satz_Jahr3* (zusammen mit den Monatsumsätzen) entsorgt und in allen Sätzen
  der Produkttabelle die Zuweisungen

  Umsatz_Jahr3 := Umsatz_Jahr2;
  Umsatz_Jahr2 := Umsatz_Jahr1;
  Umsatz_Jahr1 := 0;

  und die entsprechenden Zuweisungen für die Monatsumsätze vornimmt. Dieser
  Batchlauf ist zu programmieren und zu warten. Er muß zum Jahreswechsel in
  einem mit der Fachabteilung sorgfältig abgestimmten Timing ablaufen. Reorga-
  nisationen dieser Art können bei großen Tabellen prohibitiv aufwendig sein. Möglicherweise ist zum Jahresende die Rechnerlast so groß, daß diese Variante allein
  deshalb nicht in Frage kommt. Die folgende Strategie vermeidet die große Reorganisation zum Jahreswechsel.

- Man überschreibt die Jahres- und Monatsumsätze zyklisch. Dazu ist eine eigene
  kleine Tabelle (die sich aus Konsistenzgründen ebenfalls in der Datenbank befinden muß) erforderlich, in der die Zuordungen zwischen den Datenbankfeldern und
  dem Kalenderjahr festgehalten werden:

  Jahr1 1987
  Jahr2 1988
  Jahr3 1989

  Zum Jahreswechsel 1989/90 wird diese Tabelle geändert in

  Jahr1 1990
  Jahr2 1988
  Jahr3 1989

```
create table PRODUKT
        (Produktnummer    char(7)       not null,
        -- diverse Produktattribute
        primary key (Produktnummer));

create table UMSATZ_JAHR
        (Produktnummer    char(7)       not null,
        Jahr              decimal(4)    not null,
        Umsatz            decimal(10)   default 0,
        primary key (Produktnummer, Jahr));

create table UMSATZ_MONAT
        (Produktnummer    char(7)       not null,
        Jahr              decimal(4)    not null,
        Monat             decimal(2)    not null,
        Umsatz            decimal(10)   default 0,
        primary key (Produktnummer, Jahr, Monat));
```

(a) 3NF-Entwurf

```
create table PRODUKT
        (Produktnummer    char(7)       not null,
        -- diverse Produktattribute

        Umsatz_Jahr1      decimal(10)   default 0,
        Umsatz_Jahr1_Jan  decimal(10)   default 0,
              ⋮
        Umsatz_Jahr1_Dez  decimal(10)   default 0,

        Umsatz_Jahr2      decimal(10)   default 0,
        Umsatz_Jahr2_Jan  decimal(10)   default 0,
              ⋮
        Umsatz_Jahr2_Dez  decimal(10)   default 0,

        Umsatz_Jahr3      decimal(10)   default 0,
        Umsatz_Jahr3_Jan  decimal(10)   default 0,
              ⋮
        Umsatz_Jahr3_Dez  decimal(10)   default 0,
        primary key (Produktnummer));
```

(b) Alternativer Entwurf

Abb. 12.1 Umsatztabellen

Ob der *Umsatz_Jahr1* bei den einzelnen Produkten zurückgesetzt werden muß, hängt von der Art und Weise ab, wie die Umsätze in die Produkttabelle gelangen. Gesetzt den Fall, sie werden am Monatsende alle auf einmal in einem großen Batchlauf eingetragen, so ist ein Rücksetzen von *Umsatz_Jahr1* vermutlich nicht erforderlich; Beachtung verdienen allerdings ausgelaufene Produkte. Werden die Umsätze aber täglich oder vielleicht sogar unmittelbar bei jedem getätigten Verkauf fortgeschrieben, so ist Rücksetzen fast zwingend. Es ist hier nicht der Ort, um alle Varianten durchzuspielen; wir überlassen das dem Leser. Denkbar sind beispielsweise Kennzeichen bei jedem Umsatz mit der Bedeutung „Ich bin schon überschrieben", oder man könnte statt auf Jahres- auf Monatsebene zyklisch überschreiben.

Die Zuordnungstabelle ist sicherlich ein guter Weg, um die Umstellungsarbeit am Jahresende gering zu halten, doch sollte man die Risiken nicht unterschätzen: Ein Zugriff auf die Produkt-Tabelle ohne Kenntnis der Zuordnungen hat katastrophale Folgen. Produkttabelle und Zuordnungstabelle müssen immer gemeinsam gesichert und ggf. zurückgeladen werden.

Beide Strategien zeigen, daß man einen hohen Preis für den Performance-Gewinn im Dialog und beim Kumulationslauf zu zahlen hat. Während die drei Tabellen der 3NF-Version vollständig robust sind und außer einer gelegentlichen Entsorgung keinerlei Wartung bedürfen, machen beide optimierte Versionen kritische Aktionen zum Jahreswechsel erforderlich. Darüberhinaus liegt die Anzahl der Monats- und Jahresumsätze fest, die für jedes Produkt abzulegen sind. Sie sind in der Datenbank einbetoniert. Wenn der Anwender plötzlich fordert, daß statt der letzten zwei die letzten drei Jahre im direkten Zugriff verfügbar sein sollen, dann ergeben sich bei der alternativen Version erhebliche Softwareänderungen.

Die Feldnamen *Umsatz_Jahr1*, *Umsatz_Jahr1_Dez* etc., die Ordnungsbegriffe enthalten, lassen an Häßlichkeit nichts zu wünschen übrig. Sie geben Anlaß zu einem kleinen *Exkurs über die erste Normalform*. Schön wäre es, wenn relationale Datenbanken die Möglichkeit böten, Felder in Gruppen und Periodengruppen zusammenzufassen (wie z.B. Adabas). Sie tun es nicht, weil dies der ersten Normalform widerspräche, die nur „einfache Felder" gestattet. Das ist schon deshalb problematisch, weil sich die Frage, was denn ein „einfaches" Feld ist, nicht einfach beantworten läßt. Einige Beispiele dazu: Eine Adresse, bestehend aus Name, Vorname, Initial, Titel, Straße, Postleitzahl, Ort, Land und Zustellhinweis wird allgemein als zusammengesetzte Struktur betrachtet. Im Gegensatz dazu wird wohl jeder das Kfz-Kennzeichen als einfaches Feld betrachten, obwohl es aus dem Landkreiskürzel, einem String der Länge eins, zwei oder drei und einer ein- bis vierstelligen Zahl besteht! In dem String und der Zahl ist oft weitere Information versteckt, z.B. ob es sich um eine Stadt- oder eine Landkreisnummer handelt. Ähnlich verhält es sich mit der ISBN (Internationale Standard-Buchnummer). Sie enthält das Sprachkürzel (z.B. 3 für Deutsch), die Verlagsnummer (z.B. 540 für den Springer-Verlag), eine verlagsinterne Nummer und die Prüfziffer. Oder die Fahrgestellnummer von Autos: Dort stecken Informationen unterschiedlichster Art. Den Feldern Adresse, Kfz-Kennzeichen, ISBN und Fahrgestellnummer ist gemeinsam, daß sie aus mehreren Unterfeldern aufgebaut sind, und es ist eine willkürliche Festlegung, die Adresse als zusammengesetztes Feld und die anderen als einfache Felder aufzufassen.

Weil die relationalen DB-Systeme aber nur einfache Felder kennen, ist es ein oft praktizierter Brauch, der Datenbank bestimmte Strukturinformation vorzuenthalten. So kann man die Adresse der Datenbank gegenüber als String der Länge 200 bekanntgeben, und nur das für die Adressen zuständige Modul weiß, wie dieser strukturiert ist. Das widerspricht dem Entwurfsziel der Einfachheit, das wir oben postuliert haben und wäre völlig überflüssig, wenn die Datenbank die oben angesprochenen Strukturierungsmöglichkeiten zur Verfügung stellte. Natürlich erfordern Feldgruppen und Periodengruppen auch eine erweiterte SQL-Syntax, für die es bisher keinerlei Standard gibt.

12.3.2 Konten und Kontoposten

Problemstellung: Zu jedem Konto gibt es eine im Prinzip unbeschränkte Anzahl von Kontoposten, doch nehmen wir an, daß 95% aller Konten weniger als 30 Posten aufweisen. Der Standardzugriff im Dialog verlangt zu einer gegebenen Kontonummer die Kontodaten und alle zugehörigen Posten. Die Anzahl der Konten liegt im Bereich von mehreren Millionen. Kontoposten müssen mindestens zwei Jahre nach ihrem Entstehen noch im Direktzugriff verfügbar sein; aus Platzgründen ist dafür zu sorgen, daß sie möglichst rasch nach Ablauf dieser Frist entsorgt werden. In regelmäßigen Abständen findet ein Kontenabgleich statt, der alle Posten aller Konten einbezieht.

3NF-Entwurf: eine *KONTO*-Tabelle (Schlüssel: *Kontonummer*) und eine *POSTEN*-Tabelle (Schlüssel: *Kontonummer/Postennummer*); siehe Abb. 12.2(a).

Alternativer Entwurf: Man packt die Kontoposten in die Kontotabelle mit hinein. Weil aber nicht bekannt ist, wieviele davon vorhanden sind bzw. noch kommen werden, empfiehlt es sich, die Posten jeweils eines Kontos in Paketen geeigneter Größe (z.B. 30 Posten) zusammenzufassen. Das erste Paket wird an die Kontotabelle angehängt, alle folgenden stehen in einer eigenen Überlauftabelle (Schlüssel: *Kontonummer/Paketnummer*). Wenn 95% aller Konten weniger als 30 Posten aufweisen, dann wird die Überlauftabelle nur von 5% in Anspruch genommen, und nur zu verschwindend wenigen Konten wird es (bei mehr als 60 Posten) ein zweites Paket in der Überlauftabelle geben. Die Create-Befehle für Konto- und Überlauftabelle stehen in Abb. 12.2(b). Diese DB-Struktur ist nur im Zusammenhang mit folgenden Festlegungen sinnvoll:

- Zu jedem Konto gibt es eine beliebige Anzahl von Paketen, in aller Regel jedoch nur eines. Das erste Paket steht in der *KONTO*-Tabelle, alle weiteren in jeweils einem Satz von *UEBERLAUF_PAKET*. Die Anzahl dieser Pakete wird in der *KONTO*-Tabelle festgehalten.

- Jedes Paket hat unabhängig vom Ort seiner Ablage denselben Aufbau: Es wird innerhalb des Kontos durch seine Paketnummer identifiziert. Das Paket in der Kontotabelle hat die Nummer 0. Pakete werden nach aufsteigenden Paketnummern gefüllt, d.h. wenn Paket p nicht leer ist (also mindestens einen Posten enthält),

müssen die Pakete 0 bis p−1 alle voll sein (d.h. genau 30 Posten enthalten). Jedes
Paket enthält Platzhalter oder „Fächer" für eine bestimmte Anzahl (in unserem
Beispiel 30) von Posten sowie das Feld *Anzahl_Posten*, das angibt, wieviele Po-
sten es tatsächlich enthält. Jedes *ÜBERLAUF_PAKET* enthält mindestens einen
Posten; Konten mit 0 Kontoposten sind zulässig.

- Jedes Paket wird von vorne nach hinten gefüllt; die beim Löschen eines Postens
  entstehende Lücke wird aufgefüllt, indem alle dahinter liegenden Posten um eine
  Position nach vorne verschoben werden.

- Jeder Posten hat unabhängig vom Ort seiner Ablage denselben Aufbau: Er wird
  innerhalb des Kontos durch seine *Postennummer* identifiziert und durch die Felder
  Postenart, *Datum_Anlage* und *Betrag* (in der Praxis sind es sicher viel mehr)
  beschrieben.

Diese Festlegungen sind nicht die einzig möglichen (z.B. könnte man die Pakete auch
von hinten her auffüllen), doch sind gerade deshalb Vereinbarungen dieses Detail-
lierungsgrades ein wesentlicher Bestandteil des DB-Entwurfs. Auf ihrer Basis kann
man nun Algorithmen zum Einfügen und Löschen von Kontoposten formulieren.
Von besonderem Interesse ist der Entsorgungslauf, dessen Aufgabe darin besteht,
alle Kontoposten, deren Anlagedatum länger als zwei Jahre zurückliegt, auf eine sequentielle Datei (etwa zum Zweck der Verfilmung) zu schreiben und diese Posten in
der Datenbank zu löschen. Zur richtigen Wahl der Paketgröße sind folgende Punkte
zu bedenken:

- Die Pakete sind so groß zu wählen, daß ein Zugriff auf die Überlauftabelle nur in
  Ausnahmefällen stattfindet — darin besteht ja der ganze Optimierungseffekt.

```
create table KONTO
        (Kontonummer char(7)  not null,
        - - diverse Kontoattribute
        primary key (Kontonummer));

create table POSTEN
        (Kontonummer char(7)   not null,
        Postennummer dec(3)    not null,
        Postenart     char(1)  not null,
        Datum_Anlage date      not null,
        Betrag           dec(7,2) default 0,
        - - weitere Postenattribute
        primary key (Kontonummer, Postennummer));
```

(a) 3NF-Entwurf

Abb. 12.2 Kontotabellen

```
create table KONTO
        (Kontonummer      char(7)  not null,
        - - diverse Kontoattribute
        Anzahl_Überlauf_Pakete dec(2) default 0,
        Anzahl_Posten            dec(2) default 0,

        - - Attribute von Posten 1
        Postennummer1  dec(3)   default 0,
        Postenart1       char(1) default blank,
        Datum_Anlage1  date     default 0,
        Betrag1          dec(7,2) default 0,

        :

        - - Attribute von Posten 30
        Postennummer30 dec(3)   default 0,
        Postenart30      char(1) default blank,
        Datum_Anlage30 date     default 0,
        Betrag30         dec(7,2) default 0,
        primary key (Kontonummer));


create table UEBERLAUF_PAKET
        (Kontonummer      char(7)  not null,
        Paketnummer      dec(2)   not null,
        Anzahl_Posten    dec(2)   default 0,

        - - Attribute von Posten 1
        Postennummer1  dec(3)   default 0,
        Postenart1       char(1) default blank,
        Datum_Anlage1  date     default 0,
        Betrag1          dec(7,2) default 0,

        :

        - - Attribute von Posten 30
        Postennummer30 dec(3)   default 0,
        Postenart30      char(1) default blank,
        Datum_Anlage30 date     default 0,
        Betrag30         dec(7,2) default 0,
        primary key (Kontonummer, Paketnummer));
```

(b) Alternativer Entwurf

Abb. 12.2 Kontotabellen

- Andererseits führen große Pakete zu langen Sätzen. Die Satzlänge sollte deutlich unterhalb von harten systembedingten Schranken liegen; darüberhinaus beeinflussen lange Sätze die Laufzeit von physisch sequentiellen Batchläufen linear.

Bewertung: Beim 3NF-Entwurf verursacht der Standardzugriff auf ein Konto mit p Posten p+1 DB-Zugriffe! Der Kontenabgleich läuft entweder sequentiell über die Kontotabelle (mit Direktzugriffen auf die Posten) oder sequentiell über die Postentabelle (mit Direktzugriffen auf die Konten). Beide Varianten produzieren einen Marathon-Batch, den man höchstens unter der Voraussetzung, daß die Posten physisch nach den Kontonummern geordnet sind (d.h. alle Posten zu einem Konto liegen hintereinander), in Erwägung ziehen könnte. Der alternative Entwurf entschärft diese Performanceprobleme, doch zeigt die Liste der zugehörigen Konsistenzbedingungen, daß Änderungen von Kontoposten (insbesondere das Löschen und Neuanlegen) mit einer ganz erheblichen Komplexität verbunden sind. Auch ist es um die Flexibilität dieses Entwurfs nicht sehr gut bestellt.

Den Entwurf und die Analyse weiterer Alternativen überlassen wir wiederum dem Leser.

12.3.3 Stücklisten

Problemstellung: Ein Auto besteht aus Fahrgestell, Motor, Karosserie und Innenausstattung. Ein Motor besteht aus Motorblock, Zylinderkopf, Dichtungen, Kurbel- und Nockenwelle, Pleueln, Kolben und Ventilen. Ein Kolben steht aus Schaft, Bolzen und Kolbenringen. Manche Teile wie Halterungen, Schrauben oder Beilagscheiben treten wiederholt an ganz unterschiedlichen Stellen auf. Dies ist das verbale Datenmodell des klassischen Stücklistenproblems, wie es uns in vielen Bereichen von Konstruktion und Fertigung begegnet. Manchmal tritt es auch in verkleideter Form auf, z.B. in der Produktstruktur eines wissenschaftlichen Verlags: Neben den Büchern im engeren Sinn (mit zwei Deckeln, zum Anfassen) gibt es dort eine große Anzahl von abstrakten Zusammenfassungen: Ein Werk etwa besteht aus mehreren Bänden, diese setzen sich jeweils aus Teilen zusammen, die ihrerseits aus Lieferungen bestehen. Es ist durchaus möglich, daß ein physisches Buch Lieferung 3 von Teil a von Band III des Werks XY und zugleich Band 37 der Reihe YZ ist.

Wir modellieren das Stücklistenproblem mit Hilfe eines gerichteten, zyklenfreien Graphen. Jeder Knoten entspricht einem Teil: eine gerichtete Kante von Knoten A nach Knoten B bedeutet, daß B in A enthalten ist. Alle Nachfolger von A sind in A enthalten; A besteht aus allen seinen Nachfolgern. In der Regel ist es erforderlich, die Nachfolger eines Knotens zu sortieren: Beim Verlag sprechen wir von der Lieferung 3, dem Teil a. Bei den Autos interessiert sich die Fertigung für die Einbaureihenfolge der Teile. Daneben ist oft eine Mengenangabe erforderlich: Das Fahrgestell hat vier Räder, und zu jedem Rad gehören eine Felge und fünf Radmuttern. Abbildung 12.3(a) zeigt ein Beispiel für einen gerichteten Graphen: A enthält C und D, B enthält D und E, D enthält F und G. C enthält nur F; F, G und E enthalten keine weiteren Teile. F ist sowohl über C als auch über D in A enthalten. Das zugehörige Datenmodell zeigt Abb. 12.3(b). Jeder Knoten kann die Rolle eines

Vorgängers und/oder die eines Nachfolgers übernehmen; an jedem Vorgänger hängt eine beliebige Anzahl von Nachfolgern, die über Kanten mit ihm verbunden sind.

Wir nehmen an, daß jeder Knoten eine eindeutige *Knotennummer* besitzt. Sie entspricht der Teilenummer bei den Autos und der ISBN bei den Büchern. Je nach Anwendung sind die Knoten durch weitere Attribute zu beschreiben; sie brauchen uns hier nicht weiter zu interessieren. Die Kanten werden durch die Attribute *Position* und *Anzahl* beschrieben.

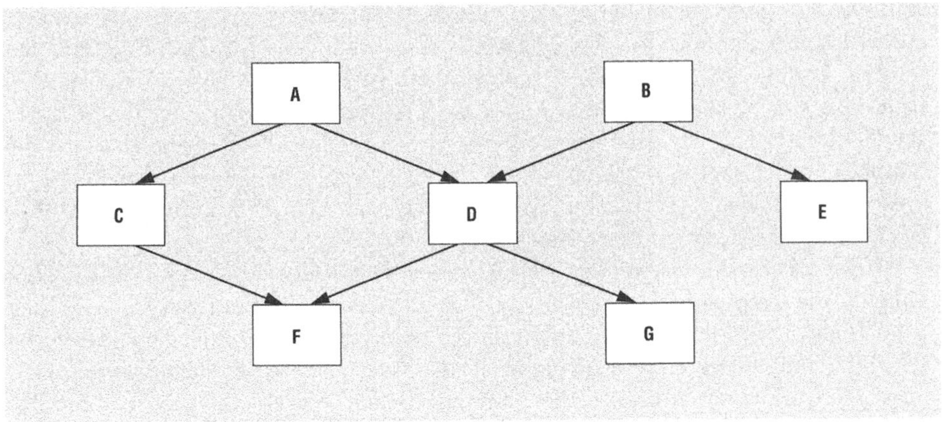

(a) Gerichteter Graph (Beispiel)

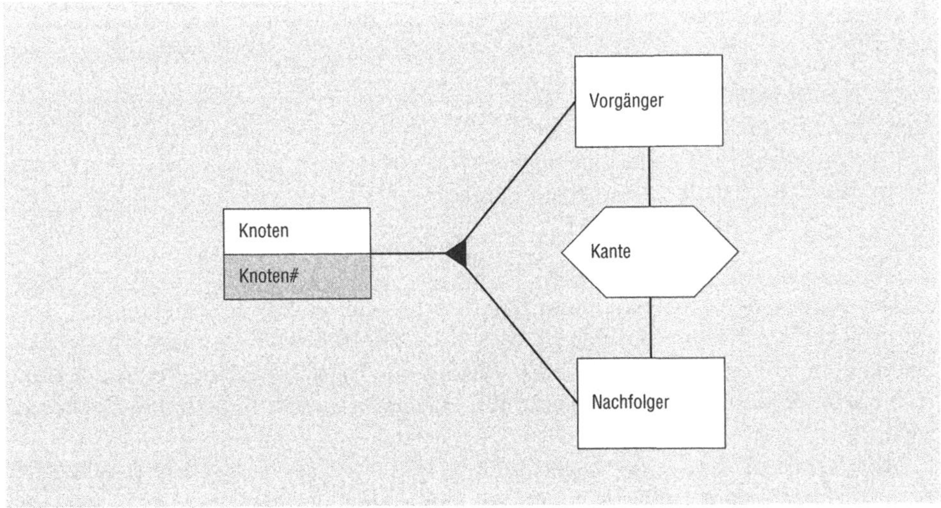

(b) O/B-Bild

Abb. 12.3 Datenmodell von Stücklisten

Zur Illustration noch einige Zahlen: Beim Verlag denke man an etwa 50.000 Bücher und ebensoviele „besteht aus"-Beziehungen; die Hierarchien sind meistens sehr flach und niemals tiefer als vier Ebenen. Bei den Autos gibt es an die 500.000 Teile und 5 Millionen Beziehungen. Die Hierarchien sind etwas weniger flach, doch werden selten mehr als zehn Ebenen erreicht. Zwanzig Ebenen sind als harte Obergrenze akzeptabel. Die Pflege dieser Daten erfolgt in der Regel durch die Konstruktions- oder Planungsabteilungen, denn dort werden die neuen Produkte erfunden. Die Änderungshäufigkeit ist — gemessen am vorhandenen Datenvolumen — gering. Autos erfahren nur alle paar Jahre tiefergehende Änderungen; die Produktstruktur eines Verlags ist ebenfalls ziemlich stabil. Andererseits erfolgen massenhafte Auswertungen: Die Fertigung (beim Verlag ist es die Bestellerfassung) wird sehr oft anfragen, aus welchen Teilen sich ein gegebenes Objekt zusammensetzt. Das Ergebnis einer solchen Anfrage ist die Stückliste: Sie löst ein gegebenes Objekt in alle seine Bestandteile auf. Meistens kann man noch die Tiefe angeben, bis zu der die Auflösung gewünscht ist. Die Auflösung eines Teils S in eine Stückliste ergibt sich aus dem Graphen in der Weise, daß man alle Nachfolger von S in der von den Positionen festgelegten Reihenfolge auflistet. Die Auflösung von A in Abb. 12.3(a) ergibt: A, C, F, D, F, G, und zwar in dieser Reihenfolge.

3NF-Entwurf: Wir verwenden zwei Tabellen, eine *KNOTEN-* und eine *KANTEn*-Tabelle. Die Creates finden sich in Abb. 12.4(a). Jeder Knoten (also jedes Teil oder jedes Buch) wird durch einen Satz in der Knotentabelle abgebildet, jede Enthaltenseinsbeziehung durch einen Eintrag in der Kantentabelle: Der Nachfolgerknoten ist im Vorgängerknoten enthalten. Strukturänderungen werden einfach durch Einfügen bzw. Löschen von Kanten bewerkstelligt. Auf diese Weise ist es mit geringem Aufwand möglich, ganze Teilbäume umzuhängen. Schwierig ist es allerdings, die Zyklenfreiheit zu gewährleisten, d.h. ein Knoten darf nicht (auch nicht über Umwege) von sich selber aus erreichbar sein. Die Attribute der unmittelbaren Nachfolger eines Knotens S erhält man verhältnismäßig einfach durch folgendes SQL-Statement:

    Bestandteile (S)
        select *
        from KNOTEN
        where Knotennummer **in**
                select Nachfolgernummer
                from KANTE
                where Vorgängernummer = S

Der Aufbau der Stückliste eines Knotens S benötigt $2p-1$ Direktzugriffe, wenn die Stückliste p Knoten enthält (jeweils einen für den Knoten und — bis auf den Satzknoten S — einen für die Kante, an der der Knoten hängt). Der Algorithmus dafür ließe sich am besten rekursiv formulieren, doch dies ist in SQL und Cobol nicht möglich.

Alternativer Entwurf: Wir suchen eine Struktur, in der es möglich ist, die Stückliste zu einem Knoten mit einem einzigen SQL-Befehl aufzubauen. Dabei sollen nur soviele Direktzugriffe erfolgen, wie die Stückliste Knoten besitzt. Dazu bedarf es einiger Definitionen: Jeder *Pfad* beginnt in einem *Anfangsknoten*, endet in einem *Endknoten* und legt eine *Positionsliste* fest. Sie besteht aus der Konkatenation aller

```
create table KNOTEN
        (Knotennummer      dec(10) not null,
        - - diverse Knotenattribute
        primary key (Knotennummer));

create table KANTE
        (Vorgängernummer  dec(10) not null,
        Nachfolgernummer  dec(10) not null,
        Position          dec(3)  default 0,
        Anzahl            dec(3)  default 0,
        - - diverse Kantenattribute
        primary key (Vorgängernummer, Nachfolgernummer));
```

(a) 3NF-Entwurf

```
create table PFAD
        (Anfangsnummer  dec(10) not null,
        Endnummer       dec(10) not null,
        Länge           dec(3)  default 0,
        - - diverse Attribute des Anfangsknotens
        - - diverse Attribute der Kante, z.B. die Anzahl
        Position1       dec(3)  default 0,
        Position2       dec(3)  default 0,
        ⋮
        Position10      dec(3)  default 0,
        primary key (Anfangsnummer,
                     Position1, Position2, ..., Position10));
```

(b) Alternativer Entwurf

Abb. 12.4 Stücklistentabellen

Positionen auf dem Pfad. So besitzt der Pfad (A, C, F) die Positionsliste (1, 1), (A, D, G) die Positionsliste (2, 2). Die *Länge* eines Pfades ist die Anzahl der Kanten, die er enthält. Die beiden genannten Pfade haben die Länge 2. Zu jedem Knoten A gibt es einen degenerierten Pfad der Länge 0: er beginnt in A, endet in A, und seine Positionsliste ist leer. Jeder Pfad wird durch seinen Anfangsknoten und seine Positionsliste eindeutig identifiziert. Die Anzahl M der Pfade in einem Graphen ist im allgemeinen sehr groß: Sie ist exponentiell in der Anzahl N seiner Knoten. Bei Bäumen sieht es besser aus: Ist T die Tiefe des Baums (das ist die maximale Pfadlänge im Baum), so gilt $M \leq N \times T$. Der alternative Entwurf sieht vor, in einer Tabelle alle Pfade des Graphen abzulegen, siehe Abb. 12.4(b) und Tabelle 12.1.

Tabelle 12.1 Pfade der Stückliste aus Abb. 12.3(a) entsprechend der Tabelle
in Abb. 12.4(b)

Anfang	Ende	Länge	Attribute Anfangsknoten	Attribute Kante	Positionsliste P1 P2 ...P10
A	A	0	×		0 0 ... 0
A	C	1		×	1 0 ... 0
A	D	1		×	2 0 ... 0
A	F	2			1 1 ... 0
A	F	2			2 1 ... 0
A	G	2			2 2 ... 0
B	B	0	×		0 0 ... 0
B	D	1		×	1 0 ... 0
B	E	1		×	2 0 ... 0
B	F	2			1 1 ... 0
B	G	2			1 2 ... 0
C	C	0	×		0 0 ... 0
C	F	1		×	1 0 ... 0
D	D	0	×		0 0 ... 0
D	F	1		×	1 0 ... 0
D	G	1		×	2 0 ... 0
E	E	0	×		0 0 ... 0
F	F	0	×		0 0 ... 0
G	G	0	×		0 0 ... 0

Die *PFAD*-Tabelle enthält für jeden Knoten genau einen Satz mit *Länge* = 0. Dort
sind alle Knotenattribute gefüllt, die Kantenattribute sind leer, und die Positionsliste
ist ebenfalls leer, d.h. *Position1* bis *Position10* sind alle 0. Die Pfadtabelle enthält
weiterhin für jede Kante genau einen Satz mit *Länge* = 1. In diesen Sätzen sind
jeweils alle Kantenattribute gefüllt, die Knoteninformation ist leer, und in *Position1*
steht die Position des Endknotens innerhalb der Nachfolger des Anfangsknotens.
In allen anderen Sätzen der Pfadtabelle (das sind diejenigen mit Länge $\geq$ 2) sind
Knoten- und Kantenattribute leer; die Positionsliste steht in *Position1* bis maximal
Position10. Wir haben uns hier also auf eine maximale Pfadlänge von 10 festgelegt.
Eine zentrale Konsistenzbedingung lautet:

> *Position_i* > 0 für i $\leq$ *Länge*
> *Position_i* = 0 für i > *Länge*

Das führt zu einem sehr einfachen Zugriff auf die Stückliste eines Knotens S:

> Stückliste (S, T)
> **select** [**distinct**] Endnummer
> **from** PFAD
> **where** Anfangsnummer = S [**and** Länge $\leq$ T]
> **ordered by** Position1, Position2, ..., Position10

Der Parameter T gibt an, bis zu welcher Tiefe die Stückliste expandiert werden soll. Sollte die Sortierung nach den 10 Positionsfeldern (*ordered by*) zu Performanceproblemen führen, so kann man diese Felder der Datenbank gegenüber als 30-stelliges Character-Feld deklarieren, muß dann allerdings selbst für dessen korrekte Belegung sorgen. Die *Distinct*-Klausel verhindert das mehrfache Auftreten eines Knotens. Die Ausführung dieser *Select*-Anweisung verursacht genau p Direktzugriffe, wenn p die Anzahl der Knoten in der Stückliste ist. Allerdings bekommt man nur die Nummern der zugehörigen Knoten, nicht aber die Inhalte der Attribute. Diese verschafft man sich durch jeweils einen weiteren Zugriff auf den entsprechenden Knotensatz (das ist der mit *Länge = 0*). Denkbar ist aber auch, daß man einige Grundinformationen des Anfangsknotens in allen Sätzen redundant hält.

Die Zyklenfreiheit ist in dieser Struktur einfach dadurch gewährleistet, daß es außer den degenerierten Pfaden mit Länge = 0 keine anderen Pfade gibt, in denen Anfangs- und Endknoten übereinstimmen. Strukturänderungen sind außerordentlich komplex und I/O-intensiv, so daß man sie am besten nur im Batch ausführt.

Bewertung: Der alternative Entwurf ist nur dann vorzuziehen, wenn größter Wert darauf gelegt wird, Stücklisten im Dialog mit sehr guten Antwortzeiten aufzubauen. Der Preis für diesen raschen Zugriff besteht in aufwendigen und außerordentlich komplexen Strukturänderungen.

12.4   Historienführung

Oft muß beim Ändern bestimmter Felder dafür gesorgt werden, daß die alten Werte auffindbar bleiben. Solche Felder heißen historienwürdig.

Zur Illustration dient die Tabelle *BEISPIEL*, Abb. 12.5(a). Die einfachste Möglichkeit, für alle Felder dieser Tabelle eine Historie zu führen, besteht darin, den Schlüssel um einen Zeitstempel (*Datum_Eingabe*) zu erweitern. Zusätzlich kann man das Feld *Benutzer* verwenden, um den jeweiligen Veranlasser einer Änderung festzuhalten. Der Zeitstempel muß so genau sein, wie es die Anwendung verlangt; in den meisten Fällen wird das Datum genügen. Es gibt an, zu welchem Zeitpunkt die vorliegende Version des Satzes gültig geworden ist. Abbildung 12.5(b) zeigt die entsprechende Create-Anweisung, Abb. 12.6(a) eine mögliche Ausprägung dieser Tabelle.

Zu jedem *Schlüssel* gibt es eine oder mehrere Satzversionen; im Beispiel *V1*, *V2* und *V3*. Das *Datum_Eingabe* legt eine Reihenfolge auf diese Versionen. Dabei ist das *Datum_Eingabe* von *V2* auch der erste Tag der Ungültigkeit von *V1*.

Offenbar ist es nicht erforderlich, bei jeder Version alle Felder abzulegen. Eine Möglichkeit besteht darin, nur die älteste Version komplett zu speichern und bei den

```
create table BEISPIEL
      (Schlüssel – – irgendein Format not null,
      Feld1      – – irgendein Format
      Feld2      – – irgendein Format
      Feld3      – – irgendein Format
      Feld4      – – irgendein Format
      primary key (Schlüssel));
```

(a) Tabelle ohne Historie

```
create table BEISPIEL
      (Schlüssel – – irgendein Format not null,
      Datum_Eingabe date            not null,
      Benutzer        char(10),
      Feld1      – – irgendein Format
      Feld2      – – irgendein Format
      Feld3      – – irgendein Format
      Feld4      – – irgendein Format
      primary key (Schlüssel, Datum_Eingabe));
```

(b) Tabelle mit Historie

Abb. 12.5 Historienführung: Tabellenentwurf

folgenden Versionen nur diejenigen Felder aufzunehmen, die sich gegenüber der letzten geändert haben. Diese Methode nennt man „Delta-Positiv". Weil man sich aber meistens für die jüngste Version interessiert, ist es nicht sehr zweckmäßig, diese jedesmal durch alle Änderungen hindurch zu rekonstruieren. Besser ist deshalb „Delta-Negativ". Hier legt man die jüngste Version vollständig ab und merkt sich bei Version $k-1$ diejenigen Änderungen, die man an Version k vornehmen müßte, um Version $k-1$ herzustellen (vgl. Abb. 12.6(b)).

Was ist zu tun, wenn am 5.1.90 der Benutzer C eine weitere Änderung — etwa *Feld1* von a auf b und *Feld2* von f auf e — durchführen möchte? Sinnvollerweise wird man die Felder *Datum_Eingabe*, *Benutzer*, *Feld1* und *Feld2* entsprechend korrigieren und dadurch aus dem $V3$- einen $V4$-Satz erzeugen. Ferner muß man einen neuen $V3$-Satz herstellen, aus dem sich die Version 3 rekonstruieren läßt. Abbildung 12.6(c) zeigt das Ergebnis.

Die drei Varianten (Speicherung aller Felder, Delta-Positiv und Delta-Negativ) unterscheiden sich nicht in der Definition der Tabelle, sondern nur in der Art und Weise, sie mit Werten zu füllen. Eine wichtige Eigenschaft ist ihnen gemeinsam: Wären von den vier Feldern nur *Feld1* und *Feld2* historienwürdig, so müßte man lediglich die Änderungslogik modifizieren, nicht aber die Tabellendefinition. Dies ist ein wichtiger Aspekt im Hinblick auf die Flexibilität des DB-Entwurfs.

	Schlüssel	Datum_Eingabe	Benutzer	Feld1	Feld2	Feld3	Feld4
V1	4711	010489	A	a	d	g	k
V2	4711	050489	B	a	e	h	k
V3	4711	160589	B	a	f	g	l

(a) Speicherung aller Felder

	Schlüssel	Datum_Eingabe	Benutzer	Feld1	Feld2	Feld3	Feld4
V1	4711	010489	A		d	g	
V2	4711	050489			e	h	k
V3	4711	160589	B	a	f	g	l

(b) Speicherung „Delta-Negativ"

	Schlüssel	Datum_Eingabe	Benutzer	Feld1	Feld2	Feld3	Feld4
V1	4711	010489	A		d	g	
V2	4711	050489			e	h	k
V3	4711	160589	B	a	f		
V4	4711	050190	C	b	e	g	l

(c) Speicherung „Delta-Negativ": ein weiterer Eintrag

Abb. 12.6 Historienführung: Tabelleneinträge

Ein Grund, warum man bei Delta-Negativ eine andere Speicherungsform wählen
sollte, ist das Problem des Zugriffs auf die jüngste Version. Man findet sie über den
Schlüssel (bekannt) und das *Datum_Eingabe* (unbekannt). Es wäre also erforderlich,
bei jedem Zugriff unter allen Sätzen mit gegebenem Schlüssel denjenigen mit dem

jüngsten *Datum_Eingabe* (durch Sortieren oder sequentielles Suchen) herauszufinden — ein aufwendiges Verfahren! Praktikable Realisierungsmöglichkeiten von Delta-Negativ ergeben sich, wenn man die jüngste Version so auszeichnet, daß ein einfacher Zugriff gewährleistet ist:

- Man ergänzt den Satz um ein Kennzeichen für die jüngste Version.
- Man legt die alten Versionen in eine eigene Tabelle. Hier können sie entweder jeweils in einem eigenen Satz oder direkt hintereinander abgelegt werden. Wenn es darauf ankommt, alle Versionen zu einem Schlüssel möglichst schnell bereitzustellen, ist es sicher sinnvoll, die Versionen in einem Satz hintereinanderzulegen.
- Man kann die Periodengruppe mit den alten Versionen auch direkt an den Leitsatz (die jüngste Version) hängen. Das ist für Zugriff und Änderung sehr günstig, könnte allerdings bei hohen Änderungsraten Probleme mit der Satzlänge verursachen.

Die Entsorgungsproblematik verdient besondere Beachtung. In regelmäßigen Abständen ist ein Entsorgungslauf zu starten, der alle Versionen auslagert, die vor einem bestimmten Stichtag *ungültig* geworden sind. Das Ungültigkeitsdatum der Version k steht aber nur in der Version k+1. Bei sehr großen Datenvolumen könnte der Entsorgungslauf durch die dafür erforderliche Logik so belastet werden, daß man gezwungen ist, das Ungültigkeitsdatum redundant in jede Version mitaufzunehmen — mit allen Konsequenzen für die Änderungslogik.

Es gibt eine ganze Reihe von weiteren Fragestellungen, deren Behandlung den Umfang dieses Abschnitts sprengen würde. Als Beispiele seien genannt die Problematik von Vor- und Rückdatierung sowie die Kombination der Fallbeispiele von Abschnitt 12.3 (insbesondere die Stücklisten) mit Historie oder sogar mit Vor- und Rückdatierung.

13

Systemfehler

Systemfehler stellen ein unerwünschtes Verhalten eines Systems dar, das man jedoch stets gewärtigen muß. Sie haben ihre Ursache in technischen Defekten der Hardware, von System- und Anwendungssoftware sowie von Daten. Eine systematische Systemfehlerbehandlung — Erkennen, Protokollieren und Neutralisieren — ist ein Merkmal eines guten, robusten Systems.

13.1 Was ist ein Systemfehler?
        Was sind seine Ursachen?

13.2 Die Systemfehlerphasen

13.3 Systemfehlerbehandlung

13.4 SF-Protokollmodul

13.5 Standard-Programmstruktur

Systemfehlerbehandlung, damit es **so nicht** endet:

Mit freundlicher Genehmigung von Luis Murschetz der Süddeutschen Zeitung vom 17./18. Okt. 1987 entnommen.

13.1   Was ist ein Systemfehler? Was sind seine Ursachen?

Der Versuch, eine Definition des Begriffs „Systemfehler" zu geben, führt schnell zu fruchtlosen Diskussionen und in die Irre. Wir wollen statt dessen einige phänomenologische Betrachtungen anstellen und damit umschreiben, was wir unter Systemfehler verstehen.

Man kann bei einem System als Ganzes, aber auch bei einzelnen Moduln und ihren Operationen zwischen erwünschtem und unerwünschtem sowie erwartetem und unerwartetem Verhalten unterscheiden:

Verhalten	erwartet	unerwartet
erwünscht	Normalverhalten	„6 Richtige im Lotto"
unerwünscht	Systemfehler	Katastrophe

Das Normalverhalten ist das, was man sich von einem idealen, fehlerfreien System bzw. Modul wünscht und erwartet. In der Realität gibt es aber keine absolut fehlerfreie Software, und man muß mit unerwünschtem Verhalten rechnen. Dabei streben wir an, die „Katastrophenfälle" zu vermeiden, in denen das System unkontrolliert abstürzt. Das bedeutet, möglichst viele der unerwünschten Ereignisse zu erwarten und damit — in unserer Terminologie — zu Systemfehlern (SF) zu machen. Durch eine systematische Behandlung der nach wie vor unerwünschten, jedoch erwarteten Systemfehler wird erreicht, daß das System auch im Fehlerfall unter Kontrolle bleibt. Dazu gehört auch, daß es sich gegenüber dem Benutzer auf eine akzeptable Weise und nicht mit kryptischen Meldungen oder dunklem Bildschirm verabschiedet. Daß ein System sich in unerwarteter Weise erwünscht verhält, gibt es eigentlich nicht; das ist noch seltener als „6 Richtige im Lotto".

Wir müssen zwischen Ursachen und Auswirkungen unerwünschten Verhaltens unterscheiden. *Ursachen* sind *Defekte* in Hard- und Software sowie Daten; dies können sein:

- Entwurfsfehler, z.B. Schnittstellenmißverständnisse,
- Programmierfehler (falscher Algorithmus in Anwender- oder vorhandener Basissoftware, vor allem: Adressierungsfehler),
- Datenfehler; das sind Fehler in Daten, die als korrekt vorausgesetzt werden (etwa bei Datei-Schnittstellen zwischen verschiedenen Systemen),
- Nachrichtenfehler, d.h. von einem Kommunikationspartner nicht protokollgerecht ausgefüllte Nachrichtenköpfe und -inhalte,
- I/O-Fehler (z.B. aufgrund von Gerätefehlern),
- Hardwarefehler (z.B. Speicherfehler),

- falsche Konfigurierung (Beispiel: Software nimmt an, sie hätte Dateispeicher bestimmter Größe, der tatsächlich nicht vorhanden ist).

Auswirkungen dieser Ursachen können sein:

- „Irreführung" des Kontrollflusses,
- „Verschmutzung" von Daten im Arbeitsspeicher oder auf Dateien. Das kann betreffen:

  - modulinterne Daten,
  - Schnittstellendaten, i.e. Ein- und Ausgabeparameter,

- Zerstörung von Code.

Benutzerfehler sind natürlich keine Systemfehler. Sie müssen als erwünscht und erwartet angesehen werden, wenngleich „erwünscht" hier etwas seltsam anmutet.

Fassen wir die *Ziele* zusammen, die wir mit unserem Systemfehlerkonzept verfolgen; wir wollen

- möglichst viele unerwünschte und unerwartete (Katastrophen-) Fälle zu erwarteten, wenn auch unerwünschten Systemfehlern machen;
- Systemfehler möglichst bald nach ihrem Auftreten „erwischen";
- sie möglichst weich abfangen, d.h. es nicht zu einem unkontrollierten Absturz kommen lassen;
- möglichst gute Indizien sammeln, um die Ursache eines Systemfehlers gezielt und schnell beheben zu können;
- im Test die Systemfehlerinformation als Hilfe bei der Fehlersuche haben;
- insgesamt mit einer konsequenten Systemfehlerbehandlung wesentlich zur Robustheit der Software beitragen.

13.2 Die Systemfehlerphasen

Im Lebenslauf eines Systemfehlers gibt es drei Phasen (Abb. 13.1): Die Zeit vom

(1) Entstehen des Defekts bis zum Auftreten des Systemfehlers

Die Ursache eines Systemfehlers ist ein Defekt in Hardware, Software oder Daten, der möglicherweise schon lange (Wochen, Monate, sogar Jahre) vorhanden ist. Ein Programmierfehler etwa kann sich lange Zeit verbergen, weil die Konstellation von Daten, in der er Wirkung zeigt, weder im Test noch im Betrieb zustande kommt. Irgendwann tritt er schließlich auf, indem das fehlerhafte Stück Code ausgeführt, die zerstörte Speicherzelle angesprochen oder das verfälschte Datum verwendet wird. Das wird in diesem Augenblick noch nicht unbedingt bemerkt, und ein Systemfehler kann aufgrund desselben Defekts mehrfach auftreten. Schließlich kann er — muß aber nicht — zu einem Systemabsturz führen.

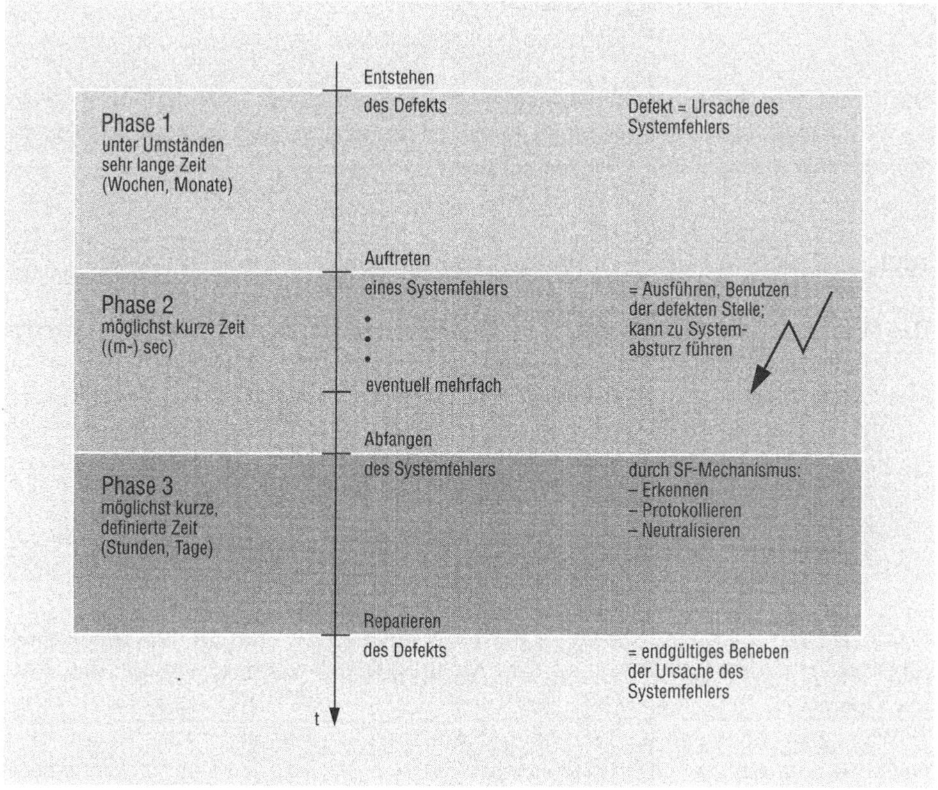

Abb. 13.1 Systemfehlerphasen

(2) Auftreten eines Systemfehlers bis zu seinem Abfangen

Wir sind bestrebt, diese Zeit möglichst kurz zu halten. Das heißt, es sollten zwischen dem Auftreten des Fehlers und seinem Erkennen möglichst wenige Maschinenbefehle ablaufen, damit die Spuren, die zu seiner Ursache führen, nicht zu sehr verwischt werden. Der Systemfehler wird abgefangen, indem er erkannt, die aktuelle Situation protokolliert und in seinen Auswirkungen neutralisiert wird.

(3) Abfangen des Systemfehlers bis zum Reparieren des Defekts

Das Reparieren des Defekts ist Sache der Wartung, die versucht, ihm mit den Indizien, die im Systemfehlerprotokoll oder anderswo vorliegen, auf die Spur zu kommen. Sie behebt dann die Ursache des Systemfehlers, indem sie beispielsweise einen Programmmierfehler korrigiert.

Man muß also das Abfangen eines Systemfehlers mittels eines automatischen Mechanismus ganz deutlich unterscheiden von der Reparatur des zugrundeliegenden Defekts, was nur eine menschliche Tätigkeit sein kann.

13.3 Systemfehlerbehandlung

Die Grundidee der Systemfehlerbehandlung besteht darin, „Sonden" und „Schotten" so in die Software einzubauen, daß Systemfehler schnell erkannt und in ihren Auswirkungen eingedämmt werden können.

13.3.1 Systemfehler und Modulspezifikation

Das beginnt damit, daß in der Spezifikation eines jeden Moduls bei allen Operationen die möglichen Systemfehler festgehalten werden. Dadurch wird also bereits an der Modulschnittstelle zum Ausdruck gebracht, daß man Fehlverhalten erwartet.

Eine Operation wird durch ihre Vor- und Nachbedingung (Pre/Postcondition) spezifiziert. Man stelle sich dazu folgendes Schema vor:

> *Vorbedingung*
> > *Operation*
> *Nachbedingung*

Diese „Formel" liest man so: Wenn die *Vorbedingung* gilt und die *Operation* ausgeführt ist, gilt die *Nachbedingung*. Die Nachbedingung beschreibt somit den Effekt der Operation.

Was geschieht, wenn die Vorbedingung nicht gilt? Natürlich gilt dann auch die Nachbedingung nicht, und die Operation dürfte eigentlich nicht ausgeführt werden. Wird sie es dennoch, so zeigt sie unerwünschtes Verhalten, das wir in Form einer Systemfehlerspezifikation möglichst genau vorhersehen sollten. Das tun wir, indem wir die möglichen Systemfehler auflisten und jeden durch einen SF-Code identifizieren. Beispiele:

- *Parameterfehler*: Ein Eingabeparameter liegt nicht in seinem spezifizierten Wertebereich, z.B. liegt der Parameter *MONAT* außerhalb von *1 .. 12*.

- *Warteschlange leer*: Dieser Systemfehler könnte für die Operation *REMOVE* des Moduls *QUEUE* spezifiziert werden. Die Vorbedingung sagt also, daß die Schlange vor Aufruf von *REMOVE* nicht leer sein darf. Das müßte man so nicht spezifizieren; wenn man es jedoch tut, setzt es voraus, daß die Aufrufer von *REMOVE* über den Zustand der Schlange informiert sind bzw. sich informieren können (z.B. mit der Operation *COUNT*).

- *Reihenfolgefehler*: Eine Modulspezifikation sieht in der Regel Reihenfolgebedingungen vor, d.h. die Operationen können nicht in beliebiger Folge aufgerufen werden, z.B. muß meist erst eine Initialisierung vor allen anderen Operationen kommen. Eine Verletzung dieser Bedingungen führt zu einem Systemfehler.

Für weitere Einzelheiten und Beispiele der Spezifikation von Systemfehlern sei auf das Kapitel 14 (Modulspezifikation) verwiesen. Hier sei nur folgender Grundsatz festgehalten:

Die Spezifikation eines Moduls legt die möglichen Systemfehler seiner Operationen fest.

Dadurch sind gleichzeitig die Vorbedingungen der Operationen definiert, und zwar in einer negierten Form, die besagt, was gilt, wenn eine Vorbedingung verletzt ist. Man kann sagen: Die *Systemfehler*spezifikation ist die *Negation der Vorbedingung.*

Oft wird gefragt und diskutiert, welche Fälle grundsätzlich als Systemfehler anzusehen sind. Außer mit allgemeinen Regeln, wie z.B. daß Verletzungen von Wertebereichen oder Reihenfolgebedingungen Systemfehler seien, läßt sich diese Frage nicht beantworten. Statt dessen muß man sagen, daß Systemfehler genau diejenigen Fälle sind, die in den Modulspezifikationen als solche definiert sind. Letztlich ist es eine Einzelfallentscheidung, welche Situation als Systemfehler angesehen wird und welche nicht.

Und noch ein Aspekt: Wenn ein Entwickler einen Systemfehler spezifiziert, verspricht er damit, eine entsprechende Prüfung (der Vorbedingung) zu programmieren. Es ist also nicht erlaubt, einen Systemfehler zu spezifizieren und dann die Prüfung — etwa wegen des Laufzeitaufwandes — wegzulassen. Wenn schon, dann muß auch die SF-Spezifikation unterbleiben — mit dem Risiko eines „Katastrophenfalles".

13.3.2 Systemfehlermechanismus

Wenn nun die Systemfehler sorgfältig spezifiziert sind, bedarf es eines Mechanismus, um sie abzufangen, sobald sie im laufenden System auftreten. Betrachten wir dazu Abb. 13.2. Sie zeigt schematisch einen Schnappschuß der Aufrufhierarchie zum Zeitpunkt des Auftretens eines Systemfehlers.

Ausgehend von einem Steuermodul, das in der Aufrufhierarchie ganz oben steht (die Dialog- oder Batchsteuerung), hat sich über die Module $A \ldots X, Y$ — genauer gesagt: über jeweils eine ihrer Operationen — eine Aufrufstruktur aufgebaut. Im Normalfall würde Y auch noch Z aufrufen. Dazu kommt es nicht, weil in Y eine Verletzung der Vorbedingung von Y festgestellt wird, etwa indem eine Prüfung eines Parameters ergibt, daß dieser außerhalb seines spezifizierten Wertebereichs liegt.

Nun sind alle Module bzw. Operationen gemäß einer *Richtlinie* nach demselben Schema aufgebaut, das eine strikte textuelle *Trennung* von *Normal- und Systemfehlerteil* vorsieht. Im Normalteil wird durch Abfragen erkannt, ob eine SF-Situation vorliegt. Ist dies der Fall, so wird sofort in den SF-Teil verzweigt. Durch diesen Wechsel vom Normal- in den SF-Teil hat das System eine gravierende Zustandsänderung erfahren: Es ist vom *Normal-* in den *SF-Zustand* übergegangen. Dieser Zustand kann sich programmtechnisch in einer systemweiten, globalen boole'schen Variablen (*systerror*) manifestieren, über einen Ergebnisparameter hochgereicht werden oder einfach dadurch zum Ausdruck kommen, daß sich der Kontrollfluß im SF-Teil befindet. Wesentlich ist nur, daß man zwischen Normal- und SF-Zustand sauber unterscheidet.

Genau genommen dürfen wir nicht sagen, das System befinde sich im SF-Zustand. Das trifft eigentlich nur für eine Transaktion bzw. für einen Prozeß zu. In einem Dialogsystem laufen meist mehrere Transaktionen gleichzeitig, von denen eine einen Systemfehler haben kann, ohne daß die anderen auch nur im geringsten davon betroffen sind.

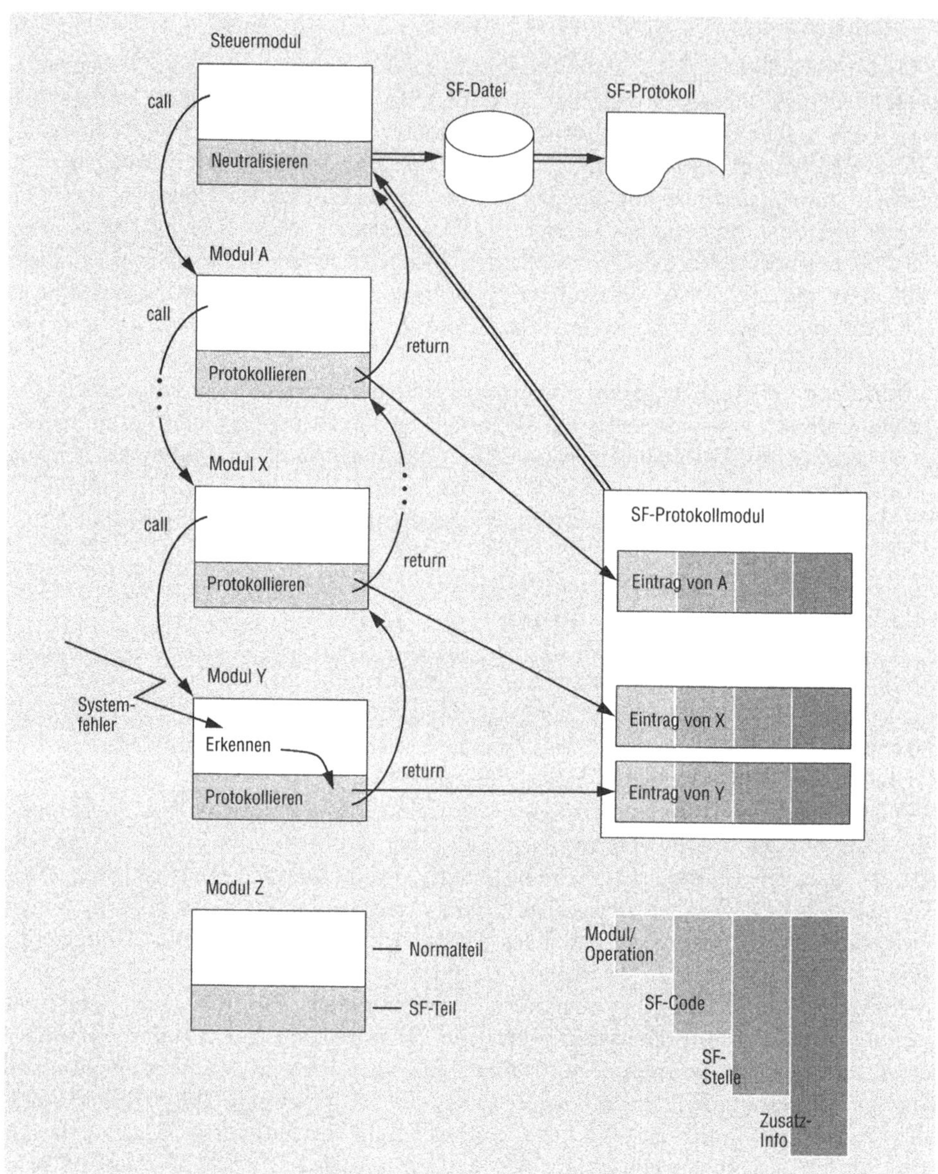

Abb. 13.2 Abfangen eines Systemfehlers

Das **Abfangen** eines Systemfehlers geschieht in drei Schritten:

(1) Erkennen

Im Normalteil jeder Operation befinden sich Abfragen, die prüfen, ob ihre Vorbedingung gilt. Falls nicht, verzweigt sie auf einen *Detektor* im SF-Teil. Dies ist eine Codestelle, die einen Systemfehler erstmals protokolliert.

Zum Erkennen gehört auch das Einschleusen von Systemfehlern, die in einem Basissystem — Hardware, Betriebssystem, DB-System, TP-Monitor, Laufzeitsystem der Programmiersprache etc. — entdeckt worden sind, z.B. eine Division durch Null, ein Adressierungsfehler, ein Zugriff auf eine geschlossene Datei. Hierfür gibt es in der Regel eine Adresse, welche die Systemsoftware anspringt, sobald ein derartiger Fehler aufgetreten ist. Diese muß man in den SF-Mechanismus einbauen.

(2) Protokollieren

Dafür gibt es ein spezielles *SF-Protokollmodul,* das die SF-Einträge der betroffenen Module aufnimmt. Im SF-Protokollmodul sammeln sich die Einträge kellerartig von unten nach oben an („Fehlerkeller"). Sie repräsentieren die Aufrufhierarchie zum Zeitpunkt des Abfangens — natürlich nicht des Auftretens — des Systemfehlers und liefern damit wertvolle Information zur Fehlerdiagnose.

Anmerkung: Bei Programmiersprachen, die eine dynamische Speicherverwaltung mit Keller haben, ist ein Großteil der SF-Protokollinformation darin enthalten. Nur hilft das meistens leider nicht; denn

- erstens kommt man kaum heran; sie ist „Privatangelegenheit" von Compiler und Laufzeitsystem und

- zweitens arbeiten nicht alle — und vor allem wichtige — Sprachen mit einem Laufzeitkeller (z.B. Cobol, Fortran).

Nur in Ausnahmefällen wird zusätzlich zum SF-Protokoll ein Dump (Speicherabzug) erzeugt. Dieser ist meist viel zu dick, unstrukturiert und schwer zu analysieren. Es ist geradezu ein Ziel des SF-Mechanismus, Dumps überflüssig zu machen. Und unsere Erfahrung zeigt, daß eine konsequente Systemfehlerbehandlung dem Dump haushoch überlegen ist, weil sie viel gezieltere Diagnoseinformation liefert.

(3) Neutralisieren

Das Steuermodul hat die Aufgabe, erkannte und protokollierte Systemfehler zu neutralisieren. Im einzelnen ist das ziemlich anwendungs- und systemspezifisch, prinzipiell ist folgendes zu tun:

- das SF-Protokoll in einer Datei sichern, ggf. drucken,

- evtl. den Systembetreiber (Operator) alarmieren,

- eine vernünftige Benutzerausgabe erzeugen,

- Daten so weit wie möglich in Ordnung bringen,

- ggf. Wiederanlauf (Recovery) veranlassen,

- nur bei speziellen Systemen: eine automatische Fehlerbehandlung durch Starten einer Stand-by-Hardware, Laden eines alternativen Moduls etc. vornehmen.

Wir sehen den Übergang in den *SF-Zustand* in der Regel als *irreversibel* an. Das bedeutet, daß wir nicht vorsehen, daß ein Modul unterhalb des Steuermoduls einen Systemfehler neutralisiert, in seinen Normalteil zurückkehrt und einen erneuten Aufrufversuch nach unten unternimmt. Das lohnt sich nicht und ist zu riskant, weil Spuren verwischt werden könnten. Wenn ein Systemfehler aufgetreten ist, wollen wir möglichst rasch darüber informiert werden, um seine Ursache (den Defekt) beheben zu können. Allenfalls bei Systemen, an die extrem hohe Sicherheitsanforderungen gestellt werden, könnten über das bloße Protokollieren hinausgehende Maßnahmen unterhalb der Steuerung sinnvoll sein.

13.3.3 Exkurs

Eine sich oft fatal auswirkende Ursache von Systemfehlern sind Adressierungsfehler. Sie kommen durch fehlerhafte Indizierung von Arrays oder Zeichenketten, durch falsche Manipulation von Zeigern u.ä.m. zustande. Sie führen dazu, daß Daten an einer unbeabsichtigten Stelle mit dort gänzlich unpassenden Werten überschrieben und damit zerstört (korrumpiert) werden. Besonders unangenehm ist dabei, daß eine solche Daten- oder auch Code-Verfälschung von der verursachenden Stelle weit weg sein kann. Das heißt, ein Modul mit einem Adressierungsfehler zerstört nicht unbedingt seine eigenen Daten, sondern oft die eines anderen Moduls. Wenn dieses dann irgendwann — evtl. viel später — aufgerufen wird, setzt es die korrumpierten Daten beispielsweise als Parameter im Aufruf einer Operation eines weiteren Moduls ein. Dort erst werden sie dann möglicherweise als nicht im Wertebereich liegend erkannt und auf Systemfehler geführt.

Die zerstörerischen Auswirkungen von Adressierungsfehlern kann man mit systemtechnischen Maßnahmen verhindern oder zumindest eingrenzen. So kann ein durch Hardware und Betriebssystem unterstützter Speicherschutz Fehladressierungen fremder Prozesse verhindern. Oder Compiler und Laufzeitsystem einer Programmiersprache können die Gültigkeit von Array-Indizes oder von Werten eines Aufzählungstyps automatisch überprüfen. Aber erstens verursachen solche Techniken zusätzlichen Rechenaufwand und zweitens sind sie nur begrenzt verfügbar. Wir müssen uns also anders behelfen.

Nun erhebt sich die Frage, was die zufällige Zerstörung von Code oder Daten mit der Vorbedingung eines Moduls zu tun hat. Ist es überhaupt sinnvoll, Systemfehler als negierte Vorbedingung anzusehen?

Man könnte anstelle der Verifikation der Vorbedingung durch Parameterprüfung beim Aufruf einer Operation auch ganz anders vorgehen: In regelmäßigen Abständen — (Milli-) Sekunden, Minuten — läuft eine Routine über sämtliche Daten, um sie auf Plausibilität zu überprüfen. Wenn etwas nicht in Ordnung ist, weist sie darauf hin. So gesehen, sind unsere Vorbedingungsprüfungen nichts anderes als routinemäßige, systematische Daten-Plausibilitätsprüfungen, nur daß sie nicht zeitlich getaktet, sondern jeweils bei Aufruf einer Operation stattfinden. Und es werden nur Daten an

Schnittstellen einbezogen, nicht jedoch modulinterne, die ja auch korrumpiert sein können. Was also hat das mit dem spezifikatorischen Konzept der Vorbedingung zu tun?

Obwohl wir diese Frage nicht endgültig beantworten können, tendieren wir zu der SF-Prüfung an Modulschnittstellen und nicht zu der zeitgetakteten. Erstere erscheint intuitiv näherliegend und hat sich vielfach bewährt, nicht nur um einen zuverlässigen Betrieb eines Systems zu erreichen, sondern auch während seines Tests.

13.3.4 Trace

Häufig ergänzen wir den SF- noch um einen Trace-Mechanismus. Dies allerdings nur in der Testphase, während die SF-Behandlung auch im Betrieb eingeschaltet bleibt. Unter Tracing verstehen wir das Aufzeichnen bestimmter Informationen an festgelegten Punkten im Ablauf. Besonders geeignete Tracepunkte sind Ein- und evtl. auch Austritt aus einem Unterprogramm. Die aufzuzeichnende Information umfaßt die Nummer des Tracepunktes, den Namen des Unterprogramms und seine aktuellen Parameter sowie ggf. modulinterne Daten. Tracepunkte kann man natürlich auch an anderen Stellen setzen.

Das Trace-Protokoll wird von einer Operation geschrieben, die an den Tracepunkten in den Code eingefügt wird (man sagt: der Code wird „instrumentiert"). Es kann natürlich beliebig lang werden und wird deshalb in einen zyklischen Speicherbereich geschrieben, so daß man im Fehlerfall die zuletzt entstandene Trace-Information zur Hand hat.

13.4 SF-Protokollmodul

Wesentlicher Bestandteil der SF-Behandlung ist die Existenz eines zentralen SF-Protokollmoduls, das von allen übrigen Moduln im Falle eines Systemfehlers benutzt wird. Die konkrete Ausgestaltung dieses Moduls variiert von System zu System, denn sie ist von den technischen Gegebenheiten des Basissystems (Programmiersprache, Betriebssystem, TP-Monitor etc.) abhängig. Im folgenden kann deshalb nur eine verallgemeinerte, abstrakte Darstellung eines SF-Protokollmoduls gegeben werden.

Modulmodell

Das Modul SF-Protokoll (SFP) weiß, ob sich das System im Normal- oder Systemfehler-*Zustand* befindet. Der Zustand spiegelt sich in einer boole'schen Kennung wieder, die wir *systerror* nennen: *systerror = true* $\leftrightarrow$ System im SF-Zustand. Im SF-Fall nimmt es die *Einträge* der es aufrufenden Module auf und legt sie in der Reihenfolge ihres Eintreffens kellerartig von unten nach oben ab. Sie spiegeln somit die Aufrufhierarchie zum Zeitpunkt des Abfangens des Systemfehlers. Jeder Eintrag enthält folgende Information:

- Name des protokollierenden Moduls und der betroffenen Operation,

- SF-Code, wie er in der Modulspezifikation festgelegt ist,

- Identifikation der Stelle innerhalb der Operation, an welcher der Systemfehler aufgetreten ist. (Eine Operation kann eine andere mehrfach rufen. Wenn diese einen Systemfehler liefert, ist es nützlich zu wissen, bei welchem Aufruf das war.)

- Zusatzinformation, wie z.B.

  - aktuelle Parameterwerte,

  - bestimmte Moduldaten.

Operationen

Das SFP-Modul exportiert folgende Operationen:

(1) *SFP initialisieren*
    Anschließend gilt: *systerror = false.*

(2) *SF aus Basissystem auffangen*
    Diese Operation bildet die Stelle, die vom Basissystem im Falle eines dort aufgetretenen Fehlers angesprungen wird. Darüber werden also solche Fehler in unsere anwendungsseitige SF-Behandlung eingeschleust. Anschließend gilt: *systerror = true.*

(3) *SFP-Eintrag vornehmen*
    Eingabeparameter sind die o.a. Informationen, die in das SFP eingestellt werden. Anschließend gilt: *systerror = true.*

(4) *SFP sicherstellen*
    wird im Zuge des SF-Neutralisierens aufgerufen, um das SFP dauerhaft (in einer Datei) festzuhalten.

(5) *SFP aufbereiten/ausgeben*
    gibt eine lesbare Darstellung aller angefallenen SF-Protokolle zur Bearbeitung durch das Wartungsteam aus.

Realisierung

Das SFP ist ein Modul wie jedes andere und kann programmtechnisch auch so realisiert werden. Seine besondere Stellung im System kann jedoch zu Abweichungen Anlaß geben; zum Beispiel:

- Der Normal/SF-Zustand würde typischerweise als ein modulinternes Datum geführt, das mit einer speziellen Operation abgefragt wird. Diese Abfrage muß hinter jedem Operationsaufruf erfolgen, so daß es zur Verringerung des Aufrufmehraufwands zweckmäßig ist, hierfür eine globale Variable einzuführen — eigentlich ein Verstoß gegen das Prinzip der Datenabstraktion.

- Bei Verwendung des TP-Monitors CICS geht jeder Operationsaufruf über die CICS-Funktion LINK. Im SF-Fall wollen wir CICS nur noch eingeschränkt benutzen. Deshalb wird die Operation *SFP-Eintrag vornehmen* nicht als über CICS LINK aufzurufendes Unterprogramm realisiert, sondern als Makro.

13.5 Standard-Programmstruktur

Die Systemfehlerbehandlung ist nur dann wirksam, wenn sie durchgängig und konsequent angewendet wird. Das bedeutet, daß jedes Modul diesbezüglich nach einem bestimmten Schema aufgebaut wird und sich des SF-Protokollmoduls bedient. Diese Standard-Programmstruktur wird in einer *Richtlinie* vorgeschrieben oder — besser noch — soweit möglich mit Hilfe von vorgegebenen Makros generiert. Nachstehend ist der sich daraus ergebende Programmaufbau — wiederum verallgemeinert und abstrahiert — dargestellt.

Bei der SF-Behandlung müssen wir zwei Situationen unterscheiden:

(1) das erstmalige Erkennen eines Systemfehlers beim Überprüfen einer Vorbedingung mit negativem Ausgang und

(2) das Hochreichen des Systemfehlers in der Aufrufhierarchie der Operationen.

Man vergleiche auch Abb. 13.2, wo in Y ein Systemfehler entdeckt und über X hochgereicht wird. Dementsprechend unterteilen wir den Systemfehlerteil eines Moduls bzw. einer Operation in Detektoren, Abb. 13.3(a), und Traps, Abb. 13.3(b).

Wenn im Normalteil eine Verletzung einer Vorbedingung entdeckt wird — etwa durch Überprüfen eines operationseigenen *in*-Parameters (z.B. *y1*, *y2*, *y3* in *Op_Y*) oder eines *out*-Parameters einer gerufenen Operation (z.B. *r*, *s*, *u*, *v* beim Aufruf von *Op_Y* in *Op_X*) — , so wird der dafür vorgesehene *Detektor* angesprungen. Dort wird im wesentlichen ein Eintrag im SF-Protokoll mit den Informationen

- Name der entdeckenden Operation, z.B. *Op_Y*,

- SF-Code,

- Identifikation des Detektors,

- zusätzliche Information, z.B. Parameterwerte, Moduldaten.

Dem *SFP_Eintrag* geht evtl. eine weitergehende Analyse des Fehlers und die Zusammenstellung der *Zusatz_Info* voraus. Anschließend erfolgt der Rücksprung in die aufrufende Operation. Man beachte: Im SF-Fall wird grundsätzlich aus dem SF-Teil zurückgesprungen.

Der erste SFP-Eintrag — also immer einer, der in einem Detektor gemacht wird — bewirkt den (irreversiblen) Übergang des Systems bzw. der Transaktion vom Normal- in den SF-Zustand. Anschließend gilt also: *systerror = true*.

Wenn eine aufgerufene Operation, z.B. *Op_Y* in Abb. 13.3(b), mit einem Systemfehler zurückkehrt, erkennt man das an dem *systerror*-Zustand, der unmittelbar hinter jedem Aufruf abgefragt wird. Falls *systerror = true*, wird ein *Trap* angesprungen, in dem im Prinzip dieselbe SF-Behandlung wie in einem Detektor erfolgt. Der Unterschied liegt vor allem darin, daß man im Detektor versucht, viel spezifische Information zu sammeln, während die Trap-Behandlung weniger differenziert ist.

Wie man an Abb. 13.3 sieht, ist die SF-Behandlung im Grunde eine simple Angelegenheit. Das muß auch so sein, denn sie soll leicht und mit wenig Aufwand zu realisieren sein. Vor allem aber muß sie selbst robust, d.h. wenig fehleranfällig sein.

```
procedure Op_Y (y1, y2, y3: in    some_type_1;
                y4, y5:      out some_type_2;
                rc:          out rc_type) is
begin
        – – – – – – Normalteil – – – – – – – – – – – – – – – – – – – – – – – – –
        if y1 nicht ok then goto detector_1; end if;
        if y2 nicht ok then goto detector_2; end if;
        – – ...

        if sonstige Vorbedingung verletzt then goto detector_n; end if;
        – – ...


        – – – – – – – Systemfehlerteil – – – – – – – – – – – – – – – – – – – – – – – –
        – – – – – – – Detektoren  – – – – – – – – – – – – – – – – – – – – – – – –


        detector_1: – – Hier evtl. weitergehende Fehleranalyse und
                    – – Info-Aufbereitung sowie Aufruf des SF-Protokollmoduls:
                    SFP_Eintrag (“Op_Y”, SFC_y1, “SF-Stelle d1”, Zusatz_Info);
                    return;
        detector_2: – – ähnlich detector_1
                       – – ...
                    return;
        detector_n: SFP_Eintrag (“Op_Y”, SFC_n, “SF-Stelle dn”, Zusatz_Info);
                    return;
        – – ...

end Op_Y;


Legende:
    SFC       Systemfehlercode (aus Modulspezifikation)
    SF_trans  spezieller SFC für einfaches Durch-(Hoch-)reichen eines SF
    rc        Returncode
```

(a) Systemfehler erkennen: Detektoren

Abb. 13.3 Standard-Programmstruktur für die Systemfehlerbehandlung

Man beachte noch einmal die saubere Trennung von Normal- und SF-Teil. Sie
wird schon in der Modulspezifikation vorgenommen und manifestiert sich auch im
Code. Es wäre schlecht, den primitiven, aber umfangreichen Code des SF-Teils mit
dem Normalteil zu vermischen. Dort soll nur das absolut notwendige Minimum an
Prüfungen (Vorbedingung, *systerror*) stehen.

```
procedure Op_X (x1, x2: in    some_type_3;
                x3, x4: out some_type_4;
                rc:     out rc_type) is
begin
      − − − − − − Normalteil − − − − − − − − − − − − − − − − − − − − − − − − − − −
      − − ...
      Op_Y (a, b, c, r, s, rc_Y); − − Erster Aufruf einer Moduloperation

      if systerror then goto trap_Y1; end if;
      if r, s nicht ok then goto detector_i; end if;
      case rc_Y is
      − − Fallunterscheidung nach Wert des Returncodes:

      − − ...
      end case;
      − − ...
      Op_Y (d, e, f, u, v, rc_Y); − − Zweiter Aufruf derselben Moduloperation

      if systerror then goto trap_Y2; end if;
      if u, v nicht ok then goto detector_k; end if;
      case rc_Y is

      − − ...
      end case;
      − − ...
      Op_I (...); − − Aufruf einer weiteren Moduloperation
      if systerror then goto trap_I; end if;
      − − ...


      − − − − − − − Systemfehlerteil − − − − − − − − − − − − − − − − − − − − − − − −
      − − − − − − − Detektoren  − − − − − − − − − − − − − − − − − − − − − − − − − − −
      − − ...
      detector_i: − − ...
      detector_k: − − ...
      − − ...
      − − − − − − − Traps  − − − − − − − − − − − − − − − − − − − − − − − − − − − − − −
      trap_Y1: SFP_Eintrag ("Op_X", SF_trans, "SF-Stelle t1", Zusatz_Info);
            return;
      trap_Y2: − − ähnlich trap_Y1
            return;
      − − ...
      trap_I:  SFP_Eintrag ("Op_I", SFC_I, "SF-Stelle tn", Zusatz_Info);
            return;
      − − ...
end Op_Y;
```

(b) Systemfehler weiterreichen: Traps

Abb. 13.3 Standard-Programmstruktur für die Systemfehlerbehandlung

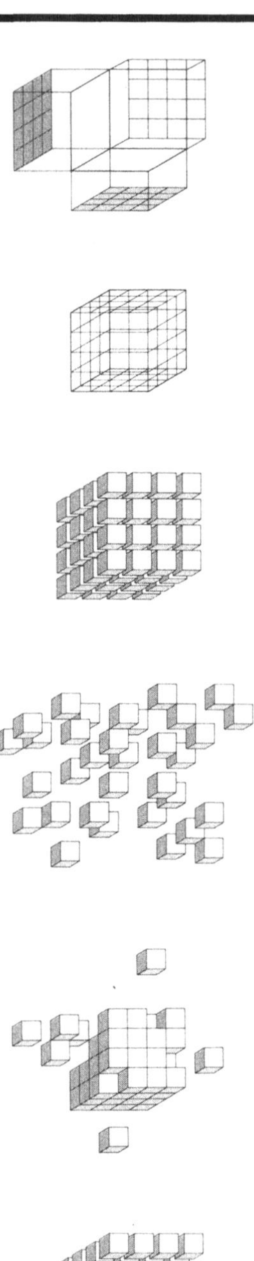

IV

Modulprogrammierung

14

Modulspezifikation

Die Modulspezifikation ist ein Dokument, das es für jedes in der Systemkonstruktion gefundene Modul gibt. Darin ist die Funktionalität des Moduls beschrieben und seine Schnittstelle in Gestalt der Exportoperationen präzise definiert, und zwar zunächst in einer halbformalen, sprachneutralen Notation sowie auch in der Syntax der Programmiersprache, die zur Implementierung vorgesehen ist.

14.1 Grundlegendes zu (Modul-) Spezifikationen

14.2 Form und Inhalt einer Modulspezifikation

14.3 Beispiel: Hotelvakanz

14.1 Grundlegendes zu (Modul-) Spezifikationen[1]

Modularisierung und Abstraktion

Will man ein großes Problem lösen — die Entwicklung eines Softwaresystems ist ein solches —, so muß man es meist stufenweise in eine Reihe kleinerer, abgeschlossener Probleme aufteilen: Divide et impera. In der Softwareentwicklung ist das vor allem der Prozeß der Modularisierung.

Nun machen wir dabei nicht irgendeine willkürliche Zerlegung in kleinere Teile, sondern suchen nach einer sinnvollen Struktur. Wir suchen Module, die in einfacher, wohldefinierter Weise zusammenarbeiten. Verschiedene Entwickler können sie sodann unabhängig voneinander ohne allzuviel Kommunikation implementieren. Die Module werden so gebildet,

- daß die Teilprobleme in annähernd gleichem Detaillierungsgrad sowie
- unabhängig voneinander gelöst werden
- und daß alle Teillösungen zusammen das gesamte Problem lösen.

Zum Finden der „richtigen" Module bedienen wir uns der Abstraktion. Wir bilden geeignete Abstraktionen, d.h. wir präparieren jeweils einen in sich geschlossenen Sachverhalt heraus, lassen unwichtige Details weg und konzentrieren uns auf seine wesentlichen Merkmale, nämlich die ihn charakterisierenden Daten und Funktionen.

Wenn wir beispielsweise ein touristisches Reservierungssystem entwerfen, stoßen wir rasch auf Abstraktionen wie die „Buchung", das „Hotel", der „Passagier", der „Preis der Reise" und überlegen, welche Daten ihnen zuzuordnen sind und wie man damit operiert. Bei der Ressourcenverwaltung in einem Betriebssystem drängt sich eine ganz andersartige Abstraktion auf: die schon bekannte Warteschlange (Queue).

Abstraktion und Spezifikation

Abstraktionen sind zunächst recht nebulöse Gebilde, mit denen man in der Softwareentwicklung nicht ohne weiteres handfest arbeiten kann. Richtig greifbar wird eine Abstraktion erst durch ihre Spezifikation; denn:

> Der Sinn einer Spezifikation ist es, die Eigenschaften und das Verhalten einer Abstraktion zu definieren.

Ohne Abstraktion also keine Spezifikation, aber erst durch ihre Spezifikation wird eine Abstraktion handhabbar.

Eine Spezifikation definiert ein Funktions- oder Datenabstraktionsmodul in seiner Außenansicht (als Black box). Es gibt dafür stets eine Vielzahl möglicher Konstruktionen. Die Spezifikation erlaubt einem, das Modul zu benutzen, ohne zu wissen,

- welche Konstruktion gewählt wurde und
- wie die Einzelheiten dieser Realisierung aussehen.

---

[1]Zur Ergänzung dieses Abschnitts über Spezifikation sind sehr lesenswert· [Liskov-Guttag 86], insbesondere Kap. 1, 3, 4, 8, 10 und [Bishop 86].

Insofern trägt die Spezifikation in zweierlei Hinsicht zur Abstraktion, dem Verzicht auf Details, bei.

Wozu Spezifikationen?

In erster Linie: *Ohne Spezifikationen* gäbe es *keine Modularisierung,* denn die zur Problemzerlegung gebildeten funktionalen und Datenabstraktionen — also die Module — müssen präzise definiert und das heißt spezifiziert werden.

Jede Spezifikation stellt eine Art Vertrag zwischen Anwender und Hersteller eines Bausteins dar. Bei einer Modulspezifikation sind die Anwender die Entwickler anderer Module, die Leistungen des in Rede stehenden Moduls zu benutzen — wir sagen auch: zu importieren — gedenken, d.h. seine Operationen aufrufen wollen. Hersteller ist der Programmierer des Moduls. Die Modulspezifikation ist also seine Programmiervorgabe.

Im Falle einer Systemspezifikation ist das Wort „Vertrag" oft wörtlich zu nehmen: Die Spezifikation ist als technische Anlage Bestandteil eines Werkvertrags, wenn ein solcher mit fest vereinbartem Preis und Termin zur Entwicklung eines Softwaresystems zwischen einem Anwender (Auftraggeber) und etwa einem Softwarehaus (Auftragnehmer) geschlossen werden soll.

Die in einem Projekt entstehenden Spezifikationen — die Systemspezifikation und die Menge aller Modulspezifikationen, in der Regel sind das einige zig bis wenige hundert — sind der essentielle Teil der gesamten *Dokumentation.* Sie entstehen im Verlaufe des Projekts und nicht in einer eigenen „Dokumentationsphase". Eine solche wäre ein fundamentaler Fehler in der Projektabwicklung.

Elemente einer Modulspezifikation

Bei der Spezifikation eines Datenabstraktionsmoduls geht es in erster Linie darum, seine Operationen je für sich und in ihrer wechselseitigen Abhängigkeit zu definieren. Wie das konkret geschieht, ist Gegenstand der beiden folgenden Abschnitte. Hier nun einige Grundsätze:

Jede Operation ist in Syntax und Semantik festzulegen. Die Syntax ist gegeben durch einen Prozedurkopf mit dem *Namen* und den *Parametern der Operation.* Die Semantik wird durch die Beschreibung des Effekts, den die Ausführung der Operation bewirkt, und die Voraussetzung, die zuvor gegeben sein muß, spezifiziert, also durch die Vor- und Nachbedingung (Pre/Postcondition):

> *Vorbedingung*
> *Operation*
> *Nachbedingung*

Diese „Formel" liest man so: Wenn die *Vorbedingung* gilt und die *Operation* ausgeführt ist, dann gilt die *Nachbedingung.*

Was ist die *Vorbedingung* (Precondition)? Sie ist eine Aussage, die einen logischen (Boole'schen) Wert hat und sich wie folgt zusammensetzt:

- Aussage über den Zustand des Moduls, d.h. den Wert der (internen) Moduldaten. Hierbei kann man unterscheiden:

- „sichtbarer" Zustand:
  Ihn kann man in Begriffen des Modulmodells (also von außen sichtbar) formulieren. Beispiel: Bei einem Modul „Warteschlange" kann man sagen: „Die Schlange ist voll (bzw. leer)".
- „unsichtbarer" Zustand:
  Hierbei handelt es sich um nur intern beschreibbare Zustände der Moduldaten. Beispiel: „Diese Kette ist aufgebrochen" (weil ein Zeiger auf ein Element eines unzulässigen Typs zeigt).

• Aussage über den Wertebereich der Eingabeparameter.

Die *Nachbedingung* (Postcondition) ist grundsätzlich folgendes:

• Aussage über den Zustand des Moduls
• Aussage über den Wert der Ergebnisparameter in Abhängigkeit vom Vorzustand und den Eingabeparametern.

In welcher Beziehung steht das Schema

> *Vorbedingung*
> *Operation*
> *Nachbedingung*

zu unserer Form der Spezifikation, wie sie in Abschnitt 14.2 dargestellt ist? Die Nachbedingung wird unter der Überschrift *Effekt* beschrieben. Bei der Vorbedingung ist es etwas komplizierter. Der Zustand wird explizit meist gar nicht beschrieben, man kann sich aber anhand des Modulmodells eine Vorstellung davon machen. Die Wertebereiche der Eingabeparameter werden — in Form von Datentypdefinitionen — bei den jeweiligen Parametern angegeben. Entscheidend aber ist: Die Auflistung unter der Überschrift *Systemfehler* beschreibt quasi die Negation der Vorbedingung, indem sie angibt, in welchen Fällen die Vorbedingung verletzt ist.

Was zeichnet eine gute Spezifikation aus?

Sie muß hinreichend *spezifisch* sein, d.h. den zu definierenden Sachverhalt möglichst konkret und präzise festlegen. Andererseits soll sie auch ausreichend *allgemein* sein und die Vielfalt der möglichen Konstruktionen nicht unnötig einschränken. Anders ausgedrückt: Die Spezifikation darf keine konstruktiven Elemente enthalten. Das ist leichter gesagt als getan, denn ein Programmierer ist immer in der Versuchung, den Effekt einer Operation durch ihren internen Ablauf — also ihre Konstruktion — zu beschreiben. Das hat er am intensivsten gelernt und praktiziert. Um dem zu begegnen, empfiehlt es sich, *keine operationelle* (ablauforientierte), *sondern* eine *definitorische* Form der *Spezifikation* zu verwenden. Das bedeutet, den Effekt einer Operation mit folgender Vorstellung zu beschreiben: „Die Operation sei ausgeführt; dann gilt: ..., und hier folgt eine Aussage, die nur wahr oder falsch sein kann". Schlecht ist es dagegen zu schreiben, „die Operation tut dies oder jenes".

Schließlich muß eine Spezifikation — viel mehr noch als ein Programm — gut *verständlich* sein. Denn die Modulspezifikationen sind ein wesentliches Kommunikationsmittel für die Entwickler in einem Projekt, Mißverständnisse bezüglich der

Schnittstellen können fatale Folgen haben. Man kann eine Spezifikation auf zwei Arten nicht verstehen: Entweder man erkennt beim Lesen, daß man etwas nicht versteht; dann kann man fragen und evtl. eine bessere Formulierung anregen. Oder man glaubt, sie verstanden zu haben, ohne daß dies wirklich der Fall ist. Das ist schlimm, weil es unweigerlich zu Programmierfehlern führt. Ein solches Mißverständnis entsteht vor allem durch zu oberflächliche und unspezifische Formulierungen. Langatmige, redundante Texte sind keine Hilfe, sie müssen knapp, klar und griffig sein. Graphiken können helfen. Es ist schwieriger, eine vollständig-kurze als eine vollständig-lange Spezifikation zu verfassen, aber es lohnt sich!

Formale und informale Spezifikationen

Die Forschung auf dem Gebiet abstrakter Datentypen, z.B. [Guttag 77], hat formal-präzise Methoden zu ihrer Spezifikation entwickelt, die auf Konzepten der Algebra beruhen. Man spricht deshalb von algebraischer Spezifikation abstrakter Datentypen. Wir können darauf nicht gründlich eingehen, wollen aber wenigstens ein Beispiel geben, indem wir die im Kapitel 10 (Modularisierung), Seite 216, eingeführte *Warteschlange* (Queue) formal spezifizieren.

Zunächst wird die Syntax angegeben, die Definitions- und Wertebereich der Operationen festlegt:

$$
\begin{array}{llcl}
NEW:\,^2 & \emptyset & \longrightarrow & queue \\
ADD: & queue \times item & \longrightarrow & queue \\
FRONT: & queue & \longrightarrow & item \\
REMOVE: & queue & \longrightarrow & queue \\
COUNT: & queue & \longrightarrow & integer
\end{array}
$$

Die mathematische Notation $f\colon D \longrightarrow W$ besagt, daß der Parameter der Funktion f Element der Menge D, also vom Typ D, und der Funktionswert, den f liefert, vom Typ W ist. Ist D die leere Menge ($\emptyset$), so handelt es sich um eine parameterlose Funktion; besteht D aus dem kartesischen Produkt ($\times$) zweier Mengen, dann ist f eine Funktion mit zwei Parametern.

Die Semantik muß den „first in/first out"-Charakter der Datenabstraktion Queue widerspiegeln — und sonst nichts. Die folgenden Gleichungen (Axiome) leisten das:

$$
\begin{array}{lll}
(1) & REMOVE\,(NEW) & = error \\
(2) & REMOVE\,(ADD\,(q,\,i)) & = if\ COUNT\,(q) = 0\ then\ NEW \\
    &   & \qquad\qquad\qquad\quad else\ ADD\,(REMOVE\,(q),\,i) \\
(3) & FRONT\,(NEW) & = error \\
(4) & FRONT\,(ADD\,(q,\,i)) & = if\ COUNT\,(q) = 0\ then\ i\ else\ FRONT\,(q) \\
(5) & COUNT\,(NEW) & = 0 \\
(6) & COUNT\,(ADD\,(q,\,i)) & = COUNT\,(q) + 1
\end{array}
$$

Dabei sind q und i Variablen des Typs *queue* bzw. *item* ; *error* ist ein spezieller Wert.

---

[2] *NEW* ist lediglich eine andere Bezeichnung für *INIT_QUEUE*.

Zweifellos erfordert das Lesen und vor allem der Entwurf einer solchen Spezifikation einige Übung, ohne selbst dann zur einfachen Aufgabe zu werden. Insbesondere ist es nicht leicht festzustellen, ob sie widerspruchsfrei und im Sinne der Problemstellung vollständig ist.

Die Protagonisten solcher algebraischer oder ähnlicher formal-mathematischer Spezifikationen führen ins Feld, daß damit

- ein Höchstmaß an Präzision in der Spezifikation selbst erreicht wird,
- die Möglichkeit ihrer automatischen Überprüfung mittels eines Werkzeugs, ja sogar
- ihre Ausführbarkeit und damit eine Simulation des Systemverhaltens (Prototyping) und vor allem
- die Grundlage für den Beweis der Korrektheit des die Spezifikation realisierenden Programms geschaffen ist.

In der Realität der Entwicklung großer Softwaresysteme spielen formale Spezifikationen praktisch keine Rolle. Insbesondere ist überhaupt nicht daran zu denken, die Korrektheit des Codes in Bezug auf die Modulspezifikation zu beweisen.

Unseres Erachtens ist das Mehr an Präzision und damit Qualität den zusätzlichen Aufwand, den es verursacht, nicht wert. Denn um eine formale Spezifikation schreiben zu können, muß man sich erst einmal konzeptionelle Klarheit verschaffen — in informaler Weise, etwa wie wir sie praktizieren (siehe Abschnitt 14.2). Dann hat man aber die wesentlichen Entwurfsprobleme schon gelöst, und das Verfassen einer formalen Spezifikation bringt einen diesbezüglich nicht weiter. Im Gegenteil: Man handelt sich ein zusätzliches Problem mit der Frage ein, ob die formale Spezifikation das intendierte und informal bereits spezifizierte Konzept auch richtig wiedergibt. Verschärfend kommt hinzu, daß das Lesen und vor allem das Schreiben solcher Spezifikationen selbst bei hochqualifizierten Entwicklern eines erheblichen Maßes an Ausbildung und Übung bedarf — ein weiterer Zusatzaufwand.

Die Methodik formaler Spezifikationen ist zweifellos ein wichtiges Forschungsgebiet, das interessante Erkenntnisse liefert. Als Informatiker sollte man damit, wie mit anderen theoretischen Gebieten, vertraut sein. In der Praxis großer Softwareprojekte gibt es dafür jedoch, zumindest derzeit, keine Verwendung.

Wir halten die präzise — präzise bedeutet nicht notwendigerweise formal-mathematisch! — Spezifikation aller Module eines Systems für ein essentielles Qualitätsmerkmal. Die Art und Weise, Module zu spezifizieren, wie sie bei uns in vielen Jahren Projektpraxis entstanden und in den folgenden Abschnitten dargestellt ist, führt — richtig angewandt und durch Reviews ständig überprüft — zu einem hohen Maß an Präzision. Wir halten deshalb eine darüber hinausgehende Formalisierung für unergiebig und unnötig.

14.2 Form und Inhalt einer Modulspezifikation

Jedes Modul, das im Zuge der Systemkonstruktion identifiziert und durch Angabe seiner Operationen kurz skizziert wurde, ist anschließend präzise zu spezifizieren. Das heißt, es ist für jedes Modul ein Dokument mit folgender Standardgliederung zu verfassen:

(1) Modulmodell

(2) Export-Operationen

(3) Parameter-Deklarationen

(4) Benutzungsbedingungen

(5) Importe

(6) Programmtechnische Schnittstelle

Eine derartige Spezifikation definiert Funktionalität und Schnittstelle des Moduls. Sie beschreibt somit — ausschließlich — seine Außenansicht (als Black box), nicht jedoch seine Innenansicht, die Konstruktion (Glass box). Die Abschnitte (1) – (5) werden so formuliert, daß sie unabhängig von der zu verwendenden Programmiersprache sind; diese schlägt sich nur in (6) nieder.

(1) Modulmodell

Dieser Abschnitt bildet die *konzeptionelle Grundlage* der Spezifikation. Er schafft damit die Voraussetzung für das Verständnis der Export-Operationen und ihrer Parameter. Dazu ist hauptsächlich ein abstraktes, konzeptionelles *Datenmodell* des Moduls zu entwerfen, das eine möglichst leicht verständliche, intuitive Vorstellung der Daten gibt, auf denen die Operationen arbeiten. Dieses Datenmodell soll und darf keine Beschreibung der modulinternen, physischen Datenstrukturen sein. Es muß eine (anwendungs-) logische Außenansicht der Daten geben, die wesentlich anders sein kann als die internen Strukturen. Des weiteren soll dieser Abschnitt eine klare Definition der bei der Operationenspezifikation verwendeten Begriffe geben, also eine modulspezifische *Terminologie* schaffen.

(2) Export-Operationen

Jede Operation wird nach dem Schema in Abb. 14.1 spezifiziert. Darin kann man Syntax und Semantik unterscheiden. Die *Syntax* der Operation ist durch eine Art Prozedurkopf gegeben. Er besteht aus dem *Namen* der Operation und der *Parameter*liste. Bei jedem Parameter ist angegeben:

- die Übergabeart (*in*, *out* oder *inout*) und

- die Bezeichnung des Datentyps, der in Abschnitt (3) Parameter-Deklarationen spezifiziert ist.

Standardmäßig ist ein Returncode vorgesehen, der in der Parameterliste nicht explizit aufgeführt wird.

Operation Name
  in   Parameterbezeichnung
  inout Parameterbezeichnung
  out   Parameterbezeichnung

Effekt gemeinsamer Teil der Nachbedingung
  ok   ok-Nachbedingung
  sok-1 Nachbedingung des Sonder-ok-Falles 1
  $\vdots$
  sok-m Nachbedingung des Sonder-ok-Falles m

Systemfehler (verletzte Vorbedingung)
  SF-1   Bedeutung des Systemfehlers 1
  $\vdots$
  SF-n   Bedeutung des Systemfehlers n

Abb. 14.1 Schema der Spezifikation einer Operation

Die *Semantik* der Operation wird mittels Vor- und Nachbedingungen verbal formuliert. In der Beschreibung des *Effekts* wird eine Fallunterscheidung nach den möglichen Werten des Returncodes getroffen. In der Regel gibt es einen erwünschten Normalfall (*ok*) sowie eine Reihe von Sonderfällen (*sok-1, ..., sok-m*). Zu jedem Fall wird die Nachbedingung angegeben, wobei wir darauf achten, daß nicht algorithmische Abläufe dargestellt, sondern logische Aussagen formuliert werden, die nach Ausführung der Operation gelten. So vermeiden wir, daß sich konstruktive Details in die Spezifikation einschleichen. *Systemfehler* — siehe dazu Kapitel 13 — sind unerwünschte, jedoch erwartete Fälle, die aus nicht eingehaltenen Vorbedingungen resultieren. Die Systemfehler definieren sozusagen die Vorbedingung der Operation in negierter Form.

Wir spezifizieren die Operation teils formal-schematisch, teils verbal, wobei wir in der verbalen Effektbeschreibung einen prägnanten „Post-condition-Stil" pflegen. Nach unserer Erfahrung läßt sich so ein hohes Maß an Präzision erreichen; eine formale (zum Beispiel algebraische) Methode würde zwar ein Mehr an Präzision bringen, das jedoch den Aufwand dafür nicht wert erscheint.

(3) Parameter-Deklarationen

Hier stehen die Datentyp-Deklarationen der Parameter des Moduls, soweit sie nicht schon anderweitig, in einem globalen Typverzeichnis, definiert sind. Wir benutzen dafür die Ada-Notation, ohne uns jedoch daran als Implementierungssprache zu binden; siehe dazu Abschnitt 5.2.3 (Ada-Typenkonzept).

(4) Benutzungsbedingungen

Der wichtigste Punkt hier ist die Festlegung der Reihenfolgebedingungen von Operationen; denn das Gedächtnis der Datenabstraktionsmodule läßt nicht jede beliebige Aufruffolge zu. Weiterhin sind gegebenenfalls gewisse Restriktionen zu nennen, die aus technischen Gegebenheiten der Konstruktion resultieren (zum Beispiel beschränkter Speicherplatz).

(5) Importe

In diesem Abschnitt werden die Module mit den Operationen aufgelistet, die das spezifizierte Modul zur Realisierung seiner Leistungen benötigt, wir sagen auch: importiert. Die Liste der Import-Module und -Operationen komplettiert die Spezifikation insofern, als sie die Schnittstelle „nach unten" angibt.

Die Import-Schnittstelle kann endgültig erst relativ spät festgelegt werden, weil zum Zeitpunkt der Spezifikation eines Moduls die übrigen keineswegs abgeschlossen sind; viele sind in Arbeit, manche noch gar nicht begonnen. Deshalb hat die Import-Festlegung zunächst eher Anforderungs- als Spezifikationscharakter. Außerdem entsteht die letzte Klarheit darüber ohnehin erst bei der Modulkonstruktion.

(6) Programmtechnische Schnittstelle

Hier wird die logische Schnittstelle, wie sie durch (2) Export-Operationen und (3) Parameter-Deklarationen spezifiziert ist, in die Form der zu verwendenden Programmiersprache umgesetzt. Diese programmtechnischen Operations- und Datendeklarationen, die hier festgelegt (exportiert) werden, müssen letztlich im Code der benutzenden (importierenden) Module stehen. Dort sollten (dürfen!) sie wegen der Fehleranfälligkeit nicht von Hand geschrieben, sondern müssen automatisch von einer definierenden Stelle eingezogen werden. Dies geschieht mit einem Kopiermechanismus, wie er etwa als Teil eines Compilers verfügbar ist (Copy bei Cobol, Include bei PL/1). Auch ein Makroprozessor kann dafür verwendet werden.

Die konkrete Ausgestaltung variiert natürlich stark mit der zu verwendenden Sprache — um konkrete Beispiele zu nennen: Cobol, PL/1, C, BCPL, Natural — und läßt sich deshalb nicht verallgemeinern.

14.3 Beispiel: Hotelvakanz

Bei dem hier gewählten Beispiel handelt es sich um ein Modul aus dem Anwendungskern des touristischen Buchungssystems TuBSy, und zwar um die Realisierung des Sachbearbeiters Hotelvakanz.

MODULSPEZIFIKATION HOTELVAKANZ (HOVAK)

(1) MODULMODELL

HoVak verwaltet Kontingente und Belegungen für eine Menge von Hotels. In jedem Hotel gibt es verschiedene Zimmerarten zur Unterscheidung von Doppel/Einzelzimmer, Ausstattung und Lage. Pro Hotel und Zimmerart werden die vereinbarten Kontingente und die aktuellen Belegungen tageweise über die laufende, mit dem Hotel vereinbarte Saison geführt; siehe Abb. 14.2.

HoVak-Terminologie

Hotel:	HoVak kennt nur die Hotels, für die Kontingente vereinbart sind.
Kontingent (Ktg):	die in einem Hotel zur Verfügung stehende Anzahl Zimmer einer bestimmten Zimmerart.
Zimmerart:	definiert Belegungsweise (Einzel-/Doppelzimmer, Zustellbett), Ausstattung und Lage.
Belegung:	die Anzahl der aus einem Kontingent bereits belegten Zimmer.
Vakanz:	die Anzahl der in einem Kontingent noch freien Zimmer; es gilt stets: Belegung + Vakanz = Kontingent.
Hotelsaison:	der Zeitraum, für den in einem Hotel Zimmer kontingentiert sind.
Zeitraum:	lückenlose Folge von Tagen, deren Grenzen durch Von- und Bis-Datum (jeweils inklusive) angegeben werden.

„Reservierung ist getätigt" bzw. „ ... rückgängig gemacht" bedeutet:
<blockquote>Die Belegung ist um die angegebene Anzahl Zimmer erhöht bzw. vermindert.</blockquote>

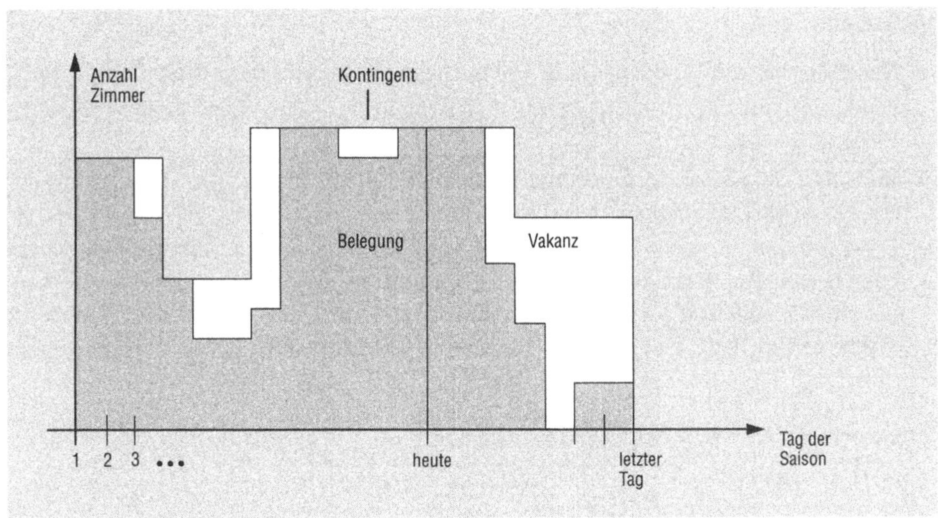

Abb. 14.2 HoVak-Kontingentverwaltung pro Hotel und Zimmerart

(2) EXPORT-OPERATIONEN

Übersicht

(a) Operationen zur Kontingentpflege
    HOTEL_ANLEGEN/LÖSCHEN
    ZIMMERART_ANLEGEN/LÖSCHEN
    KONTINGENT_ÄNDERN

(b) Reservierungsoperationen
    ZIMMER_RESERVIEREN
    ZIMMER_STORNIEREN
    ZIMMER_RESERVIERUNG_VERSCHIEBEN

    (Der Effekt der letzten Operation kann in der Regel auch durch Kombination von ZIMMER_STORNIEREN und ZIMMER_RESERVIEREN erzielt werden. Sie kann allerdings in Fällen knapper Vakanzen noch erfolgreich sein, in denen die Kombination scheitern würde).

(c) Informationsoperation
    VAKANZ_INFO

Anmerkungen

- Nachfolgend werden beispielhaft die wichtigsten dieser Operationen spezifiziert.
- Dabei wird im Text durch Anführungszeichen '...' eine Bezugnahme auf einen Parameter angezeigt.
- Im Effekt-Text sind *ok*, *Ktg teilweise ausreichend* etc. Werte des Returncodes, der ein nicht explizit angegebener *out*-Parameter ist.
- Die Systemfehlercodes sind dann nicht erläutert, wenn sie selbsterklärend sind oder bereits bei einer vorhergehenden Operation definiert wurden. *Anz_Zimmer unzulässig* bedeutet beispielsweise, daß der entsprechende Parameter nicht im Wertebereich liegt, wie er in (3) Parameter-Deklarationen spezifiziert ist.

Operation **HOTEL_ANLEGEN**

in *Hotel HOTEL#*
in *Saison TDJ_ZEITRAUM*

Effekt
Das 'Hotel' ist angelegt.

Systemfehler
Hotel bereits vorhanden:
    Das 'Hotel' existierte bereits in HoVak.

Saison falsch:
    von > bis oder von < heute oder bis < heute

I/O-Fehler

Operation **ZIMMERART_ANLEGEN**

in *Hotel HOTEL#*
in *ZIMMERART*

Effekt
Die 'Zimmerart' ist für das Hotel angelegt.
Für die 'Zimmerart' ist das Kontingent = 0.

Systemfehler
Hotel unbekannt:
    Das 'Hotel' existiert in HoVak nicht.

Zimmerart bereits vorhanden:
    Die 'Zimmerart' existierte bereits in HoVak.

I/O-Fehler

Operation **KONTINGENT_ÄNDERN**

> in *Hotel HOTEL#*
> in *ZIMMERART*
> in *Zeitraum TDJ_ZEITRAUM*
> in *ANZ_ZIMMER*

Effekt

> *ok: Für den 'Zeitraum' ist das Kontingent = 'Anz_Zimmer'.*

> *Ktg unterschritte Belegung:*
> *Die Ktg-Änderung würde dazu führen, daß*
> *Belegung > 'Anz_Zimmer'. Das Kontingent ist unverändert.*

Systemfehler

> *Hotel unbekannt*

> *Zimmerart unbekannt:*
> *Die 'Zimmerart' gibt es im 'Hotel' nicht.*

> *Zeitraum falsch:*
> *von > bis oder von < heute oder bis < heute*

> *I/O-Fehler*

Operation **ZIMMER_RESERVIEREN**

> in   *Hotel HOTEL#*
> in   *ZIMMERART*
> in   *Zeitraum TDJ_ZEITRAUM*
> in   *ANZ_ZIMMER*
> out *ok_Zeitraum TDJ_ZEITRAUM*

Effekt
> *ok: Die Reservierung ist getätigt: 'ok_Zeitraum' = 'Zeitraum'*

> *Ktg teilweise ausreichend:*
> > *Die Reservierung ist nicht für den gesamten 'Zeitraum' möglich.*
> > *Sie ist nur getätigt für: 'ok_Zeitraum' = größter Zeitraum mit*
> > *ausreichender Vakanz für die gewünschte 'Anz_Zimmer'.*

> *Ktg nicht ausreichend:*
> > *Für alle Tage des 'Zeitraums' gilt: 'Anz_Zimmer' > Vakanz,*
> > *d.h. das Kontingent reicht durchgängig nicht aus.*
> > *Eine Reservierung ist nicht getätigt: 'ok_Zeitraum' = undefiniert.*

> *kein Ktg:*
> > *Für diese 'Zimmerart' existiert kein Kontingent.*
> > *'ok_Zeitraum' = undefiniert.*

> *außer Saison:*
> > *Der 'Zeitraum' liegt ganz oder teilweise außerhalb der Hotelsaison.*
> > *'ok_Zeitraum' = undefiniert.*

Systemfehler
> *Hotel unbekannt*

> *Zimmerart unbekannt*

> *Zeitraum falsch*

> *Anz_Zimmer unzulässig*

> *Ktg falsch:*
> > *Es gilt nicht: $0 \leq$ Belegung $\leq$ Ktg ≤ 200*

> *I/O-Fehler*

Operation **ZIMMER_STORNIEREN**

> in *Hotel HOTEL#*
> in *ZIMMERART*
> in *Zeitraum TDJ_ZEITRAUM*
> in *ANZ_ZIMMER*

Effekt

> *Die Reservierung ist rückgängig gemacht.*

Systemfehler

> wie bei Operation ZIMMER_RESERVIEREN, außerdem
> *Anz_Zimmer falsch:*
> > *'Anz_Zimmer' > Belegung*

Operation **VAKANZ_INFO**

> in   *Hotel HOTEL#*
> in   *ZIMMERART*
> in   *Zeitraum TDJ_ZEITRAUM*
> out *VAKANZ_TABELLE*

Effekt

> *Die 'Vakanz_Tabelle' enthält für den 'Zeitraum' Kontingent(e) und Vakanz(en).*

Systemfehler

> *Hotel unbekannt*
>
> *Zimmerart unbekannt*
>
> *Zeitraum falsch*
>
> *I/O-Fehler*

(3) PARAMETER-DEKLARATIONEN

```
type HOTEL#           is - - siehe TuBSy-Datenmodell (Abschnitt 9.2)
type ZIMMERART        is record zt: ZIMMERTYP;
                                a:  AUSSTATTUNG;
                                l:  LAGE;
                      end record;
type ZIMMERTYP        is (Einzelzimmer, Doppelzimmer, Apartment);
type AUSSTATTUNG is (Bad_WC, Warmwasser_WC, Dusche,
                     Bad_WC_Balkon);
type LAGE             is (Meerblick, Bergseite, Altbau, Südseite);
```

Anmerkung: Die *ZIMMERART* ist hier — im Gegensatz zum TuBSy-Datenmodell — aus didaktischen Gründen als Struktur von Aufzählungstypen definiert, um zeigen zu können, wie so etwas in einer Cobol-Schnittstelle erscheint. In praxi wären die Aufzählungstypen nicht sinnvoll, denn ihre Werte sollen sicherlich durch den Anwender pflegbar sein und dürfen deshalb nicht im Code stehen.

Anders als im TuBSy-Datenmodell definieren wir für die Realisierung:

```
type TDJ_ZEITRAUM is record von: TAG_DES_JAHRHUNDERTS;
                              bis: TAG_DES_JAHRHUNDERTS;
                  end_record;
type TAG_DES_JAHRHUNDERTS is range 32873 .. 36525;
                              - - die Tage vom 1.1.90 bis 31.12.99

type ANZ_ZIMMER is range 0 .. 200;   - - maximale Zahl der in einem Hotel
                                      - - kontingentierten Zimmer einer
                                      - - Zimmerart

type VAKANZ_INDEX is range 1 .. 230;
type VAKANZ_RECORD  is record zr:        ZEITRAUM;
                              Kontingent: ANZ_ZIMMER;
                              Vakanz:    ANZ_ZIMMER;
                    end record;
type VAKANZ_TABELLE is array (VAKANZ_INDEX range <>)
                      of VAKANZ_RECORD;
```

(4) BENUTZUNGSBEDINGUNGEN

Reihenfolgebedingungen

(a) Bezüglich eines Hotels bzw. einer Zimmerart müssen als erstes die entsprechenden ANLEGEN-Operationen ausgeführt werden. Nach dem LÖSCHEN sind keine weiteren Operationen mehr zulässig.

(b) Vor ZIMMER_STORNIEREN und ZIMMER_RESERVIERUNG_VERSCHIEBEN muß das entsprechende ZIMMER_RESERVIEREN erfolgt sein.

(c) Ansonsten können die Operationen in beliebiger Folge benutzt werden.

Restriktionen

Die Anzahl der Zimmer einer Zimmerart ist pro Hotel auf 200 begrenzt.

(5) IMPORTE

Modul KALENDER

(6) Programmtechnische Schnittstelle in Cobol

Basis-Konstanten (für alle Module)

```
01 BASIS-KONSTANTEN.
   05 K-0     PIC 9(3) COMP VALUE 000.
   05 K-1     PIC 9(3) COMP VALUE 001.
   ⋮
   05 K-200   PIC 9(3) COMP VALUE 200.
```

HoVak-Konstanten

* HOVAK-CODES

* OPERATIONS-CODES
```
  66 HOTEL-ANLEGEN                        RENAMES K-1.
  66 HOTEL-LOESCHEN                       RENAMES K-2.
  66 ZIMMERART-ANLEGEN                    RENAMES K-3.
  66 ZIMMERART-LOESCHEN                   RENAMES K-4.
  66 KONTINGENT-AENDERN                   RENAMES K-5.
  66 ZIMMER-RESERVIEREN                   RENAMES K-6.
  66 ZIMMER-STORNIEREN                    RENAMES K-7.
  66 ZIMMER-RESERVIERUNG-VERSCHIEBEN      RENAMES K-8.
  66 VAKANZ-INFO                          RENAMES K-9.
```

* RETURN-CODES
```
  66 OK                            RENAMES K-0.
  66 KTG-UNTERSCHRITTE-BELEGUNG    RENAMES K-1.
  66 KTG-TEILW-AUSREICHEND         RENAMES K-2.
  66 KTG-NICHT-AUSREICHEND         RENAMES K-3.
  66 KEIN-KTG                      RENAMES K-4.
  66 AUSSER-SAISON                 RENAMES K-5.
```

* SYSTEMFEHLER-CODES
```
  66 HOTEL-BEREITS-VORHANDEN       RENAMES K-1.
  66 HOTEL-UNBEKANNT               RENAMES K-2.
  66 ZIMMERART-BEREITS-VORHANDEN   RENAMES K-3.
  66 ZIMMERART-UNBEKANNT           RENAMES K-4.
  66 SAISON-FALSCH                 RENAMES K-5.
  66 ZEITRAUM-FALSCH               RENAMES K-6.
  66 ANZ-ZIMMER-UNZULAESSIG        RENAMES K-7.
  66 ANZ-ZIMMER-FALSCH             RENAMES K-8.
  66 KTG-FALSCH                    RENAMES K-9.
  66 I/O-FEHLER                    RENAMES K-10.
```

* HOVAK-PARAMETER-WERTE

* ZIMMERTYP
  66 EINZELZIMMER   RENAMES K-1.
  66 DOPPELZIMMER   RENAMES K-2.
  66 APARTMENT   RENAMES K-3.

* AUSSTATTUNG
  66 BAD-WC   RENAMES K-1.
  66 WARMWASSER-WC   RENAMES K-2.
  66 DUSCHE   RENAMES K-3.
  66 BAD-WC-BALKON   RENAMES K-4.

* LAGE
  66 MEERBLICK   RENAMES K-1.
  66 BERGSEITE   RENAMES K-2.
  66 ALTBAU   RENAMES K-3.
  66 SUEDSEITE   RENAMES K-4.

HoVak-Parameter

* HOVAK-PARAMETER

  05 HOVAK-STANDARD-PARMS.
    10 HOVAK-OP-CODE   PIC 9(3) COMP.
    10 HOVAK-RET-CODE   PIC 9(3) COMP.
    10 HOVAK-SYSTERROR   PIC X.
    10 HOVAK-SYSTEMFEHLER-INFO   PIC 9(3) COMP.

  05 HOVAK-PARMS-AREA   PIC X(99).

```
05 ZIMMER-RESERVIEREN-PARMS REDEFINES HOVAK-PARMS-AREA.
   10 HOTEL.
      15 GEBIET                              PIC X(3).
      15 ORTNR                               PIC 9(2).
      15 HOTELNR                             PIC 9(2).
   10 ZIMMERART.
      15 ZIMMERTYP                           PIC 9(3) COMP.
      15 AUSSTATTUNG                         PIC 9(3) COMP.
      15 LAGE                                PIC 9(3) COMP.
   10 ZEITRAUM.
      15 VON.
         20 TAG-DES-JAHRHUNDERTS             PIC 9(5) COMP.
      15 BIS.
         20 TAG-DES-JAHRHUNDERTS             PIC 9(5) COMP.
   10 ANZ-ZIMMER                             PIC 9(3) COMP.
   10 OK-ZEITRAUM.
      15 VON.
         20 TAG-DES-JAHRHUNDERTS             PIC 9(5) COMP.
      15 BIS.
         20 TAG-DES-JAHRHUNDERTS             PIC 9(5) COMP.

05 ZIMMER-STORNIEREN-PARMS REDEFINES HOVAK-PARMS-AREA.
   10 HOTEL.
      15 GEBIET                              PIC X(3).
      15 ORTNR                               PIC 9(2).
      15 HOTELNR                             PIC 9(2).
   10 ZIMMERART.
      15 ZIMMERTYP                           PIC 9(3) COMP.
      15 AUSSTATTUNG                         PIC 9(3) COMP.
      15 LAGE                                PIC 9(3) COMP.
   10 ZEITRAUM.
      15 VON.
         20 TAG-DES-JAHRHUNDERTS             PIC 9(5) COMP.
      15 BIS.
         20 TAG-DES-JAHRHUNDERTS             PIC 9(5) COMP.
   10 ANZ-ZIMMER                             PIC 9(3) COMP.
```

15

Modulkonstruktion

Ziel und Ergebnis der Modulkonstruktion ist der Programmcode, der die Operationen und Daten gemäß der Modulspezifikation implementiert. Er folgt den Regeln der Strukturierten Programmierung.

15.1 Realisierung von (Datenabstraktions-) Moduln

15.2 Strukturierte Programmierung

Ziel und Ergebnis der (Teil-) Phase Modulkonstruktion im Rahmen der Modulprogrammierung ist der Code, der die Operationen und Daten des Moduls entsprechend seiner Spezifikation realisiert.

Je nach Art und Komplexität des Moduls kann die Umsetzung seiner Spezifikation in Code eine mehr oder weniger einfache Aufgabe sein. Im einfachsten Fall wird das Modul direkt heruntercodiert. In schwierigen Fällen — vor allem wenn es komplexe Datenstrukturen und sich daraus ergebende knifflige Algorithmen enthält — empfiehlt es sich, zwischen Spezifikation und Code einen Schritt in Form einer Konstruktionsbeschreibung einzulegen. Dies ist zwingend erforderlich, wenn es sich herausstellt, daß das Modul so groß und komplex ist, daß es in weitere Module zerlegt — und damit zu einer Komponente — werden soll. Die dann entstehende Beschreibung ist eigentlich eine Erweiterung der Systemkonstruktion.

Es kann also, muß aber nicht sein, daß zwischen Spezifikation und Code noch ein weiteres Entwurfsdokument eingefügt wird: die *Modulkonstruktionsbeschreibung*. Manchmal wird sie — in übertriebenem Bestreben nach systematischem Entwurf und vollständiger Dokumentation — für alle Module verlangt. Davon ist abzuraten, denn sie tendiert als erstes Dokument dazu, nicht aktuell zu sein. Das liegt an ihrem Zwischenschritt-Charakter; letztlich kommt es eben doch vor allem auf den Code und seine Spezifikation an. Und je substanzloser die Beschreibung, desto schneller wird sie nicht mehr beachtet und aktualisiert. Deshalb: Eine Modulkonstruktionsbeschreibung ist nur dann anzufertigen, wenn der mentale Abstand zwischen Spezifikation und Code in einem einzigen Schritt nicht gut zu bewältigen ist. Ansonsten genügt und empfiehlt es sich, Konstruktionsüberlegungen in Form von *Kommentaren* im Code zu dokumentieren.

Abbildung 15.1 zeigt noch einmal die Zusammenhänge zwischen den Teilergebnissen, u.a. die Stellung der Konstruktionsbeschreibung. Bemerkenswert ist auch die Verwendung des *Copy-Mechanismus:* Sämtliche Schnittstellen- (Parameter-) Deklarationen werden in einer Bibliothek gehalten, aus der sie durch den Compiler in den Quellcode eingezogen werden. Damit stellen wir sicher, daß diese heiklen Datenstrukturen nur ein einziges Mal — vom Exporteur — geschrieben und dann konsistent verwendet werden.

Modulspezifikation und ggf. -konstruktionsbeschreibung bilden das, was man landläufig „Programmiervorgabe" nennt, allerdings mit dem Unterschied, daß diese meist von vornherein nur konstruktiver Natur ist und keine saubere Spezifikation enthält.

Nun sind wir also nach langen Entwurfsarbeiten — Systemspezifikation und -konstruktion, Modulspezifikation und evtl. -konstruktionsbeschreibung — endlich beim Programmieren angelangt. Die endgültige Form der Modulkonstruktion ist das Programm selbst. Wir schreiben es selbstverständlich nach den Regeln der Strukturierten Programmierung (siehe Abschnitt 15.2) und unter Beachtung gewisser Standardstrukturen für den Modulaufbau (folgender Abschnitt 15.1). Dazu gehört auch die saubere Trennung in Normal- und Systemfehlerteil; siehe Kapitel 13 (Systemfehler).

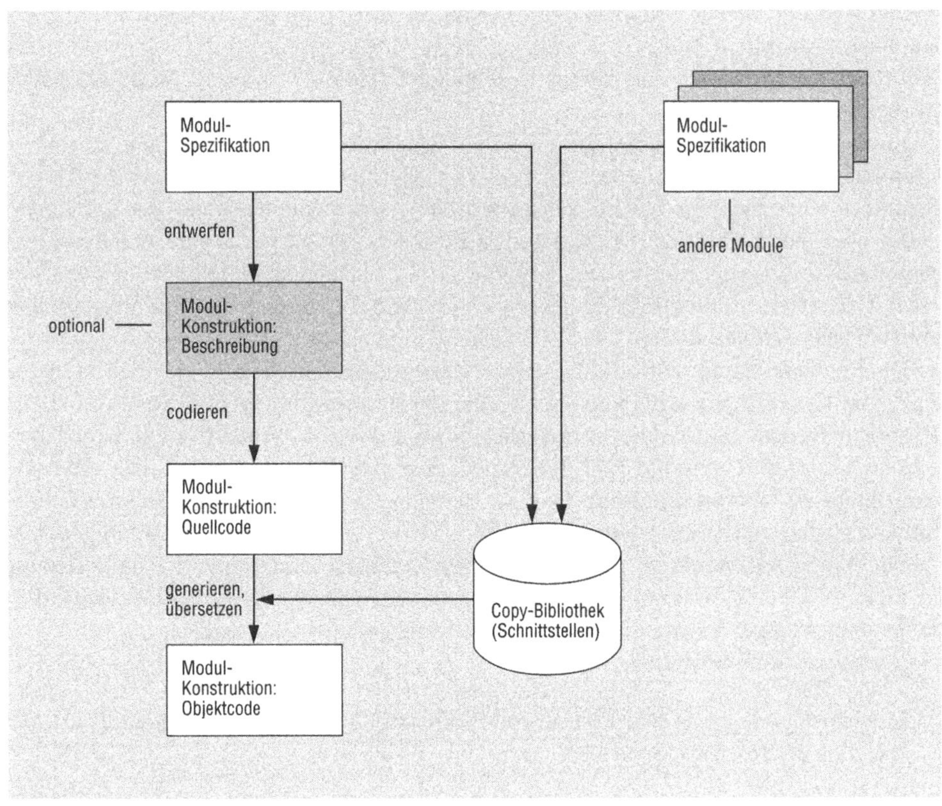

Abb. 15.1 Modulprogrammierung: Teilergebnisse

15.1 Realisierung von (Datenabstraktions-) Moduln

Eine erste programmiersprachliche Realisierung hat das Prinzip der Datenabstraktion — lange bevor es unter dieser Bezeichnung bekannt wurde — Mitte der 60er Jahre in dem Algol 60-Nachfolger Simula und seinem Class-Konzept gefunden. Ab Mitte der 70er Jahre ist dann im Rahmen von Forschungsprojekten eine Reihe von Programmiersprachen entwickelt worden, z.B. CLU, Alphard, Euclid, Modula, deren Kern mehr oder weniger aus Konstrukten für abstrakte Datentypen besteht. Bei der Entwicklung von Informationssystemen spielen sie jedoch keine Rolle. Als bemerkenswerteste Programmiersprache ist in diesem Zusammenhang Ada zu nennen, deren praktische Bedeutung durch die wirtschaftliche Macht des dahinter stehenden US-Verteidigungsministeriums in Zukunft wohl noch stark steigen wird.

Wir wollen im folgenden auf die Implementierungsmöglichkeiten von Datenabstraktionsmoduln in vier Programmiersprachen eingehen: Ada, Cobol, PL/1 und C. Mit Ausnahme von Ada sind sie dafür ganz und gar nicht prädestiniert. Es soll deshalb gezeigt werden, daß Datenabstraktion nicht nur mit wenigen exotischen, sondern auch mit in der Praxis weit verbreiteten Sprachen „geht". Zur Illustration benutzen wir wiederum das Modul Hotelvakanz (HoVak), dessen Spezifikation sich in Abschnitt 14.3 findet.

In der Regel wird die Benutzung einer *Moduloperation* durch einen *Unterprogramm*aufruf realisiert. Hierzu wird gelegentlich eingewendet, daß dadurch die Performance eines Systems beeinträchtigt würde — ein wenig stichhaltiges Argument, wenn man sieht, daß zur Strukturierung großer Software gar nichts anderes übrig bleibt als Unterprogrammtechnik. Außerdem ist nach unserer Erfahrung der Code einer Operation umfangreich im Vergleich zu dem Code, der zur Ausführung eines Aufrufs erforderlich ist.[1]

Die Realisierung eines Moduls als *eine Übersetzungseinheit* kann bei einer größeren Zahl von Operationen zu einem sehr großen Programm führen und damit zu einem Problem werden. Es ist dann unhandlich beim Editieren, braucht lange zum Übersetzen, belegt evtl. unnötig viel Speicherplatz etc. Als Ausweg bietet sich dann an, es in mehrere Übersetzungseinheiten zu zerlegen, die jeweils einige Operationen — im Extremfall nur eine — enthalten. Ein Modul ist also nicht notwendigerweise — wie häufig angenommen wird — gleich einer Übersetzungseinheit. Die Zerlegung in mehrere Übersetzungseinheiten ist — abhängig von der Programmiersprache — mehr oder weniger leicht, manchmal leider auch gar nicht zu realisieren.

Noch zwei Anmerkungen:

- In performance-kritischen Fällen kann man eine Operation gegebenenfalls als *Makro*, also als Inlinecode auslegen.

- Wenn Module auf mehrere Betriebssystemprozesse oder gar Hardwareeinheiten verteilt sind und über deren Grenzen kommunizieren müssen, empfiehlt sich die Bereitstellung eines *Remote procedure call*.

15.1.1 Ada

Ada bietet mit seinem Paket (Package) ein maßgeschneidertes Konstrukt zur Implementierung von Datenabstraktionsmoduln. Dieses hat zwei Ausprägungen: die *package*-Spezifikation und den *package body*. Erstere entspricht exakt der „Programmtechnischen Schnittstelle" unserer Modulspezifikation und sieht für das HoVak-Beispiel etwa wie in Abb. 15.2(a) aus. Im *package body* sind die internen, zu verbergenden Datenstrukturen — im Fall HoVak insbesondere die Satzstrukturen der Datei(en) — eingekapselt und die Operationen darauf programmiert. Das stellt sich dann so wie in Abb. 15.2(b) dar.

Weitere Einzelheiten zu Moduln in Ada findet man etwa in [Nagl 88] oder [Booch 86].

---

[1] Man beachte jedoch die in Abschnitt 11.5 2 enthaltenen Performanceüberlegungen in Verbindung mit dem TP-Monitor CICS.

15.1.2 Cobol

Jedes Modul ist als ein Cobol-Programm realisiert, jede Operation darin als *SEC-TION*. Das Modul wird als Ganzes aufgerufen, wobei die gewünschte Operation als Input-Parameter übergeben wird; Output-Parameter sind der Returncode sowie ein Systemfehlerkennzeichen. Zu diesen Standardparametern kommen in Abhängigkeit von der aufzurufenden Operation die Anwendungsparameter. Am Anfang des Moduls steht eine Steuerleiste, die in Abhängigkeit vom Operationscode mit *PERFORM* zu der entsprechenden Operation verzweigt.

Abbildung 15.3(a) zeigt diese Struktur beispielhaft. In Abb. 15.3(b) sieht man, in welcher Weise eine Operation aus Abb. 15.3(a) aufgerufen (importiert) wird. (Man stoße sich nicht daran, daß Konstante, z.B. *'PMI4711'* oder *BAD-WC*, als Parameter eingesetzt werden; dies geschieht nur im Beispiel so, nicht aber in praxi.)

Man beachte, daß in beiden Fällen — Ex- und Import — der *COPY*-Mechanismus verwendet wird, um die in der Modulspezifikation definierte „Programmtechnische Schnittstelle" (Konstante und Parameter) einzuziehen (siehe Seite 332).

15.1.3 PL/1

Ganz ähnlich wie bei Cobol wird in PL/1 jedes Modul als ein (Haupt-) Programm, d.h. als *PROCEDURE OPTIONS (MAIN)* realisiert. Das entspricht einer Übersetzungseinheit. Die Operationen sind darin als Unterprogramm *(PROCEDURE)* enthalten, die ebenfalls wie in Cobol über eine Steuerleiste am Moduleingang aufgerufen werden. Auch in der Parametrisierung sind beide Lösungen sehr ähnlich. In Abb. 15.4 sind Ex- und Importseite skizziert.

Damit die Moduldaten von einem Aufruf einer Operation zum nächsten erhalten bleiben, sind sie als *STATIC* zu deklarieren. Im Gegensatz zu Cobol, das nur die statische Speicherverwaltung kennt, ist der Standardfall in PL/1 die *AUTOMATIC*-Verwaltung, die für die Moduldaten nicht geeignet ist.

Eine Realisierungsalternative besteht darin, jede Operation als secondary *ENTRY* point auszulegen. Das ist eine recht elegante Lösung, weil die Steuerleiste entfällt. Ihr Nachteil ist aber, daß der Einbau von Codestücken, die allen Operationen gemeinsam sind (z.B. Systemfehlerbehandlung), umständlicher ist.

15.1.4 C

Im Gegensatz zu Cobol und PL/1 werden hier die Unterprogramme, die die Operationen eines Moduls realisieren, lediglich in einer Datei zusammengefaßt. Diese wird als Modul, Abb. 15.5(a), angesehen und für sich übersetzt. Ihre Operationen werden schließlich mit denen der anderen Module zum Hauptprogramm dazugebunden.

Die Operationen eines Moduls werden direkt aufgerufen und nicht über eine Steuerleiste, Abb. 15.5(b). Die Variablen für das Modulgedächtnis werden in C genauso wie in PL/1 als *static* deklariert, so daß ihre Inhalte über die Aufrufgrenzen erhalten bleiben.

```
package HoVak is

    type FLUGHAFEN is new ALFA_STRING (1 .. 3);
    type GEBIET# is new FLUGHAFEN;
    type ORT#      is record Gebiet : GEBIET#;
                             Ort_Nr: NUM_STRING (1 .. 2);
                        end record;
    type HOTEL#  is record Ort: ORT#;
                           Hotel_Nr: NUM_STRING (1 .. 2);
                      end record;

    type ZIMMERART      is record zt: ZIMMERTYP;
                                  a : AUSSTATTUNG;
                                  l : LAGE;
                             end record;
    type ZIMMERTYP      is (Einzelzimmer, Doppelzimmer, Apartment);
    type AUSSTATTUNG    is (Bad_WC, Warmwasser_WC, Dusche,
                            Bad_WC_Balkon);
    type LAGE           is (Meerblick, Bergseite, Altbau, Südseite);

    type TDJ_ZEITRAUM is record von: TAG_DES_JAHRHUNDERTS;
                               bis : TAG_DES_JAHRHUNDERTS;
                          end_record;
    type TAG_DES_JAHRHUNDERTS is range 32873 .. 36525;

    type ANZ_ZIMMER is range 0 .. 200;
    :

    type RETURNCODE is (ok, Ktg_unterschritte_Belegung,
                        Ktg_teilweise_ausreichend,
                        Ktg_nicht_ausreichend,
                        kein_Ktg, außer_Saison);
    type SYSTEMFEHLERCODE is (Hotel_bereits_vorhanden,
                              Hotel_unbekannt,
                              Zimmerart_bereits_vorhanden,
                              Zimmerart_unbekannt,
                              Saison_falsch, Zeitraum_falsch,
                              Anz_Zimmer_unzulässig,
                              Anz_Zimmer_falsch,
                              Ktg_falsch, I/O_Fehler);
    procedure HOTEL_ANLEGEN (...);
    procedure HOTEL_LÖSCHEN (...);
    procedure ZIMMERART_ANLEGEN (...);
    procedure ZIMMERART_LÖSCHEN (...);
    procedure KONTINGENT_ÄNDERN (...);
```

(a) Schnittstellendeklaration (Fortsetzung nächste Seite)

Abb. 15.2 Module in Ada

```
      procedure ZIMMER_RESERVIEREN (h:     in   HOTEL#;
                                    za:    in   ZIMMERART;
                                    zr:    in   TDJ_ZEITRAUM;
                                    az:    in   ANZ_ZIMMER;
                                    okzr: out  TDJ_ZEITRAUM;
                                    rc:    out  RETURNCODE);
      procedure ZIMMER_STORNIEREN   (h:     in   HOTEL#;
                                    za:    in   ZIMMERART;
                                    zr:    in   TDJ_ZEITRAUM;
                                    az:    in   ANZ_ZIMMER;
                                    rc:    out  RETURNCODE);
      procedure ZIMMER_RESERVIERUNG_VERSCHIEBEN (...);
      procedure VAKANZ_INFO (...);

end HoVak;
```

(a) Schnittstellendeklaration

```
package body HoVak is

    -- Hier stehen die Deklarationen der internen Moduldaten, zum Beispiel:

    type HoVak_Satzstruktur is record ...;
    package HoVak_interne_Datei is new DIRECT_IO (HoVak_Satzstruktur);
    HoVak_Datei: HoVak_interne_Datei.FILE_TYPE;
    Heute: TAG_DES_JAHRHUNDERTS;
    Hotelsaison: ZEITRAUM;

    -- Dann folgen die Export-Operationen, zum Beispiel:

    procedure ZIMMER_RESERVIEREN (h:     in   HOTEL#;
                                  za:    in   ZIMMERART;
                                  zr:    in   TDJ_ZEITRAUM;
                                  az:    in   ANZ_ZIMMER;
                                  okzr: out  TDJ_ZEITRAUM;
                                  rc:    out  RETURNCODE) is

    begin

    -- Hier kommt nun endlich der Code.

    end;

    -- usw. für die anderen Operationen.

end HoVak;
```

(b) Modulaufbau

Abb. 15.2 Module in Ada

```
IDENTIFICATION DIVISION.
PROGRAM-ID. HOVAK.
  :
  :
DATA DIVISION.
WORKING-STORAGE SECTION.

        COPY BASIS-KONSTANTEN.
        COPY HOVAK-KONSTANTEN.
*       und Deklaration der Moduldaten
*       sowie kurzfristiger lokaler Variablen, z.B. Zähler, Schalter.

LINKAGE SECTION.

01 HOVAK-PARAMETER.
        COPY HOVAK-PARAMETER.

PROCEDURE DIVISION.

*       Steuerleiste
        IF HOVAK-OP-CODE = ZIMMER-RESERVIEREN
            PERFORM OP-ZIMMER-RESERVIEREN        ELSE
        IF HOVAK-OP-CODE = ZIMMER-STORNIEREN
            PERFORM OP-ZIMMER-STORNIEREN         ELSE
          :
          :
OP-ZIMMER-RESERVIEREN SECTION.
*       Code für die Operation ZIMMER_RESERVIEREN
          :
          :
OP-ZIMMER-RESERVIEREN-EXIT.
        EXIT.

OP-ZIMMER-STORNIEREN-SECTION.
*       Code für die Operation ZIMMER_STORNIEREN
          :
          :
OP-ZIMMER-STORNIEREN-EXIT.
        EXIT.
          :
          :
```

(a) Modulaufbau (Export)

Abb. 15.3 Module in COBOL

```
IDENTIFICATION DIVISION.
PROGRAM-ID. HOTEL.
    :
    :
DATA DIVISION.
WORKING-STORAGE SECTION.

        COPY BASIS-KONSTANTEN.
        COPY HOTEL-KONSTANTEN.
        COPY HOVAK-KONSTANTEN.
        :
        :
01 HOVAK-PARAMETER.
        COPY HOVAK-PARAMETER.
    :
    :
PROCEDURE DIVISION.
        :
        :
*       Aufruf von HoVaK
        MOVE 'PMI' TO GEBIET    OF ZIMMER-RESERVIEREN-PARMS
        MOVE 47    TO ORTNR     OF ZIMMER-RESERVIEREN-PARMS
        MOVE 11    TO HOTELNR OF ZIMMER-RESERVIEREN-PARMS
        MOVE DOPPELZIMMER TO ZIMMERTYP
                        OF ZIMMER-RESERVIEREN-PARMS
        MOVE BAD-WC TO AUSSTATTUNG
                        OF ZIMMER-RESERVIEREN-PARMS
        MOVE MEERBLICK TO LAGE
                        OF ZIMMER-RESERVIEREN-PARMS
        MOVE WUNSCH-ZEITRAUM TO ZEITRAUM
                        OF ZIMMER-RESERVIEREN-PARMS
        MOVE 1 TO ANZ-ZIMMER  OF ZIMMER-RESERVIEREN-PARMS
        MOVE ZIMMER-RESERVIEREN TO HOVAK-OP-CODE

        CALL 'HOVAK' USING HOVAK-PARAMETER

        IF HOVAK-SYSTERROR = JA GOTO SYSTEMFEHLER.

        IF HOVAK-RET-CODE = OK PERFORM KTG-OK        ELSE
        IF HOVAK-RET-CODE = KTG-TEILW-AUSREICHEND
                        PERFORM KTG-TEILW-AUSR ELSE
        IF HOVAK-RET-CODE = KTG-NICHT-AUSREICHEND
                        PERFORM KTG-NICHT-AUSR ELSE
            :
            :
```

(b) Modulaufruf (Import)

Abb. 15.3 Module in COBOL

```
HOVAK: PROCEDURE (PARAMETER_PTR) OPTIONS (MAIN);

%INCLUDE BASIS_KONSTANTEN;
%INCLUDE HOVAK_KONSTANTEN;

    /* und die Deklaration der Moduldaten (STATIC)           */
    /* sowie kurzfristiger lokaler Variablen, z.B. Zähler, Schalter */

    DECLARE PARAMETER_PTR POINTER;
    DECLARE 1 HOVAK_PARAMETER BASED (PARAMETER_PTR),
            %INCLUDE HOVAK_PARAMETER;

    SELECT (HOVAK_OP_CODE);
            WHEN (ZIMMER_RESERVIEREN)
                CALL OP_ZIMMER_RESERVIEREN;
            WHEN (ZIMMER_STORNIEREN)
                CALL OP_ZIMMER_STORNIEREN;
            :
    END;

    OP_ZIMMER_RESERVIEREN: PROCEDURE;
    :
    END OP_ZIMMER_RESERVIEREN;

    OP_ZIMMER_STORNIEREN: PROCEDURE;
    :
    END OP_ZIMMER_STORNIEREN;
    :
```

(a) Modulaufbau

Abb. 15.4 Module in PL/1

```
HOTEL: PROCEDURE OPTIONS (MAIN);

%INCLUDE BASIS_KONSTANTEN;
%INCLUDE HOTEL_KONSTANTEN;
%INCLUDE HOVAK_KONSTANTEN;
    DECLARE 1 HOVAK_PARAMETER,
                %INCLUDE HOVAK_PARAMETER;

    :

    /* Aufruf von HoVaK */

    ZIMMER_RESERVIEREN_PARMS.GEBIET = 'PMI';
    ZIMMER_RESERVIEREN_PARMS.ORTNR = 47;
    ZIMMER_RESERVIEREN_PARMS.HOTELNR = 11;
    ZIMMER_RESERVIEREN_PARMS.ZIMMERTYP = DOPPELZIMMER;
    ZIMMER_RESERVIEREN_PARMS.AUSSTATTUNG = BAD_WC;
    ZIMMER_RESERVIEREN_PARMS.LAGE = MEERBLICK;
    ZIMMER_RESERVIEREN_PARMS.ZEITRAUM
                                     = WUNSCH_ZEITRAUM;
    ZIMMER_RESERVIEREN_PARMS.ANZ_ZIMMER = 1;
    HOVAK_OP_CODE = ZIMMER_RESERVIEREN;

    CALL HOVAK (ADDR (HOVAK_PARAMETER));

    IF HOVAK_SYSTERROR = JA THEN GOTO SYSTEMFEHLER;

    SELECT (HOVAK_RET_CODE)
            WHEN (OK)                         DO ... END;
            WHEN (KTG_TEILW_AUSREICHEND) DO ... END;
            WHEN (KTG_NICHT_AUSREICHEND) DO ... END;
    :
```

(b) Modulaufruf (Import)

Abb. 15.4 Module in PL/1

```
/* Modul HoVak */

/* Includes */
    ⋮

#include "../inc/basis_konstanten.h"
#include "../inc/hovak_konstanten.h"
    ⋮

/* Moduldaten */
    ⋮

EXPORT int zimmer_reservieren (h, za, zr, az, okzr)   /* EXPORT ⇒ static */
    struct HOTEL# *h;
    struct ZIMMERART *za;
    struct TDJ_ZEITRAUM *zr;
    ANZ_ZIMMER az;
    struct TDJ_ZEITRAUM *okzr;
{
        ⋮

    /* Code für zimmer_reservieren */
        ⋮

}

EXPORT int zimmer_stornieren (h, za, zr, az)
    struct HOTEL# *h;
    struct ZIMMERART *za;
    struct TDJ_ZEITRAUM *zr;
    ANZ_ZIMMER az;
{
        ⋮

    /* Code für zimmer_stornieren */
        ⋮

}
    ⋮
```

(a) Modulaufbau

Abb. 15.5 Module in C

```
/* Modul Hotel */
/* Includes */
  :
  :
#include "../inc/basis_konstanten.h"
#include "../inc/hotel_konstanten.h"
#include "../inc/hovak_konstanten.h"
  :
  :
/* Moduldaten */
  :
  :
/* Deklaration der Variablen für den Aufruf von HoVak */
  :
  :
/* Aufruf von HoVak */
strcpy (res_h.Ort.Gebiet, "PMI");
res_h.Ort.Ort_Nr = 47;
res_h.Hotel_Nr = 11;
res_za.zt = DOPPELZIMMER;
res_za.a = BAD_WC;
res_za.l = MEERBLICK;
res_zr = wunsch_zeitraum;
res_az = 1;

rc = zimmer_reservieren (&res_h, &res_za, &res_zr, res_az, &res_okzr);

if (rc EQ SYSTERROR) goto systemfehler;
switch (rc) {
    case OK:
            ktg_ok (...);
            break;
    case KTG_TEILW_AUSREICHEND:
            ktg_teilw_ausreichend (...);
            break;
    case KTG_NICHT_AUSREICHEND:
            ktg_nicht_ausreichend (...);
            break;
        }
    :
    :
  :
  :
```

(b) Modulaufruf (Import)

Abb. 15.5 Module in C

15.1.5 Spracherweiterungen

Keine Sprache ist ideal geeignet, alle unsere Methoden in Programme umzusetzen. Das gilt auch für das unseren Vorstellungen sehr entgegenkommende Ada und erst recht für die in unserer Praxis hauptsächlich relevanten Sprachen Cobol, PL/1 und C. Um nicht Gefahr zu laufen, daß methodisch wichtige Konstrukte wegen mühsamer Codierung schlecht oder gar nicht verwendet werden, gehen wir gerne den Weg der Spracherweiterung. Das heißt, wir ergänzen die zu verwendende Sprache, z.B. Cobol, um bestimmte Konstrukte und heben so das Sprachniveau an. Wir realisieren das durch Makrotechnik, die aus den neuen Elementen Code in der Zielsprache erzeugt. Das geschieht mit einem Werkzeug namens Modulcodegenerator, dessen Herzstück ein Makro-Prozessor ist, vgl. Kapitel 18 (Werkzeuge). Es folgt ein kurzer Abriß der wichtigsten Bereiche für Spracherweiterungen.

Datentypen und -deklarationen

Die Typen sollen so, wie sie im Datenmodell in abstrakter (Ada-) Notation definiert worden sind (siehe Abschnitt 5.2), bei der Deklaration von Variablen verwendet werden. Wir wollen beispielsweise schreiben:

zr: ZEITRAUM

Dazu muß diese abstrakte Darstellung in eine Datenstruktur der Implementierungssprache umgesetzt werden, also die Variable *zr* und der

```
type ZEITRAUM is record von: DATUM;
                         bis : DATUM;
              end record;
```

mit der entsprechenden Definition von *DATUM* in die Cobol-Struktur

```
01 ZR.
   02 VON.
      03 MTAG   PIC 9(2).
      03 MONAT  PIC 9(2).
      03 JAHR   PIC 9(4).
   02 BIS.
      03 MTAG   PIC 9(2).
      03 MONAT  PIC 9(2).
      03 JAHR   PIC 9(4).
```

Man kann sich jede Typdefinition als Makro vorstellen, das an der Stelle einer Variablendeklaration expandiert wird.

Modulschnittstellen

Hierbei geht es um zwei Aspekte: erstens um den Export der Schnittstellen-Deklaration und zweitens um den Aufruf, also den Import einer Moduloperation.

Die Schnittstelle eines Moduls wird in seiner Spezifikation festgelegt und von dort exportiert. Das geschieht typischerweise so, daß die sog. programmtechnische

Schnittstelle — vgl. die Abschnitte 14.2 und 14.3, jeweils Punkt (6) — in ein Include-File eingestellt und von den importierenden Moduln per Copy-Befehl eingezogen wird. Nun kann man den Schnittstellenexport noch weitergehend automatisieren, und wir tun das mit einem Werkzeug namens GENEX (Generiere Export) etwa wie folgt: Die Spezifikation der Moduloperationen in Abschnitt (2) der Modulspezifikation wird soweit formalisiert, daß GENEX daraus in Verbindung mit den Typdeklarationen, die in Abschnitt (3) der Spezifikation bzw. in einem globalen Typenverzeichnis stehen, die programmtechnische Schnittstelle generieren und gleich in einem Include-File ablegen kann. Der Leser betrachte noch einmal Abschnitt (6) der HoVak-Modulspezifikation (Seite 332); die dort deklarierten Datenstrukturen müssen nicht von Hand geschrieben, sondern können aus den vorhergehenden Abschnitten (2) und (3) generiert werden.

Eine Moduloperation benutzen ist eigentlich eine einfache Sache, denn dafür gibt es in fast allen Sprachen gute Mechanismen in Gestalt des Unterprogrammaufrufs. Warum also noch ein weiteres Konstrukt daraufsetzen? Dafür gibt es verschiedene Gründe:

- Die Copy-Befehle für die erzeugten Schnittstellen-Includes können dann ebenfalls generiert werden.

- Die einheitliche Versorgung von Standard-Parametern (Operations-, Return- und Systemfehlercode) sowie andere Maßnahmen (z.B. Trace-Punkt setzen, Schnittstellenversion prüfen) müssen damit nicht mehr per Richtlinie den Programmierern vorgeschrieben werden, sondern sind durch Benutzung des Sprachkonstrukts automatisch gewährleistet.

- Der Aufruf externer Unterprogramme kann in einer Dialoganwendung wegen des TP-Monitors (z.B. CICS) syntaktisch anders aussehen als im Batch, genauso bei Aufrufen über Prozeß- bzw. Prozessorgrenzen hinweg mittels eines Remote procedure call. Wir wollen derartige Unterschiede möglichst nicht im Code eines Moduls erscheinen lassen, zumal wir vermeiden möchten, daß ein für Dialog und Batch gleichermaßen benötigtes Modul zweimal als Quelle existieren muß, und zwar mit lediglich syntaktischen Unterschieden. Statt dessen generieren wir aus unserem Call-Konstrukt den jeweils nötigen Zielcode für Dialog, Batch, Remote call etc.

- Schließlich kann es sein, daß Performanceaspekte verbieten, bestimmte Operationen als (externes) Unterprogramm aufzurufen.[2] Dann bietet es sich an, sie als Inlinecode auszuführen. Auch diese Entscheidung sollte nicht an der Aufrufstelle fest codiert sein, sondern im Zuge der Generierung getroffen werden.

Hinter unserem so einfach aussehenden Konstrukt zum Aufruf einer Moduloperation

CALL <Modul> <Operation> <Parameter>

steckt also eine Menge Code, den ein Werkzeug namens GENCOD (Generiere Code) erzeugt.

---

[2] Man muß z.B. bedenken, daß ein Aufruf via CICS LINK/RETURN einen Zusatzaufwand von etwa 10.000 (!) Maschineninstruktionen verursacht. Da heißt es, mit solchen Aufrufen sparsam sein! Siehe dazu auch Abschnitt 11.5.2.

Systemfehlerbehandlung

Die Behandlung von Systemfehlern (siehe Kapitel 13) zu programmieren, ist eine
recht stereotype Angelegenheit: Man muß ständig irgendwelche Parameter auf Wer-
tebereichsverletzungen prüfen und ggf. die „Notbremse ziehen", d.h. den Systemfehlerzustand setzen. Um das so leicht und einheitlich wie möglich zu machen, benutzen wir zwei Konstrukte:

CHECK <*Variable*> erzeugt Code, der den Wert der *Variablen* darauf überprüft,
ob er in dem Bereich liegt, der durch ihre Typdefinition festgelegt ist.

SET-SF versetzt das System in den Systemfehlerzustand und protokolliert gewisse Informationen für die spätere Ursachenforschung.

Modulrahmen

Beim Programmieren eines Moduls möchte und sollte man nicht immer ganz von
vorne beginnen; denn es gibt eine Menge von Modul zu Modul wiederkehrenden
bzw. aus der Modulspezifikation ableitbaren „Rahmen"-Code. Dieser Modulrahmen
enthält Code für die unterschiedlichsten Zwecke, u.a.

- den Modulkopf mit allgemeiner Information wie Name und Autor des Moduls,
  Erstellungsdatum, Version etc.,

- die in jedem Modul aufgrund der Syntax nötigen Sprachkonstrukte wie z.B. in
  Cobol die Divisions und (einige) Sections,

- Prolog und Epilog, die bei jedem Aufruf die nötigen Initial- und Abschlußarbeiten
  ausführen,

- der Verteiler, der die aufgerufene Operation ansteuert,

- die Prozedurrümpfe (in Cobol: Sections) für die einzelnen Operationen, deren
  Namen und Parameter aus der Spezifikation übernommen werden,

- die Copy-Befehle für die Schnittstellen-Includes der importierten Module,

- die allgemeingültigen Teile der Systemfehler- und Trace-Routinen.

15.2   Strukturierte Programmierung

Unsere Datenabstraktionsmodule werden natürlich den Regeln der Strukturierten
Programmierung entsprechend realisiert. Deren Ziel sind einfach und klar aufgebaute
und somit gut verständliche Programme. Sie zeichnen sich durch eine Ablaufstruktur
aus, die das dynamische Verhalten (den Kontrollfluß) eines Programms möglichst
unmittelbar aus seinem statischen, textuellen Aufbau erkennen läßt.

Dijkstra hat 1968 in seinem epochemachenden Artikel „Goto considered harmful"
den Bann über (wilde, undisziplinierte) Sprünge gesprochen und empfohlen; sich auf
wenige, „saubere" Sprachmittel — Sequenz, Fallunterscheidung, Iteration (siehe auch
Tabelle 15.1) — zu beschränken. Daß damit alle denkbaren Algorithmen formuliert

werden können, war bereits einige Jahre zuvor von Boehm und Jacopini bewiesen worden, so daß den Einwänden vieler Programmierer, man könne nicht alle Probleme strukturiert lösen, theoretisch der Boden entzogen war.

Ebensolchen Wert wie auf einen klaren Kontrollfluß muß man auf eine gute Datenstruktur legen; denn sie ist nicht nur der Schlüssel zum Verständnis eines Programms, sondern vor allem auch die Grundlage für effiziente Algorithmen. Sie zeigt sich in der Wahl problemgerechter Datentypen, der geeigneten Zusammenfassung elementarer Daten zu größeren Objekten und einem zweckmäßigen, zugriffsoptimierenden Dateiaufbau. Die Dualität von Kontrollfluß- und Datenstrukturierung kommt in Tabelle 15.1 gut zum Ausdruck. Die allgemeinen Graphstrukturen sind mit Vorsicht zu genießen, d.h. allzu freizügige Benutzung von Zeigern ist genauso gefährlich wie die von Sprüngen.

Früher hat man Ablaufstrukturen gerne als *Flußdiagramme* dargestellt. Ihre allgemeine Graphstruktur verführt jedoch leicht zu Gotos und damit zu komplexen, unübersichtlichen Abläufen, weshalb sie heute weitgehend verpönt sind. Daran ändert

Tabelle 15.1 Dualität von Kontrollfluß und Datenstruktur

Strukturierungsmittel	Kontrollstruktur	Datenstruktur
Elementarbaustein	Anweisung	elementarer Datentyp
Sequenz	Anweisungsfolge	Verbund (record)
Fallunterscheidung	if-then-else case	varianter Verbund Aufzähltyp
Iteration	Laufschleife	Feld
Rekursion	rekursive Prozedur	rekursiver Datentyp (z.B. Baum)
allgemeiner Graph	beliebige Verwendung von Sprüngen	allgemein durch Zeiger verkettete Struktur

auch ihre Normierung als DIN 66001 nichts. Wünscht man eine graphische Darstellung des Kontrollflusses, so sind die Nassi/Shneiderman-Diagramme — hierzulande auch *Struktogramme* genannt — vorzuziehen. Abbildung 15.6 zeigt ein Beispiel. Sie haben jedoch auch einige Mängel, die sich aus ihrer flächigen Darstellung ergeben: Große Teile des Blatts bleiben leer, während sich die wichtigen Stellen oft in einer Ecke zusammendrängen oder auf ein weiteres Blatt ausgelagert werden müssen. Der Platzverbrauch ist deshalb groß, darunter leidet die Übersicht. Wir bevorzugen deshalb die programmiersprachliche Formulierung strukturierter Abläufe in einem geeigneten *Pseudocode.*

Gut strukturierte Programme erhalten ihre Verständlichkeit nicht zuletzt durch die Wahl *mnemonischer,* d.h. sprechender *Bezeichner* für Daten und Algorithmen (Prozeduren), deren Bedeutung damit suggestiv ausgedrückt wird. „Name ist Schall und Rauch"; dieses berühmte Zitat gilt nicht in der Programmierung und sollte nicht als Ausrede für Gedankenlosigkeit bei der Namensgebung strapaziert werden.

Häufig begegnet man dem Mißverständnis, daß man nur in einer „strukturierten" Sprache strukturiert programmieren könne. Das ist falsch. Man kann auch in einer „schlechten" Sprache gut programmieren, und eine „gute" Sprache ist keine Versicherung gegen schlechte Programme.

Es ist in der heutigen Methodendiskussion wohl kein Streitpunkt mehr: *Die Strukturierte Programmierung ist die Programmiertechnik schlechthin.* Sie ist heute integraler Bestandteil der Informatik-Grundausbildung, und es gibt eine Fülle guter Literatur[3], so daß sie hier nicht weiter behandelt werden muß.

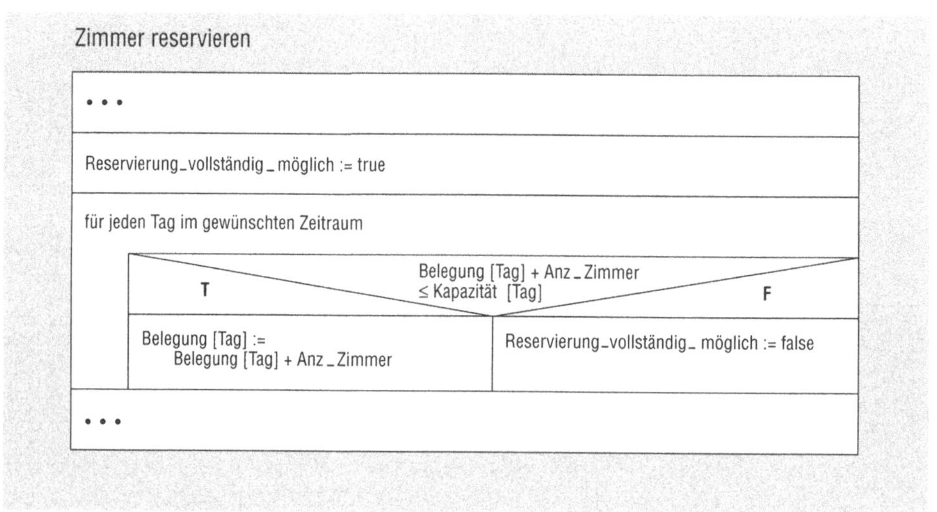

Abb. 15.6 Ausschnitt aus einem Struktogramm (Nassi-Shneiderman-Diagramm)

---

[3] [Hommel et al 83] ist eine lesenswerte Einführung in die und [Dahl et al 72] der „Klassiker" der *Strukturierten Programmierung.*

16

Modultest

Test ist eine wichtige analytische Qualitätssicherungsmaßnahme. Sie soll den Nachweis erbringen, daß ein Softwarebaustein bestimmten, durch Testfälle definierten Qualitätsansprüchen genügt. Dies setzt natürlich das Erkennen und Beheben zunächst vorhandener Fehler voraus. In Verbindung mit einem Test kann auch eine Überdeckungsmessung durchgeführt werden. All das wird durch ein Testsystem unterstützt.

16.1 Was verstehen wir unter Test?

16.2 Testfälle

16.3 C1-Überdeckungsmessung

16.4 Testsystem

16.5 Beispiel: Hotelvakanz

16.1 Was verstehen wir unter Test?

Test als QS-Maßnahme

Die Bedeutung des Tests als eine zentrale Qualitätssicherungs- (QS-) Maßnahme im
Zuge einer Softwareentwicklung kann gar nicht stark genug betont werden. Trotz
aller Bemühungen bei der konstruktiven QS — präzise Spezifikation, gutes Design,
Strukturierte Programmierung — ist eine harte analytische QS in Form des Testens
unerläßlich. Der Aufwand dafür kann durchaus bis in die Größenordnung der Hälfte
der gesamten Entwicklungskosten gehen.

Wir unterscheiden in unserem Projektmodell Stufen zunehmend komplexerer
Tests: Modul-, Subsystem- und Systemtest. Systematischer Einzeltest aller Module
eines in Entwicklung befindlichen Systems ist eine zunächst zwar aufwendige, im
Endeffekt aber unbedingt lohnende QS-Maßnahme. Die getesteten Module werden
dann zu Subsystemen — lauffähigen, testbaren Einheiten — integriert. Der Test von
Subsystemen kann dem von Moduln ähneln; bei komplexeren Subsystemen wird er
jedoch mehr und mehr zum Systemtest, der — von den Benutzer- und Nachbarsysteme-Schnittstellen angetrieben — den Test des Systems als Ganzes zum Gegenstand hat.

In diesem Kapitel wird nur der Test von Moduln und modulähnlichen Subsystemen behandelt. Dem Systemtest ist ein eigenes Kapitel gewidmet.[1]

Manche Autoren — etwa [Myers 87] — sagen, das Ziel eines Tests sei es, möglichst
viele Fehler zu finden. Das ist sicher wünschenswert, aber kein besonders operatio-
nables Kriterium. Gemeint ist ja wohl, möglichst viele der vorhandenen Fehler zu
finden. Aber wie viele sind denn vorhanden? Ist der Test eines schlampig implemen-
tierten Moduls eine besonders erfolgreiche Angelegenheit, weil viele Fehler gefunden
werden (können)? Und der eines guten Moduls eher frustrierend? Wann, nach wieviel
gefundenen Fehlern soll man aufhören zu testen?

Das Ziel einer guten Softwareentwicklung kann ja nicht sein, viele Fehler zu finden, sondern wenige zu machen. Vor allem brauchen der Projektleiter und sein Team
einen handhabbaren Maßstab, anhand dessen sie entscheiden können, wann der Test
eines Bausteins abgeschlossen ist. Man muß bedenken, daß Entwickler recht unterschiedliche Mentalitäten haben: Die einen testen nicht sorgfältig genug, während die
anderen damit nie aufhören können. Beides ist einem geordneten Projektfortschritt
abträglich. Was wir also brauchen, ist ein Konzept, das jeden Test als einen plan-
und kontrollierbaren Meilenstein vorsieht, dessen Erreichen wir objektiv feststellen
können.

Sehr häufig wird das Testen vernachlässigt. Selten nur noch kommt der Entwurf
zu kurz und nie das Programmieren (natürlich nicht, denn ohne das geht wirklich
nichts). Aber trotz aller — theoretischen — Einsicht in die Notwendigkeit sorgfältiger Tests wird dabei sehr oft geschludert. Woran liegt das? Für das Testen fehlt
— vermeintlich — die Zeit, denn es kommt am Ende der Entwicklung. Da ist der

---

[1] Außerdem sei auf [Sneed 88] hingewiesen, der eine kurze Übersicht über *Software-Testen* und
zahlreiche Literaturhinweise gibt.

Auslieferungstermin nah, und viele Verzögerungen sind (unaufholbar) vorher schon eingetreten. Nach dem Motto „Den Letzten beißen die Hunde" wird am Test gespart. Daß das so wenig geht, wie auf die Programmierung zu verzichten, merkt man erst später. Der Test findet auf jeden Fall statt und sei es mit viel Aufwand und Ärger im laufenden Betrieb. Die Devise „Wir haben keine Zeit mehr zum Testen" rächt sich irgendwann, oder anders gesagt: Es lohnt sich, auch in Terminnot ordentlich zu testen.

Spezifikationsbezogener Test und Fehlerbehebung

Was verstehen wir eigentlich unter Test?

> *Test* ist der überprüfbare und jederzeit wiederholbare Nachweis der Korrektheit eines Softwarebausteins relativ zu vorher festgelegten Anforderungen.

Im Gegensatz dazu — und dennoch als (häufig einzige) Form des Tests mißverstanden — steht die Fehlerbehebung:

> *Fehlerbehebung* (Debugging) ist die Aktivität zum Lokalisieren und Beseitigen von Fehlern.

Sie ist natürlich notwendig, da Programme zunächst praktisch immer fehlerhaft sind und der Nachweis der Korrektheit im obigen Sinn erst nach mehreren Versuchen gelingt. Zu ihrer Unterstützung existiert eine Vielzahl von Techniken, wie Analyse der Testergebnisse, Schreibtischsimulation, Debugger oder Dumps. Im Gegensatz zum Test wird von der Fehlerbehebung keine Reproduzierbarkeit verlangt.

Die Testanforderungen werden durch eine Reihe von *Testfällen* festgelegt, die mit Hilfe eines Testsystems zum Ablauf gebracht werden. Man kann sie sich als Anwendungsstichproben vorstellen, die aus der Spezifikation abgeleitet werden. Spezifikation und Test stehen also in direktem Bezug, weshalb wir von *spezifikationsbezogenem* Test sprechen. Die *Testergebnisse* müssen *reproduzierbar* und für Außenstehende *überprüfbar* sein, damit ihre Übereinstimmung mit den Anforderungen objektiv festgestellt werden kann. Im Erfolgsfall erhält der Baustein eine Art Zertifikat. Die Wiederholbarkeit ist insbesondere auch im Hinblick auf Regressionstests wichtig, bei denen nach Änderungen an bereits freigegebenen Bausteinen festgestellt werden soll, ob und welche Auswirkungen auf die alten Testergebnisse vorhanden sind.

Mit diesem Konzept soll zunächst erreicht werden, daß ein Modul *funktional* extensiv — durch eine möglichst erschöpfende Erprobung der in der Spezifikation definierten Funktionen — getestet wird. Dieser Test soll zudem insofern *programmüberdeckend* sein, als alle Zweige des Moduls mindestens einmal durchlaufen werden (sog. C1-Überdeckung, Branch coverage); siehe dazu auch Abschnitt 16.3.

Wir plädieren nicht für einen reinen *Black-box-Test*, also nicht für einen Test, der ausschließlich in Kenntnis der Spezifikation entworfen und durchgeführt wird. Ein *White-box-Test* setzt die vollständige Kenntnis der Modulinterna voraus, letztlich also des Programms selbst. Wir bevorzugen einen *Grey-box-Test*, der eine Mischung der beiden anderen Methoden in folgendem Sinn ist: Das zu testende Modul wird einerseits nur über seine Export-Operationen — also die Schnittstelle — aktiviert. Die Testfälle werden andererseits so gestaltet, daß sowohl die extern erwarteten Funktionen wie auch die internen „Ecken", die durch die Realisierung entstanden sind, ausgeleuchtet werden. Das erfordert, daß als Ergebnis eines Testlaufs die Werte der Ausgabeparameter ebenso ausgegeben werden wie etliche Schnappschüsse der Moduldaten, also des Modulgeheimnisses. Weitere White-box-Testfälle können erforderlich werden, wenn die angestrebte hundertprozentige C1-Überdeckung nicht von vornherein durch die Black-box-Testfälle erzielt wird.

Unsere Definition von Test als dem Nachweis der Korrektheit steht nur scheinbar im Widerspruch zu der von Dijkstra so griffig formulierten Erkenntnis, daß Testen nur die Anwesenheit von Fehlern zeigen kann, niemals jedoch deren Abwesenheit, daß also Testen nicht die Korrektheit eines Programms nachweisen kann. Wir streben mit einem Test natürlich nicht einen absoluten Korrektheitsbeweis an, sondern nur einen relativen. Dieser kann und soll lediglich demonstrieren, daß der Testling bestimmten, in Form von Testfällen festgelegten Anforderungen genügt. Die Güte des Tests hängt somit ganz und gar von den Testfällen ab. Wie kann diese sichergestellt werden, noch dazu wenn — wie es bei uns üblich ist — Testfälle und -durchführung in der Hand des Modulentwicklers liegen? Ganz einfach: Die Testfälle werden einem Review unterzogen, und es obliegt dem kritischen Sachverstand der Reviewer — und somit nicht allein dem Tester —, daß sie ausreichen. Das Bestehen der im Review verabschiedeten Testfälle ist das *Endekriterium* für den Test eines Moduls und steht nicht im Belieben seines Entwicklers.

Testaufbau

Für jedes zu testende Modul ist ein spezifischer

$$\text{Testaufbau} = \text{Testtreiber} + \text{Testling} + \text{Dummies}$$

zu konstruieren, in ein allgemein verwendbares Testsystem „einzuspannen" und zum Ablauf zu bringen (Abb. 16.1).

Der Testtreiber besteht aus einer Reihe von Testfällen, aus denen heraus die Operationen des Testlings — Modul oder Subsystem — aufgerufen werden. Der Testtreiber bedient also die Export-Schnittstelle des Testlings. Da es sich um einen Einzeltest mit eingeschränkter Umgebung handelt, wird seine Import-Schnittstelle nicht — wie später — durch die realen Module, sondern durch sehr einfache Ersatzstücke, sog. Dummies, befriedigt.

Jeder Dummy simuliert ein Modul mit seinen Operationen. Im einfachsten Fall liefert eine Dummy-Operation lediglich konstante Werte über ihre out-Parameter unabhängig von den Eingaben. Man kann die Dummy-Module jedoch auch so gestalten, daß man sie mittels einer Hilfsoperation auf bestimmte Werte einstellbar macht. Und man kann dem Dummy schließlich eine gewisse Funktionalität, die seiner Spezifikation näher kommt, verleihen. Dabei darf man jedoch nicht zu weit gehen, denn es soll der Testling für sich und nicht zusätzlich eine Reihe halbfertiger Module in Form mächtiger Dummies getestet werden.

Darauf ist generell zu achten: Die Testumgebung — Testtreiber und Dummies — muß so einfach wie möglich sein. Schließlich wollen wir die Fehler im Testling und

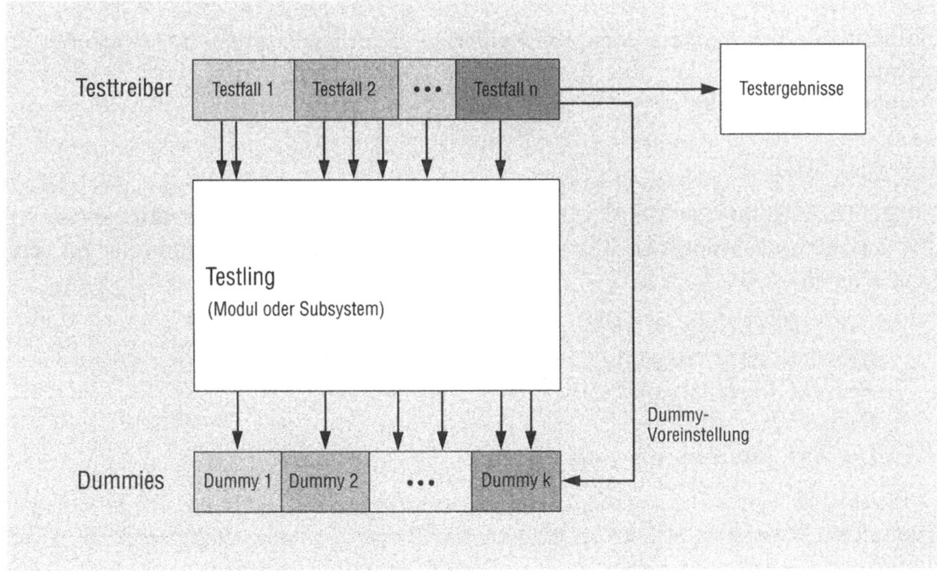

Abb. 16.1 Testaufbau

nicht in seiner Umgebung suchen. Deren Korrektheit muß durch klaren Aufbau und einfachste Codierung offenkundig sein; komplexe, schwer verständliche Konstrukte sind deshalb in Testtreibern und Dummies verpönt.

Ein wichtiges Prinzip: Der Testling darf für Testzwecke nicht manuell verändert werden, d.h. in einem Modul dürfen keine Veränderungen vorgenommen — auch keine Testausgaben eingebaut — werden, die nach erfolgreichem Test von Hand wieder rückgängig zu machen sind. Dies gilt natürlich nicht für automatische Änderungen wie beispielsweise die Instrumentierung zwecks C1-Messung.

16.2 Testfälle

Das Wichtigste sind die Testfälle; denn sie legen die Anforderungen an den Test und damit seine Qualität fest. Sie werden am besten in der Implementierungssprache des Testlings codiert. Jeder Testfall eines Moduls besteht aus einer Folge von Aufrufen einiger Operationen in einer Weise, wie sie in der Spezifikation vorgesehen ist und die als typisch für die spätere Anwendung angenommen werden kann. Die Werte der Operations-Parameter werden meist direkt in den Testfall hineincodiert und nicht erst aus einer separaten Datei gelesen.

In die Operationsfolge werden Aufrufe von Testausgabe-Operationen eingebaut, die die Werte von Ergebnisparametern sowie Schnappschüsse von modulinternen

Daten in der Testergebnisdatei protokollieren. Außerdem werden die erwarteten Resultate angegeben. Für diese Testausgaben werden Funktionen eines Testsystems benutzt (siehe Abschnitt 16.4).

Beispiel QUEUE

Einige Testfälle für das Modul QUEUE sollen beispielhaft die Grundidee dieser Art des spezifikationsbezogenen Tests illustrieren. Erinnern wir uns zunächst an seine Operationen (siehe Seite 216):

> *INIT_QUEUE (max_length:* **in** *integer)*
> *ADD (element:* **in** *string)*
> *FRONT (element:* **out** *string)*
> *REMOVE*
> *COUNT (no_elements:* **out** *integer)*

In Abb. 16.2 sind drei typische Testfälle wiedergegeben. Jeder ist eine in Ada programmierte Prozedur, also im Rahmen eines Testtreibers ablauffähiger Code. Abbildung 16.2(a) zeigt einen ersten, sehr einfachen Testfall. Er probiert zwei Operationen aus:

> *INIT_QUEUE*   Initialisierung der Schlange für die maximale Länge *10*.
> *COUNT*   Abfrage auf die aktuelle Länge, die hier natürlich *0* sein muß.

Dazu kommen zwei Ausgaberoutinen des Testsystems:

> *out_module_data* besorgt einen Schnappschuß der internen Moduldaten.
> *out_integer*   gibt eine Zahl aus; hier den Ergebnisparameter *no* von *COUNT* mit seinem erwarteten Wert *0* sowie eine Identifikation *("count")*, die das Lesen des Testergebnisses erleichtert.

Schließlich sieht man noch den Ausdruck des Testergebnisses, wobei allerdings der Schnappschuß der Moduldaten nur angedeutet werden kann. *ok: count = 0* sagt, daß *COUNT* über *no* den richtigen Wert geliefert hat.

Abbildung 16.2(b) zeigt einen recht charakteristischen Testfall: Er spielt mit der Schlange ein wenig, hängt einige Elemente an und wieder ab und inspiziert dabei ihren Zustand. Alle Operationen werden wenigstens einmal benutzt. Das Testergebnis ist jedoch unerfreulich, denn beim Aufruf von *COUNT* und beim zweiten von *FRONT* treten unerwartete und falsche Ergebnisse zutage. Sie lassen einen Fehler in *REMOVE* vermuten, hier kann nun die Fehlersuche ansetzen.

Der Testfall in Abb. 16.2(c) ist etwas komplizierter: In einer Laufschleife füllt er die Schlange bis zu ihrer maximalen Länge und leert sie anschließend wieder. Die beiden Schleifen sind schon ein wenig gefährlich, denn in ihnen können sich leicht Programmierfehler einschleichen.

Ableitung von Testfällen aus der Modulspezifikation

Die Methode des „spezifikationsbezogenen Tests" gründet darauf, daß sich Testfälle aus der Spezifikation ableiten lassen. Sie unterscheidet sich dadurch von verschiedentlich publizierten Verfahren der Testdatengewinnung, die vom Programmcode ausgehen und Testfälle/daten derart generieren, daß Programmzweige/pfade in bestimmter Weise durchlaufen werden. Ob das Programm seiner Spezifikation genügt, kann man so natürlich nicht feststellen.

Zur Herleitung von Testfällen aus einer Modulspezifikation lassen sich einige Anhaltspunkte — Regeln wäre zu viel gesagt — geben:

(1) *Jede Operation* muß *in mindestens einem Testfall benutzt* werden.

(2) *Parameter einer Operation variieren.* Dabei muß man verschiedene Arten von Parametern unterscheiden:

- Parameter, deren Werte für die Operation belanglos sind, z.B. der Wert der Zeichenkette in *QUEUE.ADD*. In solchen Fällen gibt es eigentlich nichts zu variieren, ein x-beliebiger Wert genügt.

- Parameter mit Abschnittscharakter, z.B. die *max_length* in *INIT_QUEUE*. Hier empfiehlt es sich zu testen, ob die Schlange diesen Wert exakt einhält oder etwa ein Element mehr oder weniger zuläßt (der berüchtigte „±1-Effekt").

- Parameter mit Aufzählungstyp haben häufig steuernde Funktion. In einem solchen Fall sind sämtliche Werte des Aufzählungstyps durchzuspielen, denn auf jeden einzelnen kommt es an.

(3) Wirkung der *Abhängigkeit der Operationen voneinander testen.* Die Operationen von Datenabstraktionsmoduln beeinflussen sich über den Zustand der internen Daten. Der Test dieser Abhängigkeiten läßt sich folgendermaßen systematisieren:

- Lese-Operation unmittelbar nach dem Initialisieren anwenden; siehe z.B. Abb. 16.2(a).

- Lesen nach verändernden Operationen; z.B. *FRONT* nach mehrfachem *ADD* in Abb. 16.2(b).

- Überprüfen der Wirkung verschiedener zustandsverändernder Operationen untereinander; z.B. *REMOVE* nach *ADD* ebenfalls in Abb. 16.2(b).

(4) *Systemfehler provozieren.* Dies geschieht auf dreierlei Weise:

- Verletzung des Wertebereichs eines in- bzw. out-Parameters (ersteres im Testfall, letzteres im Dummy).

- Verletzung einer Reihenfolgebedingung.

- Hochreichen eines Systemfehlers durch einen Dummy.

Im übrigen entstehen Systemfehler beim Testen ohnehin in Hülle und Fülle und helfen beim Fehlersuchen.

Aufwand für Testfälle

Der Umfang des Codes für die Modultestfälle kann durchaus die gleiche Größenordnung erreichen wie der eigentliche (Netto-) Code. Der Aufwand dafür ist jedoch erheblich geringer, denn zum einen handelt es sich um sehr einfachen („Geradeaus"-) Code. Zum anderen entsteht er zu großen Teilen durch Kopieren und Modifizieren (mit dem Editor). Man betrachte etwa den Unterschied zwischen Abb. 16.2(a) und 16.2(b): Der Code von Testfall 1 ist in Testfall 2 mit geringfügigen Modifikationen vollständig enthalten. In dieser Weise lassen sich Testfälle auseinander entwikkeln — Thema mit Variationen.

Dennoch kostet das Entwerfen, Programmieren und Ausführen von Modultestfällen Aufwand, der sich aber in Integration und Systemtest auf jeden Fall bezahlt macht und deshalb nicht als „Zusatzaufwand" betrachtet werden darf.

Exkurs: Algebraische Spezifikation und Testfälle

Die Gleichungen, die ein Modul algebraisch definieren, sind Spezifikationen und Testfall zugleich. So findet sich etwa die Gleichung[2]

$$REMOVE\ (ADD\ (q,\ i)) = if\ COUNT\ (q) = 0\ then\ NEW$$
$$else\ ADD\ (REMOVE\ (q),\ i)$$

in den Testfällen 1 und 2 der Abb. 16.2 ziemlich deutlich wieder: Sie besagt mit *REMOVE (ADD (q, i))*, daß man *REMOVE* nach *ADD* (Testfall 2) anwenden und die Abfolge *NEW* und *COUNT* das Ergebnis *0* liefern soll (Testfall 1). Der letzte

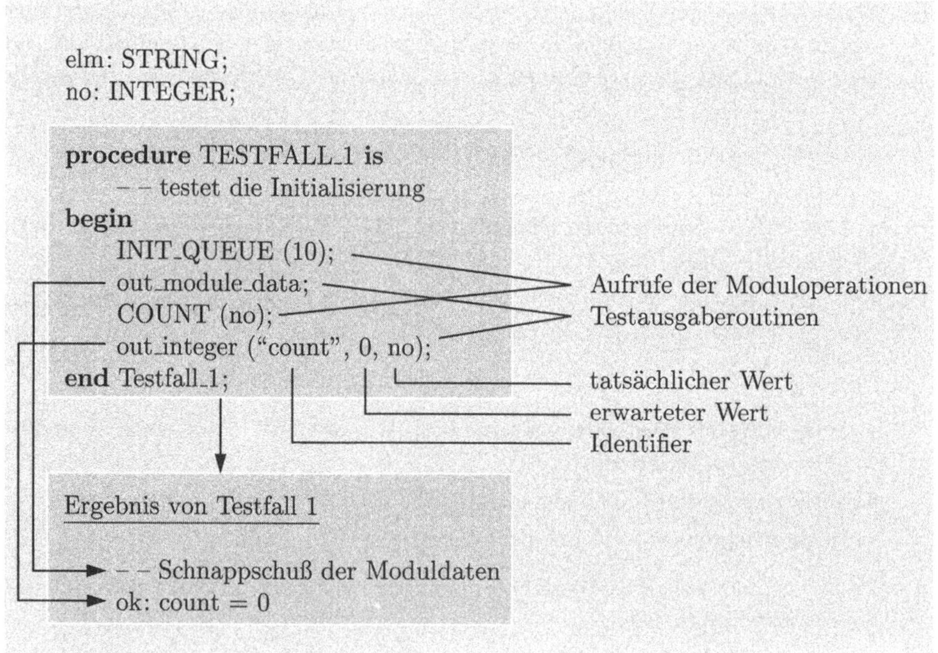

(a) Ein erster (sehr einfacher) Testfall

Abb. 16.2 Spezifikationsbezogener Test — Beispiel: Modul QUEUE

---

[2] Siehe Seite 319 und beachte, daß die Funktion *NEW* der Operation *INIT_QUEUE* entspricht.

```
procedure TESTFALL_2 is
    - - hängt einige Elemente an und wieder ab und prüft sie
begin
    INIT_QUEUE (10);
    ADD ("software");
    ADD ("design");
    ADD (" & management");
    FRONT (elm);
    out_string ("front", "software", elm);
    REMOVE;
    out_module_data;
    COUNT (no);
    out_integer ("count", 2, no);
    FRONT (elm),
    out_string ("front", "design", elm);
end Testfall_2;
```

```
Ergebnis von Testfall 2

    ok: front = "software"
    - - Schnappschuß der Moduldaten
    !!nok: count = 3
    !!nok: front = "software"
```

(b) Ein weiterer Testfall

```
procedure TESTFALL_3 is
    - - füllt und leert die Schlange
begin
    INIT_QUEUE (50);
    for e in 1 .. 50 loop
        ADD (isc(e));    - - isc: INTEGER to STRING conversion
    end loop;
    COUNT (no);
    while no > 0 loop
        FRONT (elm);
        out_string ("front", isc(51-no), elm);
        REMOVE;
        COUNT (no);
    end loop;
end Testfall_3;
```

(c) Ein Testfall mit Schleifen

Abb. 16.2 Spezifikationsbezogener Test — Beispiel: Modul QUEUE

Teil der Gleichung *ADD (REMOVE (q), i)* ist in den Testfällen nicht enthalten. Wie wäre er einzubeziehen? Ein Beispiel für einen Systemfehlertest liefert die Gleichung

REMOVE (NEW) = error.

Das legt die Idee nahe, aus dem Gleichungssystem einer algebraischen Modulspezifikation Testfälle automatisch zu generieren. Und tatsächlich ist eine solche Methode namens DAIST entwickelt und in [Gannon et al 81] publiziert worden.

16.3 C1-Überdeckungsmessung

Es empfiehlt sich, die *funktionale* Überdeckung eines Moduls mittels der spezifikationsbezogenen Testfälle durch eine *strukturelle Überdeckung* des Programmcodes zu ergänzen. Das bedeutet festzustellen, wie intensiv der Code durch die Testfälle beansprucht worden ist und insbesondere, ob es Codeteile gibt, die im Test gar nicht durchlaufen wurden.

Zu diesem Zweck gibt es eine Reihe von Metriken, die aussagen, wie gründlich ein Programm im Test durchgewalkt worden ist; siehe dazu z.B. [Weiser et al 85], [Sneed 88]. Die bekanntesten sind die *Anweisungs-* und die *Zweigüberdeckung*, auch Statement (C0) bzw. Branch (C1) coverage genannt. 100%ige C0-Überdeckung bedeutet, daß alle Anweisungen eines Programms mindestens einmal durchlaufen wurden. C1 bezieht sich auf die Zweige des Graphen, der die Ablaufstruktur des Programms repräsentiert. Daß C1 ein umfassenderes Maß als C0 ist, sieht man an folgendem Beispiel:

```
x:=a;
if p then x := x+1 end if;
write (x**2);
```

Ein Testfall genügt, um alle drei Anweisungen dieses Codestücks zu durchlaufen, also 100% C0-Überdeckung zu erzielen. Man braucht dagegen zwei Testfälle, um alle Zweige — auch den leeren Zweig des else-Falles — zu durchlaufen und zu 100% C1 zu kommen.

Ein komplexeres Maß ist die *Pfadüberdeckung*. Ein Pfad ist eine Folge von Zweigen, die in dem Sinne voneinander abhängig sind, daß eine Variable in einem Zweig des Pfades gesetzt und in einem folgenden gebraucht wird.

Die Pfadüberdeckung ist unter realen Umständen kaum zu messen, weil es in einem Programm viel zu viele Pfade gibt. Die Anweisungsüberdeckung ist etwas dürftig, so daß wir die Zweig- (C1-) Überdeckung als vernünftiges und realisierbares Maß bevorzugen.

Um die C1-Überdeckung eines Modultests messen zu können, muß man den Code des Moduls instrumentieren, d.h. in einer Syntaxanalyse die Zweige erkennen und Zähler in sie einfügen. Ein Zähler ist einfach der Aufruf eines Unterprogramms mit der Nummer des Zweigs als Parameter, das für alle Zweige die Häufigkeit ihres Durchlaufs akkumuliert. Abbildung 16.3 illustriert diese Technik. Die *kursiv* hervor-

```
⋮
S; …S; C1(7);
if P then S; …S; C1(8);
    else S; …S; C1(9);
            if Q then S; …S; C1(10);
                else C1(11);
            end if;
            S; …S;
end if;
if R then C1(12); goto weiter; end if;
C1(13);
while L loop
    do S; …S; C1(14);
end loop;
S; …S;
case F is
    when f1 => S; …S; C1(15);
    when f2 => S; …S; C1(16);
    when f3 => S; …S; C1(17);
end case;
weiter:
⋮
```

Instrumentierung *kursiv* kenntlich gemacht.

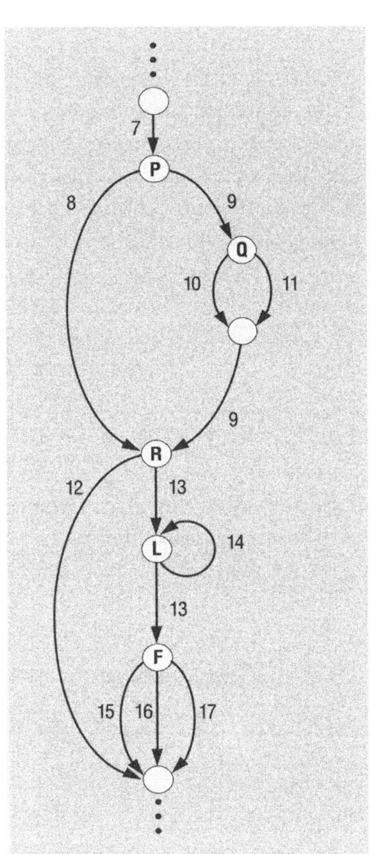

(a) Programmstruktur (C1-instrumentiert)   (b) Graphstruktur

C1-Meßpunkt	Anzahl Durchläufe	
⋮	⋮	
7	151	
8	69	
9	82	C1-Überdeckung = 73 %
10	0 !	
11	82	
⋮	⋮	

(c) Ergebnis

Abb. 16.3 Zweig- (C1-) Überdeckungsmessung

gehobenen Codestücke — im wesentlichen die Zähleraufrufe $C1(i)$ — sind im Zuge der Instrumentierung eingefügt worden.

Selbstverständlich kann man die Instrumentierung von Hand vornehmen, richtig Sinn macht sie aber nur, wenn sie durch ein Werkzeug automatisiert wird. Dieses wäre zweckmäßigerweise Bestandteil des Compilers, der bei der Syntaxanalyse ohnehin die Zweige erkennt und optional ganz leicht die Zähler einbauen könnte. Leider bietet kaum ein Compiler diese an sich primitive, jedoch sehr nützliche Funktion. Eine löbliche Ausnahme bildet der IBM-Cobol-Compiler mit seiner COUNT-Option.

Um Mißverständnissen vorzubeugen: Eine 100%ige C1-Überdeckung ist kein ausreichendes Kriterium für einen erfolgreichen Test. Maßgeblich sind in erster Linie die spezifikationsbezogenen Testfälle, deren Vollständigkeit in einem Review festgestellt wird. Die C1-Messung kann nur eine zusätzliche Aussage über die Sorgfalt des Tests machen und ggf. zum Nachschießen von Testfällen führen. Insofern ist sie eine nützliche Ergänzung des spezifikationsbezogenen Tests.

Außerdem lassen sich die C1-Meßergebnisse auch für Tuningmaßnahmen nutzen, denn sie zeigen deutlich, welche Zweige sehr oft durchlaufen und deshalb kritisch auf überflüssigen Code überprüft werden sollten.

16.4 Testsystem

Zur Anwendung des vorstehend dargelegten Konzepts braucht man ein Testsystem mit im wesentlichen folgenden Funktionen (Abb. 16.4):

(1) **Benutzerschnittstelle**
Sie bietet dem Tester eine Reihe von Kommandos:

ÜBERSETZEN	eines Moduls
TESTEN	eines Moduls mit bestimmten Testfällen
VERGLEICHEN	der Testergebnisse des letzten Testlaufs mit denen des vorigen
AUSGEBEN	der Testergebnisse eines Testlaufs

(2) **Unterstützung beim Konstruieren von Testfällen**
Man kann die Testfälle ganz gewöhnlich codieren, wie das die Beispiele QUEUE und HoVak (siehe Abschnitt 16.5) zeigen. Eine wichtige Hilfe dabei ist der Editor mit seinen Funktionen zum Kopieren und Ändern. Darüber hinaus kann eine Testumgebung weitere Unterstützung bieten, indem sie die Information auswertet, die in den Modulspezifikationen steckt, und daraus folgendes *generiert:*

- *Operationsaufrufe* des Testlings für die Testfälle; dabei kann insbesondere die *Parameterversorgung* anhand der Typen vorstrukturiert werden (konkrete Werte muß natürlich der Tester einsetzen).

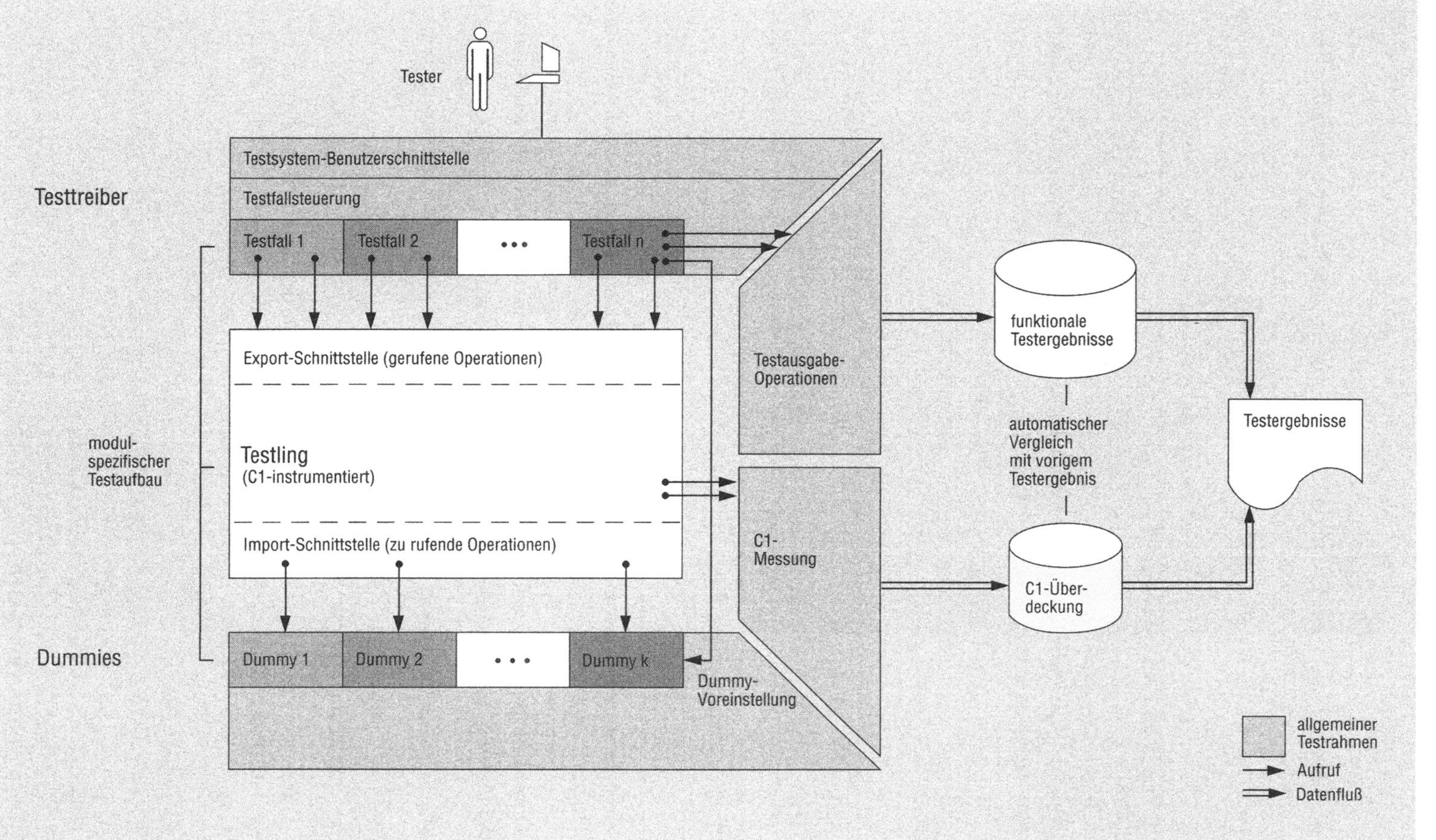

Abb. 16.4 Testsystem und Testaufbau

- *Dummies*, die vom Testling aufgerufen werden; auch hierbei wird die Parameterversorgung unterstützt.

Diese Unterstützung beim Erstellen von Testfällen kann auch interaktiv gegeben werden.

(3) **Testausgabe-Operationen**

Sie besorgen aus den Testfällen heraus die Protokollierung der Testergebnisse und vergleichen, ob eine und welche Abweichung gegenüber dem Soll-Ergebnis vorliegt. Wie wir schon in den Beispielen der Abb. 16.2 gesehen haben, sind sie nach folgendem Schema aufgebaut:

```
out_typX (Identifier        : in STRING;
          erwarteter_Wert   : in typX;
          tatsächlicher_Wert: in typX)
```

Für jeden Parametertyp gibt es also eine solche Operation. *typX* wird etwa durch *INTEGER* ersetzt, so daß man *out_integer ("count", 2, no)* aufrufen kann. *out_typX* ist nur als grobes Schema zu verstehen, das variiert werden kann. Beispielsweise kann bei komplexen Strukturen der Parameter *erwarteter_Wert* entfallen oder eine Längenangabe erforderlich sein. Eine wichtige Testausgabe-Operation ist

out_module_data.

Sie erzeugt einen Schnappschuß der modulinternen Daten. Es stellt sich die Frage, ob und wie sie programmtechnisch für eine allgemeine Verwendung realisiert werden kann. Wenn das nicht ohne weiteres geht, empfiehlt es sich, diese Operation jeweils modulspezifisch — unter Benutzung der übrigen Testausgabe-Operationen — zu programmieren.

Schließlich gibt es noch Operationen zur Gestaltung der Testausgabe: Überschriften, Layout u.ä.m. Bei jedem Testlauf werden automatisch ausgegeben:

- Identifikation von Testling und Testfällen,

- Datum und Uhrzeit des Testlaufs.

Man beachte: Die Testausgabe-Operationen werden in den Testfällen und bei Bedarf in den Dummies aufgerufen. Auf keinen Fall dürfen sie in den normalen Code des zu testenden Moduls eingebaut werden!

(4) **C1-Messung**

Diese Funktion umfaßt die Instrumentierung des Moduls und die eigentliche Messung (Aufzeichnung der Durchlaufhäufigkeit der Programmzweige) während der Testausführung; siehe Abschnitt 16.3.

(5) **Testergebnis-Vergleich**

Automatischer Vergleich des aktuellen Testergebnisses mit dem vorangegangenen.

(6) **Testergebnis-Ausgabe**
Druckaufbereitung der Test- und C1-Ergebnisse für die Projektdokumentation.

(7) **Testrahmen**
Umgebung, in die Testfälle, Testling und Dummies eingebunden werden; Testfallsteuerung.

16.5 Beispiel: Hotelvakanz

Wir greifen das TuBSy-Beispiel wieder auf, und zwar das Modul Hotelvakanz (HoVak), für das wir einige exemplarische Testfälle entwerfen. Der Leser vergegenwärtige sich zunächst die Modulspezifikation von HoVak; siehe Abschnitt 14.3. Die Testfälle entwickeln wir anhand des in Abb. 16.5 skizzierten Szenarios. Wir „spielen" mit der HoVak drei Testfälle durch:

Testfall 1 (Abb. 16.6(a)) richtet ein Kontingent von 10 Zimmern für den ersten Teil der *Saison* ein bzw. von 6 für die Nachsaison. Davor müssen natürlich erst das Hotel *(PMI4711)* und dann eine Zimmerart (*Doppelzimmer, Bad_WC, Meerblick*) angelegt werden. Da an der HoVak-Schnittstelle Tage — und damit auch Zeiträume — nicht als *DATUM*, sondern vom Typ *TAG_DES_JAHRHUNDERTS* übergeben werden, benutzen wir die Funktion *TdJhdt* des Moduls *KALENDER* für die nötigen Transformationen. Um zu prüfen, ob die Initialisierung der HoVak das gewünschte Ergebnis zeitigt, rufen wir die *VAKANZ_INFO* auf und geben ihr Ergebnis, die *Vakanz_Tabelle*, über die dafür vorgesehene Testausgabeoperation *out_Vak* aus.

Testfall 2 (Abb. 16.6(b)) kommt zum Kern der Sache: Nach Initialisieren der HoVak durch Aufruf von *TESTFALL_1*[3] versuchen wir, mehrmals *ZIMMER_RESERVIEREN*. Das geht die ersten beiden Male *ok*, beim dritten Mal ist *Ktg_teilweise_ausreichend* (deshalb wird der *Res3_Zr* verkürzt) und bei Reservierung 4 erfahren wir, daß das *Ktg_nicht_ausreichend* ist. Jedes Mal protokollieren wir den Returncode *RC* zusammen mit dem erwarteten Wert mittels der Testausgabeoperation *out_RC*. Dann *ZIMMER_STORNIEREN* wir die Reservierung 3 mit dem verkürzten Zeitraum, so daß Vakanzen entstehen, die beim erneuten Versuch der Reservierung 4 zu einem besseren Ergebnis führen, nämlich *Ktg_teilweise_ausreichend*. In Abb. 16.5 ist nur der erste Fall eingezeichnet (Res 4a). Zwischendurch fragen wir die *VAKANZ_INFO* an passenden Stellen ab und geben sie aus.

Testfall 3 (Abb. 16.6(c)) provoziert einige Systemfehler und protokolliert sie mittels *out_SF*. Diese Operation nimmt als Parameter den erwarteten Systemfehlercode, gibt

---

[3] Die Testfälle sollen voneinander unabhängig ausführbar sein, deshalb muß jeder für sich die nötige Initialisierung besorgen.

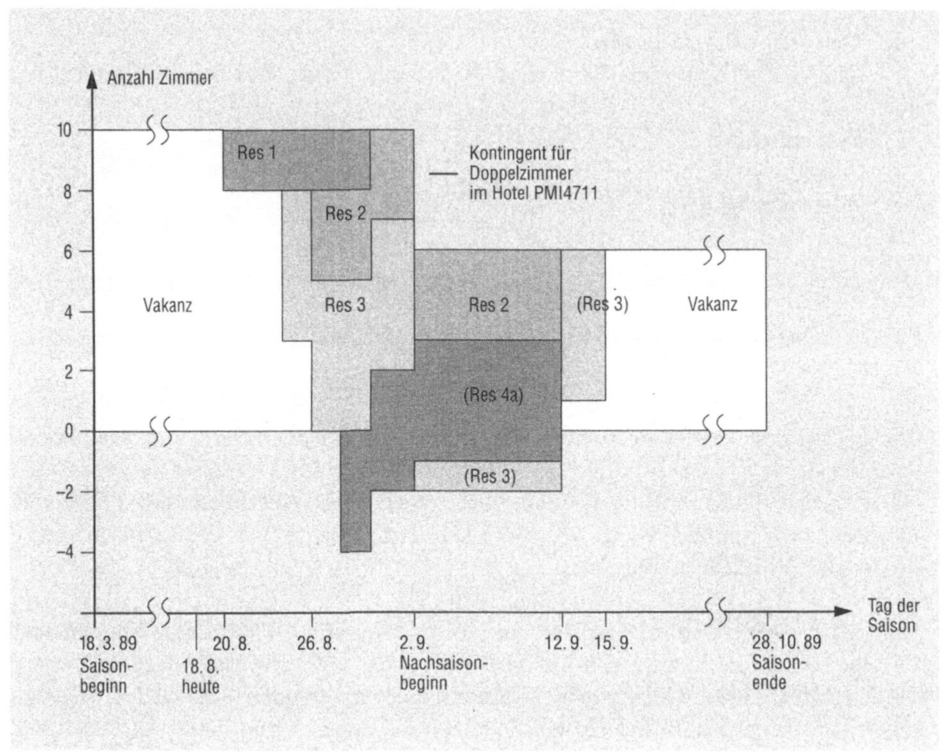

Abb. 16.5 Reservierungsszenario der HoVak-Testfälle

den tatsächlichen Eintrag aus, wie er im SF-Protokollmodul steht[4], und versetzt — anders als im Echtbetrieb — das System wieder in den Normalzustand (*systerror = false*), so daß weitere Systemfehler provoziert werden können.

Diese drei Testfälle reichen für eine befriedigende funktionale Überdeckung des HoVak-Moduls nicht aus, ein Testfallreview würden sie nicht bestehen. Ein Blick auf die Spezifikation (spezifikationsbezogener (!) Test) offenbart zumindest folgende Mängel:

- Drei Operationen werden überhaupt nicht ausprobiert.
- Diverse Return- und Systemfehlercodes werden nicht herbeigeführt, z.B. fehlt ein Reservierungsversuch über eine Saisongrenze hinweg.
- Es genügt nicht, nur mit einem Hotel und einer Zimmerart zu testen.

Der Modultester muß also noch eine Reihe von Testfällen konstruieren. Das sollte ihm mit den gegebenen Beispielen leichtfallen; denn sie enthalten die wesentlichen Ideen, die er nur noch variieren muß.

---

[4] Siehe Abschnitt 13.4 (Systemfehler).

```
type RETURNCODE is (ok, Ktg_unterschritte_Belegung,
                    Ktg_teilweise_ausreichend,
                    Ktg_nicht_ausreichend,
                    kein_Ktg, außer_Saison);
RC: RETURNCODE;
type SYSTEMFEHLERCODE is (Hotel_bereits_vorhanden, Hotel_unbekannt,
                    Zimmerart_bereits_vorhanden,
                    Zimmerart_unbekannt,
                    Saison_falsch, Zeitraum_falsch,
                    Anz_Zimmer_unzulässig, Anz_Zimmer_falsch,
                    Ktg_falsch, I/O_Fehler);
Vakanz_Tabelle: VAKANZ_TABELLE (1 .. 10);
Saison: TDJ_ZEITRAUM := (TdJhdt(DATUM'(18,3,1989)),
                    TdJhdt(DATUM'(28,10,1989)));
Nachsaisonbeginn: TAG_DES_JAHRHUNDERTS := TdJhdt(DATUM'(2,9,1989));

-- Die Reservierungszeiträume entsprechend Abb. 16.5:
Res1_Zr, Res2_Zr, Res3_Zr, Res4_Zr: TDJ_ZEITRAUM;
Res1_Zr := (TdJhdt(DATUM'(20,8,1989)), TdJhdt(DATUM'(30,8,1989)));
Res2_Zr := (TdJhdt(DATUM'(26,8,1989)), TdJhdt(DATUM'(12,9,1989)));
Res3_Zr := (TdJhdt(DATUM'(24,8,1989)), TdJhdt(DATUM'(15,9,1989)));
Res4_Zr := (TdJhdt(DATUM'(28,8,1989)), TdJhdt(DATUM'(12,9,1989)));
ok_Zeitraum: TDJ_ZEITRAUM;

-- Einstellen des (Dummy-) Moduls KALENDER:
KALENDER.Heutiges_Datum_einstellen ((18,8,1989));

PMI4711: HOTEL# := ("PMI", 47, 11);
ZiArt: ZIMMERART := (Doppelzimmer, Bad_WC, Meerblick);

procedure TESTFALL_1 is
    -- richtet ein Kontingent für Doppelzimmer im Hotel PMI4711 ein
begin
    HOTEL_ANLEGEN (PMI4711, Saison);
    ZIMMERART_ANLEGEN (PMI4711, ZiArt);
    KONTINGENT_ÄNDERN (PMI4711, ZiArt,
                    (Saison.von, Nachsaisonbeginn-1), 10, RC);
    KONTINGENT_ÄNDERN (PMI4711, ZiArt,
                    (Nachsaisonbeginn, Saison.bis), 6, RC);
    VAKANZ_INFO (PMI4711, ZiArt, Saison, Vakanz_Tabelle);
    out_Vak ("Vakanzen: PMI4711/DZ", Vakanz_Tabelle);
        -- erwartetes Ergebnis:
        -- Zeitraum          Ktg Vak
        -- 18.03. - 01.09.1989  10   10
        -- 02.09. - 28.10.1989   6    6
end TESTFALL_1;
```

(a) Globale Deklarationen und Einrichten des Kontingents

Abb. 16.6 Testfälle des Moduls Hotelvakanz

```
procedure TESTFALL_2 is
   -- tätigt einige Reservierungen und eine Rückgabe
begin
   -- Zunächst die Initialisierung der HoVak wie in
   TESTFALL_1;

   -- und dann einige Reservierungen:
   ZIMMER_RESERVIEREN (PMI4711, ZiArt, Res1_Zr, 2, ok_Zeitraum, RC);
   out_RC ("Ergebnis von Zimmer_Reservieren", ok, RC);
   out_Zr  ("ok_Zeitraum", Res1_Zr, ok_Zeitraum);

   ZIMMER_RESERVIEREN (PMI4711, ZiArt, Res2_Zr, 3, ok_Zeitraum, RC);
   out_RC ("Ergebnis von Zimmer_Reservieren", ok, RC);
   out_Zr  ("ok_Zeitraum", Res2_Zr, ok_Zeitraum);

   ZIMMER_RESERVIEREN (PMI4711, ZiArt, Res3_Zr, 5, ok_Zeitraum, RC);
   out_RC ("Ergebnis von Zimmer_Reservieren", Ktg_teilweise_ausreichend, RC);
   out_Zr  ("ok_Zeitraum", ((24,8,1989), (1,9,1989)), ok_Zeitraum);
   Res3_Zr := ok_Zeitraum;

   VAKANZ_INFO (PMI4711, ZiArt, Saison, Vakanz_Tabelle);
   out_Vak ("Vakanzen: PMI4711/DZ", Vakanz_Tabelle);

   ZIMMER_RESERVIEREN (PMI4711, ZiArt, Res4_Zr, 4, ok_Zeitraum, RC);
   out_RC ("Ergebnis von Zimmer_Reservieren", Ktg_nicht_ausreichend, RC);

   VAKANZ_INFO (PMI4711, ZiArt, Saison, Vakanz_Tabelle);
   out_Vak ("Vakanzen: PMI4711/DZ", Vakanz_Tabelle);
   -- Die Vakanz_Tabelle muß mit der zuvor ausgegebenen identisch sein!

   -- Hier die Rückgabe der Reservierung 3:
   ZIMMER_STORNIEREN (PMI4711, ZiArt, Res3_Zr, 5);

   -- Jetzt die Reservierung 4 noch einmal,
   -- sie müßte teilweise befriedigt werden:
   ZIMMER_RESERVIEREN (PMI4711, ZiArt, Res4_Zr, 4, ok_Zeitraum, RC);
   out_RC ("Ergebnis von Zimmer_Reservieren", Ktg_teilweise_ausreichend, RC);
   out_Zr  ("ok_Zeitraum", ((28,8,1989), (1,9,1989)), ok_Zeitraum);

   VAKANZ_INFO (PMI4711, ZiArt, Saison, Vakanz_Tabelle);
   out_Vak ("Vakanzen: PMI4711/DZ", Vakanz_Tabelle);
end TESTFALL_2;
```

(b) Reservierungen

Abb. 16.6 Testfälle des Moduls Hotelvakanz

```
procedure TESTFALL_3 is
  -- einige Beispiele für das Testen des Systemfehlerverhaltens
begin
   TESTFALL_1;
   HOTEL_ANLEGEN (PMI4711, Saison);
   out_SF (Hotel_bereits_vorhanden);
   ZIMMERART_ANLEGEN (("IMP", 11, 47), ZiArt);
   out_SF (Hotel_unbekannt);
   ZIMMER_RESERVIEREN (PMI4711, (Einzelzimmer, Bad_WC, Meerblick),
                                Res1_Zr, 2);
   out_SF (Zimmerart_unbekannt);
   KALENDER.Heutiges_Datum_einstellen ((26,8,1989));
   ZIMMER_RESERVIEREN (PMI4711, ZiArt, Res1_Zr, 2, ok_Zeitraum, RC);
   out_SF (Zeitraum_falsch);
end TESTFALL_3;
```

(c) Systemfehler

Abb. 16.6 Testfälle des Moduls Hotelvakanz

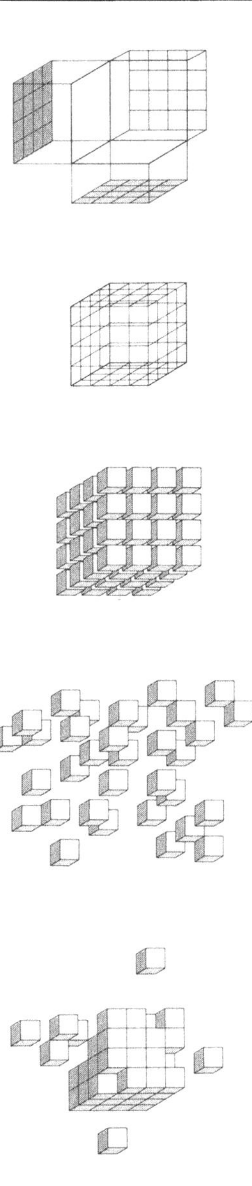

V
Systemintegration

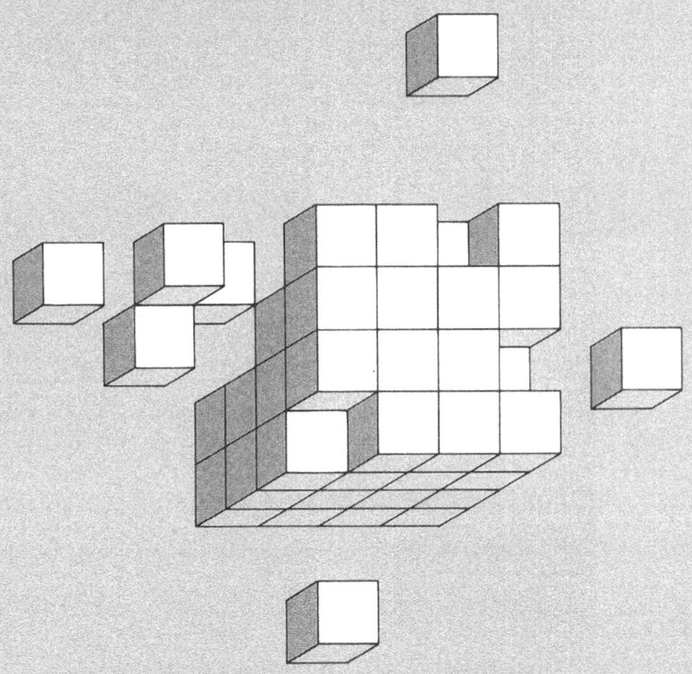

17

Systemtest

Im Systemtest wird das entwickelte System als Ganzes, im Gegensatz zum Test einzelner Module oder Subsysteme, verschiedenartigen Prüfungen mit dem Ziel unterworfen, es für den Wirkbetrieb reif, d.h. möglichst fehlerlos zu machen und schließlich freizugeben. Im Vordergrund steht dabei natürlich der Funktionstest, der feststellt, ob die Software leistet, was die Systemspezifikation verspricht. Beim Lasttest untersucht man das System darauf, ob es die geforderte Performance bringt. Im Probebetrieb wird kurzzeitig schon einmal so getan, als ob es ernst wäre. Wenn das neue System ein bestehendes ablösen soll, ist ein sorgfältiger Test der Datenübernahme aus der alten in die neue Struktur sehr wichtig. Ziel all dieser Tests ist letztlich die Abnahme.

Requisiten für einen erfolgreichen Systemtest sind gute Testdaten und deren sorgfältige Verwaltung, möglichst ein Systemtestsystem sowie eine systematische Fehlerverfolgung.

17.1 Testdatenverwaltung

17.2 Funktionstest

17.3 Lasttest

17.4 Probebetrieb

17.5 Test der Datenübernahme

17.6 Abnahme

17.7 Systemtestsystem

17.8 Fehlerverfolgung

17.1 Testdatenverwaltung

Für effiziente Tests benötigt man eine ausgefeilte Testdatenverwaltung. Die herkömmliche Methode — jeder Entwickler richtet seine Testdaten selbst ein, testet und stellt für Wiederholungstests den ursprünglichen Zustand von Hand wieder her — ist unbefriedigend: Eine verwirrende Vielfalt der Testdaten, ihre umständliche Handhabung, gegenseitiges Zerschießen der Daten, Unmöglichkeit von Regressionstests (Test einer neuen Version gegen eine alte) sind die Folgen.

Hier ein paar Anregungen: Pro Tester und/oder Funktionskomplex werden einige Testdatenbestände angelegt, die für jeden Test erneut in ihrer Ursprungsform zur Verfügung gestellt werden. Damit entfällt das mühselige Wiederherstellen der Testdaten von Hand. Auf einige Punkte weisen wir besonders hin:

- Für einen ungestörten Testablauf benötigt man autarke Datenbestände. Das sind solche, auf denen die zu testende Funktionalität uneingeschränkt lauffähig ist. Beispiel: Wenn ein Testdatenbestand eine Buchung enthält, dann muß er auch alle Teilnehmer dieser Buchung, die Hotels, in denen die Teilnehmer schlafen und die Leistungen, die sie in Anspruch nehmen, enthalten. Im allgemeinen umfaßt ein Testdatenbestand also Daten unterschiedlicher Dateien, deren Konsistenz irgendwie gewährleistet sein muß (z.B. durch die Intelligenz der Ladejobs). Im Datenbankjargon nennt man das Referential Integrity.

- Wie werden Daten verschiedener Tester voneinander getrennt? Kollisionen in den Nummernkreisen der Schlüssel für die verwendeten Objekte sind zu vermeiden! Testaktivitäten sind auf den Nummernkreis des bereitgestellten Testdatenbestandes einzuschränken, damit andere Tester und Entwickler nicht gestört werden. Jeder Bestand muß benannt werden (z.B. „exotische Hotels"). Die von ihm belegten Nummernkreise in den verschiedenen Dateien müssen bekannt sein.

- Die Datumsproblematik: Testdaten enthalten in aller Regel Datumsfelder. Somit altern sie. Andererseits braucht man unbedingt einen Standardsatz von Testdaten, um bei neuen Releases oder nach Beseitigung eines Fehlers die Tests wiederholen zu können (Regressionstest). Zwei Lösungen gibt es:

  - Man manipuliert die Testdaten. Dies ist sehr aufwendig und fehleranfällig, weil die Datumsfelder ja in komplizierten Abhängigkeiten voneinander stehen können, die bei ihrer Fortschreibung berücksichtigt werden müssen. Es langt ja in der Regel nicht, einfach überall 30 Tage zu addieren.

  - Man schreibt die Software so, daß sie sich das Tagesdatum nicht direkt vom Betriebssystem holt, sondern von einem Kalendermodul, dem man ein beliebiges Datum vorgeben kann. Diese Möglichkeit ist bei weitem vorzuziehen, der Aufwand jedoch nicht zu unterschätzen. Erstens darf wirklich kein einziges Modul das Maschinendatum abfragen. Zweitens gibt es ja nicht nur die Module, sondern auch die Jobs, die das Datum in der Regel beim Betriebssystem erfragen. Am besten schreibt man die Jobs auch so, daß sie das Tagesdatum vom Kalendermodul bekommen.

- Testdaten werden unbrauchbar. Dies kann passieren, weil sich

- die Struktur der Datenbank ändert (z.B. Länge/Format eines Feldes),
- der Inhalt von Feldern ändert, etwa indem der Anwender Wertemengen umdefiniert.

Die Ursache ist also, streng genommen, eine Änderung der Systemspezifikation, die sich natürlich auch auf die Testdaten auswirkt.

17.2 Funktionstest

Im Funktionstest wird geprüft, ob das System seiner Spezifikation genügt (*spezifikationsbezogener Test*). Dabei geht es natürlich vor allem darum, die Wirkung von Sequenzen von Benutzeraktivitäten und das Zusammenspiel der Module zu untersuchen, weniger jedoch um lokale Effekte. Diese sollten Gegenstand von Modul- oder Subsystemtests sein.

Der Funktionstest wird durch ein *Drehbuch* festgelegt, das möglichst präzise vorschreibt, welche *Testfälle* durchzuführen sind. Ein Testfall ist ein Szenario, also eine Folge von Aktivitäten, die Objekte der *Testdaten* manipulieren, z.B. eine Buchung, einen Teilnehmer, ein Hotel. Der Aufbau der Testfälle sollte möglichst frühzeitig beginnen, denn nur durch Sammeln von guten Ideen und Spitzfindigkeiten über einen längeren Zeitraum kommt man zu den wirklich harten Testfällen. Allerdings ist es übertrieben und unergiebig, das gesamte Testdrehbuch bereits während der Systemspezifikation auszuarbeiten, wie es gelegentlich gefordert wird.

Das Drehbuch beschreibt die Abwicklung der Testfälle in Form einer *Aktionsmatrix*, die in der Horizontalen durch die Testtage und in der Vertikalen durch die Testobjekte indiziert ist. In jedem Eintrag (Testobjekt, Testtag) wird vermerkt, welche Aktion(en) mit diesem Objekt an diesem Tag stattfinden sollen. Außerdem wird festgehalten, welche Effekte (etwa durch Batchläufe) auftreten müssen. Diese Matrix ist datumsabhängig, eine Wiederholung des Testgeschehens also nur möglich, wenn die Software datumsunabhängig ist. Der Test läuft ab, indem an jedem Testtag die in der Matrix angegebenen Aktivitäten durchgeführt werden. Jede Spalte der Matrix liefert das Programm des Testtages, jede Zeile den Lebenslauf eines Objekts während des Testgeschehens. Das kann natürlich auch mit Zeitraffer ablaufen; man muß nur das Datum im Kalendermodul entsprechend schnell ändern. Für Ablage und Pflege der Aktionsmatrix ist eine maschinelle Unterstützung zweckmäßig (Bausteine im Textsystem oder vielleicht auch eine einfache Datenbanktabelle).

Dem richtigen Funktionstest nach Drehbuch sollte ein längerer Spielbetrieb vorausgehen. In dieser Zeit tut man genau das gleiche wie später beim Funktionstest, nur kümmert man sich um keine Aktionsmatrix, sondern tut einfach, was einem einfällt. Der Spielbetrieb dient dazu, das neue System so stabil zu machen, daß ein regulärer Funktionstest überhaupt möglich wird.

17.3 Lasttest

Beim Lasttest untersucht man das System darauf, ob es die geforderte Performance (Antwortzeiten, Durchsatz) bringt. Dazu ist es erforderlich, die maximal zu erwartende Transaktionsrate zu simulieren, und zwar während eines nicht zu kurzen Zeitraums (etwa eine Stunde), um die erforderlichen Messungen durchführen und überprüfen zu können.

Ideal ist es, dies mit einer größeren Anzahl von geübten Anwendern zu tun, denn nur sie bringen ein realitätsnahes Lastprofil zuwege. Darüberhinaus hat man drei Effekte: Erstens produziert eine emsige Fachabteilung auch Konstellationen, die in keinem Testdrehbuch geplant waren. Zweitens ergeben sich durch die hohe Parallelität Zugriffskollisionen, die sich ebenfalls kaum synthetisch herstellen lassen. Drittens simuliert ein derartiger Lasttest genau die erste Stunde nach Inbetriebnahme, sofern man ihn auf einem frisch übernommenen Datenbestand laufen läßt — und die kann man gar nicht oft genug üben.

Natürlich ist der Aufwand, die ganzen Fachabteilungen aufzubieten, sehr hoch, so daß dieser Test nicht allzuoft wiederholbar ist. Hilfreich kann sich in diesem Zusammenhang das Systemtestsystem (siehe Abschnitt 17.7) erweisen, das die Bildschirmeingaben protokolliert und bei Bedarf wieder abspielt, evtl. sogar in wählbarer Geschwindigkeit und Parallelität.

17.4 Probebetrieb

Im Probebetrieb, oft auch Parallelbetrieb genannt, wird das System für kurze Zeit (einige Tage, evtl. wenige Wochen) wie im echten Wirkbetrieb eingesetzt, und zwar parallel zum normalen Betrieb, der noch mit dem alten System oder gar manuell gefahren wird. Dabei werden die Ergebnisse beider Betriebsarten — in Form von Listen, Belegen u.ä.m. — ständig miteinander verglichen.

Das verursacht natürlich beträchtliche Mehrarbeit bei den Anwendern und kann deshalb nur begrenzt durchgeführt werden. Neben der zeitlichen Beschränkung besteht auch die Möglichkeit, nur einen Teil der Geschäftsvorfälle parallel abzuwickeln, d.h. auf einer Teilmenge des Datenbestands zu arbeiten. Ein schönes Beispiel dafür ist die sog. Berlin-Produktion im ADAM-Projekt (ADAC-Mitgliederverwaltung): Der Probebetrieb befaßte sich nur mit den Berlinern, eine eingeschränkte, dennoch repräsentative Auswahl der gesamten Mitgliedschaft.

Die größten Probleme beim Probebetrieb sind in der Regel die

- organisatorische Absicherung: Wie bringt man die Fachabteilung dazu, die Eingaben im Probesystem mit derselben Sorgfalt vorzunehmen wie im Echtbetrieb?

- Überprüfbarkeit: Wie stellt man fest, ob sich das Probesystem richtig verhält? Vielleicht arbeitet ja auch das alte System falsch!

Diese Fragen entziehen sich leider einer allgemeingültigen Beantwortung und müssen projektspezifisch behandelt werden.

17.5 Test der Datenübernahme

Zu den kritischen Punkten bei der Einführung eines neuen Systems gehört in der Regel die Datenübernahme aus dem abzulösenden System. Sie ist integraler Bestandteil von Funktionstest und Probebetrieb und wird folglich dort mitgetestet, jedoch nicht in genau der Konstellation, wie sie bei der Echtübernahme vorliegt.

Deshalb sind eigene Testaktivitäten erforderlich, bei denen die Datenübernahme genauso abläuft wie im Ernstfall. Dieser kennt zwei Stadien: zunächst den Einsatz des Systems im Probebetrieb und dann natürlich die Übernahme zu Beginn der Produktion. Folgendes ist besonders wichtig:

- Das Verfahren der Übernahme ist so weit wie irgend möglich zu automatisieren, weil jeder manuelle Eingriff in den Ablauf eine unkalkulierbare Risikoquelle ist. Man baut also ein Jobnetz, das alles enthält, was ablaufen soll, einschließlich Datenbank-Utilities wie z.B. Einrichten, Laden, Vergrößern von Datenbanken.

- Jeder Wiederaufsetzpunkt im Ablauf muß mindestens einmal ausprobiert worden sein — andernfalls nimmt man ihn wieder heraus!

Die Simulation von Echtübernahmen ist aufwendig, weil man die Datenbestände in vollem Umfang bereitstellen muß und dazu in der Regel erhebliche Ressourcen (Laufzeit und Platten, insbesondere für Zwischenbereiche) benötigt.

Nach unserer Erfahrung muß man auch in den Test von „Einmal-Software" erheblich investieren, in Software also, die nur einmal (oder vielleicht zwei oder dreimal) produktiv laufen soll, dann aber im Brennpunkt des Interesses steht.

17.6 Abnahmetest

Die Abnahme ist das Verfahren, mit dem sich der Auftraggeber vergewissert, daß das System die spezifizierten Anforderungen erfüllt, und das die letzte qualitätssichernde Hürde bildet, die vor dem produktiven Einsatz genommen werden muß. Schließlich kann eine schlecht funktionierende Software im echten Betrieb erheblichen Schaden anrichten. Mit dem Auftraggeber/nehmer-Verhältnis ist nicht nur die Beziehung zwischen wirtschaftlich eigenständigen Unternehmen gemeint, z.B. zwischen Anwender und Softwarehaus, sondern auch die unternehmensinterne zwischen Anwender- und DV-Entwicklungsabteilung(en). In beiden Konstellationen sollte man gleichermaßen sorgfältig abnehmen, es lohnt sich für alle Beteiligten.

Die Abnahme erstreckt sich nicht nur auf den laufenden Code (wir nennen ihn die operationelle Software), sondern auch auf die *Benutzer-* und *Systemdokumentation* sowie ggf. auf *Werkzeuge,* die zur Weiterentwicklung und Wartungen eingesetzt werden sollen oder gar müssen. Ja sogar die *Daten* in ihrer neuen Struktur sollte man abnehmen, denn eine mindere Qualität bei ihnen ist genauso schlecht wie beim Code — Dateninhalte sind auch Software! Daran ändert nichts, daß die Verantwortung dafür bei den Anwendern und nicht den Softwareentwicklern liegt.

Dennoch liegt der Schwerpunkt der Abnahme natürlich auf der operationellen Software in Form des *Abnahmetests.* Im Grunde unterscheidet er sich nicht von den bereits beschriebenen Funktions- und Lasttests. Man kann durchaus dieselben oder ähnliche Drehbücher verwenden. Nur die Verantwortung liegt in anderen Händen: der Auftraggeber (Anwender) entscheidet, ob die Ergebnisse des Abnahmetests ausreichen, das System in Betrieb zu nehmen. Alle vorhergehenden Tests finden unter der Regie des Entwicklungsteams statt.

17.7 Systemtestsystem

Der Funktionstest muß über die äußeren Schnittstellen des Systems angetrieben werden, insbesondere über die Benutzerschnittstelle. Es ist hilfreich, wenn man die im Drehbuch festgelegten Testfälle nicht nur manuell durchfahren, sondern mittels eines Systemtestsystems (STS) aufzeichnen und automatisch reproduzieren kann. Dieses System stellt sozusagen einen „automatisierten Benutzer" dar (Abb. 17.1).

Das STS kann prinzipiell auf einer eigenen Hardware arbeiten oder aber auf der des zu testenden Systems mitlaufen. Letzteres verändert zwar den Testling, ist aber technisch einfacher zu realisieren und deshalb vorzuziehen.

Die Arbeitsweise mit dem STS ist grob die folgende: Der Tester gibt Testdaten gemäß Drehbuch ein und prüft die vom System erzeugten Ausgaben. Er kann beides (Ein- und Ausgabe = Testfall) vom STS aufzeichnen lassen. Wenn er mit dem Testfall zufrieden ist, hält er ihn im STS dauerhaft fest. So sammelt sich dort eine Menge von Testfällen an, mit denen dann das zu testende System automatisch beaufschlagt werden kann. Die dabei entstehenden Systemausgaben werden vom STS mit denen des manuellen Tests verglichen. Das Ergebnis wird protokolliert.

Das STS führt so zu einer Rationalisierung der Testdurchführung und gleichzeitig zu einer qualitativen Verbesserung, weil nach Änderung des Testlings eine Vielzahl von Testfällen systematisch und identisch zum vorhergehenden Testlauf mit vertretbarem Aufwand durchgespielt werden kann.

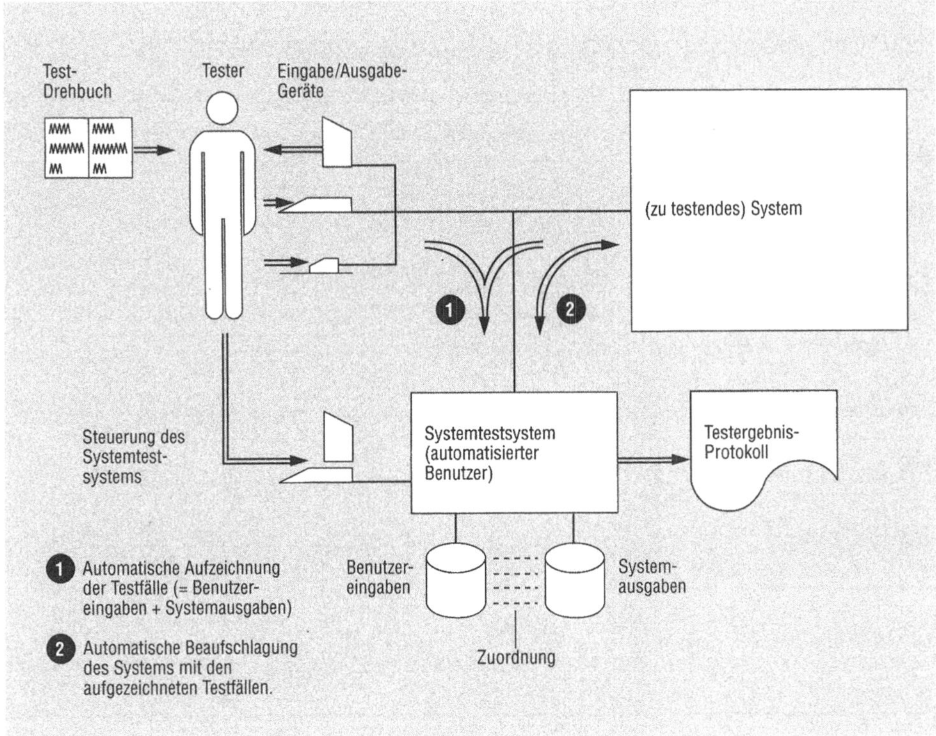

Abb. 17.1 Konzept des Systemtestsystems (automatisierter Benutzer)

17.8 Fehlerverfolgung

Ein besseres Wort wäre eigentlich Problemverfolgung, denn nicht alles, was in den Augen der Anwender ein Fehler ist, ist es auch aus Sicht der Programmierer. Fehler findet man bei allen der oben beschriebenen Tests. Daneben sind Anwender in der Schulung und natürlich die Entwickler selbst meist sehr erfolgreich beim Aufspüren weiterer Fehler.

Fehler werden also an ganz unterschiedlichen Stellen erkannt und müssen zunächst an eine zentrale *Fehlerbehandlungsstelle* weitergeleitet werden. Hier ist zu entscheiden, zu welcher Kategorie ein Fehler gehört: leicht, schwer, dringend, Unsinn, Mißverständnis, schon bekannt, schon repariert, grundsätzliches Problem, als Fehler untergeschobene neue Anforderung. Auch die Ursachen sind längst nicht auf Programmfehler beschränkt, sondern können vielfältige Quellen haben: Systemsoftware (z.B. Datenbank unten), Fehler in der Jobsteuerung, Hardwareproblem (z.B. falscher Drucker), falsche Tabelleneinträge usw. Die Anzahl der Fehler, die bei einem funktionierenden Meldewesen über diese zentrale Stelle laufen, ist erheblich und kann sich ohne weiteres im vierstelligen Bereich bewegen.

<table>
<tr><td colspan="2" align="center">PROBLEMBERICHT <Datum/Problemkreis/Bearbeiter></td></tr>
<tr><td>Angelegt von:</td><td>..</td></tr>
<tr><td>Stichworte:</td><td>..</td></tr>
<tr><td>Problem trat auf am:</td><td>..</td></tr>
<tr><td>in folgender Umgebung:</td><td>..</td></tr>
<tr><td>mit folgenden Daten:</td><td>..</td></tr>
<tr><td>FB-Koordinator:</td><td>..</td></tr>
<tr><td>Beschreibung:</td><td>..</td></tr>
<tr><td>DV-Koordinator:</td><td>..</td></tr>
<tr><td>Analyse:</td><td>..</td></tr>
<tr><td>Problemkreis:</td><td>..</td></tr>
<tr><td>betroffene Module:</td><td>..</td></tr>
<tr><td>Bearbeiter:</td><td>..</td></tr>
<tr><td>geschätzter Aufwand:</td><td>..</td></tr>
<tr><td>tatsächlicher Aufwand:</td><td>..</td></tr>
<tr><td>geplanter Termin:</td><td>..</td></tr>
<tr><td>tatsächlicher Termin:</td><td>..</td></tr>
<tr><td>Überstellung in Testumgebung am:</td><td>..............................</td></tr>
<tr><td>vom FB abgenommen am:</td><td>..................................</td></tr>
</table>

Klar scheint uns, daß ein Projekt ohne eine systematische Fehlerverfolgung vor allem in der Endphase nicht mehr steuerbar ist. Die Entwickler sind immer „fast fertig", haben „gerade den letzten Fehler gefunden". Wer nicht aufpaßt, verbleibt monate- oder gar jahrelang auf dem 95%-fertig-Level. Wichtig ist natürlich, daß die Fehlerverfolgung projektweit akzeptiert wird, daß also keine oder fast keine Fehler sozusagen unter der Hand erledigt werden.

Bei kleinen Projekten kann man sie mit Formularen betreiben, bei größeren ist dies nicht empfehlenswert. Ideal wäre ein *Fehlerverfolgungssystem*, das vor allem drei Dinge leistet:

- *Wiedererkennen von Fehlern*: Parallel arbeitende Tester entdecken einen Fehler u.U. wiederholt. Über ein Stichwortsystem ist es verhältnismäßig leicht, mehrfache Meldungen desselben Fehlers zusammenzuführen.

- *Verfolgen der Reparatur*: Zu jedem Fehler muß man eine Menge Information ablegen: Wo ist der Fehler aufgetreten? Wer hat ihn entdeckt? Wie wurde er eingestuft? Wer bearbeitet ihn? Wann ist die Reparatur fertig (Soll/Ist)? Geschätzter/tatsächlicher Aufwand? Wann wird die Version, die den Fehler nicht mehr enthält, freigegeben (Soll/Ist)? Hat sie der Fachbereich nachgetestet und abgenommen?

- Die Liste der *Top Ten* oder Top Hundred der Fehlerliste (sortiert beispielsweise nach Schwere und zeitlichem Überhang) ist ein unschätzbares Hilfsmittel für das Projektmanagement, um den Fortgang des Projekts zu beurteilen. Man kann etwa die geschätzten Reparaturaufwände aller offenen Fehler addieren und so die berühmte 95%-fertig-Aussage präzisieren.

Das nebenstehende Problembericht-Formular sollte möglichst nicht als Papier (und damit in zahlreichen, nicht konsistenten Kopien) verwaltet werden, sondern vom Fehlerverfolgungssystem, wobei folgende Anforderungen zu stellen sind:

- Dezentrale Eingabe und Sammlung der Berichte über einige Fachbereichs- (FB-) Koordinatoren, die eine Vorauslese treffen;
- Sortierung und Selektion der Berichte nach unterschiedlichen Kriterien (möglichst auch kombinierbar):
  - Zeitpunkt des Auftretens,
  - FB-Koordinator,
  - DV-Koordinator,
  - betroffene Module,
  - Problemkreis,
  - Stichwort,
  - Fertigstellungstermin,
  - Überhang geplanter/tatsächlicher Termin;
- Addition aller geschätzten Reparaturaufwände.

Nicht zwingend, aber erstrebenswert ist es, das Fehlerverfolgungssystem mit dem Configuration Management zu verbinden. Auf diese Weise ist bei jeder neuen Version klar, welche Fehler sie nicht mehr enthält.

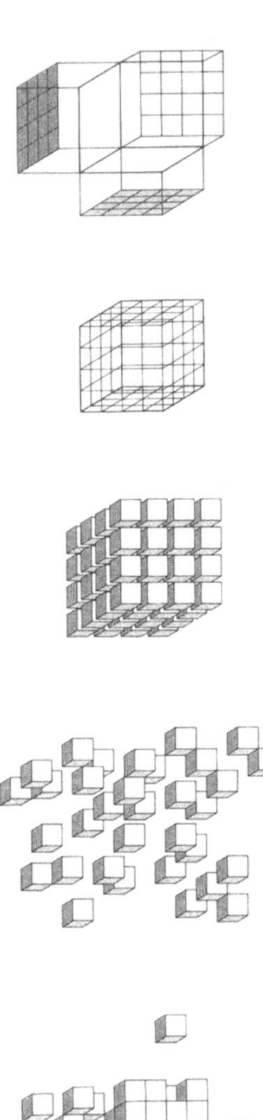

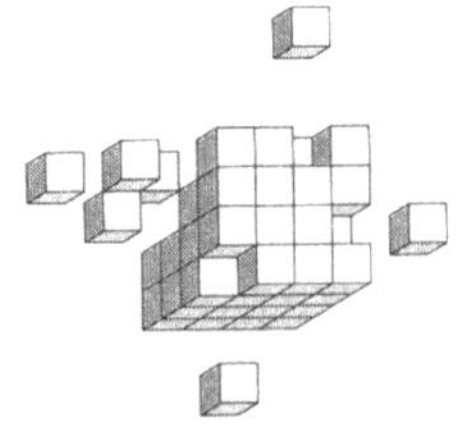

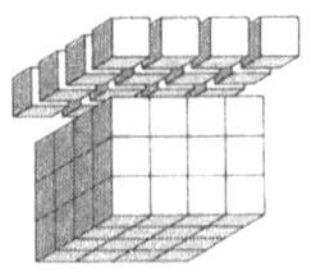

VI

Phasenübergreifende Aspekte

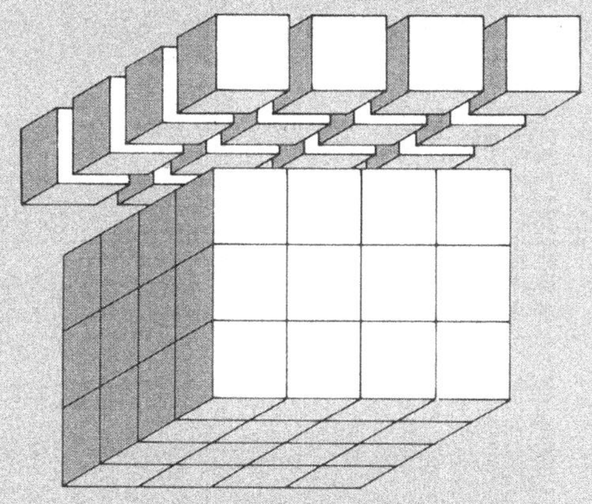

18

Werkzeuge

Werkzeuge steigern Qualität und Produktivität der Softwareentwicklung. Einige unterstützen bestimmte Methoden, andere sind in dieser Hinsicht neutral. Die Werkzeugmaschine — das System, auf dem die einzelnen Werkzeuge laufen — kann mit dem Zielsystem der Entwicklung identisch sein. Ein dediziertes Entwicklungssystem bietet jedoch eine Reihe von Vorteilen. Die ideale Entwicklungsumgebung beschreibt einen Verbund von Werkzeugen, die den gesamten Software-Entwicklungsprozeß unterstützen. Sie ist insofern „ideal", als sie wünschenswerte, jedoch nicht unbedingt auf jedem Entwicklungssystem verfügbare Werkzeuge abstrakt, d.h. losgelöst von konkreten Implementierungen beschreibt. Diese ideale Entwicklungsumgebung bildet ein Referenzmodell, in das real existierende Werkzeuge eingeordnet werden können.

18.1 Anforderungen
     an eine Software-Entwicklungsumgebung

18.2 Entwicklungs- und Zielsystem

18.3 Die ideale Software-Entwicklungsumgebung

18.4 Reale Werkzeuge in
     der idealen Software-Entwicklungsumgebung

18.1 Anforderungen
an eine Software-Entwicklungsumgebung

Unter Software-Entwicklungsumgebung (Sw-EU) verstehen wir die Gesamtheit der Methoden und Werkzeuge[1], die in einem Projekt eingesetzt werden. Dieser Begriff wird zwar überwiegend mit den Werkzeugen assoziiert, wir wollen aber die methodische Seite mit einbeziehen. Eine Entwicklungsumgebung soll die Softwareentwicklung effizienter, das Team also *produktiver* machen. Zugleich soll sie die Software-*Qualität steigern*. Dies scheinen widersprüchliche Anforderungen zu sein; sie sind es aber nicht, vor allem wenn man bedenkt, daß höhere Qualität bessere Struktur der Software und weniger Fehler in ihr bedeutet. Die Produktivität der Entwicklung und vor allem der Wartung leidet ja gerade darunter, daß wegen mangelhafter Struktur viele Fehler gemacht werden, die dann schwer zu finden und zu beheben sind.

Eine Sw-EU unterstützt vor allem das Entwicklungsteam in allen Phasen eines Projekts, d.h. bei Spezifikation, Realisierung und Test eines Softwaresystems, kurz: beim Erstellen der Projektergebnisse. Darüber hinaus ermöglicht sie dem Wartungsteam eine systemkonforme Wartung und Weiterentwicklung. Eine gute Sw-EU weist folgende Leistungsmerkmale auf:

- Sie *verwaltet* alle *Projektergebnisse*; dazu kennt sie unterschiedliche Ergebnistypen und enthält ein Konzept zur Versionsverwaltung.

- Sie ist *mehrbenutzerfähig* und unterscheidet zwischen verschiedenen Berechtigungsklassen beim Zugriff auf Ergebnisse.

- Sie speichert Informationen möglichst *redundanzfrei*, so daß die Entwickler viele Dinge nur einmal definieren müssen und sich danach darauf beziehen können: „Einmal erfassen — mehrfach verwenden".

- Sie vermag Dokumente zu analysieren und das Ergebnis in Form von Querverweislisten festzuhalten. Die Projektdokumente weisen zu diesem Zweck eine innere Struktur auf, von der diverse *Auswertungswerkzeuge* der Sw-EU Gebrauch machen können. Je nach Dokumentenart kann diese Struktur sehr differenziert ausgeprägt sein oder nur einen Rahmen für bestimmte Textabschnitte bilden, deren Inhalt keiner weiteren Formbindung unterliegt.

- Sie enthält *codegenerierende Komponenten*, um standardisierte Codeteile mehrfach verwendbar zu machen (Makrotechnik). Etwas pointiert könnte man sagen: Projektvorschriften müssen nicht „erlassen und befohlen" werden, wenn sie als Makros realisiert und so automatisch eingehalten werden.

- Sie liefert Informationen über *Projektstatus* und *-fortschritt* und dient damit auch dem Projektmanagement.

- Sie ist *offen*, d.h. sie kann an die speziellen Bedürfnisse eines Projekts angepaßt werden. Ihre Benutzeroberfläche zielt weniger auf den Laien als auf den Entwickler, der sie täglich benutzt.

---

[1]Das englische Wort *Tool* gebrauchen wir synonym mit Werkzeug. So ist hierzulande der überwiegende Sprachgebrauch, im Angelsächsischen werden unter Tools manchmal auch Methoden verstanden.

18.2 Entwicklungs- und Zielsystem

Wie schon gesagt, verstehen wir unter Entwicklungsumgebung einen Verbund von Methoden und Werkzeugen. Die Werkzeuge in ihrer Gesamtheit bezeichnen wir als Entwicklungssystem. Sie sind selbst Softwarepakete, die auf irgendeinem Trägersystem laufen; wir nennen es Werkzeugmaschine. Dafür sind höchst unterschiedliche Systeme im Einsatz, wie wir im folgenden noch sehen werden. Diesen Sachverhalt fassen wir formelhaft in Begriffe:

Entwicklungsumgebung   =   Methoden + Entwicklungssystem

Entwicklungssystem   =   Werkzeuge auf einer Werkzeugmaschine

Davon wohl zu unterscheiden ist das Zielsystem, also die zu entwickelnde Anwendungssoftware, die auf einer bestimmten Zielmaschine laufen soll.

Ein wichtiger Aspekt ist die Frage, ob die Werkzeugmaschine ein dedizierter Rechner oder identisch mit der Zielmaschine sein soll. Die Gleichheit von Entwicklungs- und Zielsystem, Abb. 18.1(a), bedeutet nicht zwangsläufig, daß der Anwender mit der fertigen Software auf dem Entwicklungsrechner arbeitet. Insbesondere in großen Unternehmen sind Entwicklungs- und Produktionsrechner aus Sicherheits- und Datenschutzgründen meist streng getrennt. Werkzeug- und Zielmaschine müssen nur typgleich sein, d.h. vor allem, mit derselben Systemsoftware arbeiten.

Im Falle des dedizierten Entwicklungssystems, Abb. 18.1(b), liegt die Projektbibliothek — die Entwicklungsdatenbasis — hauptsächlich auf dem Entwicklungsrechner. Ein (kleinerer) Teil des Entwicklungssystems befindet sich auch noch auf der Zielmaschine, insbesondere der Teil, der zum Testen benötigt wird. Dazu gehört natürlich auch die (Test-) Anwendungsdatenbasis.

Der hauptsächliche Grund, ein dediziertes Entwicklungssystem einzusetzen, liegt natürlich darin, daß die Zielmaschine u.U. für die Zwecke der Softwareentwicklung nicht gut geeignet ist. Das ist zum einen eine Frage der Funktionalität, zum anderen der Verfügbarkeit. Wenn die Entwicklung sich einen Rechner mit der DV-Produktion teilen muß, hat sie im Zweifelsfall die geringere Priorität und damit das Nachsehen.

Als Werkzeugmaschine kommt eine ganze Reihe von zum Teil sehr unterschiedlichen Systemen in Betracht. Wir wollen und müssen uns hier auf eine kleine, aber repräsentative Auswahl beschränken. Zudem können die einzelnen Systeme nur in wenigen Stichworten skizziert werden.

MVS/TSO-ISPF

TSO — Time Sharing Option des IBM-Großrechner-Betriebssystems MVS — bietet dem Entwickler eine interaktive Kommandoschnittstelle, die in ihrer Funktionalität der MVS-JCL (Job Control Language) entspricht, jedoch mit etwas syntaktischem Zuckerguß verschönert ist. In der Regel wird sie jedoch nicht direkt, sondern in menü- und maskengesteuerter Form vermittels des ISPF (Interactive System Productivity Facility) benutzt. Damit werden in den meisten Rechenzentren viele TSO-Funktionen aus Sicherheitsgründen „maskiert", also der allgemei-

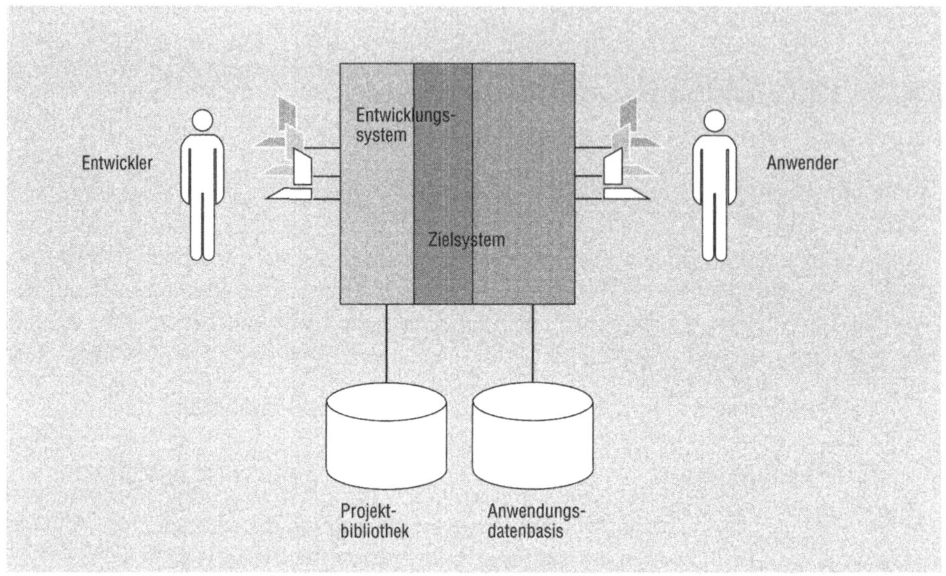

(a) Entwicklungssystem = Zielsystem

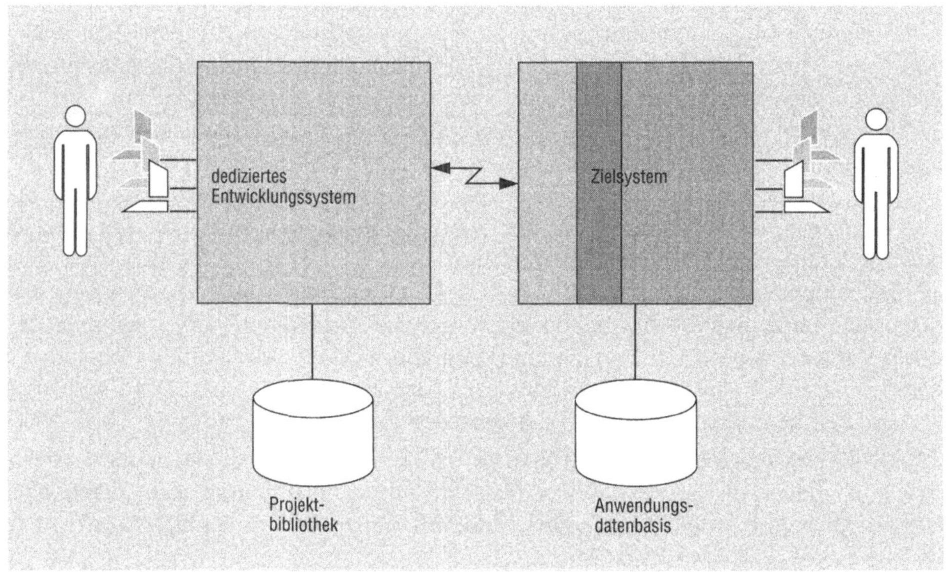

(b) Entwicklungssystem ≠ Zielsystem

(b) Entwicklungssystem ≠ Zielsystem

Abb. 18.1 Entwicklungs- und Zielsystem

nen Nutzung entzogen. TSO-ISPF bildet eine Entwicklungsumgebung, die im Kern aus einem Programm-Editor mit der entsprechenden Umgebung besteht, also Datei/Bibliotheksverwaltung, Zugriff zu Compilern und anderen Tools. Wichtig für den Entwickler ist die Möglichkeit, Hintergrundprozesse zum Generieren, Compilieren und Testen starten und gleichzeitig mit ihnen seine interaktive Arbeit im Vordergrund (Editieren) fortsetzen zu können. Roscoe ist ein dem TSO ähnliches System.

VM/CMS

VM/CMS (Virtual Machine/Conversational Monitor System) ist eine interaktive Entwicklungsumgebung auf IBM /370-Systemen (Editor, Dateiverwaltung, Compiler etc.). Unter der Kontrolle des VM können zudem diverse Betriebssysteme — z.B. MVS, VSE — plus TP-Monitor, DB-System etc. gefahren werden, so daß eine gute Entwicklungsumgebung (CMS) und verschiedene Zielsysteme auf demselben Rechner koexistieren können.

BS2000

Das Siemens-Betriebssystem BS2000 bietet eine integrierte — nicht wie bei TSO auf MVS aufgesetzte —, interaktive Entwicklungsumgebung. Sie wird typischerweise für Entwicklungen mit BS2000 als Zielsystem genutzt.

VMS

VMS ist das Betriebssystem der Rechnerfamilie VAX von Digital, das ebenfalls eine interaktive Entwicklungsumgebung beinhaltet. Seine Eignung dafür kann man zwischen den vorstehend aufgeführten Systemen und Unix einordnen.

Unix

Unix ist ein Betriebssystem, das speziell für die Bedürfnisse von Softwareentwicklern gebaut worden ist. Ursprünglich für die PDP 11 gemacht, ist es heute auf einer Vielfalt von Rechnern verfügbar. Unix eignet sich sehr gut als interaktive und flexible Werkzeugmaschine.

Eng mit Unix verbunden ist eine Reihe spezieller Tools, die wir jedoch nicht unter dem Gesichtspunkt Werkzeugmaschine sehen und deshalb in Abschnitt 18.3 behandeln. Unix macht es leicht, eigene Tools zu realisieren und so das vorhandene Repertoire zu erweitern. Ein weiterer Vorteil von Unix ist seine große Verbreitung, die dazu führt, daß weltweit an vielen Stellen Tools entwickelt werden, die im Prinzip allgemein verfügbar sind.

Maestro

Maestro ist ein dediziertes Software-Entwicklungssystem von Softlab, das lange Zeit auf einer recht speziellen Hardware implementiert war. Neuerdings gibt es eine auf Unix und PCs basierende Version (Maestro II). Es wird hauptsächlich als Entwicklungssystem in kommerziellen DV-Umgebungen meist in Verbindung mit IBM-Großrechnern eingesetzt. Soweit es sich nicht um Unix handelt, ist Maestro für den

Anwender nur sehr beschränkt programmierbar, so daß er weitgehend auf die vom
Hersteller bereitgestellten Tools angewiesen ist.

PC-Netz

Eine recht interessante Möglichkeit für eine Sw-EU besteht darin, ein Netz aus
Personal-Computern bzw. Workstations aufzubauen. Der zentrale File-Server, der
die Entwicklungsdatenbank (Projektbibliothek) tragen muß, kann auch ein größerer
Rechner als ein PC sein. Diese PC-Konfiguration hat ihr großes Plus in den gesi-
cherten, gleichbleibenden Antwortzeiten, die bei allen anderen Lösungen immer —
mehr oder weniger stark — von der Rechnerbelastung abhängen.

4GL-Sprachen

Die sog. Sprachen der 4. Generation — z.B. Natural von der Software AG — sind
in der Regel in eine eigene Entwicklungsumgebung eingebettet: Editor, Programm-
verwaltungsbibliothek, Interpreter, Compiler, Datenlexikon, Maskengenerator und
Datenbank bilden einen geschlossenen Komplex, in dem sich der Entwickler bewegt,
ohne viel von der Umwelt (Betriebssystem, TP-Monitor, andere Tools) zu bemerken.
Diese meist sehr starke Geschlossenheit ist ein Vorteil — man muß die Umgebung
nicht kennen — und zugleich ein Nachteil — es fällt schwer, von außen kommende
Werkzeuge zu integrieren.

Hinsichtlich der Unterscheidung, ob Entwicklungs- und Zielsystem eins oder getrennt sind, lassen sich die aufgeführten Werkzeugmaschinen wie in Tabelle 18.1
zuordnen.

Tabelle 18.1 Einordnung verschiedener Systeme als Werkzeugmaschinen

Werkzeugmaschine = Zielmaschine	Werkzeugmaschine ≠ Zielmaschine
MVS/TSO-ISPF	VM/CMS
BS2000	Maestro
Unix	
VMS	
PC-Netz	
4GL	

18.3 Die ideale Software-Entwicklungsumgebung

Im folgenden beschreiben wir eine Sw-EU, die in dem Sinn ideal ist, daß sie

- *alle* wünschenswerten Werkzeuge enthält und
- diese *idealisiert* — besser gesagt: abstrakt — beschreibt, d.h. keine konkreten Implementierungen benennt.

Abbildung 18.2 vermittelt eine Übersicht der idealen Sw-EU. In der Mitte sind die zu erzielenden Ergebnisse dargestellt, und wir wissen, mit welchen *Methoden* sie erstellt werden (siehe Kapitel 3 (Projektmodell), Abb. 3.6). Ganz rechts sehen wir unter der Überschrift *Module* die zu entwickelnden Anwendungs- sowie die — möglichst vorgefertigten — Basisfunktionen. Das entspricht in unserer Standardarchitektur dem Anwendungskern bzw. den ihn einrahmenden Komponenten (siehe Kapitel 10 (Modularisierung), Abb. 10.6). Bei den *Werkzeugen*, um die es im weiteren ausschließlich geht, unterscheiden wir drei Kategorien:

- *Meta-Werkzeuge* dienen dem Herstellen von Werkzeugen.
- *Methoden-neutrale Werkzeuge* sind unabhängig von spezifischen Methoden, und deshalb ist ihr Nutzen meist unstrittig.
- *Methoden-orientierte Werkzeuge* unterstützen bestimmte Methoden und sind damit von diesen abhängig. Auch solche, die programmiersprachenabhängig sind, zählen wir zu dieser Kategorie.

Der Sinn dieser ideal-abstrakten Sw-EU-Darstellung liegt in der Orientierung, die sie für die Beantwortung solcher Fragen gibt wie:

- Welche Werkzeuge sollte man haben?
- Was leisten sie?
- Wie hängen sie mit den Methoden zusammen?
- Welche Phase(n) unterstützt ein Werkzeug?

Es folgt eine kurze Beschreibung jedes Werkzeugs der idealen Sw-EU; danach, in Abschnitt 18.4, setzen wir sie zu real existierenden Werkzeugen in Beziehung.

18.3.1 Meta-Werkzeuge

Makro-Prozessor

Ein Makro-Prozessor dient der parametrisierten Textsubstitution. Er ersetzt einen Text durch einen anderen, meist viel längeren — deshalb spricht man auch von Makro-*Expansion* —, z.B. den Namen eines Unterprogramms durch seinen Rumpf oder den Bezeichner eines Datentyps durch dessen Definition. Dabei können auch formale Parameter durch aktuelle ersetzt werden.

Diese Technik ist in der Assembler-Programmierung sehr verbreitet und nützlich (gewesen), mit den höheren Sprachen aber etwas in Vergessenheit geraten (die üblichen Include/Copy-Mechanismen sind nur sehr bescheidene Makro-Prozessoren).

Wir haben erkannt, daß die Makrotechnik für das Programming-in-the-large außerordentlich wertvoll ist; denn sie hilft

- Konsistenz bewahren: einmal definieren (als Makro), mehrfach anwenden (Makroaufruf);

- Performance verbessern durch Unterprogramme, die als Makros zu Inline-Code expandiert werden und somit den Aufruf-Mehraufwand vermeiden, der z.B. in einer TP-Monitorumgebung erheblich sein kann;

- auf effiziente Weise Modularität durch Kapseln von Know-how herstellen;

- Richtlinien einhalten: Bei immer wiederkehrenden Code-Sequenzen, die man üblicherweise per Richtlinien normiert, kann die Makrotechnik diese automatisch gewährleisten;

- Codevarianten für verschiedene Zwecke aus einer Quelle erzeugen; Beispiele sind die Generierung des unterschiedlichen Codes für Dialog und Batch oder für Test und Produktion (mit bzw. ohne Trace u.ä.). Eine Alternative zur Makrotechnik ist in diesen Fällen die bedingte Compilierung;

- Schreibarbeit sparen.

Ein Makro-Prozessor kann natürlich direkt zur Bearbeitung von beispielsweise Code verwendet werden; insofern ist er ein methoden-neutrales Werkzeug. Wir verwenden ihn meist als Meta-Werkzeug im Rahmen bzw. zur Erstellung anderer (methoden-orientierter) Werkzeuge.

Der Nutzen eines Makro-Prozessors ist wesentlich bestimmt durch die Qualität der für ein Projekt vorgefertigten (Standard-) Makros. In ihnen muß eine methodische Konzeption ihren Niederschlag finden.

Übersetzergenerator

Der Software-Ingenieur beschreibt seine Entwürfe immer in einer mehr oder weniger formalen Sprache, und zwar nicht erst in der Programmiersprache, mit der die Module codiert werden, sondern oft lange vorher in Notationen, die er sich selbst zurechtlegt. Die Interaktionsdiagramme in ihrer codierten Form (siehe Abschnitt 7.1) sind ein Beispiel für eine solche „kleine" Sprache, wie man sie für die verschiedensten Zwecke immer wieder erfindet. Was liegt dann näher, als diese nicht manuell, sondern mittels eines Compilers in die Implementierungssprache zu übersetzen?

Nun ist der Bau eines Übersetzers eine im Prinzip zwar gut verstandene, aber dennoch recht aufwendige Angelegenheit, wenn man nicht ein compiler-generierendes Werkzeug zur Verfügung hat. Solche „Compiler-Compiler" sind schon früh entstanden. Sie akzeptieren als Eingabe typischerweise eine kontextfreie Grammatik (z.B. in BNF) und erlauben, semantische Aktionen in Form programmiersprachlicher Codestücke mit den Produktionsregeln der Grammatik zu verknüpfen. Sie generieren dann die lexikalische und syntaktische Analyse. Die semantischen Aktionen bestimmen den letztlich vom Compiler zu erzeugenden Code.

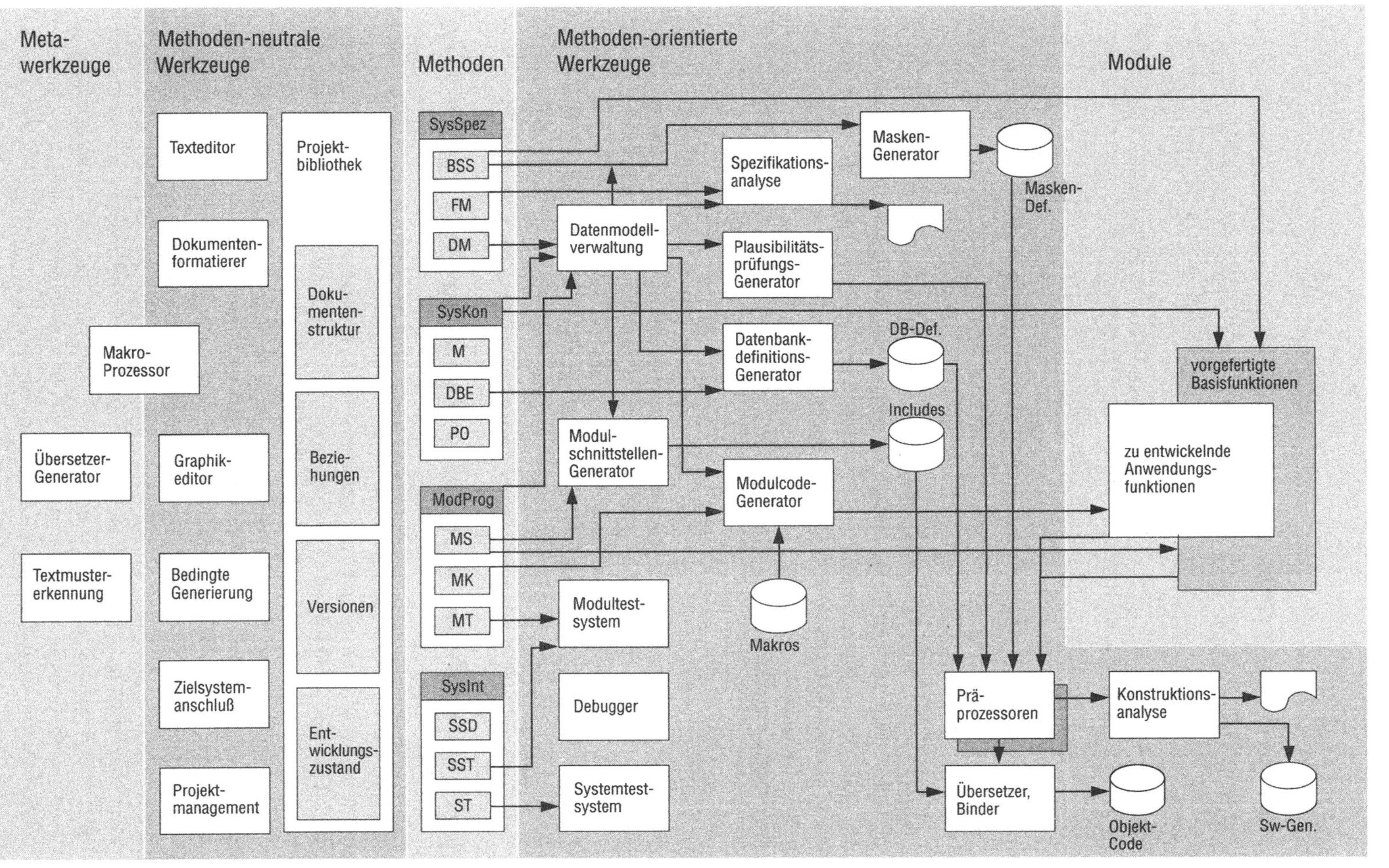

Abb. 18.2 Die ideale Software-Entwicklungsumgebung

Textmustererkennung (Pattern Matching)

Gelegentlich möchte man einen Text nach bestimmten Zeichenkettenmustern durch-
suchen, etwa um eine Querverweisliste aufzubauen. Meist sind diese Muster durch
reguläre Ausdrücke definierbar, und es ist naheliegend und nützlich, daraus per Werkzeug einen Pattern-Matching-Algorithmus zu erzeugen und die mit den erkannten
Mustern verknüpfte Verarbeitung automatisch durchzuführen.

18.3.2 Methoden-neutrale Werkzeuge

Texteditor

Software entwickeln bedeutet, unentwegt Texte aller Art zu erstellen — Spezifikationen, Konstruktionen und andere Dokumente, Programmcode und Testfälle/daten
etc. Deshalb ist das am intensivsten benutzte und somit wichtigste Werkzeug des
Software-Ingenieurs der Editor. Der Beste ist gerade gut genug.

Dokumentenformatierer

Dokumentenformatierer sind Werkzeuge, die für ein ansprechendes Druckbild sorgen. Idealerweise gehört hierzu auch die Fähigkeit, mehrere getrennt abgelegte Dokumente beim Ausdruck zu verknüpfen (zu montieren), Inhaltsverzeichnisse, Ti-
telblätter, Kopf- und Fußzeilen zu erzeugen u.ä.m. Das Einbinden von Bildern ist
wünschenswert, muß derzeit jedoch noch teuer erkauft werden.

Solche Formatierungswerkzeuge sind in manchen Fällen Bestandteil des Editors,
in anderen sind sie eine selbständige Komponente. Letzteres ist für das maschinelle
Bearbeiten der Dokumente (z.B. Erzeugen von Querverweisen) zwar i.allg. wesentlich günstiger, ist jedoch insofern unschön, als die Formatierungsinformation während
der Textbearbeitung in Form von Steueranweisungen sichtbar ist.

Graphikeditor

„Ein Bild sagt mehr als tausend Worte" — diesem Sprichwort folgend sollte der
Software-Ingenieur seine Entwürfe graphisch veranschaulichen. Zu einigen Methoden
gehört ohnehin eine graphische Darstellung, z.B. zum O/B-Datenmodell und zu den
Interaktionsdiagrammen. Ein Graphikeditor, i.e. ein Werkzeug zum Erstellen und
Ändern von Zeichnungen, ist also nützlich, und zwar umso mehr, je standardisier-
ter und zahlreicher die Bilder sind. Graphikeditoren erlauben die objektorientierte
maschinelle Bearbeitung strukturierter Bilder (im Gegensatz zur pixelorientierten
Behandlung). Viele CASE-Werkzeugkästen enthalten einen solchen. Dabei wird den
Symbolen eine Bedeutung zugeordnet, so daß Plausibilitätsprüfungen vorgenommen
werden können (man könnte von einem syntaxgesteuerten Graphikeditor sprechen).
Nachteilig ist oft der gegenüber einem allgemeinen Zeichenwerkzeug erheblich re-
duzierte graphische Gestaltungsspielraum (z.B. um besonders wichtige Dinge her-
vorzuheben oder größer zu zeichnen).

Für Bilder, die weniger stark formalisiert sind, bietet sich ein allgemeines Zeichenwerkzeug an; der Gestaltungsspielraum ist dort meist erheblich größer (der Lernauf-

wand manchmal auch). Last not least sollte man sich auch nicht scheuen, Papier, Bleistift und Schablone als „Graphiktool" in Betracht zu ziehen.

Bedingte Generierung

Mit dieser Bezeichnung meinen wir Werkzeuge, mit denen man abhängig von Aktualitätsständen bestimmter Dokumente und vor allem Codeteile Generierungen durchführen kann. Erkennt ein solches Werkzeug, daß es eine gewisse zeitliche Abhängigkeit gibt, so löst es die entsprechende Generierungsaktion aus. Der klassische Vertreter dieser Werkzeuggattung ist das von UNIX her bekannte *make*.

Häufigster Anwendungsfall ist das Anstoßen von Übersetzer und Binder aufgrund der Abhängigkeiten zwischen Quell- und Objektcode sowie Include-Files. Bei den Abhängigkeiten geht es dann beispielsweise darum festzustellen, ob ein bestimmter Quellcode neu übersetzt werden muß, weil sich ein in ihm angesprochenes Include geändert hat. Dazu muß die Version des Objektcodes (genauer: der Zeitpunkt der letzten Übersetzung) verglichen werden mit dem Änderungszeitpunkt des Includes. Ist eine neue Übersetzung nötig, so wird sie von der bedingten Generierung automatisch veranlaßt.

Dieser Mechanismus ist nicht auf den Fall des Übersetzens und Bindens beschränkt, wenngleich da am stärksten verwendet, sondern kann auch anderweitig eingesetzt werden.

Zielsystemanschluß

Im Falle eines dedizierten Entwicklungssystems, Abb. 18.1(b), ist es wichtig, eine leistungsfähige Verbindung zwischen Werkzeug- und Zielmaschine zu haben, denn ihre Trennung darf für den Entwickler im Test nicht zum Handikap werden. Im Gegenteil, es muß ihm leicht gemacht werden, die auf der Zielmaschine residierenden Werkzeuge (Compiler, Testsystem, Debugger u.a.m.) zu benutzen. Dazu muß der Zielsystemanschluß Unterstützung auf zwei Ebenen bieten:

- Zunächst braucht man eine stabile und performante DÜ-Verbindung für File-Transfer und Terminal-Emulation.

- Darauf baut man eine Reihe von Funktionen auf, mit denen der Entwickler etwa Übersetzungs- und Testläufe starten kann und die ihm das daraus erzeugte Ergebnis raschest möglich vermitteln. Diese Funktionen werden meist als Prozeduren in der Sprache des jeweiligen Betriebssystems realisiert (Job Control Language, Unix-Shell). Im übrigen sei angemerkt, daß man solche Funktionen auch bereitstellen sollte, wenn Entwicklungs- und Zielsystem auf der gleichen Maschine laufen.

Projektmanagement

Projektmanagement-Tools zum Planen und Kontrollieren basieren meist auf *Netzplantechnik*. Mit ihnen erfaßt man die geplanten

- Ressourcen (Bearbeiter, Maschinen, Räume etc.),

- Kapazitäten und Kosten der Ressourcen,

- Aktivitäten (z.B. Systemspezifikation, Rechnerinstallation) und ihre Abhängigkeiten,

- Aufwände und Termine der Aktivitäten,

- Zuordnungen von Ressourcen zu Aktivitäten.

Das Netzplansystem prüft diese Daten auf Plausibilität und erzeugt diverse Darstellungen:

- Netzpläne mit Angaben über kritischen Pfad, frühest möglichen Anfang, spätest mögliches Ende etc.,

- Balkendiagramme der Aktivitäten,

- diverse Auswertungen über Kosten, Ressourcen etc.

Wegen der relativ losen Kopplung zu allen anderen Komponenten der Sw-EU ist die Auswahl eines derartigen Werkzeugs unkritisch. Man sollte nur darauf achten, daß Datenimporte aus der Projektbibliothek (siehe unten) möglich sind, da dort der geeignete Anknüpfungspunkt für Informationen zum (tatsächlichen) Projektfortschritt liegt.

Projektbibliothek

Die Projektbibliothek ist das zentrale, alle Phasen übergreifende Werkzeug der Softwareentwicklung; siehe auch [Denert-Hesse 80]. Sie speichert und verwaltet alle (Teil-) Ergebnisse, die im Verlauf eines Projekts entstehen: Spezifikationen, Konstruktionsbeschreibungen und andere Dokumente, Programmcode und Includes, Testtreiber, -daten, -ergebnisse und anderes mehr.

Nun sollte eine Projektbibliothek nicht ein spezielles Projektmodell widerspiegeln, also nicht durch eine ganz bestimmte Systematik der Software und ihrer Dokumentation geprägt, sondern in dieser Hinsicht für beliebige Varianten offen sein. Sie muß die Definition einer beliebigen *Dokumentationssystematik* zulassen und deshalb auf einer hinreichend allgemeinen Informationsstruktur basieren, etwa so wie in Abb. 18.3(a). Die Projektbibliothek verwaltet demnach irgendwelche *Bausteine*, die in Beziehungen zueinander stehen, statisch oder dynamisch (siehe dazu das folgende Beispiel). Die verschiedenartigen Bausteine und Beziehungen sind jeweils durch einen *Typ* charakterisiert. Zudem kann die Projektbibliothek von einem Baustein Versionen führen. Betrachten wir diese abstrakte Struktur anhand des Beispiels in Abb. 18.3(b). Man sieht darin folgende Bausteintypen: *Komponente, Modul, Operation, Modulspezifikation, -konstruktion, -test, Datei*. Ihre Beziehungen sind augenfällig: Die Komponente K *besteht aus* den Moduln $M1$ und $M2$. $M1$ *exportiert* die Operationen $M1Op1, \ldots, M1Opm$ und *importiert* $M2Op1, \ldots, M2Opn$, die von $M2$ *exportiert* werden. $M2$ *greift zu* auf die Datei D. Jedes Modul ist *gegliedert in* Spezifikation, Konstruktion und Test. Die Beziehung *gegliedert in* ist *statisch* in dem Sinn, daß sie als Teil der Dokumentationssystematik vor Projektbeginn festgelegt wird und stets für alle Module gilt. Die übrigen Beziehungen sind veränderlich (*dynamisch*) und werden erst in der Systemkonstruktion konkret festgelegt, etwa die Tatsache, daß $M2$ die Operationen $M2Op1, \ldots, M2Opn$ exportiert und auf D zugreift.

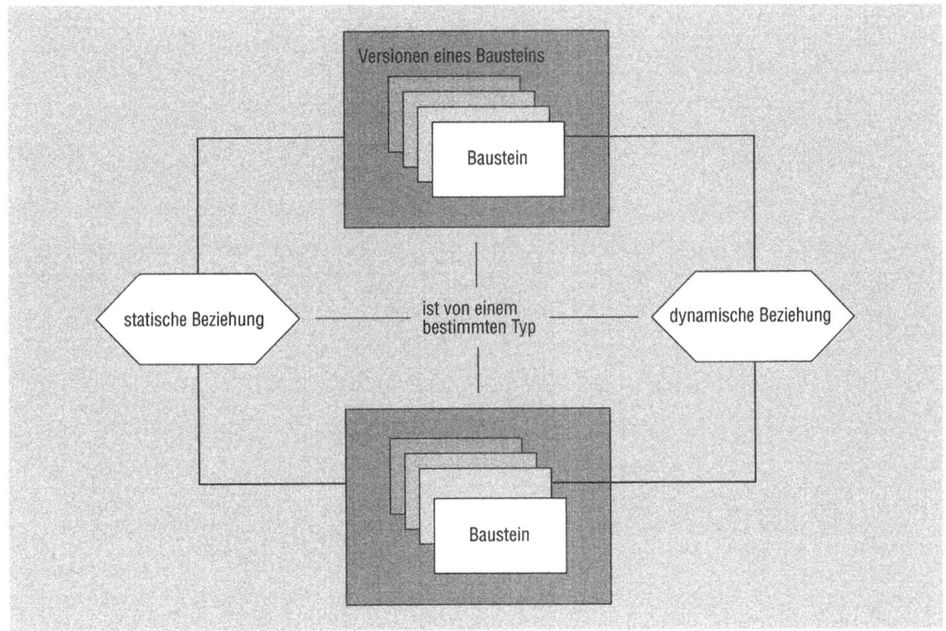

(a) abstrakt

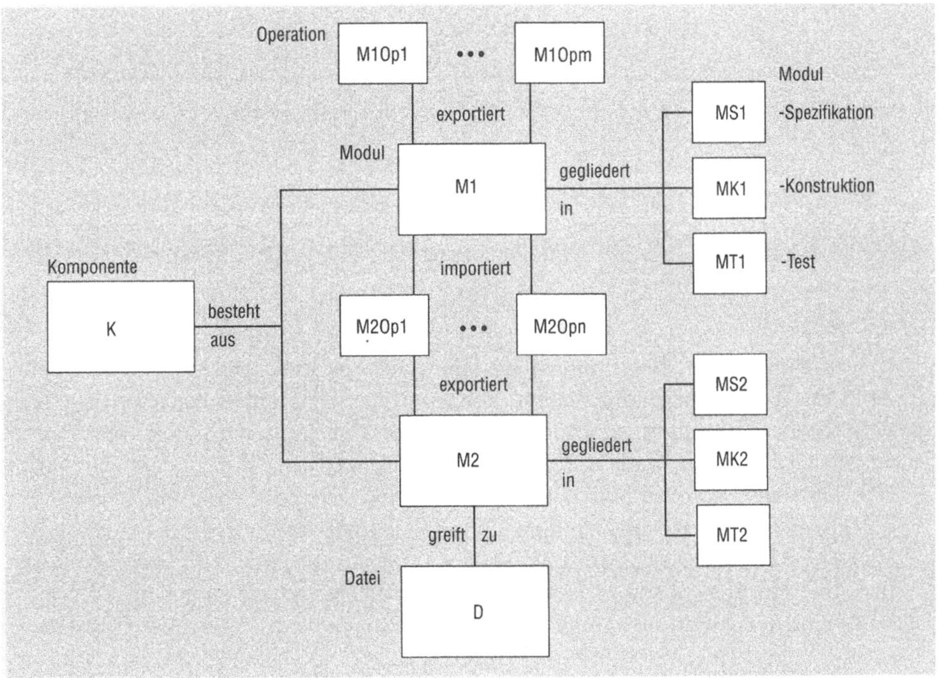

(b) beispielhaft

Abb. 18.3 Die grundlegende Informationsstruktur der Projektbibliothek

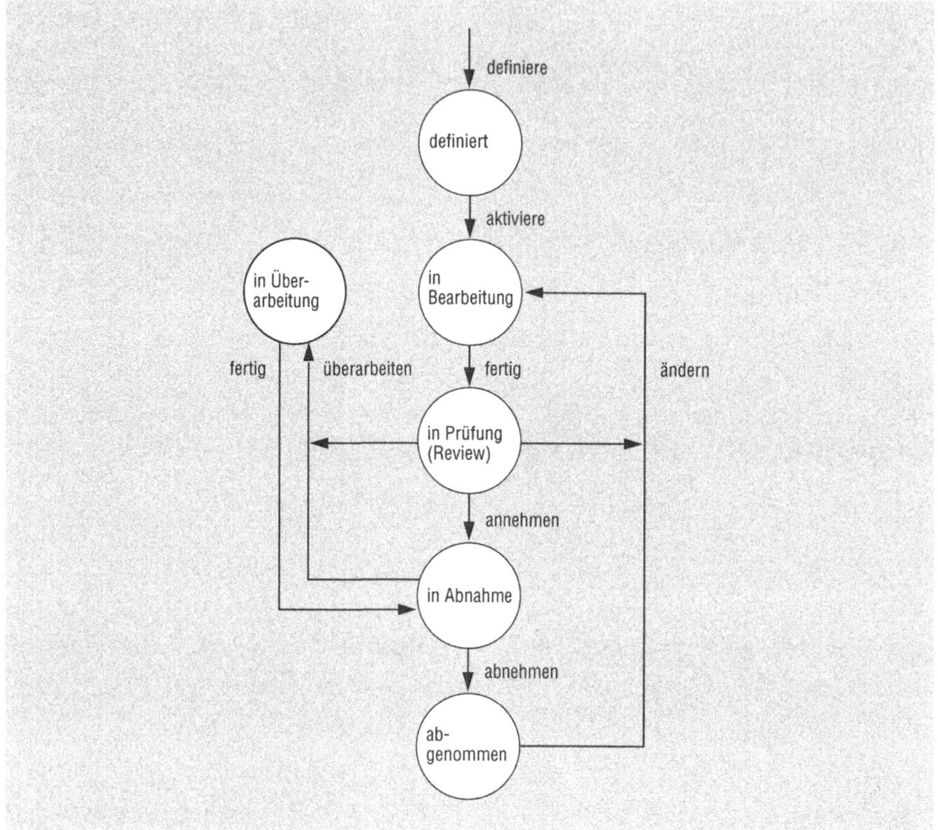

Abb. 18.4 Kontrolle der Entwicklung durch einen Zustandsautomaten der Projektbibliothek

Das Führen der *Beziehungen* ist eine wichtige Leistung der Projektbibliothek; denn das Wissen über die Bausteine an sich genügt nicht, man muß ihre Verflechtung kennen. Beziehungen können vom Entwickler manuell in die Projektbibliothek eingetragen werden. Zudem bietet sie eine Schnittstelle, über die andere Werkzeuge Informationen automatisch einbringen können. So kann etwa ein Codeanalysator Ex/Import- (Aufruf-) Beziehungen ermitteln und der Projektbibliothek mitteilen. Das so entstehende Beziehungsgeflecht wächst ständig mit dem Projekt und ist daher stets ein Spiegel seiner Komplexität. Auswertefunktionen geben jederzeit einen Überblick der Zusammenhänge — Voraussetzung zum Meistern der Komplexität.

Eine wichtige Funktion der Projektbibliothek ist die *Versionen*führung. Dabei sollte sie nicht jegliche Änderung zum Anlaß nehmen, eine neue Version eines Bausteins zu kreieren, sondern dies nur auf Verlangen des Benutzers tun. Ihm muß auch die Entscheidung, wann ein neues Release entsteht — so nennen wir die Version eines großen (Sub-) Systems —, überlassen bleiben. Eine weitere, allerdings andersartige

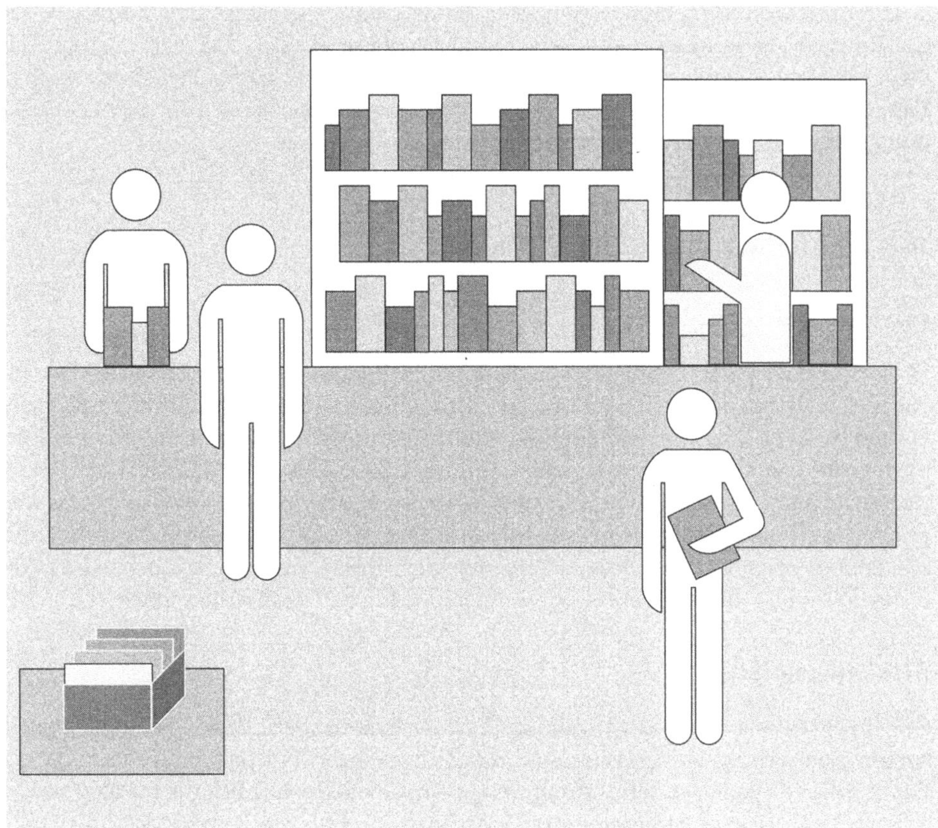

Abb. 18.5 Nutzungskonzept der Projektbibliothek

Versionsführung spiegelt den *Entwicklungszustand* der einzelnen Systembausteine wider. Er wird durch einen Zustandsautomaten kontrolliert (Abb. 18.4). Dieser ist durch die typischen Zustände definiert, die ein Baustein — beispielsweise eine Modulspezifikation — im Verlauf seiner Entwicklung durchläuft: von *definiert* über *in Bearbeitung* bis *abgenommen*.

Neben diesen rein technischen Informationen führt die Projektbibliothek auch *Daten für das Projektmanagement*, und zwar die Soll/Ist-Aufwände und -Termine der einzelnen Bausteine sowie die Zuordnung von Aufgaben zu Mitarbeitern.

Abbildung 18.5 illustriert, daß man dieses Werkzeug wie eine Bibliothek benutzt: Die Informationen werden im Magazin aufbewahrt, von dem die Entleiher, das sind die Entwickler, streng abgeschirmt sind. Wer einen Baustein ändern möchte, muß ihn erst ausleihen, und dazu muß er als zuständiger Bearbeiter registriert sein; alle anderen erhalten ihn nur zum Lesen. Zur Bearbeitung entliehene Bausteine müssen natürlich der Projektbibliothek gelegentlich zurückgegeben werden; sie stellt die neue Version dann allen Interessenten zur Verfügung.

Die Projektbibliothek bildet die allen Beteiligten gemeinsame Projektdatenbasis: Die Entwickler brauchen und bearbeiten Dokumente *aus* dem Projekt, das Management hingegen zieht sie für Informationen *über* das Projekt heran. Sie ist das zentrale Werkzeug des *Configuration Management*, dessen Ziel sich mit „Übersicht schaffen und Ordnung halten" charakterisieren läßt.

18.3.3   Methoden-orientierte Werkzeuge

Datenmodellverwaltung

Dieses Werkzeug, oft Datenlexikon bzw. Data Dictionary genannt, verwaltet das Datenmodell mit seinen Objekten und Beziehungen, deren Attributen sowie den Datentypen. Damit ist es ein ganz zentrales Instrument, das nicht nur während der Systemspezifikation das Datenmodell aufnimmt, sondern als Quelle diverser Generierungen dient und den Anker für Querverweise bildet. Insbesondere spielt das Verzeichnis der Datentypen beim Generieren der programmtechnischen Modulschnittstellen und bei der Codeerzeugung eine wichtige Rolle, indem es aus den abstrakten Typdefinitionen die konkrete programmiersprachliche Realisierung macht.

Maskengenerator

Zur Beschreibung der Bildschirmmasken in der Systemspezifikation benutzt man am besten gleich einen Maskengenerator des Zielsystems. Man hat dann nicht nur das Layout der Masken, sondern bekommt aus derselben Quelle auch die nötigen technischen Strukturen zur Steuerung des Bildschirms und für die Programmschnittstelle. Es ist wünschenswert, wenn auch nicht immer erreichbar, den Maskengenerator an das Typenverzeichnis der Datenmodellverwaltung anzuschließen, denn darin ist zu den logischen Typen der Attribute auch ihre Repräsentation auf dem Bildschirm hinterlegt.

Spezifikationsanalyse

Derlei Werkzeuge analysieren die Querbeziehungen zwischen den Teilen der Systemspezifikation, insbesondere zwischen Funktionen und Daten. Sie machen auf evtl. vorhandene Inkonsistenzen aufmerksam (etwa der Art „Das Attribut XY des Objekts Z wird verwendet, jedoch niemals initialisiert") und erzeugen Querverweislisten.

Generieren von Plausibilitätsprüfungen

Hierunter verstehen wir ein Werkzeug, das aus Datentypdefinitionen ausführbaren Code erzeugt, der zur Ausführungszeit bestimmte Daten auf Typgerechtheit überprüft (z.B. um festzustellen, ob ein 6-stelliger ASCII-String ein gültiges Datum darstellt, ob Ober- und Untergrenzen eingehalten sind, ob eine gültige Ausprägung eines Aufzählungstyps vorliegt).

Generieren von Datenbankdefinitionen

Die Definition der Datenbankstrukturen muß oft in kryptischer Weise codiert werden. Deshalb ist es hilfreich, wenn man das einem Werkzeug überlassen kann, das diese Definitionen aus einer abstrakteren Beschreibung generiert. Es sollte sich seinen Input aus der Datenmodellverwaltung holen, soweit es sich nicht um originäre Festlegungen des Datenbankdesigners handelt.

Generieren von Modulschnittstellen

Wenn eine Modulspezifikation formal exakt ist, dann enthält sie alle notwendigen Informationen, um daraus mittels des Typenverzeichnisses der Datenmodellverwaltung die zielsprachenspezifische Form der Export-Schnittstelle zu generieren und beispielsweise in einem Include-File bereitzustellen.

Generieren von Modulcode

Wie in Abschnitt 15.1.5 dargelegt, programmieren wir meist nicht ausschließlich und direkt in der Zielsprache, z.B. Cobol, sondern reichern diese um einige Konstrukte an, unter anderem für die Behandlung von Operationsaufrufen und Systemfehlern, für die Schnittstelle zur Datenverwaltung („Magic") und die Typisierung von Variablen, wodurch die Definitionen des zentralen Typenverzeichnisses angezogen werden. Diese Konstrukte sind als Makros realisiert, und sie werden im Zuge der Codegenerierung expandiert.

Modultestsystem

Es unterstützt den Einzeltest von Moduln und teilweise auch von Subsystemen, indem es einen Rahmen für den Testaufbau aus Testfällen, Testling und Dummies zur Verfügung stellt und die Protokollierung von Testergebnissen besorgt. Außerdem ermöglicht es, die Testüberdeckung zu messen, wozu es vor allem ein Werkzeug zur entsprechenden Instrumentierung des Codes enthält. Siehe auch Kapitel 16 (Modultest), insbesondere Abschnitt 16.4.

Systemtestsystem

Darunter verstehen wir einen Mechanismus, den wir auch „automatisierter Benutzer" nennen. Er zeichnet auf Wunsch des menschlichen Benutzers Testeingaben und die zugehörigen Ausgaben auf und benutzt sie anschließend zur automatischen Wiederholung von Testläufen. Das ist nicht nur nützlich, um umfangreiche funktionale Tests nach Softwareänderungen schnell durchführen zu können, sondern auch, um das Lastverhalten zu testen. Mehr dazu in Abschnitt 17.7.

Debugger

Dies ist ein altbekanntes Werkzeug zur Fehlersuche. Wünschenswert ist ein symbolischer Debugger, mit dem man auf Quellsprachenniveau unter Verwendung symbolischer Namen arbeiten kann, so daß man sich als Entwickler die Transformation auf die Ebene des Objektcodes und seiner (z.B. hexadezimalen) Adressen sparen kann.

Präprozessoren, Übersetzer, Binder

Bevor Übersetzer (Compiler) und Binder (Linker) laufen können, müssen im allgemeinen mehrere Präprozessoren (Precompiler) Masken- und Datenbankdefinitionen, TP-Monitor-Schnittstellen und ggf. noch andere Konstrukte in die Implementierungssprache umformen.

Konstruktionsanalyse

Hierunter fallen zunächst alle Werkzeuge für jegliche Art statischer Codeanalyse. (Eigentlich möchte man diese Analysen nicht auf den in mehreren Schritten generierten Code ansetzen, sondern auf die vom Entwickler selbst in einer „höheren" Sprache geschriebene Konstruktion. Die aber verstehen die Analysatoren nicht.) Wichtig ist die Extraktion der Querverweisinformation, die bei der Code-Generierung anfällt, um daraus Übersichten herzustellen (z.B. Ex/Import-Beziehungen, Verwendungsnachweis für Datentypen) und die „Bedingte Generierung" über die vorhandenen Abhängigkeiten zu informieren.

Tabelle 18.2 gibt noch einmal einen Überblick der Werkzeuge der idealen Sw-EU und zeigt, in welchen Phasen bzw. zur Erarbeitung welcher Ergebnisse sie jeweils eingesetzt werden können.

18.4   Reale Werkzeuge in der idealen Software-Entwicklungsumgebung

In Tabelle 18.3 versuchen wir, real existierende Werkzeuge in unsere ideale Sw-EU einzuordnen. Das ist kein ganz leichtes Unterfangen, denn nicht jedes reale Werkzeug entspricht eindeutig einem idealen. Es kann weniger, aber auch mehr bieten — dann deckt es die Funktionalität mehrerer idealer Werkzeuge ab —, und das läßt sich auch nicht immer ganz sicher beurteilen. Wir charakterisieren das Verhältnis zwischen idealem und realem Werkzeug durch eines der Zeichen =, > oder < vor jedem realen Werkzeug und meinen damit:

= Das reale entspricht genau dem idealen Werkzeug.

> Das reale bietet weniger als das ideale Werkzeug.

< Das reale Werkzeug umfaßt die Funktionalität des einen idealen Werkzeugs, darüber hinaus aber auch noch die von anderen.

Die Tabelle 18.3 hat eine Spalte pro Werkzeugmaschine, so daß deutlich wird, auf welcher Maschine ein Werkzeug läuft. Ist schon die Beschränkung auf (diese) fünf Werkzeugmaschinen fragwürdig — immerhin sind sie alle wichtig —, so ist die Auswahl der in die Tabelle aufgenommenen Werkzeuge äußerst problematisch. Auf keinen Fall spiegelt sie die Vorlieben des Autors wieder — es finden sich darin einige, die er gar nicht mag —, sondern es ist der in Grenzen zu haltende Umfang

Tabelle 18.2 Zuordnung der Werkzeuge zu Phasen bzw. Ergebnissen

Werkzeug	Werkzeug-entwicklung	System-Spezifikation			System-Konstruktion			Modul-Programmierung			System-Integration		
(Phase/Ergebnis)		BSS	FM	DM	M	PO	DBE	MS	MK	MT	SSD	SST	ST
Meta-Werkzeuge													
Makro-Prozessor	—												
Übersetzergenerator	—												
Textmustererkennung	—												
Methoden-neutrale Werkzeuge													
Texteditor		—	—	—	—	—	—	—	—	—	—	—	—
Dokumentenformatierer		—	—	—	—	—	—	—					
Graphikeditor		—	—	—	—			—	—				
Bedingte Generierung									—		—		
Zielsystemanschluß							—	—	—	—			
Projektmanagement		—	—	—	—	—	—	—	—	—	—	—	—
Projektbibliothek		—	—	—	—	—	—	—	—	—	—	—	—
Methoden-orientierte Werkzeuge													
Datenmodellverwaltung				—	—		—	—					
Maskengenerator		—											
Spezifikationsanalyse		—	—	—									
Plausi-Prüfungs-Generator				—					—				
DB-Definitions-Generator							—		—				
Modulschnittstellen-Gen.								—					
Modulcode-Generator									—				
Modultestsystem										—		—	
Systemtestsystem													—
Debugger										—			—
Präproz./Übersetzer/Binder									—		—		
Konstruktionsanalyse									—		—		

BSS Benutzerschnittstelle
FM Funktionenmodell
DM Datenmodell

M   Modularisierung
PO   Prozeßorganisation
DBE Datenbasisentwurf

MS Modulspezifikation
MK Modulkonstruktion
MT Modultest

SSD Subsystemdef.
SST Subsystemtest
ST Systemtest

Tabelle 18.3 Einordnung existierender Werkzeuge in die ideale Sw-EU

Werkzeug der idealen Sw-EU	Werkzeugmaschine ≠ Zielmaschine			Werkzeugmaschine = Zielmaschine	
	PC/MS-DOS	Maestro II	Unix	MVS	BS2000
Meta-Werkzeuge					
Makro-Prozessor	= sd&m-proMac = Delta-Makro	> MGEN	= sd&m-proMac = Delta-Macro > m4 > C-Präprozessor	= sd&m-proMac = Delta-Makro	
Übersetzer-Generator	—	< PROLAN	= lex, yacc	—	—
Textmuster-erkennung	= awk < sd&m-proMac	—	= awk, grep < sd&m-proMac	< sd&m-proMac	
Methoden-neutrale Werkzeuge					
Texteditor	< Word < Wordstar < Wordperfect	< Maestro-Editor	= MAXed = vi = Emacs < Interleaf	= TSO-ISPF -Editor = Text/370 < MText	= TOM-EDIT = EDOR
Dokumenten-formatierer	< Word < Wordstar < Wordperfect	< Maestro-Editor	= nroff/troff = T_EX < Interleaf	= DCF < MText	TOM-DOC
Graphikeditor	= GEM = Autocad < IEW Analysis	= GED	< Graphic Workstations (Apollo, Sun etc.) < Interleaf	—	—
Bedingte Generierung	= make	—	= make	—	—
Zielsystem-anschluß	> Terminal-emulation/ File Transfer	= Terminal-emulation/ File Transfer/ Prozeduren	= Terminal-emulation/ File Transfer/ Prozeduren	entfällt	
Projekt-management	= Super Project = MS-Project = Timeline = Harvard PM	= PMS	—	< ADPS = Project Analysis & Control (PAC)	= SINET
Projekt-bibliothek	—	= CMS	= sd&m-proBib = Papics	= IBM Repository < ADPS	< DOMINO

Werkzeug der idealen Sw-EU	Werkzeugmaschine ≠ Zielmaschine			Werkzeugmaschine = Zielmaschine	
	PC/MS-DOS	Maestro II	Unix	MVS	BS2000
Methoden-orientierte Werkzeuge					
Datenmodell-verwaltung	< IEW Analysis < Rochade	< OMS	= sd&m- Datenmodell- verwaltung[1]	< Data Manager < Rochade < Predict	
Masken-Generator	> Delta-Screen > IEW Design	= LDT	> Delta-Screen	= SDF/BMS = Delta-Screen	= IFG
Spezifikations-analyse	< IEW Analysis < Promod	< DDT/MDL	= sd&m- Spezifikations- analyse[1]	= Softspec	< Predict Case
Plausibilitäts-prüfungs-Generator	—	—	< sd&m-Typen- verzeichnis[1]	< Predict Case	
Datenbank-definitions-Generator	< IEW Design	< MDL/MGEN	< sd&m-Typen- verzeichnis[1]	< Data Manager < Rochade < Predict	< TOM-RUDS
Modul-schnittstellen-Generator	< Rochade < IEW Design	< MDL/MGEN	= sd&m-Modul- schnittstellen- Generator[1] < Rochade	< Data Manager < Rochade	
Modulcode-Generator	< Delta	< MGEN	= sd&m-Code- Generator[1] < Delta (Cobol)	< Delta (Cobol, PL/1) = IEW Gamma = CSP = Softgen < Predict Case > div. ET- Generatoren	> Columbus
Modultest-system	—	—	= sd&m-Modul- testsystem[1] > TCAT-C	< Softest	= TOM-M -T
Systemtest-system	—	—	—	< Softest	—
Debugger	= Codeview	entfällt	= sdb	= Oliver/Simon	= IDA = AID
Konstruktions-analyse	> Qualigraph	—	> sd&m- Konstruktions- analyse[1]	—	= TOM-CA -TA

[1] Nur sd&m-intern im Einsatz.

der Tabelle und vor allem unsere lückenhafte Kenntnis existierender Werkzeuge. Es sind nur kommerziell verfügbare Systeme aufgenommen, also keine aus dem Bereich von Forschung und Entwicklung. Im übrigen ist der Zweck dieser Tabelle nicht, eine enzyklopädische Übersicht zu geben, sondern sie will vielmehr ein Schema sein, anhand dessen der Leser ihm wichtige Werkzeuge einordnen kann, um so vielleicht die Grundlage zu einer systematischen Bewertung in der doch sehr vielfältigen und verwirrenden Landschaft der Softwaretools zu schaffen.

19

Qualitätssicherung

Qualität muß in die Software hineinkonstruiert werden, man kann sie nicht erst nachträglich durch analytische Qualitätssicherungs- (QS-) Maßnahmen herausprüfen. Dennoch kommt der Begutachtung durch Sachverständige in Form von Reviews und Inspektionen große Bedeutung zu. Die Ziele solcher QS-Maßnahmen sind Gewährleistung der Softwarequalität, Transparenz des Projektfortschritts, Verbreitung projektspezifischen Know-hows sowie Aus- und Weiterbildung.

19.1 Qualitätssicherung durch Begutachtung

19.2 Formulare und Prüflisten

Zur Erzielung hoher Software-Qualität müssen sich konstruktive und analytische Qualitätssicherungs- (QS-) Maßnahmen ergänzen. *Konstruktive (a priori) Maßnahmen* entspringen dem Bestreben, unter Nutzung moderner Methoden und Werkzeuge von vornherein eine qualitativ hochwertige Software zu entwickeln. Dabei spielt auch ein gutes Designteam eine zentrale Rolle. *Analytische (a posteriori) Maßnahmen* dienen dazu, die Qualität fertig entwickelter (Teil-) Produkte zu erkennen und festzustellen. Sie sind die QS-Maßnahmen im engeren Sinn; im folgenden wird nur von ihnen gesprochen. Der Unterschied zwischen konstruktiven und analytischen Maßnahmen läßt sich mithin so charakterisieren: Konstruktive Maßnahmen werden von den Entwicklern zur Erstellung ihrer Teilprodukte eingesetzt, die mittels analytischer Maßnahmen von Außenstehenden be- und durchleuchtet werden.

Mit QS-Maßnahmen werden zwei wesentliche Ziele angestrebt:

(1) Qualität des gesamten Produkts

(2) Transparenz des Projektfortschritts.

Die Bedeutung von (1) ist evident. QS-Maßnahmen tragen zu (2) dadurch bei, daß sie es gestatten, die aktuelle Qualität eines Teilprodukts und damit seine (Nicht-) Fertigstellung festzustellen.

Durch eine genügend feine Unterteilung des gesamten Produkts in Teile hat das Management die Möglichkeit, den Projektfortschritt genügend genau zu messen. Es stützt sich dabei lediglich auf das Ergebnis einer QS-Maßnahme ab, das besagt, ein Teilprodukt ist fertig (oder nicht). Solch nebulöse Aussagen wie „Modul X ist zu 85% fertig" werden also nicht herangezogen.

QS-Maßnahmen lassen sich in zwei Kategorien einteilen:

- QS-Maßnahmen durch *Begutachtung*
  Sie werden in Form von *Reviews* und *Inspektionen* durchgeführt und stützen sich wesentlich auf die Sachkenntnis der beteiligten Experten. Das entscheidende Werkzeug dafür ist der Verstand (siehe dazu Abschnitt 19.1).

- Automatisierte QS-Maßnahmen
  Sie benutzen Werkzeuge für syntaktische Überprüfungen, Konsistenzchecks, zum Herstellen von Querverweislisten etc. Im wesentlichen handelt es sich jedoch um die Durchführung von Tests; siehe dazu Kapitel 16 und 17 (Modul- und Systemtest).

Der Aufwand für Reviews und Inspektionen beläuft sich nach unserer Erfahrung auf etwa 5–10% des Gesamtaufwandes eines Projekts. Auch verschiedene Literaturquellen nennen dieselbe Größenordnung. Das mag als viel erscheinen, und mancher Manager seufzt: „Da sitzen schon wieder sechs Leute drei Stunden in einem Review herum." Dennoch: Es lohnt sich!

19.1 Qualitätssicherung durch Begutachtung

19.1.1 Review und Inspektion

Qualitätssicherung durch Begutachtung findet in Form von Reviews und Inspektionen statt. Zu ihrer Illustration und genaueren Charakterisierung siehe Abb. 19.1 bzw. Tabelle 19.1. Wie bereits erwähnt, sind ihre hauptsächlichen Ziele:

- Software-Qualität gewährleisten und
- Projektfortschritt transparent machen.

Darüber hinaus haben sie den höchst erwünschten Nebeneffekt

- der Verbreitung projektspezifischen Know-hows und
- einer gewissen Team-Aus- und Weiterbildung.

Psychologische Aspekte

Reviews stellen an die beteiligten Menschen hohe psychologische Anforderungen, vor allem an den Entwickler, dessen Dokument geprüft wird. Ihm werden Fehler und Mängel seiner Arbeit aufgezeigt und das coram publico! Dabei soll er auch noch eine *Egoless-Haltung* bewahren. [Weinberg 71] folgend bedeutet das, sich zu freuen, wenn in der eigenen Arbeit ein Fehler gefunden wird, weil dadurch das Ergebnis, nach Beheben des Fehlers, besser wird. Das verlangt, von der eigenen Arbeit so weit Abstand gewinnen zu können, daß man es nicht als Kritik an seiner Person empfindet, wenn einem ein Fehler dargelegt wird.

Auch die Reviewer müssen menschliche Qualitäten zeigen. Ihre Kritik muß sachlich-konstruktiv und darf nicht persönlich-verletzend sein. Ihr Verhalten muß stets glaubhaft machen, daß es ihnen wirklich um die Verbesserung des Ergebnisses und nicht das „Vorführen" eines Kollegen geht. Die schwierigste Aufgabe hat der Moderator; denn er muß durch seine Führung dafür sorgen, daß das geschilderte Verhalten praktiziert und das Prinzip der Egoless-Haltung wirklich gelebt wird.

Ein heikler Punkt ist die Teilnahme des Projektleiters oder eines anderen Vorgesetzten an einem Review. Es kann dadurch der Eindruck entstehen, berechtigt oder auch nicht, daß projektfremde Aspekte wie Mitarbeiterbeurteilung und Gehaltsfindung im Spiel sind. Um das zu vermeiden, sollte der Projektleiter möglichst nicht passiv teilnehmen, sondern als Moderator oder Reviewer aktiv mitwirken.

Und noch etwas: Bei Reviews besteht immer die Gefahr, daß sie sich auf Formalprüfungen beschränken (Checklisten verleiten dazu). Dann sind sie ihren Zeitaufwand nicht wert und frustrieren die Beteiligten. Reviewer dürfen nicht zu Syntaxprüfern degenerieren, sondern müssen substantielle Kritik bringen. Das verlangt hohe fachliche und persönliche Kompetenz. Projektleiter und Moderator sind bei der Auswahl und Führung der Reviewer stark gefordert. Leider muß man immer wieder erleben, daß Reviews formal und inhaltsleer durchgeführt werden. Wenn daraus ein positives Ergebnis gemeldet wird, täuscht es Fortschritt vor, wo — möglicherweise — keiner ist. Ein solches Review hätte besser nicht stattgefunden!

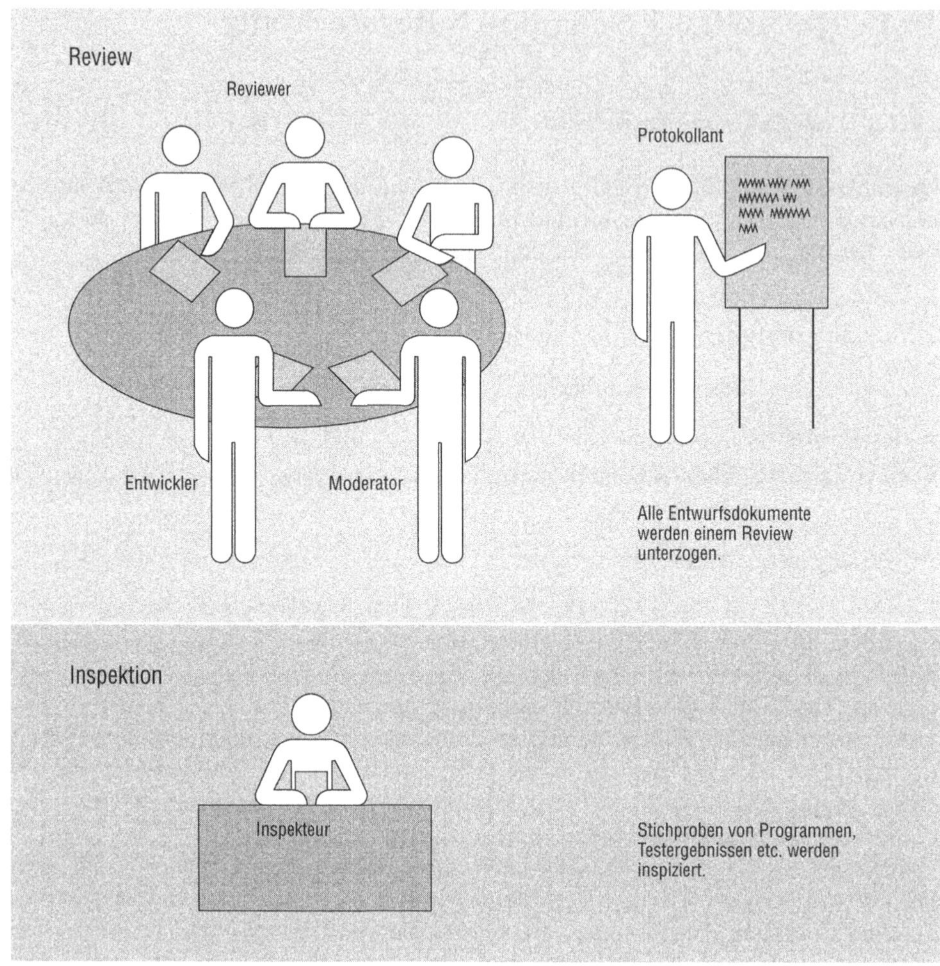

Abb. 19.1 Qualitätssicherung: Reviews und Inspektionen

Teilnehmerkreis für Reviews

- Der Teilnehmerkreis setzt sich bei Reviews zusammen aus

  - dem Moderator,

  - dem Protokollführer,

  - den Reviewern,

  - dem (den) Entwickler(n).

- Der Moderator bereitet das Review organisatorisch vor, leitet es und ist für den
  Review-Bericht verantwortlich. Er kann (muß aber nicht) gleichzeitig Protokollführer und auch Reviewer sein.

Tabelle 19.1 Charakterisierung von Reviews und Inspektionen

	Review	Inspektion
Gegenstand	Entwurfsdokumente (Systemspezifikation und -konstruktion, Modulspezifikationen bis hin zu Testfällen)	Teile bzw. Ergebnisse der fertigen Software (Code von Moduln, Testergebnisse etc.)
Überdeckung	vollständig, d.h. alle einschlägigen Dokumente werden begutachtet (z.B. alle Modulspezifikationen)	Stichproben
Charakter	offiziell	informell
Ausführende	Team (3 – 7 Personen): • Moderator • Protokollführer • mehrere Reviewer • Entwickler	ein oder zwei Kollegen des Entwicklers
Dauer	2 – 3 Stunden	mehrere Tage

- Primäre Kriterien für die Auswahl der Reviewer sind Sachkunde bezüglich des zu begutachtenden Dokuments und der zu seiner Erstellung anzuwendenden Methoden und Techniken. Weitere Gesichtspunkte können Informationsverbreitung und Schulung des Teams sein.

- Die Anzahl der Teilnehmer liegt in der Regel zwischen 3 und 7 Personen.

Vorbereitung von Reviews

- Der Entwickler erklärt das zu begutachtende Dokument für fertig und überführt es in der Projektbibliothek in den Zustand „in Prüfung"; siehe Abb. 18.4.

- Der Moderator legt den Reviewtermin fest und benennt die Teilnehmer.

Tabelle 19.2 Review-Entscheidung

Entscheidung	Folgen
Baustein in Ordnung	• PB-Zustand *in Abnahme*
Baustein erfordert geringfügige Änderungen	• PB-Zustand *in Überarbeitung* • Überarbeitung gemäß Review-Sachbericht • PB-Zustand *in Abnahme*
Baustein erfordert größere Änderungen bzw. Neuentwicklung	• PB-Zustand *in Bearbeitung* • Überarbeitung gemäß Review-Sachbericht • neues Review
Neues Review aus bausteinfremden Gründen nötig	• neues Review

PB = Projektbibliothek (siehe Abb. 18.4)

- Die einschlägigen Unterlagen werden rechtzeitig (einige Tage vor dem Review) verteilt. Bei zu später Verteilung muß das Review verschoben werden.

- Die Reviewer müssen sich vorbereiten.

Durchführung von Reviews

- Ein Review sollte nicht länger als 2 – 3 Stunden dauern.

- Reviews sollen Schwachstellen und *Probleme aufzeigen*, sie jedoch *nicht lösen*. Allenfalls Lösungsansätze können kurz besprochen werden.

- Prüflisten helfen den Reviewern bei Routineprüfungen, z.B. Einhaltung von Richtlinien; siehe Abschnitt 19.2.2.

Review-Entscheidung

Das Reviewteam muß sich für eine der in Tabelle 19.2 aufgeführten Alternativen entscheiden.

Tabelle 19.3 Review-Berichte

Bericht	Verteiler	Form	Inhalt
Review-Ergebnis-bericht	Management, Entwickler	Formular (siehe Abschnitt 19.2)	Review-Entscheidung; ggf. Darlegung gravierender Probleme
Review-Sachbericht	Entwickler; falls neues Review nötig: Reviewer	formlos (Liste von Problempunkten, Abschrift eines Flip-Charts, Anmerkungen in begutachtetem Dokument u.ä.)	alle Punkte, die dem Entwickler während des Reviews zur Über- bzw. Neubearbeitung aufgetragen wurden
Review-Rand-themen-bericht	wen es betrifft	Formular (siehe Abschnitt 19.2)	alle Probleme bzw. Fragen, die während des Reviews erkannt wurden, aber den begutachteten Teilbaustein nicht unmittelbar betreffen

Review-Berichte

Über jedes Review werden bis zu drei Berichte verfaßt (siehe Tabelle 19.3). Sie sollten im Laufe des Reviews vor aller Augen entstehen (am besten am Flip-chart), damit das Reviewteam unmittelbar darüber Konsens herstellen kann. Eine Nachbearbeitung darf die Substanz nicht mehr beeinflussen, sondern nur noch redaktioneller Art sein.

Teilnehmerkreis und Durchführung von Inspektionen

Meist wird eine Inspektion von einer Einzelperson durchgeführt: die Code-Inspektion von einem Kollegen des Entwicklers und die Inspektion der Modultestergebnisse etwa von seinem Projektleiter.

Weitere Ausführungen über Nutzen und Durchführung von Reviews und Inspektionen siehe z.B. [Freedman-Weinberg 82].

19.1.2 Inspektion der Systemkonstruktion mittels Szenarios

Ein Szenario ist eine Art Fallstudie, in welcher der Systemablauf durchgespielt wird, wie er sich aufgrund der Aktivierung einer bestimmten Funktion durch einen externen Partner (Benutzer, Fremdsystem) ergibt. Dabei wird die aktuelle Systemkonstruktion zugrundegelegt und damit überprüft.

Genauer: Es wird eine Liste von repräsentativen Fällen (= Funktionen der Software) angelegt, die einzeln durchgespielt werden. Eine Funktion wird stets durch eine im System eintreffende Nachricht angestoßen, durch die ein Stück Software aktiviert wird. Nun entsteht dynamisch eine Folge von Aufrufen von Operationen verschiedenster Moduln. Das Szenario besteht in der Aufzeichnung dieser Folge von Operationen, wenn möglich, mit ihren Parametern.

Ziel des Szenarios ist es, die Modulanforderungen (= Liste aller Operationen eines Moduls) darauf zu überprüfen, ob es für die gewählten Fälle (Funktionen) einen „vernünftigen" Systemablauf gibt. Dabei ist u.a. darauf zu achten,

- ob die benötigten Operationen überhaupt vorhanden sind,
- ob sie gut zusammenwirken,
- ob Rekursionen auftreten,
- ob die Verzahnung zwischen zwei Moduln so groß ist, daß über eine andere Modulaufteilung nachgedacht werden muß.

Die Szenarios können später auch als Testfälle für den Systemtest dienen.

19.1.3 QS in der Modulprogrammierung

Bei den in diesem Abschnitt vorgestellten QS-Maßnahmen — und insbesondere bei den Reviews der Modulspezifikationen und -testentwürfe — ist zu beachten, daß sie eine große Breitenwirkung haben. Da sie für jedes Modul durchgeführt werden,

- erfordern sie wegen ihrer hohen Zahl einen beträchtlichen Aufwand
- und üben auf das gesamte Team einen starken Einfluß aus.

Deshalb ist es besonders wichtig, ihre Bedeutung für das Projekt klar herauszustellen und durch sorgfältige Organisation, Vor- und Nachbereitung sowie Durchführung zu unterstreichen. Abbildung 19.2 gibt eine Übersicht der QS in der Modulprogrammierung.

Review von Modulspezifikationen

Die Spezifikation jedes Moduls wird nach ihrer Fertigstellung begutachtet. Das Ziel dieses Reviews ist es zu erkennen, ob die Spezifikation als verbindliches Dokument verabschiedet werden kann oder nicht — verbindlich für den Implementierer und die Anwender, die dann wissen, was sie anzubieten bzw. zu erwarten haben.

Der Leiter (Moderator) des Reviewteams ist für die Berichte verantwortlich, über deren Substanz bereits während des Reviews Einigkeit erzielt werden muß. Der Ergebnisbericht enthält die Entscheidung, ob die Spezifikation in den Projektbiblio-

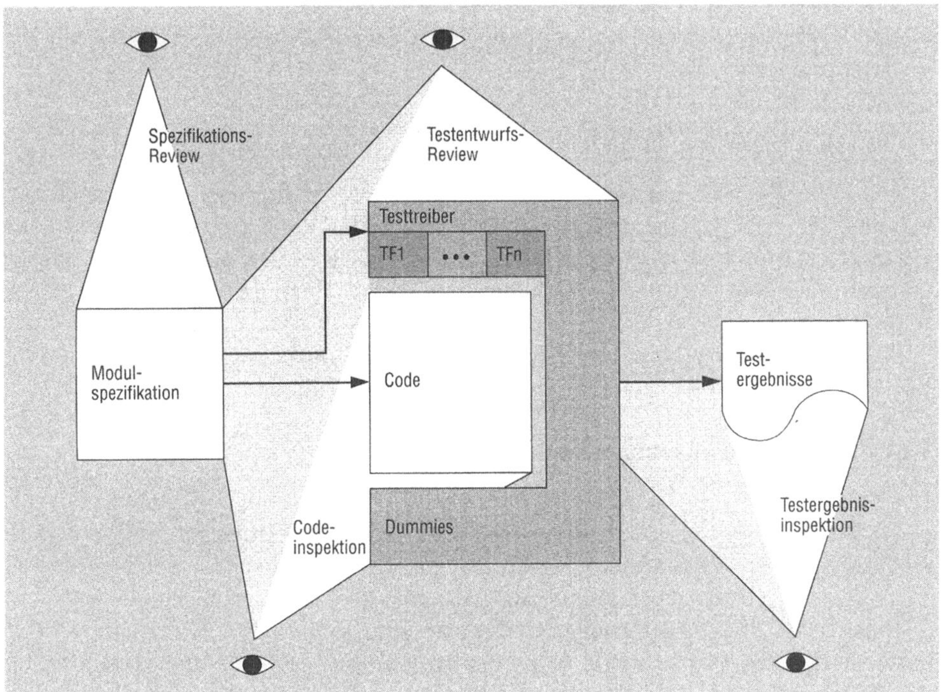

Abb. 19.2 Reviews und Inspektionen in der Modulprogrammierung

thekszustand *in Abnahme, in Überarbeitung* oder *in Bearbeitung* überführt wird. Für den Fall der Be- und Überarbeitung muß der Sachbericht die fraglichen Punkte benennen. Das Reviewteam entscheidet damit, ob und wann eine Spezifikation von der Arbeits- auf die Integrationsstufe gehoben wird! Die Reviewer werden themenspezifisch ausgewählt. Unter ihnen müssen unbedingt auch Importeure des zur Diskussion stehenden Moduls sein.

Prüflisten und Protokollformulare siehe Abschnitt 19.2.

Code-Inspektionen

Code-Inspektion — auch Code-Reading genannt — bezieht sich auf die Konstruktion und den Code eines Moduls, wobei die Kenntnis seiner Spezifikation vorausgesetzt wird. Der Code muß syntaktisch fehlerfrei sein.

Die Inspektion wird nicht von einem Team, sondern von einem Kollegen des Modulentwicklers durchgeführt. Es empfiehlt sich, die Mitarbeiter einer Gruppe — unter Ausschluß des Gruppenleiters — in eine zyklische Reihenfolge (z.B. alphabetisch) zu bringen und so zu verfahren, daß ein Mitarbeiter den Code seines Vorgängers inspiziert und von seinem Nachfolger inspiziert wird. Gelegentlich sollte man die Reihenfolge ändern. Damit erreicht man über das Primärziel einer frühzeitigen Fehlererkennung hinaus vor allem

- einen Anreiz zum gut verständlichen Programmieren,
- eine Vereinheitlichung des Programmierstils und ein zwangloses Durchsetzen von Programmierrichtlinien,
- Know-how-Verbreiterung bezüglich Programmiertechniken,
- das Einarbeiten von Ersatzleuten.

Der Zeitaufwand eines Inspekteurs sollte sich pro Modul auf etwa 1 bis 3 Tage belaufen. Er bringt seine Anmerkungen unmittelbar im Programmlisting an; ein gesondertes Protokoll wird nicht geführt. Die Tatsache, daß eine Code-Inspektion stattgefunden hat, wird im Modulkopf durch den Eintrag des Namens des Inspekteurs dokumentiert.

Eine Überführung irgendwelcher Bausteine von der Arbeits- auf die Integrationsstufe in der Projektbibliothek ist damit nicht verbunden.

Review des Modultestentwurfs

Der Testentwurf jedes Moduls wird nach seiner Fertigstellung begutachtet. Das Ziel dieses Reviews ist es, die Anforderungen an den Test des betroffenen Moduls in Form eines Testtreibers festzulegen. Das Modul gilt als ausreichend funktional getestet, wenn es diesem Testtreiber „standhält", also alle Testfälle erfolgreich besteht.

Hinsichtlich der Durchführung des Reviews gilt das zum Spezifikationsreview Gesagte. In der Regel wirkt ein Mitglied des Integrationsteams als Reviewer mit. Falls der Code des Moduls inspiziert wurde, nimmt der Inspekteur ebenfalls teil.

Eine Übergabe eines Bausteins erfolgt anläßlich dieses Reviews nicht, weil u.U. eine Erweiterung des Testtreibers aufgrund von Erkenntnissen in der Testdurchführung erforderlich ist.

Inspektion von Modultestergebnissen

Jeder Testlauf eines Moduls erzeugt Ergebnisse, die in einer Datei festgehalten und auf Wunsch leserlich aufbereitet und ausgedruckt werden. Sie sind ein wichtiger Teil der Information, die der Entwickler zur Fehlersuche und -behebung benötigt. Hauptsächlich dienen sie jedoch dem Nachweis, ob das Modul den Testanforderungen genügt.

Wenn der Entwickler der Auffassung ist, daß sein Modul den durch den Testentwurf festgelegten Test erfolgreich bestanden hat, teilt er dies seinem Projektleiter mit. Dieser inspiziert die Testergebnisse, indem er sie mit den im Testentwurf formulierten Erwartungen vergleicht.

Verläuft die Inspektion erfolgreich, so ist die Arbeit an dem Modul für den Entwickler beendet; der Produktverwalter überführt es in der Projektbibliothek auf die Integrationsstufe (Zustand *abgenommen*).

19.1.4 QS in der Systemintegration

Die Testentwürfe und -ergebnisse der Subsysteme werden Reviews bzw. Inspektionen ähnlich dem Modultest unterzogen.

19.2 Formulare und Prüflisten

19.2.1 Formulare für QS-Dokumente

<table>
<tr><td colspan="2" align="center">REVIEW-ERGEBNISBERICHT</td></tr>
<tr><td>Baustein:</td><td>...</td></tr>
<tr><td>Datum:</td><td>...</td></tr>
<tr><td>Teilnehmer:</td><td></td></tr>
<tr><td>Moderator:</td><td>...</td></tr>
<tr><td>Protokollführer:</td><td>...</td></tr>
<tr><td>Entwickler:</td><td>...</td></tr>
<tr><td>Reviewer:</td><td>...</td></tr>
<tr><td></td><td>...</td></tr>
<tr><td></td><td>...</td></tr>
<tr><td>Entscheidung:</td><td>...</td></tr>
</table>

inO = *Baustein in Ordnung*
klÄ = *Baustein erfordert kleine Änderungen,*
     kein neues Review
grÄ = *Baustein erfordert größere Änderungen bzw. Neuentwicklung,*
     neues Review nötig
neR = *neues Review aus bausteinfremden Gründen notwendig*

<table>
<tr><td colspan="2" align="center">REVIEW-SACHBERICHT</td></tr>
<tr><td>Baustein:</td><td>. . . . .</td></tr>
<tr><td>Datum:</td><td>. . . . .</td></tr>
<tr><td>Teilnehmer:</td><td></td></tr>
<tr><td>Moderator:</td><td>. . . . .</td></tr>
<tr><td>Protokollführer:</td><td>. . . . .</td></tr>
<tr><td>Entwickler:</td><td>. . . . .</td></tr>
<tr><td>Reviewer:</td><td>. . . . .</td></tr>
<tr><td></td><td>. . . . .</td></tr>
<tr><td></td><td>. . . . .</td></tr>
<tr><td></td><td>. . . . .</td></tr>
<tr><td colspan="2">Sachbericht:</td></tr>
</table>

REVIEW-RANDTHEMENBERICHT

Baustein: ....

Datum: ....

Teilnehmer:

    Moderator: ....

    Protokollführer: ....

    Entwickler: ....

    Reviewer: ....

    ....

    ....

    ....

Rückfragen an: ....

    ....

    ....

Fragen und Probleme:

19.2.2 Prüfliste für Reviews von Modulspezifikationen

Modulmodell

- Ist das Modulmodell so beschrieben, daß man daraus die Bedeutung der Operationen gut verstehen kann?
- Ist das Modulmodell formal konsistent mit der Spezifikation der Operationen?
- Terminologie:
  - Sind die relevanten Begriffe definiert oder gibt es in anderen Kapiteln der Spezifikation (Export-Operationen, Restriktionen) Begriffe, die nicht im Modell definiert sind?
  - Sind die Begriffe konsistent?
  - Gehören die Begriffe zur Begriffswelt der Spezifikation (d.h. des Importeurs), nicht der Konstruktion?
  - Ist klar, was die Formulierungen bedeuten (nicht bedeuten), d.h. sind die Begriffe genügend gegen andere abgegrenzt?

Export-Operationen

- Werden die Namenskonventionen bei der Wahl der Operationsbezeichner eingehalten?
- Exportiert das Modul Generierungs-, Initialisierungs- und (Wieder-)Anlauf-Operationen oder ist explizit gesagt, daß solche Operationen nicht benötigt werden?
- Sind die funktionalen Beschreibungen der Operationen im „Pre/Postcondition-Stil" abgefaßt? Anders ausgedrückt: Ist die Situation nach Beendigung der Operation beschrieben (statisch) oder wird gesagt, was die Operation „tut" (dynamisch)?
- Ist deutlich zwischen Normal- und Systemfehlerverhalten unterschieden?
- Sind alle (und nur die) Effekte beschrieben, die der Importeur beobachten kann?
- Ist die Art der Parameter derart gewählt, daß sie das Modulgeheimnis wahren?
- Gibt es (genau) eine Operation(enfolge), um einen bestimmten Effekt zu erzielen?
- Ist für alle Parameter der Typ und damit der Wertebereich definiert?
- Gibt es für jeden Eingabeparameter einen Systemfehler für Wertebereichsverletzung?
- Sind die Informationen der in-, inout-, out-Parameter wirklich Input, Update bzw. Output? Dies ist besonders bei der Umsetzung von logischen in technische Parameter zu beachten: Zeiger sind technischer Input, die zugehörigen Parameter können vom Typ in, inout oder out sein!
- Welche Konsistenzbeziehungen (Redundanzen) gibt es in der Parameterliste?
- Ist die Information, die an der Schnittstelle übergeben wird, vollständig oder redundant?
- Finden sich die Namen und Begriffe der logischen Schnittstellenbeschreibung in den technischen Includes wieder?
- Welche Datentypen sind dieselben / die gleichen?

- Ist die Gruppierung der Operationen in den exportierten Includes sinnvoll gewählt?

Sonstiges

- Sind Reihenfolgebedingungen und Restriktionen aus der Beschreibung des Modulmodells heraus verständlich?

20

Projektmanagement

Management von Softwareprojekten ist eine schwierige Aufgabe, für die man technische Kompetenz und persönliche Ausstrahlung braucht. In erster Linie kommt es auf die Führung des Teams an, und erst in zweiter Linie sind die stärker systematisierbaren Tätigkeiten des Planens, Kontrollierens und Verwaltens wichtig. Dafür gibt es auch Werkzeuge. Grundlage eines sicheren Managements ist ein gutes Design der Software.

20.1 Führen

20.2 Planen, Kontrollieren und Verwalten

Projektmanagement, das ist ein schwieriges Kapitel, und zwar in doppelter Hinsicht: Zum einen ist es schwer, eine systematische Abhandlung darüber zu schreiben, zumal für den Techniker, der danach strebt, seinen Stoff logisch zwingend aufzubauen. Dafür ist zuviel Intuition, Psychologie, (Unternehmens-) Politik, kurz: menschliches Verhalten im Spiel. Zum anderen ist das Management der entscheidende Erfolgsfaktor eines Projekts, und es ist wirklich schwierig, Softwareprojekte erfolgreich zu machen, d.h. Software mit hoher Qualität in meist knapp bemessener Zeit und zu einem vernünftigen Preis zu entwickeln.

Wenn ein Projekt Not leidet, wird — meist zu Recht — ein Managementproblem vermutet, das zu lösen eine Änderung in der Führung verlangt. Bei näherem Hinsehen zeigt sich dann oft auch noch ein Mangel in der Softwaretechnik. Dieser Zusammenhang ergibt sich natürlich nicht zufällig: Ein guter Manager sorgt für eine gute Technik, denn ohne eine klare Struktur kann er das Projekt nicht sicher führen. Gute Technik ist eine notwendige, jedoch nicht hinreichende Bedingung, mit anderen Worten, sie ist Voraussetzung, aber nicht Gewähr eines erfolgreichen Projektmanagements.

Vielfach werden *Planen* und *Kontrollieren* als die zentralen Aufgaben des Managements gesehen. Natürlich ist es notwendig, die Aktivitäten und Ressourcen eines Projekts aufzustellen, den Aufwand zu schätzen, Termine zu planen und Bearbeiter den Aktivitäten zuzuordnen. Und natürlich ist es ebenso wichtig, ständig zu überprüfen, ob die Wirklichkeit (noch) mit dem Plan übereinstimmt, um ggf. einen neuen zu machen. Bei aller Bedeutung eines strikt kontrollierten Plans bleibt die vornehmste Aufgabe des Managements immer noch — *Führen* des Projekts.

20.1 Führen

Menschen machen Projekte.

Dieser Leitgedanke macht klar, worauf es in der Projektführung entscheidend ankommt: die richtigen Menschen zum richtigen Zeitpunkt in der richtigen Aufgabe zur Entfaltung kommen lassen. Gute Softwareentwickler sind — und müssen sein! — hochqualifizierte, kreative Individualisten, die aber nur in kooperativer Teamarbeit ihr Ziel erreichen können. Darin liegt die Führungsaufgabe: Die bestmöglichen Leute einsetzen, ihre Aufgaben und Arbeitsbedingungen so gestalten, daß sie daran Freude haben und sie zu einem Team zusammenschweißen. Motivation und Engagement stellen sich dann von selbst ein. Aber was tun, falls man nicht ausreichend viele geeignete Mitarbeiter gerade dann hat, wenn man sie braucht? Auf jeden Fall ist es falsch, nach dem Prinzip „Masse statt Klasse" zu handeln und viele schwache anstelle weniger guter Leute einzusetzen. Das wird aus mehreren Gründen teuer: Erstens sind normalerweise die Unterschiede in den Leistungen größer als in den Gehältern, zweitens verursacht ein größeres Team höheren Zusatzaufwand für die Kommunikation, und drittens legen viele Schwache wenige Starke lahm, weil sie zu viel Führung brauchen. Das wird dann schnell zum Nullsummenspiel, weil die Starken keine produktive Leistung mehr erbringen, sondern nur noch andere betreuen. Es lohnt sich allemal, auf einen guten Mitarbeiter länger zu warten, als eine Vakanz schnell mit zwei schwächeren zu besetzen!

Das MOI-Modell

In den Mittelpunkt seines Buches *Becoming an Technical Leader,* [Weinberg 86], stellt Gerald Weinberg sein *MOI Model of Leadership.* Er meint damit das ausgewogene Zusammenspiel dreier Kräfte:

> *Motivation:* Freuden und Leiden, die die Beteiligten antreiben.
> *Organisation:* die Arbeitsumgebung, in der Ideen praktisch realisiert werden.
> *Ideen bzw. Innovationen:* die Keimzellen des Neuen.

Ausgewogenheit tut dabei not: In einem motivierten Team zu arbeiten bringt Freude, für sich allein aber noch kein Ergebnis. Zu wenig Organisation führt ins Chaos, ein Übermaß in die Bürokratie. Innovative Ideen sind wichtig, aber unentwegt nur Ideen gebären verträgt sich nicht mit zielgerichteter Projektarbeit.

Das klingt einleuchtend und simpel, und dennoch ist es schwer, eine Arbeitsumgebung zu schaffen, in der MOI einen harmonischen Akkord ergibt — zweifellos die zentrale Führungsaufgabe.

Der ideale Projektleiter

„Gute" Projektführung zu definieren ist schwer. Einen passablen Ausweg findet man darin, sich den „idealen" Projektleiter vorzustellen, seine Eigenschaften, was er kann und was er wie tut:

- Eine gewisse Ausstrahlung — fast möchte man sagen: *Charisma* — braucht er, also die Fähigkeit, andere zu begeistern und mitzureißen.

- Er ist in hohem Maße *kommunikationsfähig,* d.h. er kann sich genau so gut mitteilen wie Informationen von anderen aufnehmen. Er muß also gut reden, fragen und zuhören, komplexe, oft noch unklare Sachverhalte verstehen und strukturiert darstellen können.

- Er kann *überzeugen* und sich — dank seiner Überzeugungskraft — *durchsetzen.*

- Ein guter *Projektleiter* hat fachlich-technische Fähigkeiten auch im Detail, so daß er in der Lage ist, jede Tätigkeit eines seiner Mitarbeiter prinzipiell auch selbst auszuführen. Auch ein *Projektmanager* verfügt über eine — wenn auch generelle — fachlich-technische Kompetenz, um seinen übergreifenden Aufgaben (Personal-, Vertrags- und Budgetverantwortung, Gesamtleitung von Großprojekten, Öffentlichkeitsarbeit etc.) gerecht zu werden. Falsch ist die verbreitete Auffassung, er müsse keine Sachkompetenz haben.

- Der ideale Projektleiter *setzt* seinen Mitarbeitern in absehbarer Zeit erreichbare *Ziele,* leitet sie so an, daß sie jederzeit sinnvoll, zielgerecht, produktiv arbeiten können. Er macht, wenn nötig, auch mal was vor.

- Er *motiviert* seine Mitarbeiter, lobt sie oft, aber nur, wenn es ehrlich gemeint ist. Wenn er kritisiert, dann möglichst sofort, konkret und konstruktiv.

- Er *informiert* sein Team rasch und umfassend, auch über Hintergründe, die für die unmittelbare Arbeit irrelevant erscheinen. Dafür sind regelmäßige Meetings des ganzen Projektteams ein unentbehrliches Instrument; wenn sie fehlen, stimmt etwas nicht.

- Er ist sich bewußt, daß es (fast immer) wichtiger ist, andere an produktiver Arbeit zu halten als eigene Ergebnisse (Dokumente, Programme u.ä.) zu bringen.

- Er *kann* auch mal *nein sagen,* zu Mitarbeitern, denen er nicht jeden Wunsch nach Terminverschiebung, mehr Ressourcen oder Urlaub durchgehen läßt, ebenso wie zu seinem höheren Management oder Kunden, von dem er nicht jede Termin-, Budget- oder sonstige Vorgabe akzeptiert.

- Das Verhängen einer Urlaubssperre angesichts von Terminproblemen ist meistens Ausdruck eines hilflosen Projektmanagements.

Design und Reviews

Gutes Design, mithin eine saubere Softwarestruktur, ist eine wesentliche Grundlage des Projektmanagments. Wie erhält man es? Dazu zwei Aspekte:

- Vor allem in der Führung großer Projekte ist es zweckmäßig, die Funktionen von *Manager* und *Designer* zu trennen und nicht — wie bei kleinen Projekten sinnvoll und nötig — in einer Person zu vereinen. Denn sie sind jeweils (mehr als) ein Full-time-Job. Weiterhin ist die stark ereignisgetriebene und außenorientierte Arbeitsweise des Managers schwer mit der nötigen, nach innen gerichteten Kontinuität des Designers vereinbar. Und schließlich sind Macher (Manager) und Denker (Designer) selten, ganz besonders aber Macher-Denker. Zur Vertiefung dieses Aspekts sei auf das Kapitel „Why did the tower of Babel fail!" in [Brooks 75] hingewiesen.

- In der Regel empfiehlt sich die Bildung eines *Designteams,* in dem — unter Leitung des Chefdesigners — die technisch führenden Köpfe des Teams alle wesentlichen Konzepte erdenken, überprüfen, erarbeiten, darüber Konsens herstellen. Das Designteam ist ein wertvolles Führungsinstrument eines Projekts.

Ein solches ist auch in Form von Reviews gegeben, also in der Begutachtung von diversen (Entwurfs-) Dokumenten durch Experten; siehe auch Kapitel 19 (Qualitätssicherung). Denn dabei wird nicht nur die Qualität eines Dokuments festgestellt und dadurch auch der Projektstatuts, sondern ebenso das Verständnis für das Design insgesamt im Team verbreitet und gefestigt. Insofern spielen die Mitglieder des Designteams auch in der Reviewtätigkeit eine wichtige Rolle; sie stellen dabei nicht' nur im nachhinein fest, ob ihre Entwürfe richtig umgesetzt wurden, sondern können auch auf künftige Arbeiten gestaltend einwirken.

Komplexität meistern

Die Kunst des Führens zeigt sich auch in der Fähigkeit, komplexe Probleme zu durchschauen, einfach darzustellen und systematisch zu lösen. Die Entwicklung großer Softwaresysteme ist ein komplexes Problem. Damit wird man nur fertig, wenn es gelingt, das Ganze in überschaubare Teile zu gliedern („divide et impera"). Es ist das Ziel eines guten Designs, eine klare Modularität herauszuarbeiten. Aber es fängt schon vorher, auf einer höheren Ebene an: Der Projektleiter muß danach streben, *Stufen* zu definieren, auf denen er schrittweise zum Projekterfolg steigen kann. Das ist nicht so einfach, wie es klingt; die Anwender wollen alles auf einmal, das Management auch, und zwar möglichst schnell, und die Entwickler sehen alles voller komplexer Abhängigkeiten. Wie soll man da noch Stufen bilden? Und dennoch: es lohnt sich!

Leitungsgremium

Jedes größere Projekt sollte unter der Schirmherrschaft und Kontrolle eines Leitungsgremiums stehen, verschiedentlich auch Control Board, Entscheiderkreis, Projektausschuß oder so ähnlich genannt. Seine Aufgabe ist das Setzen und ggf. Modifizieren von Zielen und Terminen auf globaler Ebene sowie die Budgetkontrolle. Dazu muß es ständig den aktuellen Stand des Projekts zur Kenntnis nehmen. Es sollte regelmäßig mindestens alle zwei bis drei Monate tagen, und nicht nur, wenn Probleme auftreten. Seine Mitglieder müssen hochrangige Entscheidungsträger aus folgenden Bereichen sein:

- Unternehmensleitung (Vorstand, Geschäftsführung), also der Investor
- Leiter der betroffenen Anwendungsbereiche
- Leiter der Datenverarbeitung/Organisation
- Projektmanager/-leiter und Chefdesigner.

20.2 Planen, Kontrollieren und Verwalten

Projektplanung

Die folgende Formel drückt die Essenz der Projektplanung aus:

$$Aufwand = Anzahl\ Bearbeiter \times Projektdauer$$

Welche sind darin die gegebenen, welche die zu bestimmenden Größen? Der idealtypische (naive?) Ansatz unterstellt den *Aufwand*, gemessen in Bearbeiter-Stunden/Tagen/Wochen/Monaten/Jahren, als die gegebene Größe, die durch die gewünschte Leistung der zu entwickelnden Software zumindest im Prinzip bekannt, wenn auch am Anfang schwer zu schätzen ist. *Anzahl* der *Bearbeiter* und die *Projektdauer*, d.h. der Termin der Fertigstellung sind daraus abzuleiten.

Aber so einfach ist die Welt nicht. Zunächst einmal sind die drei Größen nicht voneinander unabhängig. Der Aufwand ist eine Funktion der Anzahl (und Qualität) der Bearbeiter und damit auch des Termins. Es ist evident, daß ein größeres Team einen Mehraufwand an Kommunikation verursacht, ohne eine größere (Netto-) Leistung zu erbringen. Im Sprachgebrauch der Elektrotechnik könnte man von einer höheren Blind- bei gleichbleibender Wirkleistung sprechen.

Und dann erlebt man in der Projektpraxis, daß die Gleichung fast immer überbestimmt ist. Das Management wünscht sich das System zu einem viel zu frühen Termin oder der Anwender schafft es nicht rechtzeitig, seine Anforderungen zu artikulieren. Während der Entwicklung fallen ihm noch weitere ein, so daß sich der Aufwand erhöht. Zu alledem ist man im Teamaufbau nicht frei, weil man nicht ausreichend geeignete Mitarbeiter hat und neue nicht ohne weiteres bekommt. Der Projektleiter steht also oft vor der Quadratur des Kreises. Da hilft ihm dann nur eines: Die Situation offen seinem Management bzw. Auftraggeber darlegen und Vorschläge unterbreiten, die eine Lösung der obigen Gleichung erlauben.

Projektplanung erstreckt sich im wesentlichen auf die folgenden fünf Aufgaben:

- **Aktivitäten auflisten**
  Der Projektleiter beginnt seine Planungsarbeit am besten mit einer Aufstellung aller nötigen Aktivitäten. Der wichtigste Teil leitet sich dabei aus den gemäß Projektmodell zu *erzielenden Ergebnissen* ab (siehe Abb. 3.4), also z.B. „Datenmodell erstellen" oder „Modul XYZ spezifizieren". Letzteres Beispiel zeigt, daß man nicht alle Aktivitäten gleich am Anfang des Projekts benennen kann, weil Modul XYZ erst in der Systemkonstruktion (Modularisierung) zu existieren beginnt. Bis dahin kann man nur die viel pauschalere Aktivität „Module spezifizieren" vorsehen.

  Natürlich muß man auch jene Aktivitäten berücksichtigen, die nicht unmittelbar zur operationellen Software beitragen. Da gilt es zum einen, *Hilfssoftware* zu realisieren wie Prototypen, Testtreiber, Tools u.ä.m. Zum anderen ist eine Reihe *allgemeiner Aktivitäten* unvermeidlich, angefangen mit Projektleitung und -verwaltung über Systemunterstützung (Systemsoftware-Beratung, Hardware-Installation), Abstimmungen mit dem Anwender, QS-Maßnahmen bis hin zu Einarbeitung und Schulung von Entwicklern und Anwendern.

- **Ressourcen vorsehen**
  Der Projektleiter muß rechtzeitig bedenken, welche Ressourcen das Projekt wann benötigt. Dazu gehören so unterschiedliche Dinge wie Räume und Rechner, Terminals, Drucker und Leitungen, Software und Schulungen und manches mehr. Alles kostet (viel) Geld und braucht Zeit, will also gründlich vorbereitet sein. Man vergegenwärtige sich nur, daß zwischen Antragsstellung und Installation einer Standleitung bei der Post mehrere Monate verstreichen können.

- **Aufwand schätzen**
  Dies ist die größte Quelle von Planungsfehlern. Zwei Methoden werden immer wieder diskutiert, ihre konkrete Anwendung dürfte jedoch im umgekehrten Verhältnis zu ihrer Publizität stehen:

  - *COCOMO,* [Boehm 81], basiert auf der Anzahl zu entwickelnder Zeilen Code, die zu Beginn eines Projekts schwer zu schätzen, am Ende jedoch leicht festzustellen ist. Daraus wird der Aufwand in Bearbeitermonaten mit einer logarithmischen Formel errechnet, in die viele, aus abgeschlossenen Projekten gewonnene Parameter einfließen.

  - Die *Function Point Methode,* siehe etwa [Noth-Kretschmar 84], ermittelt den Aufwand aus bestimmten Kenngrößen der Anwendung, z.B. Anzahl von Ein/Ausgaben und logischen Dateien, gewichtet entsprechend ihrer Komplexität.

Natürlich geht die Produktivität des Entwicklungsteams entscheidend in die Rechnung ein, die durch Auswerten abgeschlossener Projekte ermittelt werden muß.

Unsere eigene Methode ist hausbackener: Wir schätzen den Aufwand der Aktivität, die sich jeder Software-Ingenieur am konkretesten vorstellen kann: die Programmierung eines Moduls. Dazu nehmen wir frühzeitig eine Modularisierung vor, die nur der Aufwandskalkulation dient, von der tatsächlichen erheblich abweichen kann und lediglich funktional einigermaßen vollständig sein muß. Wir schätzen den Aufwand für jede Modulkonstruktion (Codierung) und rechnen den Gesamtaufwand für die operationelle Software nach folgendem Schema hoch:

25% Systemspezifikation
15% Systemkonstruktion
40% Modulprogrammierung
     mit Modulspezifikation : -konstruktion : -test = 1 : 1 : 1
20% Systemintegration

Diese Verhältniszahlen dürfen keinesfalls als allgemeingültige Werte angesehen, sondern müssen immer wieder überprüft und neu justiert werden.

Zudem erweist sich ein „plausibles Personalgebirge" als nützliche Kontrolle der Aufwandsschätzung: Man zeichne den Verlauf einer vernünftigen Teamgröße über einem ebenfalls vernünftigen Zeitraum auf und ordne Aufgabenkomplexe grob zu. Die Fläche unter der Kurve ergibt den Gesamtaufwand.

- **Team organisieren**

Daß es beim Teamaufbau vornehmlich darauf ankommt, die bestmöglichen Leute zum richtigen Zeitpunkt mit der ihnen angemessenen Aufgabe zu betrauen, wurde schon im vorigen Abschnitt betont. Bei mittleren und großen Projekten — von 2–3 Bearbeiterjahren bzw. 4–5 Entwicklern aufwärts — sollte man die einzelnen Aufgaben zu größeren Komplexen bündeln bzw. Teilprojekte bilden und dafür jeweils *einen Verantwortlichen* benennen. Darin wird oft eine zusätzliche Hierarchie gesehen und, vor allem in einem Team etwa gleich starker Entwickler, unangenehm empfunden. Dennoch lasse man sich nicht davon abhalten, denn das Übernehmen einer eindeutigen Verantwortung ist eine starke Motivation und Verpflichtung, somit ein wichtiger Erfolgsfaktor. Auf jeden Fall muß jeder Mitarbeiter jederzeit eine klar definierte Aufgabe haben.

Beim Teamaufbau erlebt man regelmäßig einen Konflikt: Man möchte in den frühen Phasen mit einem kleinen, hochqualifizierten Team arbeiten und scheut sich wegen des Betreuungsaufwands und Mangels an passenden Aufgaben, frühzeitig weitere, unerfahrene Mitarbeiter hinzuzunehmen. Man sollte es dennoch tun, denn es zahlt sich aus, wenn die Entwicklung „in die Breite" geht. Dann erst das Team zu vergrößern, kann zu Terminverzögerungen führen, denn die Einarbeitung dauert in der Regel länger als man denkt. Also, die Neuen rechtzeitig warmlaufen lassen!

Und schließlich darf der Projektleiter nicht vergessen, die *Anwender* in die Teamorganisation einzubeziehen. Er muß dabei bedenken, daß sie nicht in erster Linie für die Entwicklung da sind und daß ihr eigentliches Geschäft saisonale

Spitzen haben kann, in denen sie nicht für Analysen oder Tests verfügbar sind. Außerdem muß er berücksichtigen, daß die Anwender oft eine ganz andere Art zu arbeiten und zu denken haben als seine Entwickler. Es ist keine leichte Aufgabe, Gegebenheiten, Bedürfnisse und Fähigkeiten von Anwendern und Entwicklern in der Teamorganisation unter einen Hut zu bringen.

- **Termine festlegen**
  Idealerweise sollte man Projektdauer und damit Termine nach der „Formel"

$$Projektdauer = \frac{Aufwand}{Anzahl\ Bearbeiter}$$

  ausrechnen, wobei eine optimale Teamgröße angenommen wird — vor allem nicht zu groß wegen des Kommunikationsaufwandes, aber auch nicht zu klein, denn eine gewisse kritische Masse muß schon da sein. Leider wird dieses ideale „Vorwärtsrechnen" des Termins oft dadurch vereitelt, daß ein Endtermin „gottgegeben" ist, sei es aus (unternehmens-) politischen Gründen oder wegen tatsächlicher Sachzwänge. Dann muß man „rückwärts rechnen", d.h. die gegebene Zeitspanne vom Endpunkt her so einteilen, daß man die nötigen Aufwände und Aktivitäten irgendwie auf der Zeitachse unterbringt. Das führt dann schnell zu einem übergroßen Team und zu „Quick and dirty"-Lösungen. Im Endeffekt wird der Termin doch nicht eingehalten, ja sogar stärker überzogen, als wenn man von vornherein realistisch geplant und keine Hauruck-Aktion veranstaltet hätte.

  Ein guter Projektleiter plant die Termine nicht ohne Beteiligung seiner Mitarbeiter, er gibt sie nicht vor, sondern erarbeitet sie mit ihnen. Das heißt nicht, daß er sich die Termine einfach sagen läßt und in seinen Plan einträgt. Er muß schon gestaltend einwirken, d.h. mal einen Termin heranziehen, ein andermal mehr Zeit geben. Dazu muß er die Aufgaben inhaltlich verstehen und die Mentalität seiner Mitarbeiter kennen. So entsteht ein realistischer Terminplan und vor allem einer, dem sich die Entwickler verpflichtet fühlen, weil sie ihn mitbestimmt haben. Für seine Einhaltung werden sie sich ganz anders engagieren, als wenn er ihnen ohne Mitwirkung vorgegeben wird.

Abschließend ein paar Grundgedanken, die man bei der Projektplanung beherzigen sollte:

- So *konkret* wie irgend möglich planen; jedes Schema, wie etwa das Projektmodell, mit projektspezifischem, detailliertem Inhalt ausfüllen.

- Nur so detailliert planen, wie man konkret Bescheid weiß. Es macht keinen Sinn, weit in der Zukunft liegende Aktivitäten nach irgendeinem Schema kleinlich aufzuschlüsseln, denn es kommt ohnehin anders. Ein Plan darf und muß immer pauschaler und unschärfer werden, je weiter er in die Zukunft reicht. Die naheliegenden Aufgaben müssen dafür umso konkreter geplant sein.

- *Netzplantechnik* (Näheres dazu weiter unten) verleitet dazu, eine Genauigkeit vorzutäuschen, die de facto nicht vorhanden ist. Sie ist in der Softwareentwicklung ohnehin problematisch, weil sie die Abhängigkeiten zwischen Aktivitäten in einer Unbedingtheit vorsieht, die es in Wirklichkeit nicht gibt. Nach unserer Erfahrung empfiehlt sich Netzplantechnik in einem DV-Projekt nur auf einer übergreifenden Ebene, nicht für die Softwareentwicklung allein; dort reichen Balkenpläne.

- Fast immer gilt: Alles dauert länger und kostet mehr, als man zunächst denkt. Der kluge Projektleiter kalkuliert also Reserven ein oder versucht es zumindest. Aber: Jedes Budget, jeder Termin, wie reichlich auch immer bemessen, wird ausgeschöpft. Also tut er gut daran, knappe Ziele zu setzen. Aber wohin dann mit den Reserven? Er bewegt sich da in einem Spannungsfeld, in dem es schwerfällt, nach allen Seiten glaubwürdig und erfolgreich zu operieren. Das ist eben die Kunst der Projektführung ...

Projektkontrolle

Was das bedeutet, kann man auf einen einfachen Nenner bringen: Der Projektleiter muß inhaltlich *Bescheid wissen!* Das verlangt von ihm ein hohes Maß an Kompetenz und Know-how in Anwendung und Softwaretechnik. Ohne das blickt er nicht durch, und seine Mitarbeiter können und werden ihm ein X für ein U vormachen.

Um wirklich Bescheid zu wissen, muß er mit einzelnen Entwicklern konkret über ihre Arbeit und Ergebnisse sprechen und darf sich nicht nur von den Teilprojektleitern berichten lassen. Eine sehr gute Informationsquelle sind natürlich QS-Maßnahmen. Er tut gut daran, regelmäßig an ihnen mitzuwirken, als Moderator oder Reviewer, aber möglichst nicht als passiver Zuhörer, denn das wirkt so unangenehm und hemmend wie der Besuch des Rektors in einer Schulklasse.

Ein simples und dennoch wirksames Hilfsmittel der Projektkontrolle ist eine *Liste offener Probleme*, in unserem Jargon kurz *LoP* genannt. In sie trägt der Projektleiter ein, was ihm alles an ungelösten Fragen und Punkten begegnet und wer sich bis wann darum kümmert. Regelmäßig spricht er sie mit den Betroffenen (Mitarbeiter, Anwender, Auftraggeber etc.) durch und stellt fest, was erledigt ist bzw. was nicht und warum nicht. Natürlich hat die LoP in der ersten Hälfte des Projekts die Tendenz zu wachsen, um dann — hoffentlich! — wieder zu schrumpfen. Wenn sie nicht schrumpft, ist das Projekt nicht in der zweiten Hälfte!

Projektverwaltung

Je größer ein Projekt, desto mehr Administration zieht es nach sich. Man denke nur an solche Aufgaben wie

- Anlegen und Fortschreiben des Projektplans,
- Budget-Buchhaltung,
- Verwalten der Projektbibliothek,
- Organisieren von Meetings,
- Beschaffen von Hilfsmitteln,
- Verwalten diverser Ressourcen,
- etc.

Wir wollen auf derartige Tätigkeiten gar nicht weiter eingehen. Sie sind für eine geordnete Projektabwicklung nötig und sorgfältig durchzuführen. Wir erwähnen sie nur, um ganz deutlich zu machen: *Projektmanagement ist nicht Verwaltung,* und der Projektleiter, der sich darauf zurückzieht — und leider muß man das des öfteren beobachten —, verfehlt seine Aufgabe!

Werkzeuge für das Projektmanagement

Die *Projektbibliothek* als das zentrale, alle Phasen übergreifende Werkzeug der Software-Entwicklung bietet dem Projektleiter ein wichtiges Instrumentarium für seine Planungen und Kontrollen; denn sie liefert nicht nur detaillierte Informationen über den Ist-Zustand, sondern erlaubt ihm auch Soll-Daten abzulegen (siehe auch Abschnitt 18.3.2).

Es gibt eine Reihe eigenständiger Tools zum Planen und Kontrollieren, meist auf *Netzplantechnik* basierend. Typische Systeme sind PAC (Projekt Analysis and Control), auf Großrechnern laufend, sowie MS-Project, Timeline, Super Project u.a. für PCs. Mit ihnen erfaßt man die geplanten

- Ressourcen (Bearbeiter, Maschinen, Räume etc.),
- Kapazitäten und Kosten der Ressourcen,
- Aktivitäten (z.B. Systemspezifikation, Rechnerinstallation) und ihre Abhängigkeiten,
- Aufwände und Termine der Aktivitäten,
- Zuordnungen von Ressourcen zu Aktivitäten.

Das Netzplansystem prüft diese Daten auf Plausibilität und erzeugt diverse Darstellungen:

- Netzpläne mit Angaben über kritischen Pfad, frühest möglichen Anfang, spätest mögliches Ende etc.,
- Balkendiagramme der Aktivitäten,
- diverse Auswertungen über Kosten, Ressourcen etc.

Einige Systeme, z.B. PAC, erlauben es, die Ist-Daten bezüglich Terminen, Aufwänden, Kosten, Fertigstellungsgrad etc. zu erfassen und erstellen damit Soll/Ist-Gegenüberstellungen für die Projektkontrolle.

Eine Warnung: Wenn man mit Netzplansystemen sehr detaillierte, kleine Aktivitäten plant (z.B. Spezifikation, Konstruktion und Test eines jeden Moduls), dann bringt einen der Zwang zur Angabe aller Abhängigkeiten in Schwierigkeiten. Denn sie sind in Wirklichkeit nicht so stark, wie es das System annimmt, und es entwickelt sich schnell ein Netzplan-Puzzle, das zum Selbstzweck wird.

Ein praktisches Hilfsmittel für die Projektplanung ist die *Tabellenkalkulation*, die auf PCs in Form von Produkten wie Lotus 1-2-3, Multiplan oder MS-Chart weit verbreitet ist. Sie eignet sich gut für Kosten- und Aufwandsberechnungen, jedoch nicht für Terminplanungen.

21

Historie

Software-Engineering ist mit seinen zwei Jahrzehnten ein noch sehr junges Gebiet und kann deshalb nicht Gegenstand einer abgeklärten Geschichtsschreibung sein. Im folgenden sind einige Daten seiner Entwicklung aufgeführt. Diese Liste ist weder besonders systematisch noch vollständig.

Software-Engineering ist ein junges Gebiet: Seine Geburtsstunde kann auf zwei
Konferenzen des NATO Science Committee in Garmisch und Rom in den Jahren
1968/69 datiert werden. Dort wurde auch der Begriff Software-Engineering geprägt
und zunächst eher als verbale Attacke auf die Programmierkünstler verstanden,
denn als positiv-programmatischer Ansatz. In der ersten Hälfte der 70er Jahre war
es hauptsächlich ein akademisches Gebiet — Entwurfs- und Programmiermethoden
wurden entwickelt, die inzwischen Eingang in die Praxis gefunden haben. Zu Beginn der zweiten Hälfte der 70er Jahre begannen einige Vorreiter in der Industrie —
insbesondere in Softwarehäusern —, diese Methoden praktisch zu erproben und für
ihre Bedürfnisse weiterzuentwickeln. Seit Beginn der 80er Jahre herrscht hierzulande
ein regelrechter Boom in Sachen Softwaretechnologie: Nahezu jedes Unternehmen,
das Software entwickelt oder wartet, hat eine Softwaretechnologie-Stabsstelle eingerichtet, schult seine Mitarbeiter auf diesem Gebiet, schreibt (oder läßt schreiben)
Entwicklungshandbücher, versucht, sie in Projekten anzuwenden — häufig mit zwei-
felhaftem Erfolg.

Diese Historie spiegelt sich natürlich auch in der Fachliteratur wider: In den ersten
zehn Jahren gab es nur Artikel in wissenschaftlichen Zeitschriften und Tagungsbän-
den — eine bemerkenswerte Ausnahme bildet das Buch von [Schnupp-Floyd 76]. Seit
Ende der 70er Jahre ist dann eine Reihe empfehlenswerter Lehrbücher erschienen:
[Kimm et al 79], [Jensen-Tonies 79], [Boehm 81], [Balzert 82], [Liskov-Guttag 86],
[Pressmann 87], [Meyer 88], um nur einige der wichtigsten zu nennen.

Die folgende Chronologie kann auch nicht annähernd dem an eine seriöse Geschichtsschreibung zu stellenden Anspruch gerecht werden. Sie will lediglich einige
für das Gebiet Software-Engineering relevante Daten, Fakten, Schlagworte, Publika-
tionen und Namen auflisten, um zumindest den jüngeren Fachkollegen einen Überblick der Entwicklung ihrer Disziplin zu geben. Und zudem ist die Auswahl der Daten
stark von der subjektiven Sicht des Autors geprägt.

Die 60er Jahre: Zaghafte Anfänge

1965	Simula: Class-Konzept
1968	Dijkstra: Goto considered harmful
1968/69	NATO-Konferenzen Garmisch (F.L. Bauer)/Rom: Der Begriff Software-Engineering wird geprägt.
	Die ersten Softwarehäuser werden gegründet.

Die 70er Jahre: Das Jahrzehnt des Aufbruchs

1970	Codd: Relationales Datenmodell
1971	Weinberg: Psychology of Computer Programming („egoless" attitude)
1971	New York Times Project Baker: Chief Programmer Team
1972	Dahl/Dijkstra/Hoare: Notes on Structured Programming
1972	Parnas: – On the criteria to be used in decomposing systems into modules – Software module specification
1973	Nassi/Shneiderman: Struktogramme
ab ca. 1973	diverse Software Life Cycle-Modelle
1975	Guttag: Algebraische Spezifikation abstrakter Datentypen
1975	Brooks: The Mythical Man Month („Adding man power to a late project makes it later")
1975	1st International Conference on Software Engineering
1976	DeRemer/Kron: Programming in the large versus small
ca. 1975	Das Schlagwort von der Softwarekrise kommt in Mode.
ab ca. 1970	Generatoren: – Entscheidungstabellen-Generatoren – Columbus (Siemens/Strukturierte Programmierung) – Delta

Interaktive Entwicklungssysteme:

1972	VM/CMS (Vorläufer: CP/CMS auf 360/67, ca. 1967)
1974	Unix
1976	PET/Maestro
ca. 1975	Test Coverage Metrics
1975	PSL/PSA
1975	Structured Analysis/Design
1976	Fagan: Code Inspection
1976	Chen: Entity/Relationship Approach
1977	SADT

1975–80   Sprachen:
           – CLU/Alphard/Euclid/Modula
           – Ada

1976/77   Denert:
           – Interaktionsdiagramme
           – Projektbibliothek
           – Datenabstraktion als Modularisierungsprinzip in der Praxis

1976–80   START-Projekt

Die 80er Jahre: Software-Engineering-Boom in der Praxis

1981   Boehm: COCOMO

ab ca. 1980   Diverse Entwicklungsumgebungen und Methodensysteme kommen:
                – S/E/TEC
                – Softorg
                – Promod
                – Epos
                – Predict Case
                – u.a.
                und einige verschwinden auch wieder.

                Relationale Datenbanksysteme kommen in der Praxis zum Einsatz.

                Sprachen der sog. 4. Generation gewinnen an Bedeutung.

                Unix setzt sich durch.

1985/86   SDI-Debatte

ab ca. 1987   CASE-Tools mit graphischen Oberflächen überfluten den Markt; sie unterstützen hauptsächlich Structured Analysis und Entity/Relationship-Datenmodellierung.

1988   Meyer:
                – Object-oriented Software Construction
                – Eiffel

1989   IBM kündigt AD/Cycle und Repository an.

                Objektorientierte Methodik (Datenabstraktion) gewinnt immer mehr Anhänger.

Literatur

[Ada 83] *The Programming Language Ada Reference Manual.* American National Standards Institute, Inc. ANSI/MIL-STD-1815A-1983. Springer 1983

[Balzert 82] Balzert, H.: *Die Entwicklung von Software Systemen: Prinzipien, Methoden, Sprachen, Werkzeuge.* Bibliographisches Institut 1982

[Balzert 85] Balzert, H. (Hrsg.): *Moderne Software Entwicklungssysteme und -werkzeuge.* Bibliographisches Institut 1985

[Bishop 86] Bishop, J.: *Data Abstraction in Programming Languages.* Addison-Wesley 1986

[Boehm 81] Boehm, B.W.: *Software Engineering Economics.* Prentice-Hall 1981

[Booch 86] Booch, G.: *Software Engineering with Ada.* Benjamin/Cummings 1986

[Brooks 75] Brooks, F.P.: *The Mythical Man Month.* Addison-Wesley 1975

[Chen 76] Chen, P.P.S.: *The entity-relationship model — toward a unified view of data.* ACM Transactions on Database Systems 1.1, pp. 9–36 (1976)

[Cox 86] Cox, B. J.: *Object-Oriented Programming.* Addison-Wesley 1986

[Dahl et al 72] Dahl, O.-J., Dijkstra, E.W., Hoare, C.A.R.: *Structured Programming.* Academic Press 1972

[Dahl-Hoare 72] Dahl, O.-J., Hoare, C.A.R.: *Hierarchical Program Structures.* In: [Dahl et al 72]

[Date 86a] Date, C.J.: *An Introduction to Database Systems.* Volume I, Fourth Edition. Addison-Wesley 1986

[Date 86b] Date, C.J.: *Relational Database: Selected Writings.* Addison-Wesley 1986

[Deitel 83] Deitel, H.M.: *An Introduction to Operating Systems.* Addison-Wesley 1983

[DeMarco 79] DeMarco, T.: *Structured Analysis and System Specification.* Yourdon 1979

[DeRemer-Kron 76] DeRemer, F., Kron, H.H.: *Programming-in-the-large versus Programming-in-the-small.* IEEE Transactions on Software Engineering 2.2, pp. 80–86 (1976)

[Denert 77] Denert, E.: *Specification and design of dialogue systems with state diagrams.* Proceedings Int. Computing Symposium (1977), Liege, pp. 417–424, North Holland (1977)

[Denert 79] Denert, E.: *Software-Modularisierung.* Informatik-Spektrum 2.4, pp. 204–218 (1979)

[Denert-Franck 77] Denert, E., Franck, R.: *Datenstrukturen.* Bibliographisches Institut 1977

[Denert-Hesse 80] Denert, E., Hesse, W.: *Projektmodell und Projektbibliothek: Grundlagen zuverlässiger Software-Entwicklung und Dokumentation.* Informatik-Spektrum 3.4, pp. 215–228 (1980)

[Fairley 85] Fairley, R. E.: *Software Engineering Concepts.* McGraw-Hill 1985

[Fox 82] Fox, J. M.: *Software and its Development.* Prentice Hall 1982

[Freedman-Weinberg 82] Freedman, D.P., Weinberg, G.M.: *Handbook of Walkthroughs, Inspections and Technical Reviews.* Little, Brown 1982

[Gannon et al 81] Gannon, J.D., McMullin, P.R., Hamlet, R.G.: *Data abstraction, implementation, specification and testing.* ACM Transactions on Programming Languages and Systems 3.3, pp. 211–223 (1981)

[Goldberg-Robson 83] Goldberg, A., Robson, D.: *Smalltalk-80: The Language and its Implementation.* Addison-Wesley 1983

[Guttag 77] Guttag, J.V.: *Abstract data types and the development of data structures.* Communications ACM 20.6, pp. 396–404 (1977)

[Hommel et al 83] Hommel, G., Jähnichen, St., Koster, C.H.A.: *Methodisches Programmieren.* Springer 1983

[Jensen-Tonies 79] Jensen, R.W., Tonies, C.C.: *Software-Engineering.* Prentice Hall 1979

[Kimm et al 79] Kimm, R.W., Koch, W., Simonsmeier, W. Tontsch, F.: *Einführung in Software Engineering.* de Gruyter 1979

[Liskov-Guttag 86] Liskov, B., Guttag, J.: *Abstraction and Specification in Program Development.* McGraw-Hill 1986

[Meyer 88] Meyer, B.: *Object-oriented Software Construction.* Prentice-Hall 1988

[Meyer-Wegener 88] Meyer-Wegener, K.: *Transaktionssysteme.* Teubner 1988

[Myers 76] Myers, G.J.: *Software Reliability.* Wiley 1976

[Myers 87] Myers, G.J.: *Methodisches Testen von Programmen.* Oldenbourg 1987

[Nagl 88] Nagl, M.: *Einführung in die Programmiersprache Ada.* Vieweg 1988

[Noth-Kretzschmar 84] Noth, Th., Kretzschmar, M.: *Aufwandsschätzung von DV-Projekten.* Springer 1984

[Österle 81] Österle, H.: *Entwurf betrieblicher Informationssysteme.* Hanser 1981

[Parnas 72] Parnas, D.L.: *On the criteria to be used in decomposing systems into modules.* Communictions ACM 15.12, pp. 1053–1058 (1972)

[Pressman 87] Pressman, R.S.: *Software-Engineering: A Practitioner's Approach.* Second Edition. McGraw-Hill 1987

[Schnupp-Floyd 76] Schnupp, P., Floyd, Chr.: *Software: Programmentwicklung und Projektorganisation.* de Gruyter (1976)

[Siedersleben 89] Siedersleben, J.: *Die Poisson-Verteilung in der Praxis des Datenbankentwurfs.* Informatik – Forschung und Entwicklung 4.2, pp. 61–66 (1989)

[Sneed 88] Sneed, H.M.: *Software-Testen, Stand der Technik.* Informatik-Spektrum 11.6, pp. 303–311 (1988)

[Spitta 89] Spitta, Th.: *Software Engineering und Prototyping.* Springer 1989

[Stroustrup 86] Stroustrup, B.: *The C++ Programming Language.* Addison-Wesley 1986

[Summerville 87] Summerville, J.E.: *Advanced CICS Design Techniques, Concepts and Guidelines.* Van Nostrand Reinhold 1987

[Vetter 86] Vetter, M.: *Aufbau betrieblicher Informationssysteme mittels konzeptioneller Datenmodellierung*. 3. Auflage, Teubner 1986

[Weinberg 71] Weinberg, G.M.: *The Psychology of Computer Programming*. Van Nostrand Reinhold 1971

[Weinberg 86] Weinberg, G.M.: *Becoming a Technical Leader*. Dorset House Publishing 1986

[Wegner 84] Wegner, P.: *Capital-intensive software technology, part 1: Software components*. IEEE Software 1.3, pp. 12–22 (1984)

[Weiser et al 85] Weiser, M.D., Gannon, J.D., McMullin, P.R.: *Comparison of structural test coverage metrics*. IEEE Software 2.2, pp. 80–85 (1985)

[Yourdon-Constantine 79] Yourdon, N.E., Constantine, L.L.: *Structured Design: Fundamentals of a Discipline of Computer Program and Systems Design*. Prentice-Hall 1979

Index